金属半固态加工技术

谢水生　李兴刚　王　浩　张　莹　编著

北　京
冶金工业出版社
2012

内容简介

本书全面、系统地介绍了近年来金属半固态加工成形新技术、新工艺、新装备及其发展趋势等。全书共分 10 章，包括：金属半固态加工技术的特点、发展和应用，各种半固态合金浆料的制备方法及生产线，半固态金属浆料的流变特性和影响流变特性的因素，非枝晶组织的形成与演化规律，流变成形工艺、设备及相关问题，触变成形工艺及二次加热、触变成形与设备，注射成形工艺路线及特点，半固态新合金设计的基本原理与方法，非枝晶组织坯料的塑性变形，半固态金属变形机制等。最后重点介绍了模拟技术在半固态加工中的应用和主要模型。

本书可供冶金、铸造、加工及材料等方面的研究人员和工程技术人员阅读，也可作为金属加工成形专业本科生和研究生的专业教材或参考资料。

图书在版编目（CIP）数据

金属半固态加工技术/谢水生等编著. —北京：冶金工业出版社，2012.6

ISBN 978-7-5024-5935-2

Ⅰ.①金…　Ⅱ.①谢…　Ⅲ.①金属加工　Ⅳ.①TG

中国版本图书馆 CIP 数据核字（2012）第 100818 号

出 版 人　曹胜利

地　　址　北京北河沿大街嵩祝院北巷 39 号，邮编 100009

电　　话　(010)64027926　电子信箱　yjcbs@cnmip.com.cn

责任编辑　张登科　张　晶　美术编辑　彭子赫

版式设计　葛新霞　责任校对　王永欣　责任印制　李玉山

ISBN 978-7-5024-5935-2

北京慧美印刷有限公司印刷；冶金工业出版社出版发行；各地新华书店经销

2012 年 6 月第 1 版，2012 年 6 月第 1 次印刷

169mm×239mm；22.5 印张；435 千字；343 页

69.00 元

冶金工业出版社投稿电话：(010)64027932　投稿信箱：tougao@cnmip.com.cn

冶金工业出版社发行部　电话：(010)64044283　传真：(010)64027893

冶金书店　地址：北京东四西大街 46 号(100010)　电话：(010)65289081(兼传真)

（本书如有印装质量问题，本社发行部负责退换）

前　言

金属半固态加工（Semi－Solid Metal Process or Semi－Solid Metal Forming，简称为SSM）具有一系列突出特点，尤其是金属半固态加工成形的零件精度高、质量好，能实现净近成形（Near－net－shape）。因此，近年来成为金属加工成形技术的研究热点之一。

金属半固态加工技术的发展应追溯到20世纪70年代初。在美国麻省理工学院（MIT）学者发现金属半固态的触变性能后，半固态技术的研究和应用得到迅速发展，经历了基础研究、技术开发、设备研制、商业化生产等不同阶段。自1990年起，国际上每两年召开一次“合金和复合材料半固态加工”国际学术会议（International Conference on Semi－Solid Processing of Alloys and Composites），至今已召开了11届，第12届“合金和复合材料半固态加工”国际学术会议计划于2012年10月在南非Cape Town召开。目前，金属半固态加工成形技术已在汽车工业得到一定程度的应用。

金属半固态加工技术不同于传统的加工成形技术。它是在金属凝固过程中，进行剧烈搅拌或处理，将凝固过程中形成的枝晶打碎或完全抑制枝晶的生长，然后直接进行流变铸造或制备具有非枝晶组织的坯锭后，再进行分割、二次重熔和触变成形。采用这种方法制备的产品其一次相组织结构为均匀、细小、近球形颗粒，因此材料的各项性能优良。

金属半固态加工技术的工艺路线主要有两条：一条是金属从液态冷却到半固态温度，然后对所得到的半固态浆料直接成形，通常被称为流变铸造（成形）（Rheocasting或Rheoforming）；另一条是将半固态浆料冷却凝固，制备成坯料，然后根据产品尺寸下料，再重新加热到半固态温度（二次加热Reheating）成形，通常称为触变成形（Thixoforming）。

自1996年开始，作者一直在国家自然科学基金的连续资助下，较系统地开展了金属半固态加工技术的应用基础研究，分别进行了：Al基复合材料金属半固态成形技术及机理的研究（项目号：59575046）、半固态铝合金触变成形特性及数学模型的研究（项目号：59975011）、半固态镁合金流变特性及连续射铸成形的研究（项目号：50175006）、阻尼冷管法制备半固态镁合金浆料的研究（项目号：50374014）、镁合金半固态铸轧的组织演变及变形特性研究（项目号：50674017）。同时，于1999年撰写了《半固态金属加工技术及其应用》一书，由冶金工业出版社出版发行，获得了广大读者的认可，起到了“抛砖引玉”的作用。目前，金属半固态加工技术发展迅速，出现了大量新的研究成果。为了促进这项技术的进一步发展和应用，我们较详细地总结了近年来国内外有关金属半固态加工成形技术的新成果、新工艺、新技术和新装备等，编写了本书。希望本书能给读者提供更多的帮助。

本书共分10章。第1章为概论，介绍了金属半固态加工技术的特点、发展和应用；第2章为半固态合金浆料（坯料）制备，较详细地介绍了各种半固态合金浆料的制备方法及生产线；第3章流变学，讨论了半固态金属浆料的流变特性和影响流变特性的因素；第4章非枝晶组织及其凝固过程，详细分析了非枝晶组织的形成与演化规律；第5章流变成形，介绍了流变成形工艺、设备及相关问题；第6章触变成形，介绍了二次加热及触变成形工艺与设备；第7章半固态注射成形，介绍了注射成形工艺路线及特点；第8章半固态加工用合金的设计及热力学计算，从热力学出发，介绍了设计半固态新合金的基本原理与方法；第9章非枝晶组织坯料的塑性变形，阐述了半固态金属变形机制；第10章数值模拟在金属半固态加工中的应用，重点介绍了模拟技术在半固态加工中的应用和主要模型等。

本书第1、2、3、9章由谢水生教授撰写；第4、5、6、7、10章由李兴刚博士撰写；第8章由徐骏教授撰写；王浩教授和张莹博士对全书做了进一步补充、整理和加工，最后全书由谢水生教授调整、修改并定稿。

在本书编写过程中，得到了一起参与相关项目研究工作的同事以及参与项目研究的硕士、博士和博士后的支持，其中郭钧硕士、潘洪平博士、丁志勇博士、江运喜博士、黄国杰博士、李兴刚博士、李雷博士、杨浩强博士、张小立博士、张颂扬博士、张莹博士、马强博士、杜之明教授为该书的编写提供了许多有益的研究成果和相关资料。同时本书的编写参考或引用了国内外有关专家、学者的一些珍贵资料、研究成果和著作，并且我们的相关研究项目得到了国家自然科学基金委员会的支持，在此一并表示衷心的感谢！

由于时间仓促，加之编者水平所限，书中不妥之处，恳请广大读者批评指正，并提出宝贵意见。

作　者

2012年3月

目　　录

1 概　　论

1.1 引言

凝固不仅伴随着铸件的生产过程，一切金属材料在进行其他成形（如轧制、锻造）之前都会经历从液态到固态的凝固过程。凝固过程对产品的影响，即使经过凝固后的大变形（如轧制、挤压）仍然很难完全消除。因而，凝固过程的研究受到材料、冶金及铸造工作者们的广泛关注。

近年来，凝固过程的研究与凝固技术的进展不仅促进了铸造工艺的发展和铸件质量的提高，而且在冶金过程、材质控制中发挥着越来越大的作用。同时，也促进了各种新型材料及其成形工艺的诞生和发展[1~23]。

1.2 金属半固态加工技术及发展历程

20 世纪 70 年代初，美国麻省理工学院的 D. B. Spencer 在其导师 M. C. Flemings 教授指导下进行钢铁铸造“热裂”现象的研究时，在自制的高温黏度计中测量 Sn – 15% Pb 合金高温黏度，实验结果表明在搅拌中合金的枝晶结构遭到破坏，从而使金属在凝固过程中产生特殊的力学行为[3]。如金属在凝固过程中进行强烈搅拌，即使在较高固相体积分数时，半固态金属仍具有相当低的剪切应力。这种特殊性能应当缘于基体中分布着独特的球状颗粒结构。麻省理工学院的研究人员很快意识到金属凝固的这一特殊行为将具有许多潜在的利用价值，随即他们对此进行了广泛深入的研究并将其发展成为金属半固态加工技术（Semi – Solid Metal Forming Processes，简称 SSM 或 Semi Solid Processing，SSP）。金属半固态加工技术，就是在金属凝固过程中，通过剧烈搅拌或凝固过程的控制，得到一种液态金属母液中均匀地悬浮着近球形固相组分的固液混合浆料（固相组分甚至可高达 60%）。这种半固态金属浆料具有流变和触变特性，即半固态金属浆料具有很好的流动性，易于通过普通加工方法成形形状比较复杂的产品。制备这种既非完全液态，又非完全固态的金属浆料，并将之加工成形的方法，就称为金属半固态加工技术。图 1 – 1 是几种早期的获得半固态金属浆料的方法。图 1 – 2 是一种半固态成形工艺。

半固态加工技术从发现到现在虽然只有短短的四十年历史，但由于其具有独特的技术优势和广阔的应用前景，而备受瞩目并得到迅猛发展。从最初的实验研究发展到应用研究和工程化生产，半固态加工技术的发展大致可分为：基础研

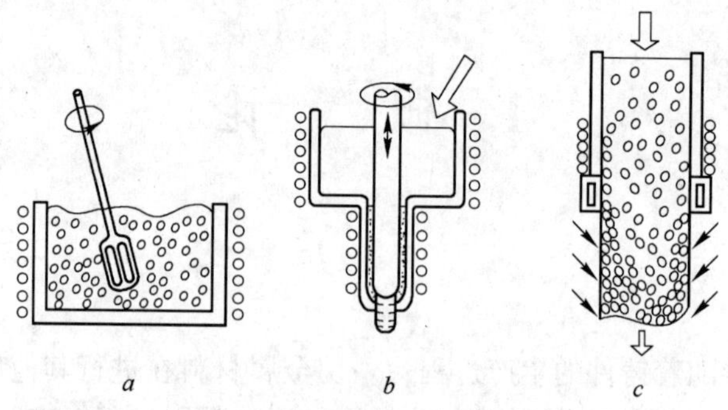

图1-1　几种较早采用获得半固态金属浆料的方法

a—机械搅拌法；*b*—机械搅拌连续制备法；*c*—电磁搅拌连续制备法

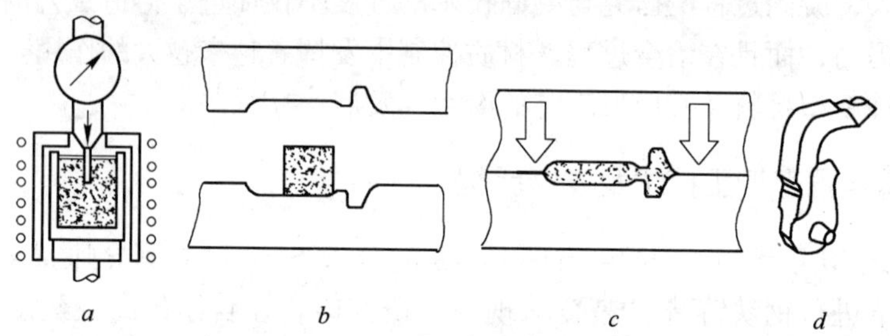

图1-2　半固态成形工艺简图

a—二次加热；*b*—半固态充填；*c*—半固态压制；*d*—成品

究、技术开发和设备研制、深入研究和商业化应用三个阶段[24~27,498~500]。

基础研究阶段是从20世纪70年代初开始，大约延续了15年。主要的研究集中于半固态合金流变性和触变性的物理本质及其数学模型；具有流变性和触变性的材料组织特点和制备方法；枝晶组织向非枝晶组织转变的物理模型，非枝晶组织合金的触变性与流动机制；工艺参数对非枝晶化过程的影响，包括搅拌过程中速度、强度、温度等工艺参数对非枝晶化过程的影响规律；半固态微观组织与流变性能的关系；半固态合金浆料非枝晶组织内在变量（固相分数、固相颗粒尺寸、形状、聚集状态和黏度）在外界变量（温度、剪切速率）影响下的变化规律；半固态合金在不同状态下的本构关系及其相关的数学模型。在此基础上，人们对相关应用技术和设备进行研究，并探索金属半固态加工技术在工业中的应用。其间开发了多种半固态坯料的制备技术，包括坯料的连铸技术和设备，以及半固态成形技术。计算机数值模拟技术也在半固态加工过程中得到应用，主要用于揭示各种工艺参数对半固态加工过程和产品性能的影响。这一期间的研究工作为金属半固态加工技术的大范围工业化应用打下了基础。

20 世纪 80 年代末至 90 年代中期是半固态加工技术的应用研究迅速发展的阶段。包括电磁搅拌在内的多种半固态制坯技术与连铸设备得到进一步的开发；半固态成形技术如流变成形，触变成形和注射成形开始不断成熟；计算机模拟技术开始用于揭示半固态合金的充型过程；人们细致地研究了成形工艺和成形工艺对半固态组织性能的影响规律。同时，开始将半固态加工技术从有色合金扩展到高熔点的黑色金属，以及复合材料。这一阶段的研究工作遍及世界许多国家。美国、意大利、瑞士、德国、日本和中国都先后投入大量人力和物力对半固态加工技术进行了广泛深入的研究，并取得了丰富的研究成果，为进一步的工业化应用奠定了基础。

进入 20 世纪 90 年代后期，半固态加工技术进入了商业化应用阶段。规模较大的有法国 Pechiney，可以生产不同直径的铝合金、镁合金半固态棒坯料；美国 Alumax 和意大利 Stampal 的半固态部件生产；瑞士 Buhler 的半固态压铸机和美国 Thixomat 半固态注射成形机的生产。在国外，这些技术已经获得较为广泛的应用，特别是在汽车工业和 3C 产业。相对而言，国内在半固态加工技术上还处于实验室向中试生产过渡的阶段，尚未实现大规模的工业化生产。

在研究方面，目前世界范围内的热点是：进一步研究半固态金属的流变学基础理论；研究开发适合半固态成形的新合金；研究开发高效率、低成本的半固态金属浆料制备技术；完善触变成形工艺，积极开发流变成形技术；降低半固态加工成形的生产成本；研究开发半固态金属成形的相关设备；扩大半固态加工技术在工业中的应用范围等。自 1990 年起，国际上每两年召开一次“合金和复合材料的半固态加工”国际学术会议（International Conference on Semi - Solid Processing of Alloys and Composites），至今已经召开了 11 届。最近的一届是 2010 年在中国北京召开的，详见表 1 - 1。

表 1 - 1 半固态国际学术会议

会 议	时 间	地 点	国 家
第一届	1990 年	Sophia - Antipolis	法国
第二届	1992 年	MIT，Cambrige	美国
第三届	1994 年	Tokyo	日本
第四届	1996 年	Sheffield	英国
第五届	1998 年	Golden，Colorado	美国
第六届	2000 年	Turin	意大利
第七届	2002 年	Tsukuba	日本
第八届	2004 年	Limassol	塞浦路斯
第九届	2006 年	Busan	韩国
第十届	2008 年	Aachen	德国
第十一届	2010 年	Beijing	中国

1.3 金属半固态加工的特点

金属半固态加工利用金属从固态向液态、或从液态向固态转变过程中的半固态温度区间实现金属的成形加工。金属半固态加工与常规的金属成形工艺相比，具有许多优点[9~14,21~27,30,31]，而且应用范围广泛，凡具有固液两相区的合金均可实现半固态加工。并且半固态金属加工可结合多种现有的加工工艺，如铸造、挤压、锻压以及铸轧。

(1) 与液态金属成形工艺（如铸造）相比，金属半固态加工具有如下特点：

1) 充型平稳，无湍流和喷溅，因而，铸件内部组织致密，内部气孔、偏析等缺陷少；

2) 制品组织具有非枝晶结构，同时组织致密，制品的力学性能高，能接近或达到锻压件的性能；

3) 由于金属坯料已部分凝固，因而凝固收缩小，成形零件尺寸精度高，表面平整光洁，能实现近终成形。半固态成形的零件机械加工量小，可做到少或无切削加工；

4) 成形温度低。半固态合金成形时，已经释放了部分结晶潜热，因而减轻了对模具的热冲击，使模具寿命大幅度提高；

5) 凝固时间缩短，能缩短产品的生产周期，有利于提高生产效率。

(2) 与固态金属成形工艺（如锻压）相比，金属半固态加工具有如下特点：

1) 半固态金属具有很好的触变性，在一定的压力下具有很好的流动性，因而可成形更为复杂的零件，并且成形速度也能提高；

2) 成形力显著降低，因此对成形机械及模具的要求有所降低。

金属半固态加工还可应用于复合材料加工，彻底解决复合材料制备过程中异相材料的漂浮、偏析以及与基体金属的润湿性差等问题，这为复合材料的制备和成形提供了有利的条件。

1.4 金属半固态加工成形的主要工艺流程

金属半固态加工的成形工艺路线主要有两条[27~35]：一条是金属从液态冷却到半固态温度，然后对所得到的半固态浆料直接成形，通常被称为流变成形(Rheoforming)；另一条是将半固态浆料完全凝固，先制备成坯料，然后根据产品尺寸下料，再重新加热到半固态温度成形，通常被称为触变成形（Thixoforming)，如图 1-3 所示。对触变成形，由于半固态坯料便于输送，易于实现自动化，因而在工业中较早得到了广泛应用。对于流变成形，由于将部分凝固的半固态浆料直接成形，具有高效、节能、短流程的特点，近年来发展得很快。

在金属半固态成形技术出现之前，一般的金属加工成形温度范围或者在液相线

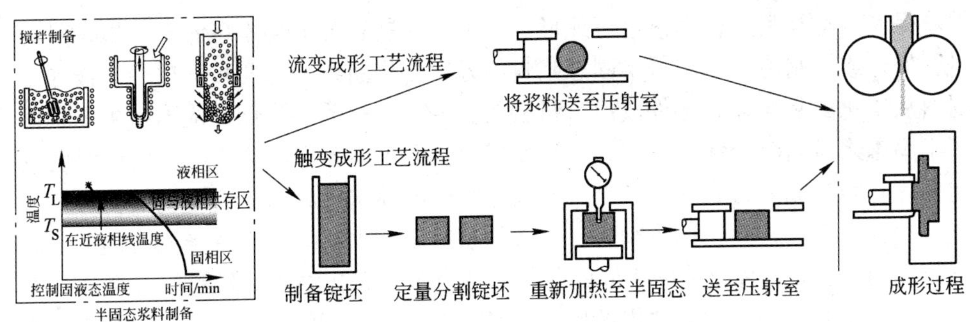

图1-3　金属半固态加工的两条工艺流程

以上，或者在固相线以下。在加工成形中涉及液相线与固相线之间液固两相区的只有液态模锻和压力铸造。液态模锻仅仅是通过提高模锻材料的锻造温度，降低材料的变形抗力，使之容易成形。压力铸造是在金属凝固过程中施加压力，提高铸件的材料密度（致密度）和力学性能。而半固态加工技术则是一种全新的金属加工工艺，它首先要制备初生相颗粒近球形的半固态浆料，然后对半固态浆料进行成形。半固态加工技术获得的制品显微结构呈非枝晶结构，组织致密，力学性能较高。

从温度范围上来看，半固态成形可以说是固相线和液相线之间成形的一种非常有效的加工方法。虽然，金属半固态加工的成形工艺路线主要有流变成形和触变成形两种，但以这两种成形方式为基础派生出多种成形方式，如流变铸造、流变锻造、触变铸造、触变锻造、触变注射。图1-4所示为两条工艺流程的温度变化特点。图1-4*a*是典型的流变成形温度变化曲线，如采用机械搅拌或电磁搅

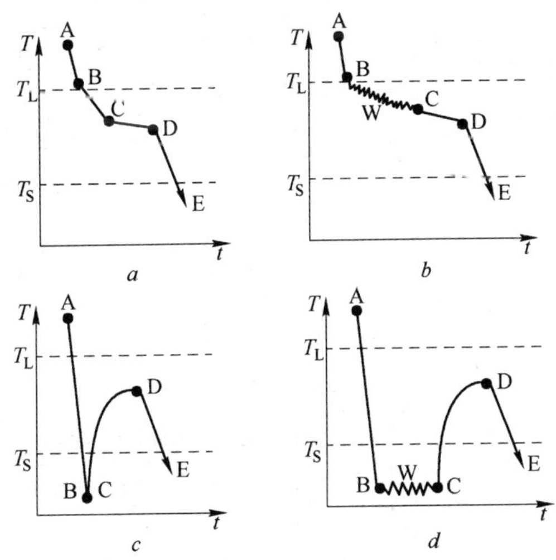

图1-4　两条工艺流程的温度变化特点

a，*b*—流变成形；*c*，*d*—触变成形

拌获得半固态浆料后，直接进行成形。图1－4*b*是当合金熔体在低于液相线附近进行处理或控制冷却，获得半固态浆料的温度变化曲线。这两种情况中，被加工材料从熔化配制合金到零件成形，材料的温度基本是单调降低，成形时主要利用了半固态浆料的流变性，他们属于流变成形。图1－4*c*是典型的触变成形温度变化曲线。触变成形首先是制备具有非枝晶组织的坯料，材料从合金的熔化温度直接冷却到室温，坯料经过分割后，二次加热升温到固相线以上的半固态温度区间成形。图1－4*d*与图1－4*c*不同的是材料从合金的熔化温度不经过搅拌制浆，直接冷却到室温，获得的是常规的铸造组织，然后材料再进行冷（热）加工变形后，再二次加热到半固态温度成形。这两种情况的特点是：被加工材料从熔化配制合金到零件成形，材料的温度先冷却到室温后，再经过二次加热到半固态温度成形。成形时，主要利用了半固态材料的触变行为，因此他们属于触变成形。

半固态成形在借鉴其他相关成形方法的基础上，具体的工业应用方法又可以分为：半固态压铸（包括流变铸造和触变铸造）、半固态锻造、半固态挤压、半固态轧制、半固态铸轧等[84]。半固态压铸与普通压铸的工艺方法相近，模具结构也基本相同。半固态锻造的工艺和模具与普通热模锻相近。半固态挤压和半固态轧制与压力加工中的热挤压和热轧工艺一样。图1－5所示为目前常见的半固态成形方法。

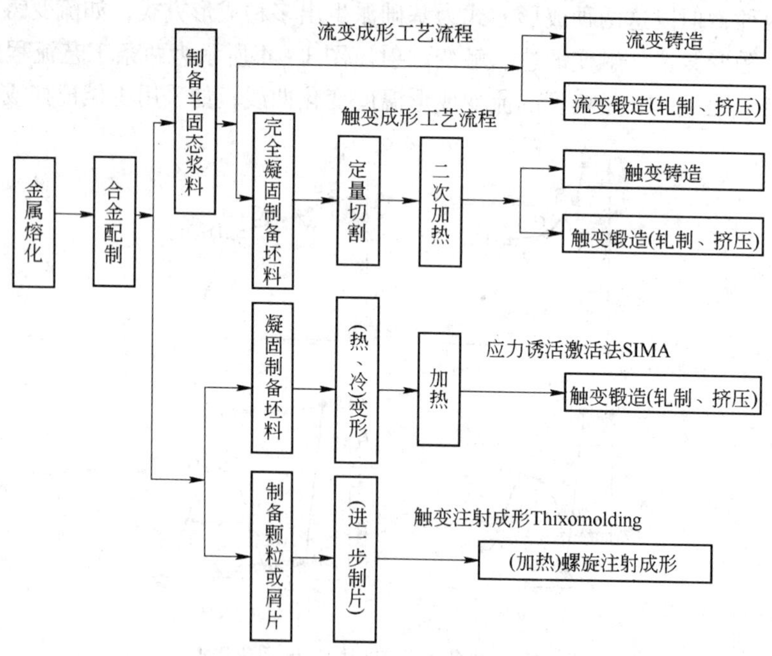

图1－5 目前常见的半固态成形方法

1.4.1 流变成形

流变成形（Rheoforming）的工艺过程是：在冷却过程中，对金属熔体进行强烈的搅拌或其他处理，获得具有部分凝固的半固态浆料，并使浆料中的初生固相呈近球形；然后直接将所得的半固态金属浆液进行成形，如压铸、挤压或轧制。流变压铸是流变成形的主要成形方式，典型的流变成形工艺如图1－6所示，图1－7所示为流变铸造的零件。

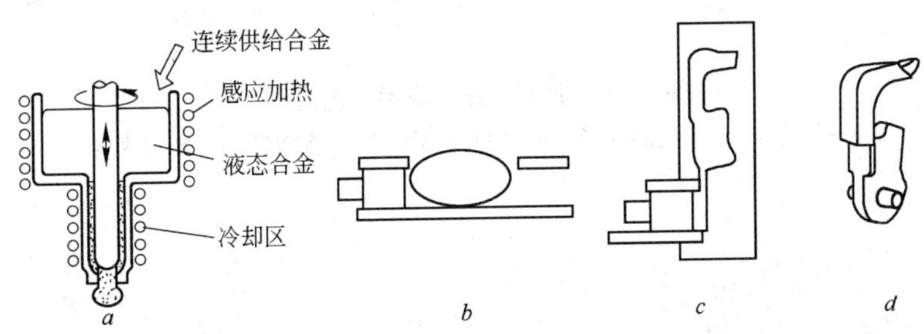

图1－6 典型的流变成形工艺流程

a—浆料制备；*b*—浆料输运至压射室；*c*—压铸成形；*d*—压铸件

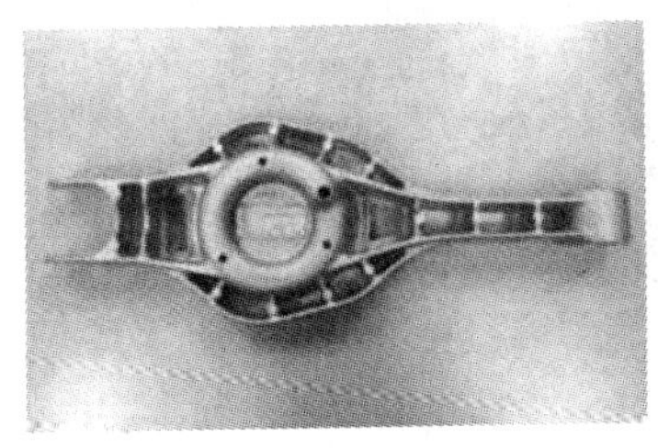

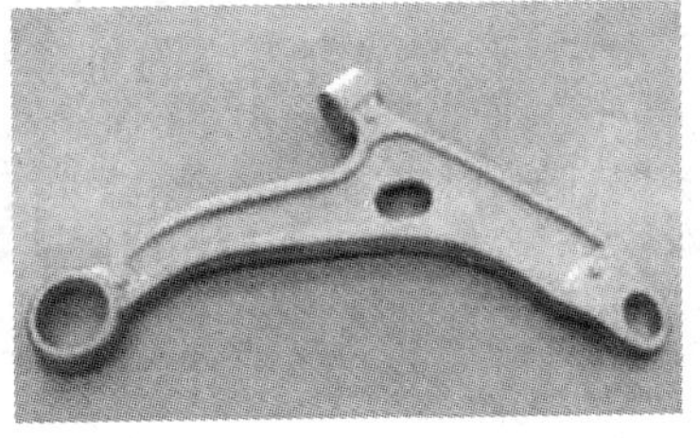

图1－7 流变铸造生产的零件

半固态流变成形工艺是将半固态浆料直接成形，因此具有节省能源、流程短、生产成本低、生产效率高、设备简单、适用半固态加工的合金范围大等优点。同时，加工过程的氧化夹杂少，废料的回收和使用可在同一车间内完成。虽然浆液的保存和输送难度较大，在实际应用过程中有一定的困难，但仍然受到人们的关注，是未来半固态成形的一个重要发展方向。

1.4.2 触变成形

触变成形（Thixoforming）是将金属液从液相彻底冷却到固相，在冷却过程中进行强烈的搅拌或其他处理，先获得具有部分凝固的半固态浆料，浆料中的初生相呈近球形，进一步冷却得到具有非枝晶组织的坯料。然后，将得到的坯料按需要成形零件的质量进行分割，再重新将每块坯料加热至需要的部分重熔程度，进行铸造、锻造、轧制或挤压成形，其典型的工艺过程如图 1－8 所示，图 1－9 所示为半固态触变铸造生产的零件。

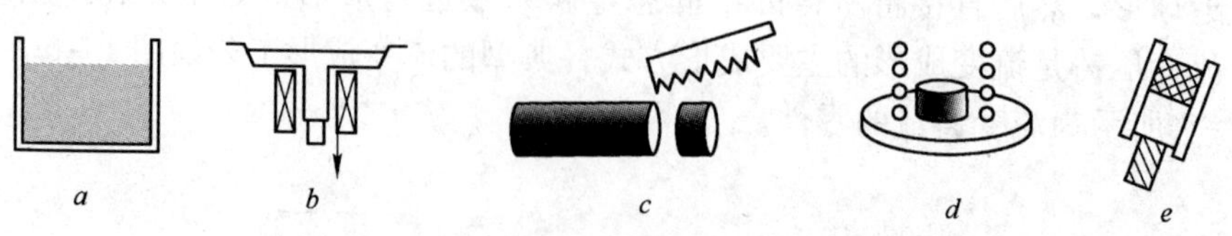

图 1－8 典型的触变成形工艺流程

a—浆料准备；*b*—锭坯制备；*c*—定量分割；*d*—二次加热；*e*—触变成形

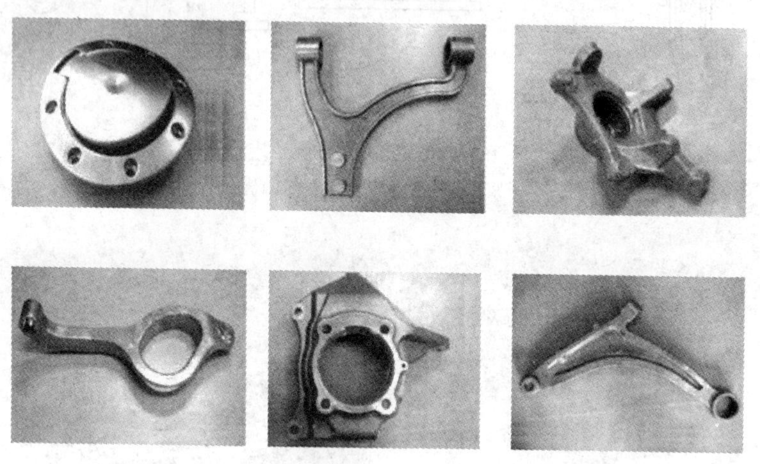

图 1－9 半固态触变铸造生产的零件

1.4.3 注射成形

半固态金属注射成形与塑料注射成形原理类似。注射成形工艺是将半固态金属浆料的制备、输送和成形过程融为一体，较好地解决了半固态金属浆料的保存输送和成形不易控制等难题，为半固态金属成形技术的应用开辟了新的前景。目前镁合金在注射成形工艺中应用较多，其成形工艺过程可分为两种方式：一种是直接把熔化金属液处理成半固态浆液，冷却至所需的固相分数后，辅以一定的工艺条件压射进入型腔进行成形；另一种工艺是将变形加工的小块镁合金碎屑送入螺旋推进系统，小块镁合金被变形和加热至半固态温度，同时在螺旋杆的推进下，压射进入模具型腔进行成形。

1.5 金属半固态加工的力学性能

1.5.1 铝合金半固态加工的力学性能

1.5.1.1 力学性能

表1－2～表1－5所示为铝合金半固态加工（SSM）与其他加工方法所得的铸造件或锻造件力学性能比较[36～47]。相比较的加工方法有：砂型铸造（Sand Casting）、金属模铸造（Permanent Mould Casting，PM或PMC）、挤压铸造（Squeeze Casting，SQC）和锻造（Forging）。热处理状态条件为T4、T5、T6。从表中可以清晰地看出半固态成形技术的优越性。

表1－2 不同加工方法所获得铝合金的力学性能比较

合　金	加工方法	热处理状态	抗拉强度/MPa	屈服强度/MPa	伸长率/%	硬度HB
2017	SSM	T4	386	276	8.8	89
2017	W	O	180	70	22	45
Al4CuMg	W	T4	427	275	22	105
2024	SSM	T6	366	277	9.2	
Al4Cu1Mg	CDF	T6	420	230	8	
Al4Cu1Mg	W	T6	476	393	10	
Al4Cu1Mg	W	T4	469	324	19	120
Al4Cu1Mg	SSM	T4	320	240	13	
Al4Cu1Mg	W	O	185	75	20	47
Al4Cu1Mg	W	T3	485	345	18	120
Al4Cu1Mg	W	T4，T351	470	325	20	120
Al4Cu1Mg	W	T361	495	395	13	130
2219	SSM	T8	352	310	5	89
Al6Cu	W	T6	400	260	8	
Al6Cu	W	O	172	76	18	
Al6Cu	W	T62	414	290	10	
Al6Cu	W	T81，T851	455	352	10	
Al6Cu	W	T87	476	393	10	
2618	SSM	F	292～300	150	15	
2618	SSM	T5	312	235	8	
2618	SSM	T6	397	341	5	
6061	SSM	T6	330	290	8.2	104
Al1MgSi	W	T6	310	275	12	95
Al1MgSi	SSM	F	165	71	32	
Al1MgSi	SSM	T6	213	212	3	

续表 1-2

合 金	加工方法	热处理状态	抗拉强度/MPa	屈服强度/MPa	伸长率/%	硬度 HB
Al1MgSi	W	O	124	55	25	
Al1MgSi	W	T451	241	145	22	
Al1MgSi	W	T6，T651	310	276	12	
6062	SSM	T6	370	340	8	
6082	SSM	T62	284	256	12.6	
7075	SSM	T6	405	361	6.6	
7075	CDF	T6	560	420	6	
Al6ZnMgCu	W	T6	570	505	11	150
Al6ZnMgCu	W	O	228	103	17	
Al6ZnMgCu	W	T73	503	434		

注：CDF = 闭模锻造，SSM = 半固态成形，W = 锻造加工。

表 1-3 不同条件下生产的铝合金 A356（Al-7Si-0.3Mg）的力学性能

加工方法	热处理条件	抗拉强度/MPa	屈服强度/MPa	伸长率/%	硬度 HB
SSM	As-cast	165~254	100~198	8~18	55~95
SSM	T4	220~250	120~145	15~22	60~80
SSM	T5	260	170	15	80
SSM	T5	230~285	170~200	5.4~12	40~84
SSM	T6	223~343	193~280	2~16	50~135
SSM	T7	310	260	9	100
Chill Casting	As-cast	160~200	80~100		55~65
SQC	As-cast	195	124	15	
SQC	T4	265	179	20	
SQC	T6	275~309	200~265	3~15	50~90
PMC	As-cast	160~189	80~124	3~8	
PMC	T51	186	138	2.0	
PMC	T6	260~280	165~205	5~10	45~90
PMC	T61	255~283	179~207	5~10	
Sand Casting	As-cast	130~164	50~124	5~6	
Sand Casting	T51	172~179	124~140	2~3	60
Sand Casting	T6	228~278	164~207	3.5~6	70
Sand Casting	T7	234~235	205~207	2	75
Sand Casting	T71	193~207	138~145	3~3.5	
CDF	T6	340	280	9	

注：Sand Casting = 砂型铸造，SSM = 半固态加工，PMC = 金属模铸造（永久模铸），Chill Casting = 急冷铸造，SQC = 挤压铸造（压铸），CDF = 闭模锻造。

表 1-4　不同条件下生产的铝合金 A357（Al-7Si-0.6Mg）的力学性能

加工方法	热处理条件	抗拉强度/MPa	屈服强度/MPa	伸长率/%	硬度 HB
SSM	As-cast	220	115	7~9	75
SSM	T4	275	150	15	85
SSM	T5	265~296	190~221	4~11	40~92
SSTT	T6	339~341	288~300	6.3~10.8	
SSTT	T6	279~339	239~288	4.5~13.8	
SSM	T6	315~360	250~310	5~10	55~120
SSM	T6	314~367	270~330	5.8~12.2	
SSM	T7	330	290	7	110
SSM	T1-8h+T5	280	221	6.8	89
SSM	T1-48h+T5	288	224	6.7	92
SSM	T1-1w+T5	287	229	6.7	92
SSM	T1-1m+T5	281	221	6.6	91
PMC	As-cast	193	103	6	
PMC	T51	200	145	4	
PMC	T6	300~360	230~296	5~6	50~100
PMC	T61	317~359	248~290	3~5	
PMC	T62	310	241	3	
Sand Casting	As-cast	172	90	5	
Sand Casting	T51	179	117	3	
Sand Casting	T6	317~345	248~296	2~3	
Sand Casting	T7	278	234	3	
SQC	T6	330	250	8	55

注：Sand Casting = 砂型铸造，SSM = 半固态加工，PMC = 金属模铸造（永久模铸），SQC = 挤压铸造（压铸），SSTT = 半固态等温转变。

表 1-5　不同条件下生产的铝合金 A390（Al-17Si-4Cu-Mg）的力学性能

加工方法	热处理条件	抗拉强度/MPa	屈服强度/MPa	伸长率/%	硬度 HB
SSM	F	220~277	185~252	0.3~1.04	67~115
SSM	T5	225~270		<0.2	115~140
SSM	T6	350~429	348~350	0.10~0.25	83~165
Sand Casting	F，T5	180	180	<1	100
Sand Casting	T6	275	275	<1	140
Sand Casting	T7	250	250	<1	115
PMC	F，T5	200	200	1	110
PMC	T6	310	310	<1	115
PMC	T7	260	260	<1	120
Die Casting	F	279~317	240~248	1	120
Die Casting	T5	295~296	260~265	1	125

注：Sand Casting = 砂型铸造，SSM = 半固态加工，PMC = 永久模铸，Die Casting = 压铸。

图 1－10 为 A356 和 A357 合金经半固态加工、挤压铸造、金属模铸造和砂型铸造后的伸长率和强度比较图。从中可以看出，经过半固态成形的 A356 合金在 T6 热处理状态下，比经过普通砂型铸造所得的铝合金具有更优良的机械性能，与挤压铸造加工出的零件机械性能相当，但韧性提高更为显著。这是因为半固态加工消除气孔，细化的非枝晶组织结构降低化学成分的不均匀性。气孔对金属材料强度、塑性和韧性的影响较大，而细化晶粒对材料性能的影响可用 Hall－Patch 公式解释。

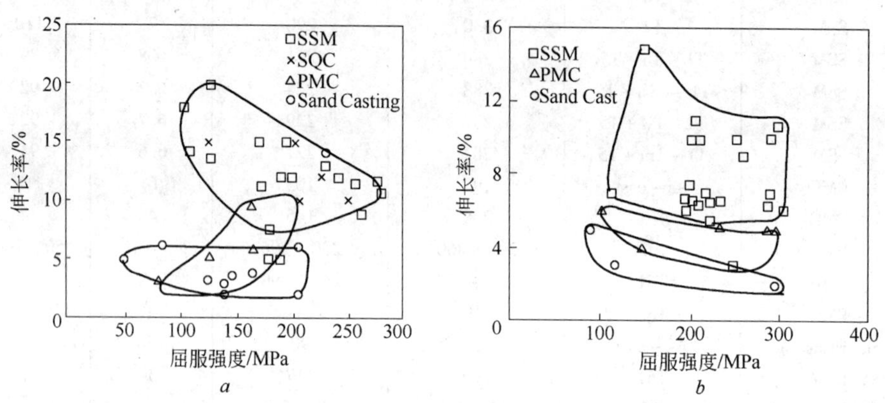

图 1－10　不同加工方法得到的屈服极限和伸长率关系[42]
a—A356 合金零部件；*b*—A357 合金零部件

大多数金属半固态加工成形的变形铝合金其机械性能并没有达到传统加工方法获得机械性能的最大值，这可能是由于半固态成形件内存在的缺陷所引起的，如热裂纹（hot cracking）、残余气孔或氧化物夹杂。

1.5.1.2　疲劳性能

人们已对影响 Al－25Si－5Cu、Al－30Si－5Cu、Al－7Si、Al－4.5Si、A356、A357 等亚共晶和过共晶铝硅合金疲劳强度的因素进行了研究，发现 Si 粒子的形状和分布、剪切速率、氧化物夹杂和气孔等对疲劳强度的影响较大[43,44]。图 1－11 为半固态铸造与普通压铸、金属模铸造和砂型铸造 A356 零部件疲劳强度与循环次数关系的对比，从图中可以看到半固态加工零部件的疲劳强度较高，但这方面的研究工作还远远不够。

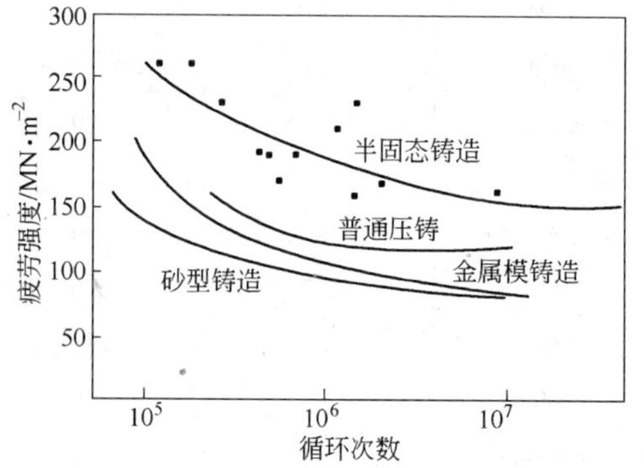

图 1－11　A356 合金零部件不同加工方法得到的 S/N 关系

1.5.2 镁合金半固态加工的力学性能

与铝合金相比，有关半固态加工镁合金零部件的力学性能试验数据还较少。表1－6、表1－7为不同加工方法获得的镁合金的力学性能比较[48～53]。

表1－6 不同铸造方法获得的AZ91D镁合金的力学性能[48]

合金及状态	屈服强度/MPa	抗拉强度/MPa	伸长率/%
AZ91D SSM 铸造合金（铸态）	120.8 ±5.1	231.4 ±13.4	6.2 ±0.9
AZ91D SSM 铸造合金（T4 热处理）	87	239	11
AZ91D 模铸	154 ±2	253 ±12	7 ±0.8
AZ91C 砂型铸造（铸态）	95	165	2
AZ91C 砂型铸造（T4 热处理）	85	275	12
AZ91C 砂型铸造（T6 热处理）	130	275	5
AZ91C 金属模铸造（T4 热处理）	70	175	1.8
AZ91D 金属铸造（T6 热处理）	100	175	0.8

表1－7 半固态加工AZ91镁合金的机械性能[43,49～51]

加工方法	热处理条件	抗拉强度/MPa	屈服强度/MPa	伸长率/%
SSM	铸态	231.4 ±13.4	120.8 ±5.1	6.2 ±0.9
Thixomag	铸态	211（20）	152（5）	3.6（1.7）
Thixomag	T1	233（29）	108（2）	9（3）
Thixomag	水淬	214（17）	153（5）	3.8（1.7）
Thixomolding		259.8	156.7	6
SSM	T4	239	87	11
Die Casting		253 ±12	154 ±2	7 ±0.8
Sand Casting	F	165	95	2
Sand Casting	T4	275	85	14
Sand Casting		275	130	5
PMC		175	70	1.8
PMC		175	100	0.8
Thixomolding		268.7	139.5	20.0
Die Casting		232.2	112.1	13.0
Thixomag	铸态	242	129	12.8
Thixomag	水淬	250	128	15
Thixomag	T1	247	94	19.6
Thixomolding		278.2	147.5	18.8
Die Casting		238.8	114.5	11.6

由表可见，虽然半固态加工后零部件的塑性和韧性得到改善，但抗拉强度等性能变化不大。图1－12为半固态注射成形AZ91合金零部件的抗拉强度和伸长率与固相分数的关系。随着固相分数的增加，注射成形镁合金零部件的抗拉强度和伸长率均降低。材料塑性和韧性受固相分数的影响较大，固相分数低于0.2时，注射成形的镁合金零部件抗拉强度和伸长率超过230MPa和3%。半固态加工镁合金零件塑性和韧性的改善归功于充填模具时较少的气体夹杂和已凝固固相带来的较小缩松，图1－13所示为半固态压铸生产的镁合金零件。

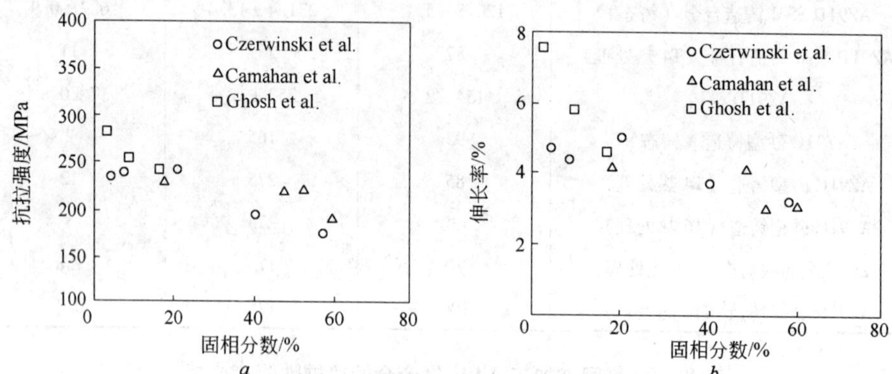

图1－12 注射成形镁合金零部件的力学性能与固相分数的关系

a—抗拉强度与固相分数的关系；*b*—伸长率与固相分数的关系

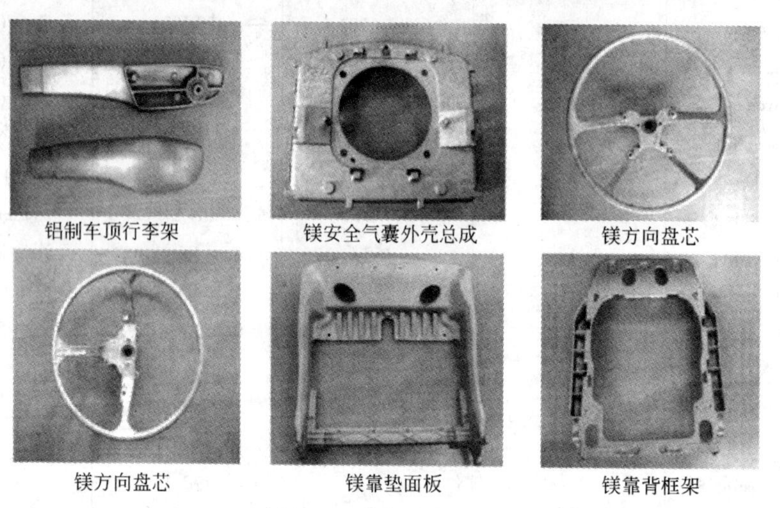

图1－13 半固态压铸生产的镁合金零件

1.5.3 高熔点合金半固态加工的力学性能

不少学者还研究了一些高熔点合金材料经过半固态加工后的力学性能，如表

1-8、表1-9所示。

表1-8 钛合金的力学特性

合金及状态	屈服强度/MPa	抗拉强度/MPa	伸长率/%	硬度 VPN
Ti-20Co 模铸	139	454	1.4	474
Ti-20Co 触变铸造	168	486	7.4	480
Ti-20Cu 模铸	121	162	1.9	350
Ti-20Cu 触变铸造	126	170	9.5	375
Ti-17Cu-8Co 模铸	183	367	1.2	390
Ti-17Cu-8Co 触变铸造	212	388	8.8	408

表1-9 一些高熔点合金在不同条件下力学特性的比较[54]

合　金	状　态	屈服强度/MPa	抗拉强度/MPa	伸长率/%
铜 CDA905	流变铸造	131	324	30
	流变铸造+均匀化	155	305	23
	触变成形	155	281	7
	砂型铸造	152	310	25
不锈钢 AlSi304	触变铸造		660	19
	蜡模铸造		516	30
	不锈钢 AlSi304L	276		
	应变诱发熔化激活	274	596	>30
	锻件		483	57
不锈钢 440C	流变铸造	1030		压缩实验
	流变铸造+均匀化	1650		压缩实验
	锻件	1860		
M2 工具钢（回火）	触变铸造		2370	弯曲实验
	锻件（轴向）		2440	弯曲实验
	（横向）		1230	
钨铬钴合金 21	触变成形		2050	弯曲实验
	标准值		2400	弯曲实验
	触变成形		924	8
	锻件		1550	28
	铸造		700	6
X-40 钴合金	流变铸造	531	662	3
	蜡模铸造	524	745	7
钛合金	Ti-20Co 流变铸造	168	486	7.4
	Ti-20Co 模铸	139	454	1.4
	Ti-2-Cu 流变铸造	126	170	9.5
	Ti-2-Cu 模铸	121	162	1.9
	Ti-17Cu-8Cu 流变铸造	212	388	8.8
	Ti-17Cu-8Cu 模铸	183	367	1.2

1.6 金属半固态加工技术的应用

金属半固态加工技术适用于有较宽液固相共存区温度的合金体系。研究和生产表明，适合半固态加工的金属合金有：铝合金、镁合金、锌合金、镍合金、铜合金以及钢铁等，其中铸造铝合金及镁合金已用于工业生产。此外，半固态加工技术还被用于制备复合材料、梯度材料、连铸连轧带材和线材、提纯材料、金属联结等领域。

1.6.1 在铝合金零件制备中的应用

目前半固态加工技术应用最成功和最广泛的领域是铝合金零件的制备。其原因不仅是因为铝合金的熔点较低，使用范围广泛，而且铝合金具有较宽液固共存温度区。为此，铝合金半固态加工成为人们首先深入研究的对象，至今为止的有关半固态成形方面的研究论文至少60%都与铝合金有关，合金体系包括 Al－Si－Mg、Al－Cu、Al－Si、Al－Pb 和 Al－Ni 合金等。图 1－14 是半固态成形的 A356 铝合金零件，零件的重量为6.7kg，长度为618mm[54]。图 1－15 是半固态触变成形的铝合金柴油喷射泵箱体和摇杆，箱体材料为 AlSi17Cu4Mg 铝合金，质量为1.55kg；摇杆材料为 AlMgSi1 铝合金，质量为2.58kg。图 1－16 所示为半固态挤压成形的铝合金零件。图 1－17 是 AlSi7Mg 合金半固态坯料的金相组织与常规铸造组织的比较。目前，半固态成形的铝合金零件很多，有关这方面的工业应用将在后面的章节中详细介绍。

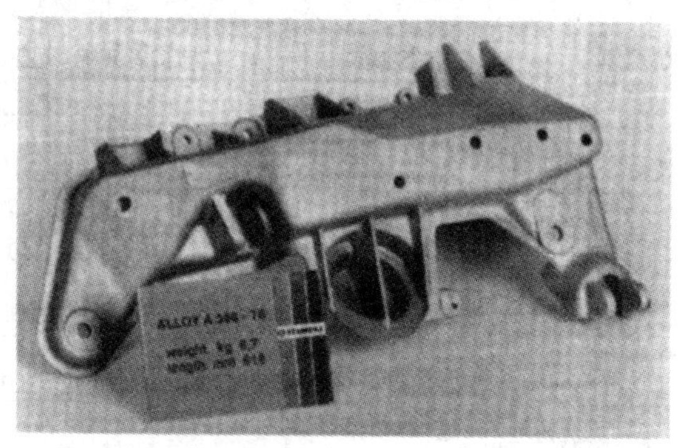

图 1－14 半固态成形的 A356 铝合金零件[55]

1.6.2 在镁合金零件制备中的应用

镁合金在汽车中的应用已有相当长的历史。Adam Opel 在 1922 年首先采用镁合金为 Opel Legen 赛车的发动机生产曲柄轴箱和活塞，其目的是用镁合金来降低汽车的重量。由于镁及铝合金与传统的钢铁材料相比，减重可达 50% 以上。

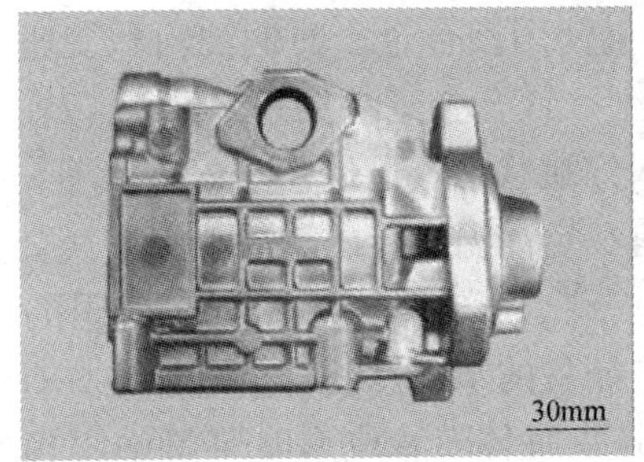

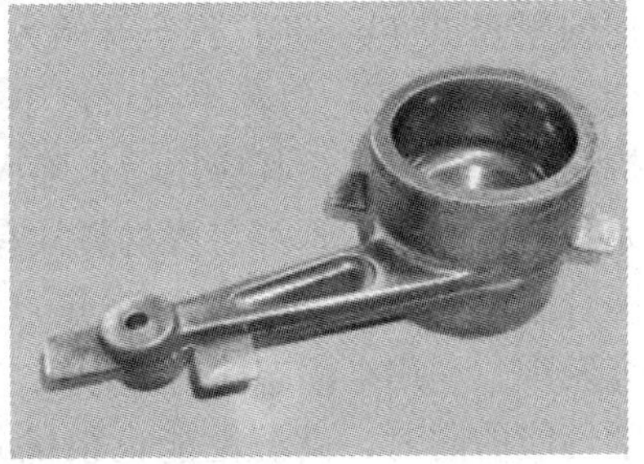

a　*b*

图 1-15　半固态触变成形的铝合金零件

a—柴油喷射泵箱体；*b*—摇杆

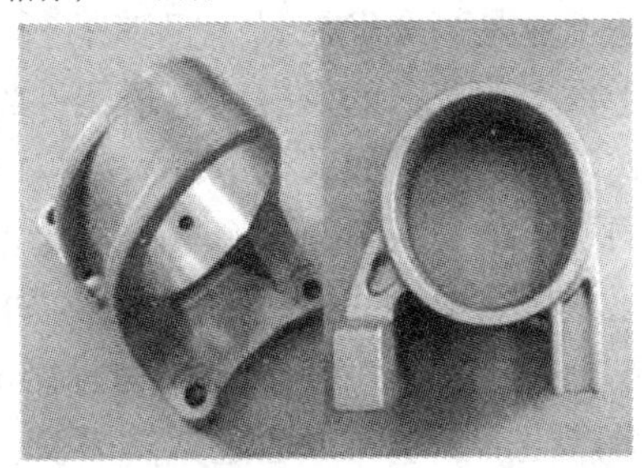

a　*b*

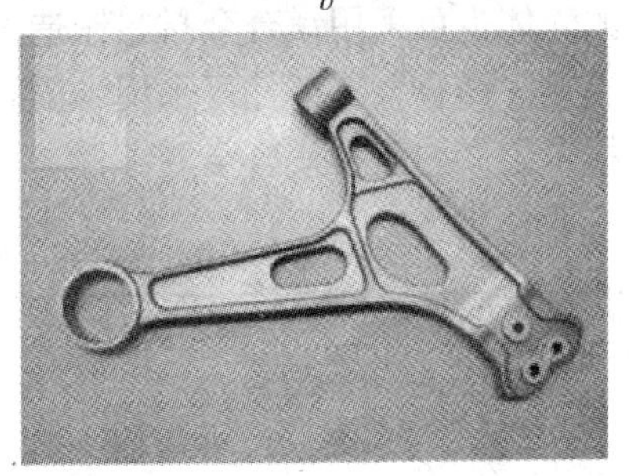

c　*d*

图 1-16　半固态挤压成形的铝合金零件

a—张力架；*b*—发动机固定座；*c*—S/ABS 固定座；*d*—控制臂

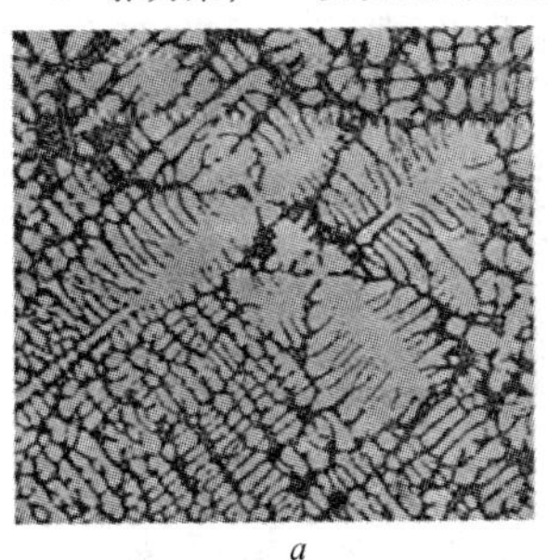

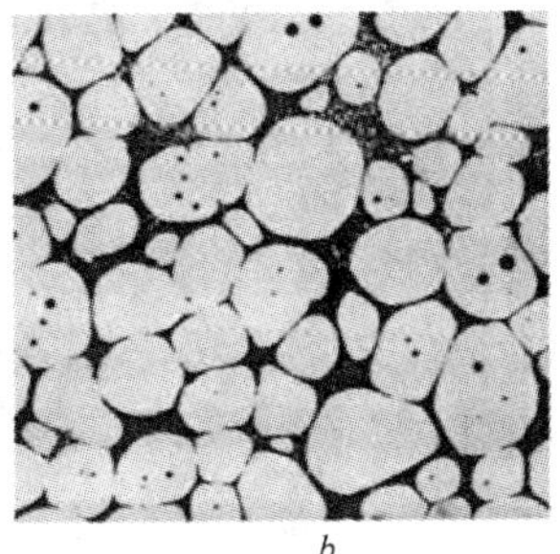

a　*b*

图 1-17　不同加工方法的 AlSi7Mg 铝合金的组织

a—常规铸造组织；*b*—半固态加工组织

大众公司的甲壳虫（beetle）汽车开始大量使用镁合金，曲柄轴箱和变速箱均采用镁合金。到1962年，每辆甲壳虫汽车上，镁合金零件的重量高达17kg。由于镁合金抗腐蚀能力较低，其应用后来陷入停滞状态。最近几年，福特等一些汽车厂家开始在阀盖、排气管等需要材料具有一定高温性能的零件上采用镁合金，这样提高镁合金高温性能成为又一个焦点[48,56~58]。美国 Thixomat 公司的 Lebeau 等人研究发现，利用半固态注射成形工艺制备的半固态镁合金零件在具有优良的常温力学性能的同时，高温性能也很优异，而且随着成形时浆料中固相率的提高，其高温性能也提高，并认为其机理与常规铸造中增大晶粒尺寸可以提高高温性能的机理相类似。

电子工业是当今发展最为迅速的行业，也是新兴的镁合金可广泛应用的领域。由于数字化技术的发展，电子器件趋向高度集成化和小型化，随之出现了大量便携式电子产品，如移动电话、手提电脑、小型摄录像机等。电子工业对镁合金需求的不断增长缘于镁合金具有小比重、大刚度和良好的薄壁铸造性能，同时镁合金还具有热导性好，热稳定性高，电磁屏蔽性高等优点，如表1－10所示。在液晶投影仪中，采用镁合金作为投影光源盒体的材料，由于有较高的导热系数，光源产生的热量可以通过盒体散发，而不必像塑料盒体必须内置散热器。数码相机的壳体也可采用镁合金材料制造，质轻而又有较高的强度、刚度，并且具有金属质感。镁合金零部件可采用半固态加工技术生产。图1－18所示为用半固态加工技术生产的几种镁合金零部件。

表1－10　镁、铝、锌、塑料的性能比较

项　目	镁	铝	锌	塑料
熔点/℃	650	660	419	80~270
密度/g·cm^{-3}	1.81	2.68	6.6	0.9~1.5
弹性模量/MPa	44100	72200	85000	200~4000
导热系数/W·（m^2·K）$^{-1}$	155	211	110	0.15~0.50
比热容/kJ·（kg·K）$^{-1}$	1.03	8.96	0.38	0.5~2.3

图1－18　半固态镁合金成形零件

1.6.3 在其他合金材料中的应用

在黑色金属行业，半固态加工技术也有广泛的应用前景[59~63]。半固态加工技术可以大幅度降低铸造温度，在高熔点黑色金属的成形方面有着特别的意义。采用半固态加工技术制造机械零件，可以大幅度降低能源消耗，提高压铸铸型寿命。当前半固态加工生产钢铁等高熔点合金的困难主要来自于：成形模具材料的选择，以适应较高的成形温度和热冲击；钢铁等材料较窄的半固态加工窗口，即半固态温度区间较窄；高温时精确的温度控制。

目前，半固态加工技术已对一些不锈钢（1Cr18Ni9Ti）、镍基合金以及合金钢等方面的应用展开研究工作，并取得了一定的成效。图1－19和图1－20为半固态加工技术生产的钢铁零部件[62]。

图1－19 半固态触变成形的钢铁零件（Hannover公司生产）[62]

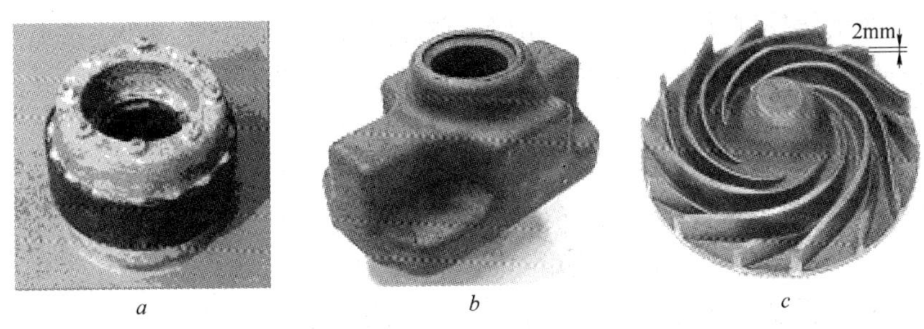

图1－20 半固态加工技术生产的钢铁零部件[62]

a—铜合金电机（中间带有铁心）；*b*—100Cr6钢泵壳；*c*—X 210CrW12合金钢螺旋桨

1.6.4 在复合材料制备中的应用

金属基复合材料是近年来发展迅速的新材料。以前的制备方法多为常规铸造法、粉末烧结法、浸渗等方法。这些方法制备复合材料存在的主要问题是金属基体与非金属增强相之间浸润难、成本高，而且质量不稳定。这些问题的存在阻碍了金属基复合材料的推广应用。

半固态搅熔复合法生产复合材料则是利用半固态金属在液固两相区有很好的黏性和流动性，可以比较容易地加入各种纤维、晶须和颗粒等复合相，只要选择适当的加入温度和搅拌工艺，就有利于提高复合相和半固态金属间的界面结合强度[64~66]。其生产工艺过程一般为：非金属填料预处理→基体金属加热、熔化→加入非金属填料→搅拌→浇注或半固态压铸。非金属填料的加入也有效地阻止了球形微粒的簇集，如图 1－21 所示。非金属填料的加入对后续的部分重熔和触变成形是非常有利的。目前，在金属基复合材料中，应用半固态成形方法也是一个研究热点[67~69]。

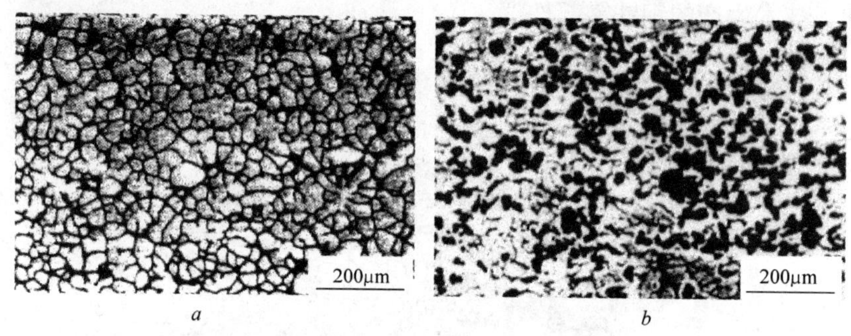

图 1－21　半固态加工技术生产的 SiC 颗粒增强 Al－Si 合金的组织

a—加入前；*b*—加入后

采用半固态搅熔复合＋液态模锻生产的 SiC 颗粒增强铝基复合材料制动盘，相比于传统的铸铁制动盘，具有重量轻、耐磨性能好、制动噪声小、温升小、运转平稳等特点。因此，有望取代传统的铸铁制动盘，以提高制动盘的安全可靠性和使用寿命，降低汽车悬挂系统的重量，降低油耗。

另一类采用半固态加工生产复合材料的方法与粉末冶金法相似，如图 1－22 所示[66]。它采用混合好的合金粉末与非金属填料，经过冷室压实后，加热至半固态温度区间，经压铸等加工方法成形零件。从图中可以看出，相比于粉末冶金法生产颗粒增强复合材料，省却了加热除气、热等静压压实、切割等工序，简化了生产工艺，降低了生产成本。也有学者采用粉末混合－半固态挤压法生产 SiC_P/2024 铝合金复合材料，SiC_P颗粒和 2024 铝合金颗粒充分混合后，经过冷压、真空除气、包覆后，半固态挤压生产复合材料棒。这种方法成形力低且稳定，坯料内颗粒分布均匀，基体组织致密，界面结合良好且无界面反应，与基体合金相比，复合材料的弹性模量、屈服强度、抗拉强度均有大幅度提高，相比于其他工艺生产的该复合材料，塑性有较大的提高。

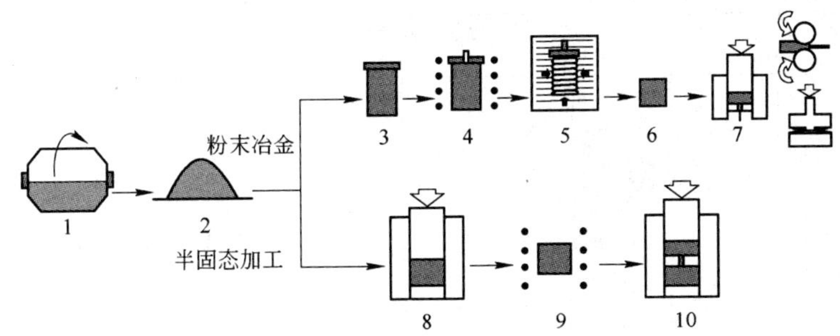

图1-22 采用半固态和粉末冶金方法生产颗粒增强复合材料的工艺比较
1—制粉；2—混粉；3—制坯；4—除气；5—热等静压加工；6—锯切；7—成形；8—粉末冷压；9—二次加热；10—半固态模铸

1.6.5 在梯度材料中的应用

现代工业技术的发展使得单一材料的性能难以满足零件不断增长的性能要求，梯度材料的出现正好满足这一需求。采用半固态成形是生产梯度材料的有效方法，一种方法是采用浸渗（infiltration）加工，利用半固态金属中液相的不同浸渗率进行；另一种则采用触变成形生产梯度材料，成形方法如图1-23所示[70]。

采用半固态技术生产梯度材料，料坯的供应有两种方式：梯度料坯和“三明治”形料坯。梯度料坯采用水平或垂直加热，而“三明治”料坯中不同的原料可以分别加热。触变成形时，梯度料坯只能采用单室压铸成形，“三明治”则可以采用单室或多室压铸。因此，相比于梯度料坯的供应方式，“三明治”料坯的供应方式不仅适用于同系合金，也适用于不同种类、液固相线温度差别较大的合金。图1-24为采用半固态加工技术生产的梯度材料，在增强材料侧，SiC颗粒分布均匀[70]。

1.6.6 在金属连接中的应用

半固态加工技术还有一个重要的应用是半固态焊接[71~73]。通常对于金属与金属、金属与陶瓷之间的连接，采用最多的是焊接、钎焊、扩散焊接、铸造和锻造等方法。采用焊接、铸造等常规方法进行连接时，由于操作温度较高，细小、薄壁、形状复杂的元件与基体很难连接，同时结合部位形状变化较大，尺寸不精细。

采用半固态连接技术可以很好地解决上述问题，如图1-25所示为半固态板、管等零件连接示意图[72,73]。需要连接的零件表面清理后，加热至半固态温度区间，同时施加一定的压力，直至完全凝固。从图中可以看出，半固态连接技术不仅适用于一般的场合，还可用于复杂形状、连接金属与基体性质差别很大的情况。图1-26为采用半固态连接生产的玻璃片与金属的连接试样[72,73]。图1-27为钢-钢连接零件示意图[71]。半固态连接过程易于操作和控制，连接的区域是面与面的结合，可以减少界面之间的腐蚀，为金属连接方法开辟了新的途径。

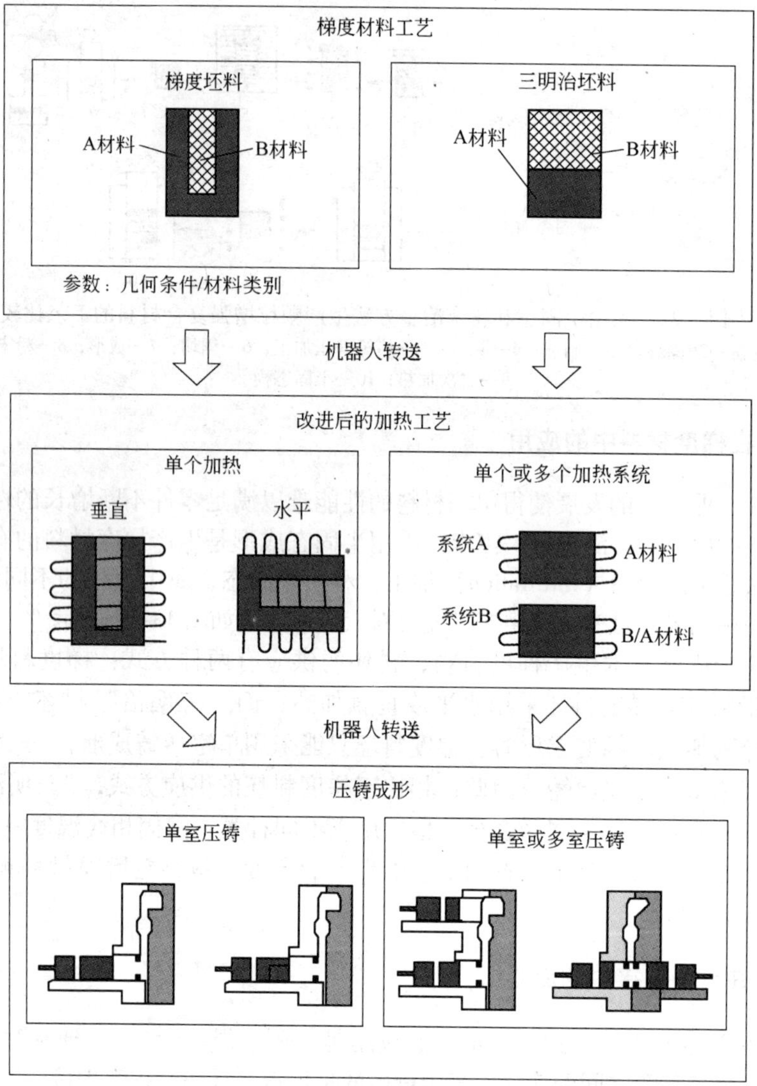

梯度材料工艺
梯度坯料
A材料
B材料
三明治坯料
A材料
B材料
参数：几何条件/材料类别
机器人转送
改进后的加热工艺
单个加热
垂直
水平
单个或多个加热系统
系统A
A材料
系统B
B/A材料
机器人转送
压铸成形
单室压铸
单室或多室压铸

图1－23 半固态加工技术生产梯度材料的工艺示意图

200μm
20μm
a
b

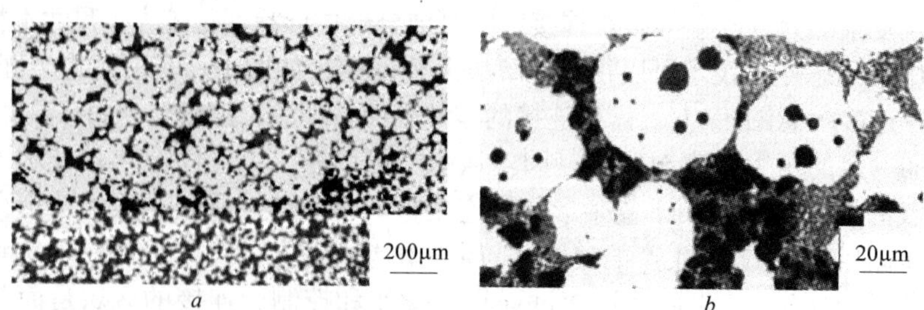

图1－24 采用半固态加工技术生产的梯度材料

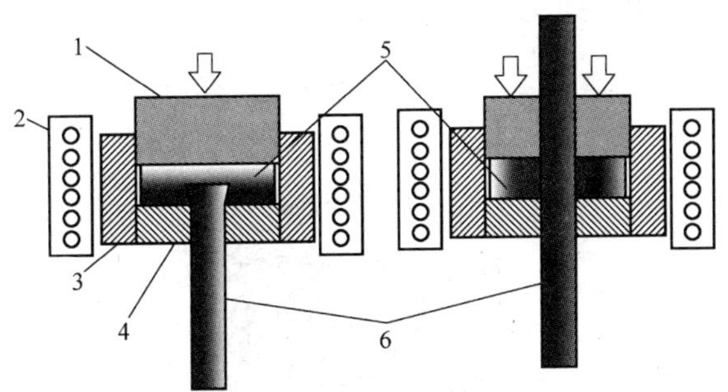

图1-25 半固态金属连接示意图

1—冲头；2—加热器；3—容器；4—基板；5—连接板；6—管或棒

图1-26 采用半固态连接生产的玻璃与金属的连接试样

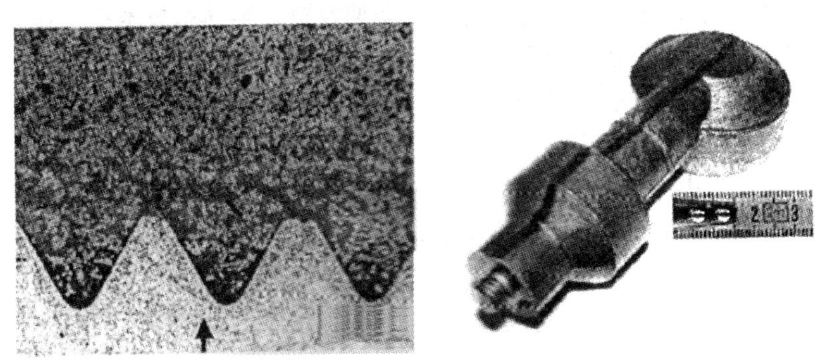

图1-27 钢-钢半固态连接件

1.6.7 金属半固态加工方法的一些其他应用

半固态加工技术的另一个应用领域是材料的提纯[74]。在液固两相区形成半固态结构，由于初生相颗粒的成分与液相成分有较大的差别，只要采用某种方法将液相和固相分离开，比如，利用过滤板就可以将液体从金属浆料中排除，就可以达到提纯材料的目的，如图 1－28 所示。

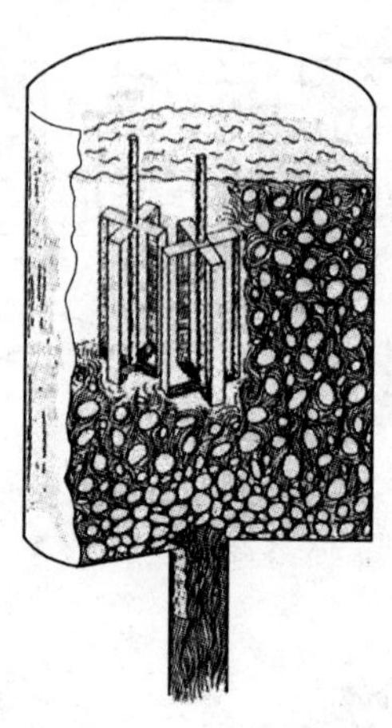

图 1－28　材料提纯装置示意图

1.7　金属半固态技术的经济分析

目前，应用半固态工艺进行大规模工业生产较为成功的是汽车铸铝零部件，但实际生产成本明显高于传统液态金属铸造，大约为 1.5 倍。其主要原因是由于半固态成形过程的复杂性（增加了坯料制备和二次加热）和为了严格控制工艺参数而带来的设备成本。针对这种较大的初期投资，半固态技术在工业化生产上必须可生产高质量产品和实现大批量生产规模，以及具有较低的材料消耗和较高的生产效率。据统计，通过合理的部件设计，半固态模锻铝合金汽车轮毂的重量比相应规格的压铸轮毂轻 10%～30%，相比金属模铸造，其原材料消耗降低更多。尽管国外利用半固态技术已经生产出大量的汽车零部件，但对半固态工艺进行准确的技术经济分析还是比较困难的，主要问题来自于对产品质量、适应性以及环保价值的评估上。一般说来，对于同一种零件应用不同工艺生产时，它的经济价值决定于生产过程中的诸多因素，而这些因素又是由零件生产效率、制作质量以及环保要求所确定的。

相比于压铸成形工艺，半固态成形技术除了具备工艺优势、环保优势以及产品优势外，还具备成形材料的广泛性优势。半固态锻造由于变形阻力较小，可以成形一些难加工合金材料（如高锰钢、高速钢等）。另外，还可以利用半固态金属触变性制作金属基复合材料。采用成本指数就半固态加工和压铸工艺年产 100t 汽车铝合金零部件进行比较，参见表 1－11。结果表明，在一定条件下，半固态成形技术具有相当的成本优势。只要充分发挥半固态成形质量好、生产效率高、近终成形等优势，特别是随着环保要求的提高，半固态总成本指数与压铸总成本指数相当。相比压铸等传统工艺，半固态成形技术具有较强的竞争力和适应性[75~83]。

表 1-11　半固态与压铸工艺年产 100t 汽车铝合金零件成本比较

生产成本	成形方法		项目成本所占比例/%	附加说明（成本指数估算基本理由）
	半固态	压铸		
原材料费	100	110	60	半固态降低原材料的消耗
坯料制备	100	0	14	半固态工艺增加了非枝晶坯料的制备，相比压铸成形增大了合金材料的处理成本（含设备折旧和动力费）
加热熔化	100	90	8	半固态二次加热尽管加热温度低于压铸合金熔化温度，但对温度均匀性有较高的要求，增加半固态加热及温控系统的费用（含设备折旧费，折旧期限 10 年）
成形加工	100	110	8	半固态成形温度低，由于合金的触变性，充型平稳，充型阻力小，故比压铸有较低的成形成本
产品质量	100	140	2~10	半固态加工零件晶粒组织细化，均匀，消除缩松，提高力学性能，成形尺寸精度高，加工余量小
环境保护	100	120	2~20	半固态加热、成形温度低，节能并降低环境污染，简化环保措施，延长模具的使用寿命
模具工装	100	110	4	半固态成形温度和成形压力低，延长模具的使用寿命
总成本指数	100	102	100	

2 半固态合金浆料（坯料）制备

2.1 引言

半固态加工技术中的一个关键问题是如何制备优质的半固态合金浆料或具有非枝晶组织的坯料，为叙述方便，书中以后章节简称半固态合金浆料（坯料）。半固态合金浆料或具有非枝晶组织的坯料可以通过搅拌、热处理或变形加热处理等多种方法获得。制备半固态金属浆料和非枝晶组织坯料的方法很多，分类方法也很多，下面将详细介绍。

浆料制备工序的目标是制备初生相尺寸细小（晶粒尺寸小于 100μm）、均匀、形状圆滑、近球形的半固态浆料，然后直接流变成形或制备具有非枝晶组织结构的坯料。工业化生产中常用电磁搅拌方法制备具有非枝晶组织结构的半固态组织。合金浆料在半固态温度区间搅拌时的剪切速度、固相分数及冷却速度是影响组织演变的三个重要因素。这三个参数的变化将直接影响半固态组织的质量，即初生相的形成、分布、大小和形貌。一般认为，影响初生相晶粒形状的主要因素为剪切速率；而晶粒大小主要取决于冷却速度。在金属冷却过程中强烈搅拌使已形成的枝晶破碎或局部熔化，同时也抑制树枝晶的形成，从而获得非枝晶的球形或近球状结构。搅拌力的大小和搅拌均匀程度将直接影响半固态组织的均匀性。半固态浆料和具有非枝晶组织坯料的制备方法多种多样，且各具特点，但从简便、可靠性以及技术成熟的原则考虑，目前及将来的一段时间内，半固态浆料的制备方法主要还是以电磁搅拌工艺为主。

非枝晶组织成形理论与实验研究表明，不同制备方法，制备工艺参数明显地影响半固态组织的特性，进而影响制品的力学性能。探讨半固态浆料中固相颗粒球化机制以及组织对性能的影响，将是今后半固态成形的重要研究方向。本章主要介绍各种制备半固态浆料及具有非枝晶组织坯料的方法。关于工艺参数对组织性能的影响将在下一章详细介绍。

2.2 半固态浆料（坯料）制备方法的分类及常用相图

2.2.1 半固态浆料（坯料）制备方法的分类

制备具有流变性的半固态浆料或制备具有触变性的非枝晶组织结构的坯料是实现半固态加工的首要环节。半固态加工用浆料（坯料）要求初生相固体细小，呈非枝晶的球状颗粒均匀分布在低熔点液相中。

目前浆料（坯料）的制备方法很多，根据目前大多数学者的分法，作者将现有的浆料或坯料制备方法分为三大类：搅拌法、非搅拌法和固相法。具有代表性的半固态浆料制备方法见图2－1。

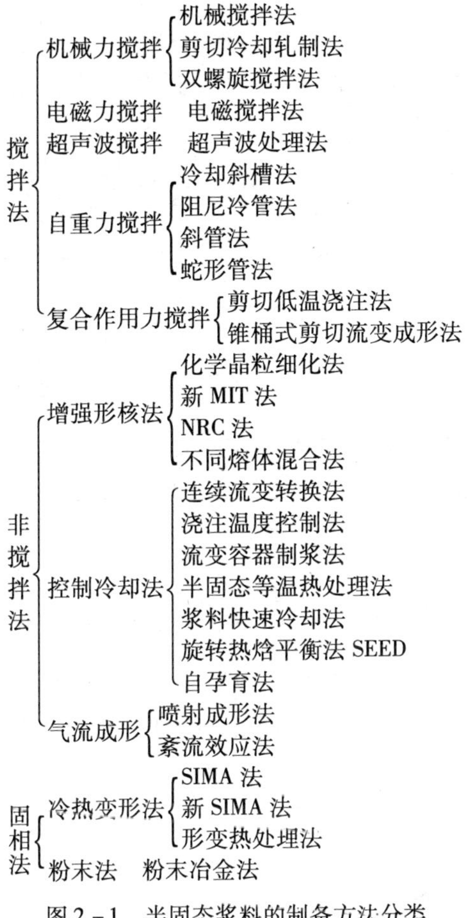

图2－1 半固态浆料的制备方法分类

半固态浆料的制备方法很多。其中，电磁搅拌法是目前最为成熟的工业化坯料制备方法，可以生产坯料直径76～152mm的A356、A357等铸造铝合金，其他的一些坯料或浆料的制备方法目前还处于实验室研究或中试阶段，没有投入大规模工业化生产。

制备方法的选择应考虑实际需要、简便、可靠和经济效益等方面，即工艺流程要短，容易操作，过程稳定，产品质量稳定，最为重要的是经济效益高。现阶段半固态浆料的制备方法中，搅拌法生产的半固态坯料的价格比普通的铸造坯料高30%～40%；SIMA法生产的坯料只适用于较小尺寸的场合。

2.2.2　几种常用合金相图

制备半固态合金浆料或坯料所用的合金材料必须具备一个基本特性，即具有比较大的凝固温度区间，因为这是半固态浆料制备和半固态加工成形的工艺基础。

2.2.2.1　Al－Si 合金相图[81,82]

在工业生产中，亚共晶 Al－Si 合金作为铸铝合金用途极为广泛，而且尤为可贵的是，它的凝固温度区间比较宽，十分适合进行半固态加工成形。图 2－2 是 Al－Si 二元合金相图[81,82]。

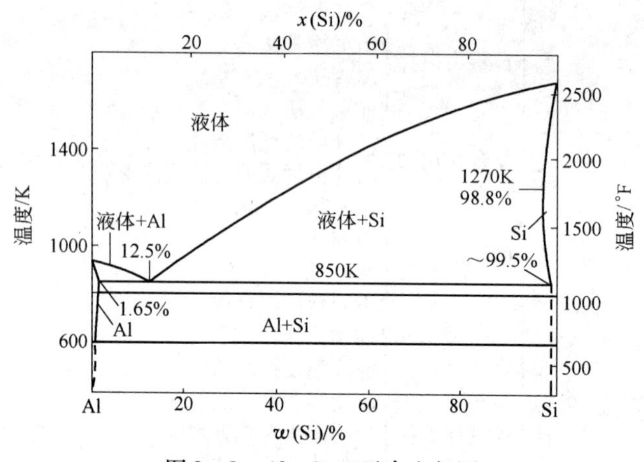

图 2－2　Al－Si 二元合金相图

2.2.2.2　几种铝合金和镁合金的相图

图 2－3 和图 2－4 分别是二元 Al－Mg 合金和二元 Al－Zn 合金相图，图 2－5～

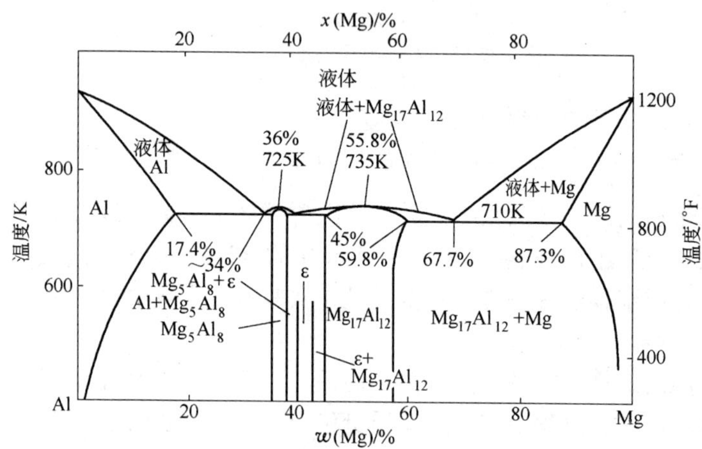

图 2－3　Al－Mg 二元合金相图

图 2－7 分别是三元 Al－Mg－Si、Al－Mg－Zn 和 Mg－Al－Zn 合金相图[81~84]。

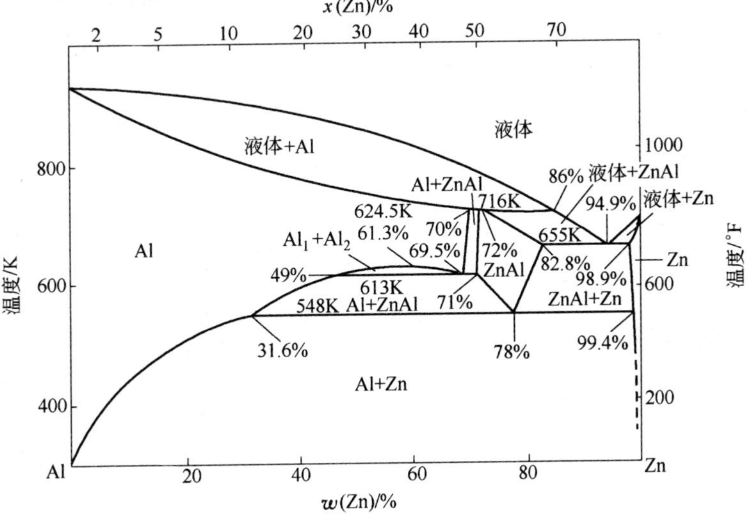

图 2－4　Al－Zn 二元合金相图

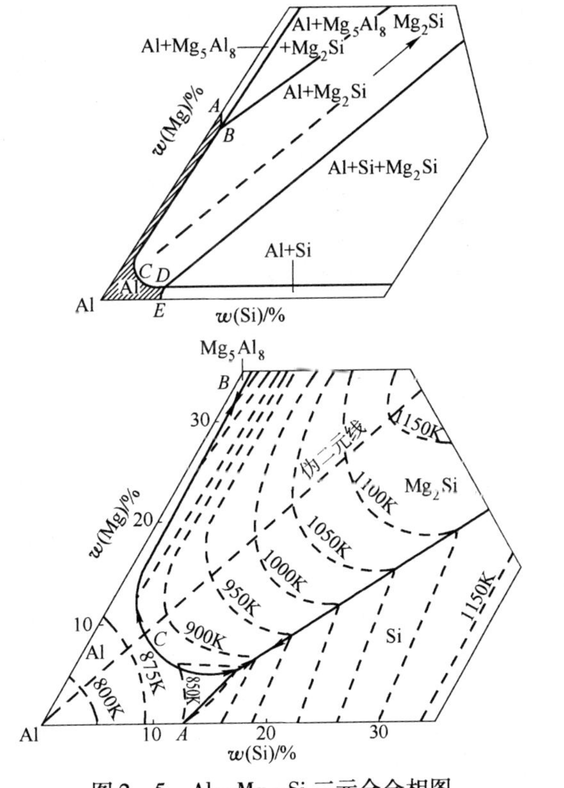

图 2－5　Al－Mg－Si 三元合金相图

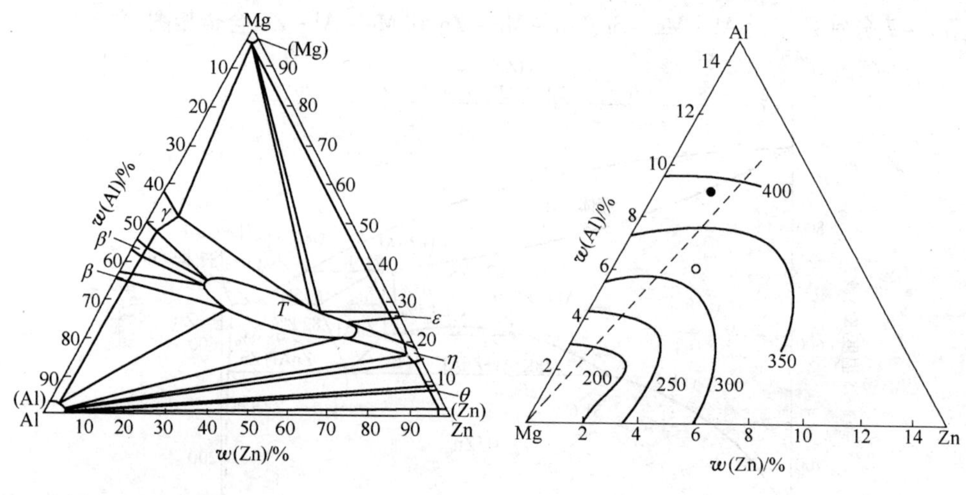

图2-6 Al-Mg-Zn三元合金相图

图2-7 Mg-Al-Zn三元合金相图

2.3 搅拌法制备半固态浆料

制备半固态浆料是半固态加工的第一步，也是关键的一步。搅拌法是最早采用制备半固态浆料的方法，也是目前应用最广的方法。搅拌技术是制备半固态浆料的一项关键技术，搅拌的效果直接影响到半固态加工产品的质量和生产效率。搅拌方法有许多种，目前，采用搅拌法制备半固态浆料的方法有：机械搅拌法、电磁搅拌法、双螺旋搅拌法、剪切-冷却-轧制法、冷却斜槽法、阻尼冷管法、转管法、锥筒搅拌法、震动处理法等[518,525,526]。根据搅拌力的来源又可以将搅拌法分为三种：机械搅拌法、电磁搅拌法和重力搅拌法。其中电磁搅拌法被认为是制备半固态浆料最理想、最有前途的方法。

2.3.1 机械搅拌法

机械搅拌法是最早采用的方法，其设备构造简单，它可以通过控制搅拌温度、搅拌速度和冷却速度等工艺参数，使初生树枝状晶粒破碎，熔体的温度趋于均匀，从而促进初生相成为近球形的结构。一般机械搅拌可分为连续式和间歇式两种类型，如图2-8所示[1~5,85~94]。

连续铸造的方式包括棒式和螺旋式。棒式装置具有金属液不易氧化、固相分数易控制、能连续生产的优点；其缺点是出料速度较慢，搅拌棒易损耗。螺旋式装置由于具有向下挤压流体的作用，使出料速度加快。

间歇铸造的方式包括底浇式和倾转式。底浇式装置的最大特点是结构简单，但是它的底部密封塞影响铸型的设置。倾转式装置的坩埚可以倾转，将部分凝固

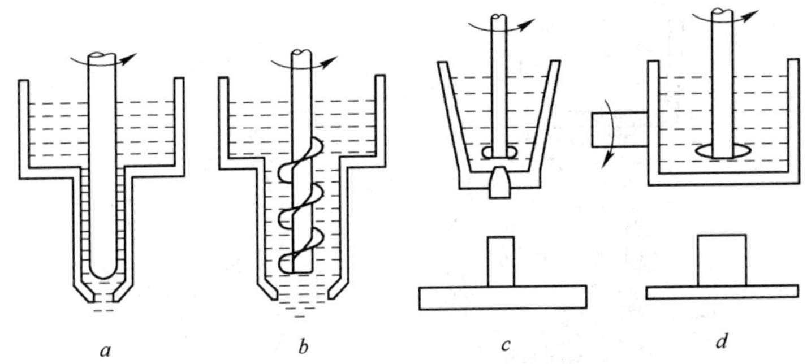

图2－8 几种机械搅拌装置的示意图

a—棒式；*b*—螺旋式；*c*—底浇式；*d*—倾转式

的合金倒入铸型，但在坩埚倾转前需将搅拌棒从合金中提出，金属液的表观黏度会因为停止搅拌而上升。

实验研究结果表明，采用机械搅拌法可以获得很高的剪切速率，有利于形成细小的球形微观结构，但是在搅拌腔体内部往往存在搅拌不到的死区，影响浆料的均匀性，而且存在搅拌叶片的腐蚀问题以及它对半固态金属浆料的污染问题。

机械搅拌法制备的半固态金属浆料的固相百分比一般在30%～60%之间。低于30%时，破碎的树枝状晶粒在后续的凝固过程中会产生粗化，倾向于向枝晶发展；而高于60%时，浆料黏度过高，浸入半固态浆料的搅拌器有停止和破损的危险。机械搅拌法还存在搅拌操作困难，生产效率低的缺点。

目前，机械搅拌的研究重点是改进搅拌器结构，以改善浆液的搅拌效果，比如采用螺旋式搅拌器制备半固态浆料，可强化桶内金属液的整体流动强度，并使金属液产生向下的压力，促进浇注，提高生产效率和坯料的质量。

2.3.2 剪切－冷却－轧制法

剪切－冷却－轧制法（Shearing Cooling Rolling，简称SCR法），该工艺是由日本的Mitruo和Uchimura等人开发，于1996年申请了美国专利[92～99]。SCR装置由一旋转的剪切/冷却辊、固定在支撑架上的弯曲模块和一个出料导板组成，滚筒和导板的间隙以及温度可调，如图2－9所示，右侧则为SCR法装置的示意简图。工作时，金属液由顶部进入滚筒与弯曲模板的间隙中，由旋转的滚筒所产生的摩擦力将其卷入间隙内部。此时，金属液被冷却、凝固，并出现树枝晶生长的趋向，但随即又被旋转滚筒和固定弯曲模板所产生的剪切力冲刷成细小颗粒分散在剩余液相中，最终成为初生相具有近球形的半固态浆料，从下方的出料导板排出。SCR法易与连续成形方法相结合，实现半固态合金浆料制备与连续成形一体化，能应用于生产大尺寸的金属制品。

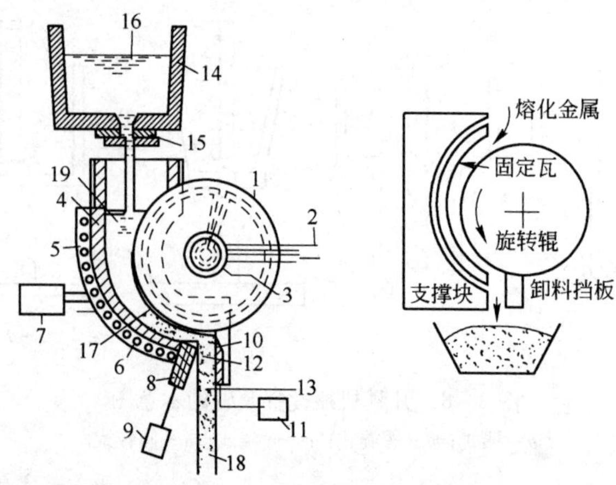

图2-9 剪切-冷却-轧制（SCR）设备及工艺示意图

1—搅拌器；2—冷却水系统；3—驱动系统；4—耐火板；5—可移动侧板；6—加热器；7，8—挡板；9—挡板滑动驱动装置；10—刮擦部件；11—驱动机械；12—出料口；13—传感器；14—铸桶；15—喷嘴；16—合金熔体；17—凝固壳；18—半凝固金属；19—冷却搅拌模

SCR 法具有冷却速率高、装置简单、结构紧凑、操作维修方便和生产效率高等特点，同时 SCR 法轧辊提供较大的剪切力，对金属的剪切搅拌作用明显，能制备高熔点和高固相体积分数的半固态金属浆料。

由于滚筒表面与金属液周期性接触，温度不会升得很高，可以降低滚筒材料的高温强度要求。滚筒和模板的冷却也较易实现，如需要达到高的冷速可以使用空心滚筒。此外，滚筒与模板表面的温度以及两者之间的间隙可独立调整，因此比较容易达到制坯所需的工业条件。目前此法已经制备出铝合金半固态坯料，试验设备的转速为 110r/min，最大驱动扭矩 980N·m，辊子相对于冷却靴可承受的压力达 19.6kN，该工艺方法适合于大批量生产。

采用 SCR 法制备半固态浆料过程中，影响熔融金属转变为半固态浆料的主要因素有两个：辊-靴之间的间隙和浇注温度。

辊-靴的间隙需要适中，不能过大，也不能过小。辊-靴间隙过大，合金液得不到轧辊的剪切作用，合金液将直接沿着靴形座表面从出料口流出。由于合金熔体凝固时得不到有效剪切，从而枝晶发达，组织结构粗大，此时合金的凝固与常规铸造过程无太大的差异。反之，当辊-靴间隙过小时，由于辊-靴间隙容纳的合金液量较少，合金液体层较薄，合金散热速度很快，合金液进入辊-靴间隙后，立即形成凝固壳，并紧紧覆盖在轧辊表面，即使浇注温度较高，合金在出料口也会发生完全凝固，从而得不到半固态浆料。而且凝固在轧辊表面的合金难以清除，甚至会造成“死机”。通过实验，确定出有效辊-靴间隙宽度为 2~3mm。

第二个因素为浇注温度。随浇注温度降低，合金内部晶粒由大变小。在较高浇注温度下这种变化不明显，但如果浇注温度太低，树枝晶开始生长，温度越低，树枝晶越发达。因此，只有在一定温度范围内，才可得到细小、均匀的球状或椭球状晶粒组织。图 2－10 是常规铸造与 SCR 法制备的 2A11 铝合金组织比较[94]。

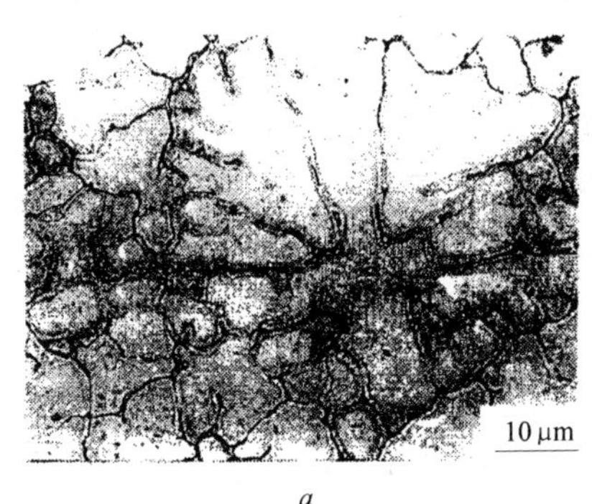

a

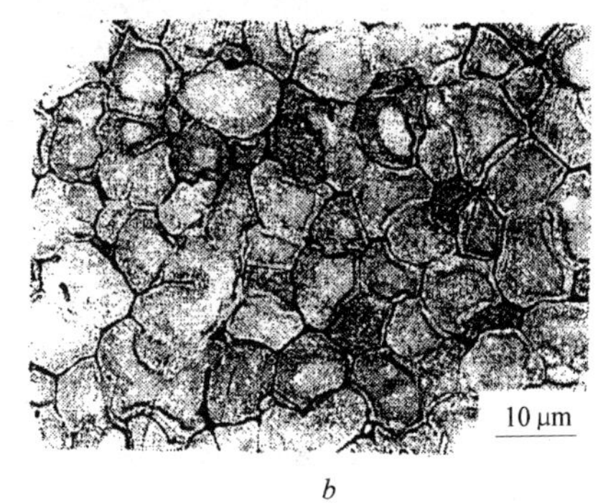

b

图 2－10　常规铸造与 SCR 法制备 2A11 合金的组织比较

a—常规铸造组织；*b*—SCR 法制备的组织

2.3.3　双螺旋搅拌法

英国 Brunel 大学的 Z. Fan 等人借鉴塑料注射成形原理，开发出双螺旋制备半固态浆料的流变注射机，用于从液态金属直接制备出近终成形产品，该机同样可以用于制备半固态浆料[43,101～106,529]。双螺旋流变注射机由坩埚、双螺旋剪切装置和中央控制器等组成。双螺旋剪切装置由筒体和一对相互紧密啮合的同向旋转螺旋组成，如图 2－11 所示。螺旋轴的齿形经过特殊设计，能使金属熔体得到较高的剪切速率和较高的湍流强度。在挤压筒外沿着挤压机轴线方向分布着加热单元和冷却单元，形成一组加热－冷却带，温度控制精度可达到 ±1℃，能准确地控制半固态金属浆料的固相体积百分数。

图 2－11 所示装置的工作原理是，熔融金属在坩埚中熔炼，达到比液相线温度高出约 50℃的预定温度，将熔融金属保温 15min，获得均匀的化学成分。当熔融金属为镁合金时，坩埚采用氩气保护。熔融金属以一定的速度进入双螺旋剪切装置，调整其温度，同时受到双螺杆的剪切作用，获得一定固相百分数的理想的半固态浆料。用 Sn－15% Pb 和 Mg－30% Zn 合金进行试验表明，它比单螺旋的机构能获得更细小、更不容易凝聚在一起的球形晶粒。半固态浆料通过剪切装置下端的出料口流出。

金属在双螺旋剪切装置中的流动非常独特，研究表明，金属在螺旋外以

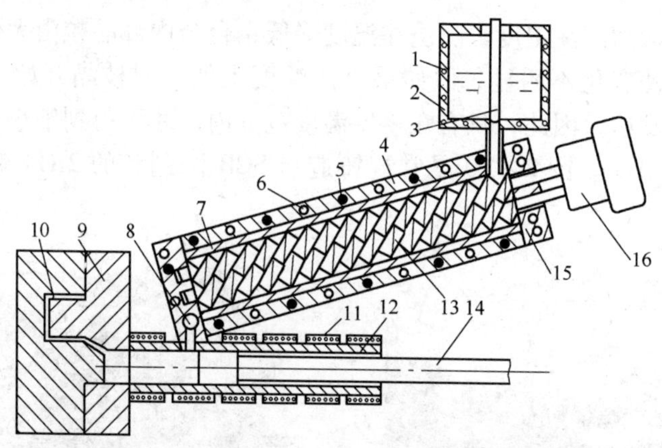

图2-11 双螺旋搅拌制浆及流变挤压工艺示意图

1—保温炉加热器；2—保温炉；3—进料塞杆；4—搅拌筒体；5—筒体加热器；6—冷却孔；7—衬套；8—出口阀；9—模具；10—成形零件；11—加热器；12—挤压筒体；13—螺旋轴；14—柱塞；15—筒体端盖；16—驱动装置

“8”字形方式流动，而且金属从一个斜面到达另一个斜面，形成“8”字形螺旋前进，从而推动金属沿螺旋轴向流动，金属从一个螺旋到另一个螺旋，经历了拉伸、折叠和调整的循环过程。另外，由于螺旋和圆筒间隙的周期性变化，造成金属受到周期性变化的剪切速率，最小剪切速率出现在螺纹根部，最大剪切速率出现在双螺旋的啮合区间。所有金属都要经历剪切速率周期性变化的剪切变形。

采用双螺旋流变注射机，半固态金属可以得到较高的周期性变化的剪切变形和较高的湍流强度。在强制对流条件下，金属充分过冷，即金属熔体在远低于普通凝固的温度下形核。由于剧烈的搅拌作用，分散了潜在的形核的高熔点金属熔体，增大了潜在的形核点，导致形核率增大，同时细化初始晶粒，随着剪切速率和湍流强度的增加，晶粒由蔷薇状晶经过等轴晶形成球状晶，从而获得细小均匀球状晶的半固态组织。

双螺旋流变压铸工艺的设备由两部分组成：双螺旋流变注射机和冷室压铸机。双螺旋流变注射机制备一定固相百分数的半固态浆料，冷室压铸机用于生产一定形状的产品。任何流变成形设备都可以很方便地连接在双螺旋流变注射机上。

国内也设计了一种双螺旋半固态浆料制备装置，其结构示意图如图2-12所示[107,108]。

半固态金属浆料的制备装置主要包括搅拌筒和包裹在搅拌筒外的温度控制装置，搅拌筒由筒体和搅拌器组成，搅拌筒的进料口装有容积式计量给料器，其外包裹有加热炉，搅拌筒的出口端与带有加热与温度控制功能的储料室相连，其连接处装有控制阀，储料室的底部设有出料口。搅拌器由两个相互啮合的螺杆组

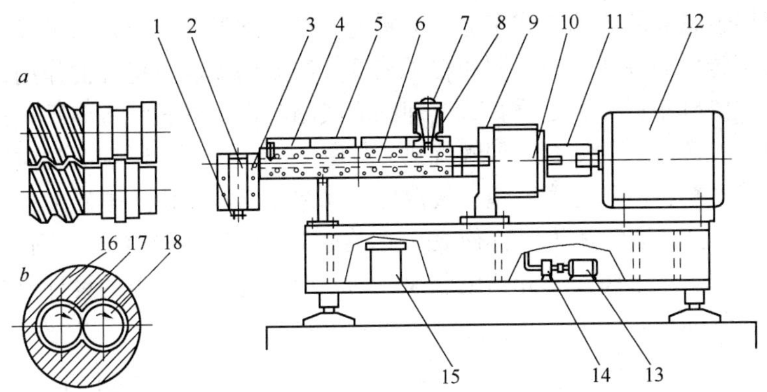

图 2-12 国内设计的双螺旋半固态浆料制备装置结构示意图

1—半固态浆料出口；2—半固态浆料储料室；3—控制阀；4—通气孔；5—温控装置；6—搅拌筒；7—容积式计量给料器；8—加热炉；9—水冷箱；10—减速器；11—联轴器；12—电机；13—油泵电机；14—油泵；15—真空装置；16—筒体；17，18—螺杆

成，螺杆由芯轴与多个不同导程、不同错列角的螺纹元件组成，螺杆的最大外径与筒体的内径之间的间隙为0.05~0.03mm，螺杆穿过水冷箱与减速分配齿轮箱相连，减速分配齿轮箱带动螺杆同速、同向旋转，减速分配齿轮箱由电机带动，减速分配齿轮箱通过油泵与油泵电机相连。

上述搅拌器的筒体和温度控制装置均可采用分段组合式设计，比较容易控制半固态浆料的固相分数。装置运转平稳，操作方便可靠。由于双螺杆结构的半封闭式搅拌装置是采用特殊结构的搅拌器，能够获得对浆料的高剪切速率，从而得到颗粒细小均匀的半固态组织，组成搅拌器的螺杆的最高转速可达600~800r/min，且可以在60~800r/min内连续可调，其剪切速率可高达5000s^{-1}以上，高于现有的其他搅拌方式。本装置主要用于镁合金的半固态浆料的制备，也可用于其他熔点低于700℃的非铁合金或非金属材料的制备，如Al合金、Sn-Pb合金、Zn合金、Bi合金、颗粒或晶须增强金属基复合材料、高分子混合物（复合材料）等。

相比于电磁搅拌法，采用机械搅拌法生产的坯料晶粒较为粗大，球化程度较低，组织形貌不规则，含有较多“包裹”的液相。

2.3.4 电磁搅拌法

电磁搅拌法（Magneto-Hydro-Dynamic Stirring Method，MHD）首先由美国的Metal Research Laboratories of Olin Corporation为ITT公司提出，随后美国的Alumax申请了一系列有关专利。目前，电磁搅拌法在国外已应用于工业化生产非枝晶组织的坯料，并有一些公司能够进行商品化生产，譬如美国Alumax公司、瑞士Alusuisse-Lonza公司、德国的EFU公司和法国Pechiney公司等[109~113]。

从搅拌金属液的流动方式来分，电磁搅拌有 3 种形式，一是水平式，即感应线圈平行于铸形的轴线方向，固相粒子在准等温面内流动，搅拌的作用是固相粒子球化的主要机制；一种是垂直式，即感应线圈与铸形的轴线方向垂直；另一种是上述两种旋转方式的结合，即螺旋式，如图 2－13 所示。影响电磁搅拌效果的因素有搅拌功率、冷却速度、金属液温度、浇注速度等。由于电磁搅拌的局限性（“集肤”效应），通常认为，直径大于 6 英寸（约 150mm）的铸坯不宜采用电磁搅拌法生产。本节将简单介绍电磁搅拌的原理、电磁搅拌器的设计以及有关电磁特性方面的问题。

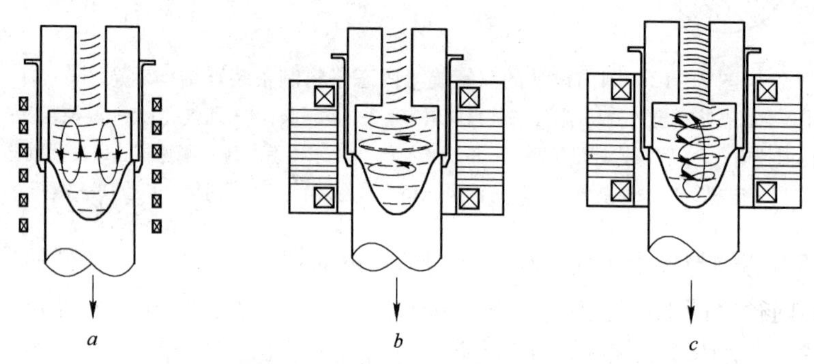

图 2－13 不同的电磁搅拌方式示意图

a—垂直式；*b*—水平式；*c*—螺旋式

2.3.4.1 电磁搅拌的工作原理和特点

A 电磁搅拌的工作原理

电磁搅拌是借助电磁力强化铸坯内未凝固金属熔液的运动，改变凝固过程的流动、传热和传质，达到细化晶粒、改善铸坯质量的目的[39]。

根据电磁感应定律，闭合回路内的磁通量发生变化时，闭合回路将产生感应电动势。这里所说的“磁通量发生变化”可分为两种情况。第一种情况是导电回路不动，穿过回路的磁通量随时间而变化。第二种情况是导电回路与磁场之间有相对运动，即导体切割磁力线。

旋转电磁场对金属熔液的搅拌就属于第二种情况。电磁搅拌的工作原理和普通异步电机类似。电磁搅拌器的感应器相当于电机的通电线圈，金属熔液则相当于电机的转子。金属熔液可以被看做由无数的导电回路组成。当磁场围绕金属熔液旋转的时候，磁场和金属熔液之间的相对运动就可以被看做是磁场与导电回路的相对运动，也就是导电回路内的磁通量发生了变化。它们都遵循两个基本规律：电磁感应和载（电）流导体与磁场的相互作用，即当金属熔液处于交变磁场 $\boldsymbol{B}$ 中，由于磁场以一定速度 $\boldsymbol{v}$ 切割金属熔液，则在其中感应起电流：

$$\boldsymbol{I} = \lambda \boldsymbol{e} = \lambda(\boldsymbol{v} \times \boldsymbol{B}) \tag{2-1}$$

式中　$\boldsymbol{I}$——电流密度；

λ——金属熔液导电率；

$\boldsymbol{e}$——感应电势；

$\boldsymbol{v}$——磁场运动速度，实际应理解为磁场运动速度与金属熔液流动速度之差；

$\boldsymbol{B}$——磁感应强度。

它们遵循右手定则，见图2-14*a*。该电流与当地磁场相互作用产生电磁力：

$$\boldsymbol{F}=\boldsymbol{I}\times\boldsymbol{B} \tag{2-2}$$

式中　$\boldsymbol{F}$——电磁力；

$\boldsymbol{I}$——电流密度；

$\boldsymbol{B}$——磁感应强度。

它们遵循左手定则，见图2-14*b*。电磁力是体积力，作用在金属熔液每个体积元上，从而驱动金属熔液运动，这就是电磁搅拌最简单的工作原理。

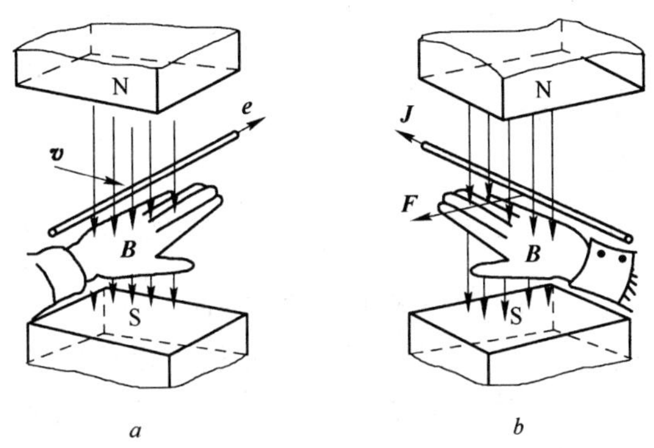

图2-14　电磁搅拌的工作原理

a—右手定则；*b*—左手定则

B　电磁搅拌的基本特点

电磁搅拌具有以下特点：

（1）非接触性。借助电磁感应实现能量的无接触转换，因而不和金属熔液接触就能将电磁能直接转换成金属熔液的动能。

（2）可控制性。由于感应器激发的磁场，无论是交变磁场或是恒定磁场都可以人为控制，即电磁力可控，因此可以人为地控制金属熔液的流动形态。其他参数也易于调节，且调节范围较宽，可以适合不同断面和金属熔液的需要。

（3）低效率性。由于电磁气隙大，漏磁严重，感应器激发的磁场只有极小部分到达铸坯内的金属熔液中，对金属熔液起搅拌作用，因此搅拌器的效率和功率因数远比电机低。

2.3.4.2　旋转磁场的产生

三相两极通电线圈方式产生的旋转磁场是一种最简单的情况，以其来说明旋转磁场的产生原理。假设通电线圈铁心如图2－15所示，共开6个槽，每个槽相距60°角。每相绕组嵌入相对的两个槽中。首端分别用A、B、C表示，对应末端分别用X、Y、Z表示。相邻两相绕组相距120°角。首端A、B、C分别接到三相电源，末端X、Y、Z接在一起，即作星形连接。

三相电流波形如图2－16所示，其表达式为：

$$i_A(t)=I_m\sin\omega t \tag{2-3}$$

$$i_B(t)=I_m\sin(\omega t-120°) \tag{2-4}$$

$$i_C(t)=I_m\sin(\omega t+120°) \tag{2-5}$$

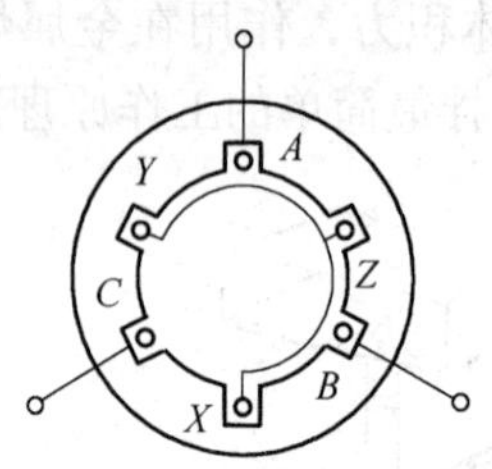

图2－15　通电线圈铁心及绕组

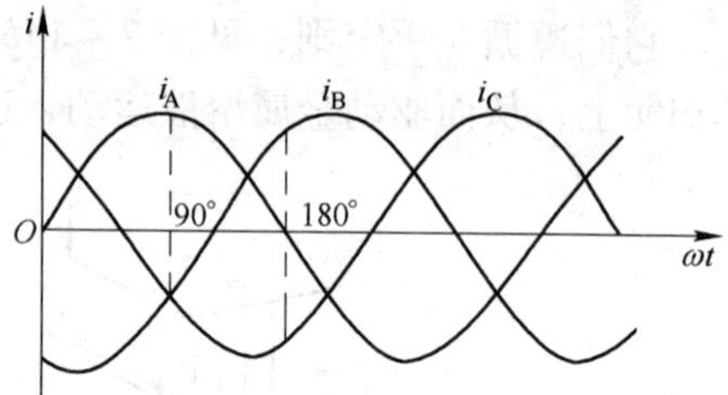

图2－16　三相电流波形图

下面以几个特定时刻来考察三相电流的合成磁场。

当$\omega t=0°$时，由三相电流的表达式或波形图可以得出：i_A为0；i_B为负值，即电流从B端流出，Y端流入；i_C为正值，即电流从C端流入，Z端流出。我们知道，通电导线会在周围建立起磁场，其方向遵守右手螺旋定则。因此，根据线圈电流方向，按照右手螺旋定则，即可画出三相电流合成磁场的磁力线分布图，如图2－17a所示。同理，当$\omega t=90°$时，合成磁场磁力线的分布如图2－17b所示；当$\omega t=180°$时，合成磁场磁力线的分布如图2－17c所示[115]。

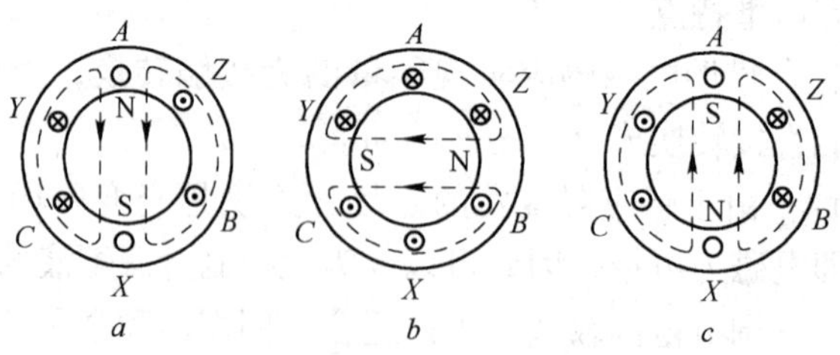

图2－17　通电线圈合成磁场的磁极分布

a—$\omega t=0°$；b—$\omega t=90°$；c—$\omega t=180°$

由上述分析可得出一个结论：三相电流通过在空间对称排列的三相绕组，它们所建立的磁场是一个旋转的磁场。需要说明的是，考虑到效率、稳定性等问题，实际通电线圈绕组的排列方法比上述排列形式要复杂得多。这里不再一一赘述。

2.3.4.3　电磁搅拌器的参数选择

A　极对数的选择

极对数（P）是通电线圈的重要参数。极对数和电源频率（f）共同决定了旋转磁场的转速（n_0）。因此，极对数越小，旋转磁场的转速越高。从上面的分析可以看出：电磁搅拌器能在金属熔液中产生电磁力是因为旋转磁场与金属熔液之间存在相对运动。因此，旋转磁场的转速就是金属熔液转速的上限。

$$n_0 = \frac{60f}{P} \tag{2-6}$$

此外，极对数决定了通电线圈腔体内的磁力线分布。图2－18中所示分别就是极对数为1、2和4的通电线圈空腔内的磁力线分布状况。可以看到，只有两极的通电线圈其磁力线贯穿了整个腔体，而其他多极通电线圈在其腔体中心都出现了磁场空区。值得注意的是，在电磁搅拌器中电磁线圈与金属熔液之间需要安装水冷结晶器，因此金属熔液恰好处于通电线圈的腔体中心。不像电机定子和转子之间只有非常小的气隙，一般电机间隙仅为0.2～1mm。因此，电磁搅拌的旋转效率远比电机低。为此，磁场的磁力线应贯穿腔体中心为最佳。

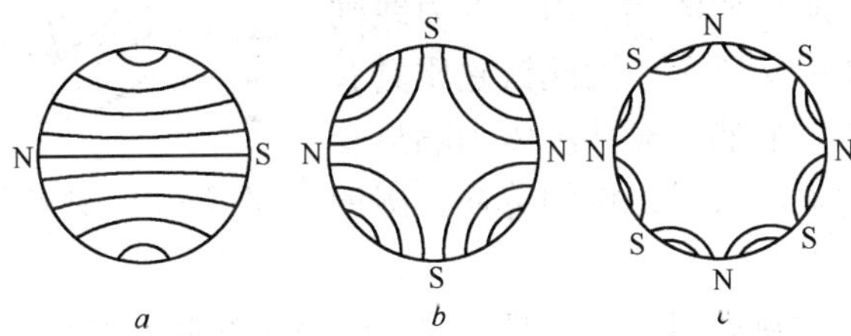

图2－18　在不同的极对数时通电线圈腔体内的磁场分布示意图

a—$P=1$；b—$P=2$；c—$P=4$

为了提高金属熔液转速的上限和提高磁场能量利用效率，电磁搅拌器应选用两极的通电线圈为合适。

B　电路参数的选择

影响半固态金属组织的重要因素之一是搅拌过程中剪切速率的大小。剪切速率与金属熔液的流速和搅拌力密切相关。

从前面式（2－6）可以看出，电源频率越高，金属熔液的流速的上限，即磁场的转速（n_0）就越高。但并不是电源频率越高就越好，因为金属熔液的实际流速（n）还取决于转差率（S），即：

$$n = n_0(1 - S) \tag{2-7}$$

电磁搅拌器的搅拌力大小取决于许多因素，包括被搅拌金属的性质、电磁搅拌器产生的磁感应强度等。调节搅拌力的两条途径：其一是通过改变电流频率来调节搅拌力。其二是通过控制三相调压器，改变加在通电线圈上的电压，改变磁场的强度，从而调节搅拌力。

根据有关文献所述，电源频率约为20Hz的时候，搅拌力最大[114~116]。当然，由于搅拌器形式不同，被搅拌金属不同，最佳的电源频率将有所差别。如果采用工频50Hz作为搅拌器电源频率，搅拌电流频率与理想的搅拌电流频率差别不大，但可以省去昂贵、复杂的变频设备。至于对搅拌力大小的调节，可以采用其他方法来实现，如采用调压器改变电流、电压的大小，进而实现对搅拌力的调节，从而起到控制搅拌过程的作用。

C　搅拌腔体的材料和选择

搅拌腔体其中包括结晶器或坩埚，可以看做是金属熔液和搅拌器通电线圈之间的磁介质。其选用的原则是：不能对磁场有屏蔽作用，不能消耗大量的磁场能量。

铁磁质材料的磁导率很大，当磁力线由非铁磁质穿过铁磁质时，尽管磁力线在非铁磁质中几乎垂直于铁磁质表面，但是穿入铁磁质后几乎与表面平行。磁力线将沿着铁磁质构成的磁路分布，在铁磁质构成的空腔内，磁力线则很少穿入，如图2-19所示。因此铁磁质具有极强的磁屏蔽作用。显然，搅拌腔体和隔热套应绝对避免使用铁磁质材料，例如铸铁、碳钢等。

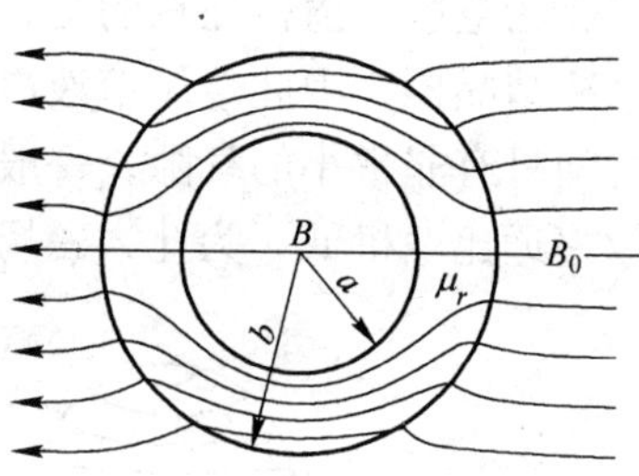

图2-19　铁磁质对磁场的屏蔽

此外，有一些材料如铝、铜、银，并非铁磁质材料，但是电阻率很小。如果把这些材料放置在旋转磁场中，由旋转磁场激起的感应电动势会在这些材料内部产生很强的电流。从能量的角度讲，外加磁场的能量就大量消耗在这些材料中了，而转化为机械能的磁场能量就相对减少了。因此搅拌腔体和隔热套的材料最好选用那些不导电的材料，至少应选用电阻率很大的材料。综上所述，石墨、不锈钢、陶瓷等都是符合要求的材料。其中，不锈钢既不导磁，电阻率又很大，而且抗腐蚀，是一种比较合适的搅拌腔体材料，图2-20是几种材质坩埚的通电线圈电流与测量线圈电压和磁感应强度的关系。图2-21是磁通穿透物质的衰减曲线。

2.3.4.4　几种电磁搅拌装置

电磁搅拌法是利用旋转磁场在金属液中产生感应电流，金属液在洛伦兹力的

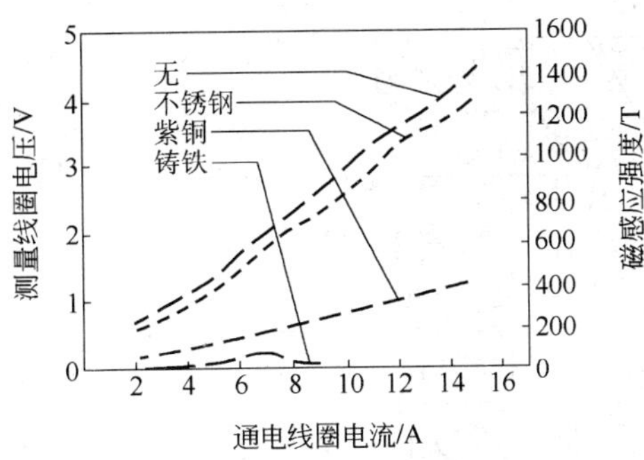

图 2-20　不同材质坩埚通电时线圈电流与测量线圈电压和磁感应强度的关系

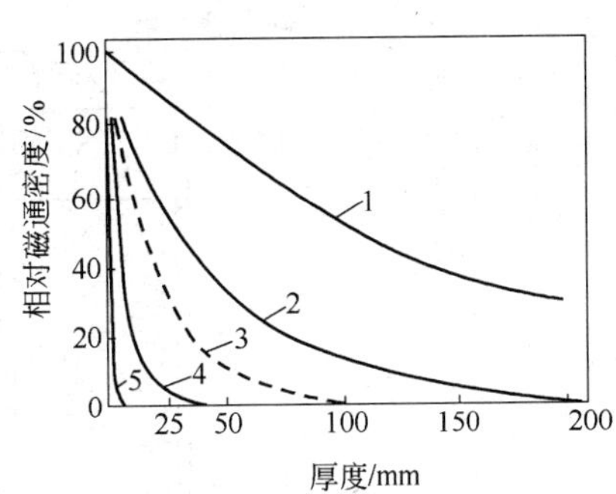

图 2-21　磁通穿透物质的衰减曲线
1—空气；2—奥氏体不锈钢；3—钢（5Hz）；4—铜（50Hz）；5—铁（30℃）

作用下产生运动从而达到对金属液搅拌的目的。按照电磁场产生设备（方式）的不同，可以分为两种：在感应线圈内通交变电流的传统电磁方法；高性能永磁材料电磁感应器的旋转永磁体法。

电磁搅拌器的原理和主要结构与电机基本相同。为此，在实验中常仿造或直接选用电机的部件来制作电磁搅拌器的部件。

A　采用通电线圈制作的电磁搅拌器

采用通电线圈制作的电磁搅拌器其工作原理是通电线圈通入交变电流后，在熔体中产生感应电流，而起到搅拌作用。这种方法依据线圈的绕制方法不同，形成的磁场也不同，熔体的流动形式也不同。其中最简单的电磁搅拌器是利用电动机定子作为电磁搅拌器的搅拌线圈，且通常是采用二极电机定子。

图 2-22 就是利用电动机定子制作的试验用电磁搅拌器，该试验装置是一种非连续制备装置，通常只应用在实验室或小批量生产中。该装置制造简单，使用灵活，通常应用于研究半固态金属的特性。在此值得指出的是采用这种方法得到半固态金属浆料后，需快速将坩埚取出，投入水中，以保证达到足够的冷却速度。

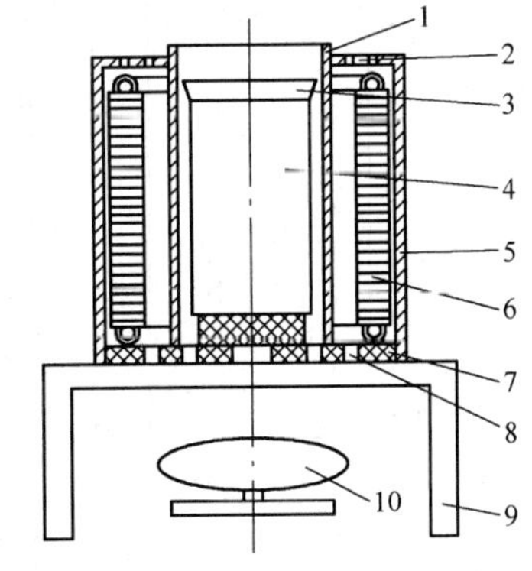

图 2-22　电磁搅拌装置示意图
1—隔热套；2—上通风孔；3—坩埚盖；4—坩埚；5—搅拌线圈外壳；6—搅拌线圈；7—隔热板；8—下通风孔；9—支架；10—风扇

图 2-23 是一种带有水冷系统的电磁搅拌制备方法。其模具采用磁导率极低的材料制成，并具有一定的内锥度。

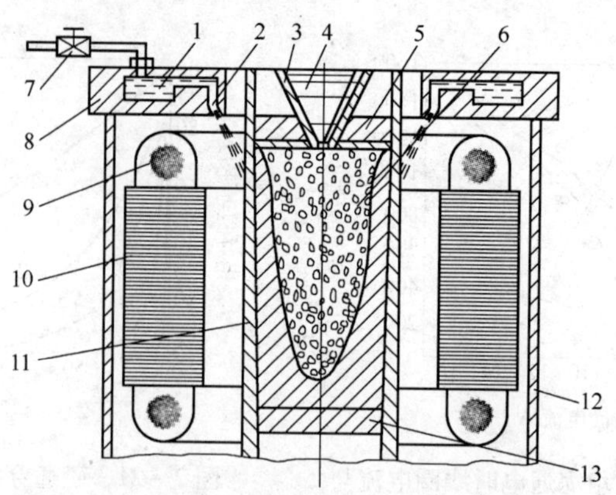

图 2－23　一种带有水冷系统的电磁搅拌制备装置

1—水套；2—喷水孔；3—熔体流入锥形孔；4，6—熔体；5—上盖；7—阀门；8—水套板；9—通电线圈；10—铁芯片；11—模具；12—外套；13—底板

B　采用永磁体制作的电磁搅拌器

采用永磁体制作的电磁搅拌器是采用类似发电的结构[117,118]。转子是装有永磁体的结构，参见图 2－24。转子以一定角速度旋转时，在外层熔体中产生感生电流，其轴向电流密度为 J_z。磁体材料是“RECOMA20”永磁体。转子转速可调范围为 0～3000r/min。圆环模是用不锈钢制造的，外径为 209mm，内径为 110mm，内壁厚为 3mm，高为 139mm。装置可熔化铝液 22kg，加热采用电阻加热，加热功率范围为 0～3000W。

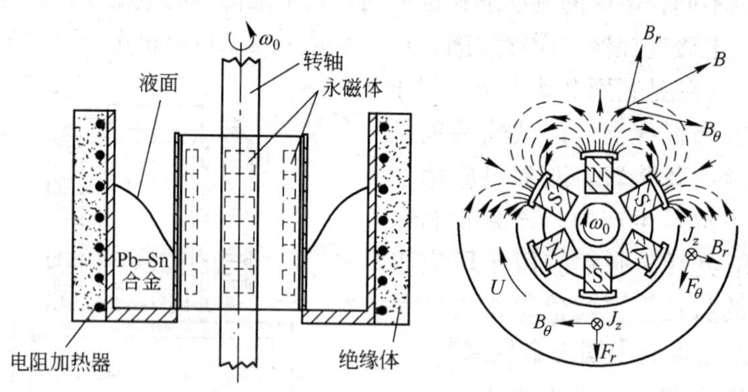

图 2－24　转子装有永磁体的搅拌装置

另一种采用旋转永磁体进行搅拌的结构如图 2－25 所示。它是 1993 年由法国的 Charles Vives 推出的，磁体安装在被搅拌金属的外部。定子由 4 对高性能的永磁材料组成，磁柱用 6 个 24mm×24mm、长为 30mm 的 ALNICO 1500 永磁体制

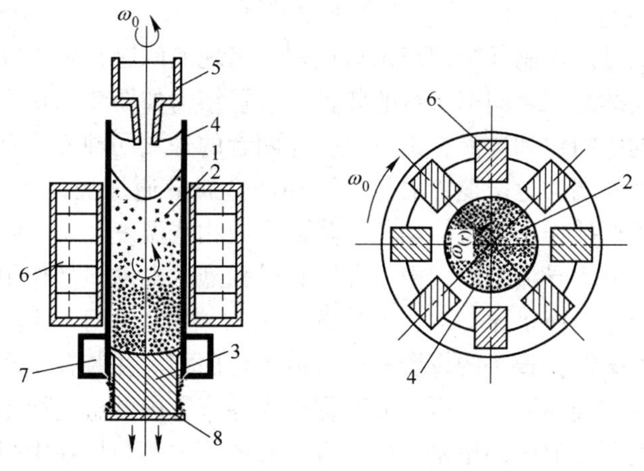

图 2－25　定子装有永磁体的搅拌装置

1—熔融金属；2—糊状区；3—已凝固合金；4—锭模；5—浇包；
6—电磁铁；7—冷却装置；8—底板

成。金属模由不锈钢制成，圆筒内径为70mm，外径为73mm。该装置通过改变永磁体的排列方式，可使金属液产生明显的三维流动，可以生产圆、扁、方、空心锭等。试验表明，利用该装置搅拌铸造铝合金时，定子的温升不高于200℃，为此不影响永磁体的正常工作。

同时，该装置转子结构简单，体积小，可安装于现有的连续或半连续铸造机上，转子感应器可以设计得很高（长），延长搅拌时间，改善铸锭组织，因磁场由永久磁体产生，无有效功和无效功损失，功率因素接近于1，设备造价也较低。采用这种搅拌装置的金属熔液应在另外的加热炉中熔化后，再注入模具中。

电磁搅拌法使用经过除气和过滤处理的金属熔体，搅拌时不会污染金属浆料，搅拌过程中不会卷入气体，电磁参数控制方便、灵活，所生产的坯料质量波动小，污染程度低。将电磁搅拌技术与连铸技术相结合可以连续生产具有非枝晶组织结构的坯料。

2.3.4.5　电磁搅拌制浆工艺的改进和发展

电磁搅拌技术是目前工业化生产上制取半固态浆料的主要方法。但是如前文所述，为了获得细小的球状晶组织，往往要对浆料施以较大的搅拌强度，加之这种工艺效率低，使得电磁搅拌设备过于庞大，投资高昂。并且由于电磁感应过程中的“集肤”效应，使得电磁搅拌装置应用于大容量的浆料室搅拌以及大直径的铸坯生产时，会产生组织不均匀，内层组织粗大，树枝晶较多等现象，这些都限制了电磁搅拌技术的推广应用。近几年许多学者都从不同的角度对电磁搅拌工艺提出了改进，这其中就包括复合电磁搅拌法和环缝式电磁搅拌法。

A　复合电磁搅拌法制备半固态合金浆料[44]

针对原有电磁搅拌制备半固态浆料过程中出现的问题，张志峰等人提出一种符合电磁搅拌连续制取半固态浆料的装置。装置结构如图2－26所示，设备的主体由上下联通的中间包和导流管组成，并在两者的外端同轴安装有冷却器、加温器和绝热管以及外端的电磁搅拌器等。液相的金属液通过浇口首先进入中间包，在中间包的电磁搅拌作用下整体均匀地降低到液相线温度。从中间包下端有柱塞控制流量的出口流入导流管内，由于导流管外强烈的电磁搅拌作用，加之外部冷却器的作用使得金属液迅速冷却，形核数量大大增加。由于导流器的直径较小，因此可以节省电磁搅拌设备的投资和设备的占地面积。在装置工作时始终保持中间包有一定高度的金属液，这样一方面保持了导流管内的金属熔体速度，防止在较强的冷却速度下导流管的堵塞。另一方面导流管内的熔体在中间包内金属液形成的静压力和电磁搅拌作用下可以获得强有力的剪切作用。这种复合电磁搅拌装置有效地解决了液相浇铸时金属液温度难控制和金属液流动性差等问题，也解决了传统电磁搅拌装置设备庞大，耗能高，效率低等问题。

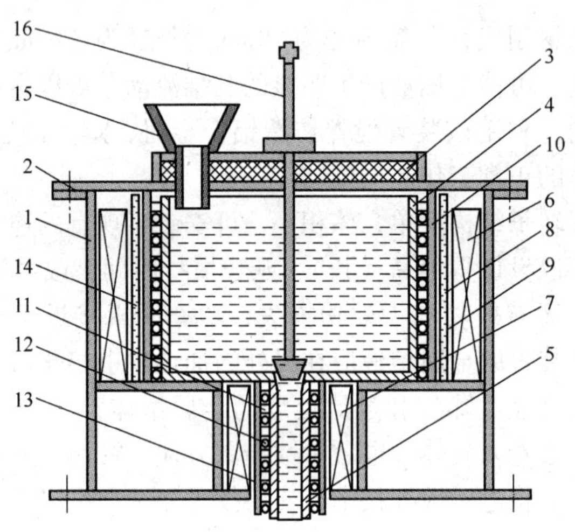

图2－26　复合电磁搅拌制备半固态浆料装置

1—外壳；2—上盖板；3—内嵌耐火材料；4—中间包；5—导流管；6—上电磁搅拌器；7—下电磁搅拌器；8—加温器；9—冷却器；10—绝热管；11—加温器；12—冷却器；13—绝热管；14—冷却水套；15—漏斗式浇口；16—塞杆

B　环缝式电磁搅拌法制备半固态合金浆料[120～123]

徐骏等人研究认为由于在大容积的电磁搅拌室内半固态浆料的散热情况不一致，外层浆料散热较快，中心浆料散热慢，导致初生晶的产生在时间和空间上存在巨大差别，同时在“集肤”效应的作用下最终导致浆料或坯料组织分布的不均匀。基于以上考虑，研究人员设计了环缝式电磁搅拌装置，如图2－27所示。

装置的最显著特征在于其在传统的搅拌室中心加入了内部冷却控制器，浆料在搅拌时置于内外两个冷却控制器中间的环形区域内，在装置工作时内外冷却装置同时通入冷却介质，使得浆料的温度场分布更为均匀，从而获得细小均匀的半固态组织。

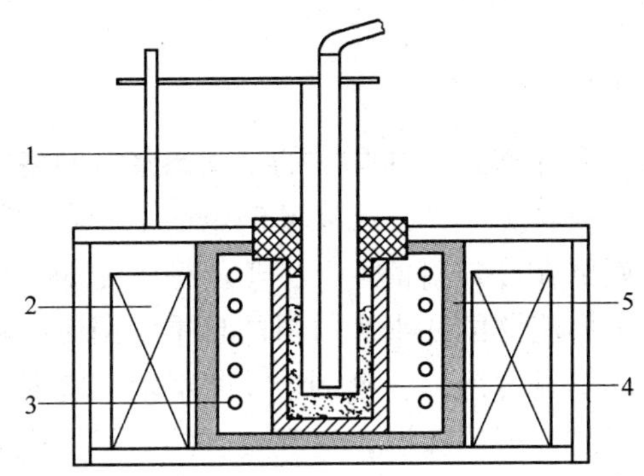

图 2-27 环缝式电磁搅拌制备半固态浆料装置
1—内部冷却控制器；2—电磁搅拌器；3—外部冷却控制器；
4—制浆室；5—保温材料

2.3.5 超声波处理法

早在20世纪70年代，人们就对正在凝固中的熔体施加超声波震动（超声波处理）以获得细小铸态组织进行研究，试验证明在稍高于液相线温度时对冷却的熔体进行超声处理，可以获得适用于半固态加工成形用的非枝晶组织。V. I. Dobatkin 等人提出了在液态金属中加入细化剂，然后进行超声波处理以获得半固态铸锭的方法[74,124,125]，图 2-28为超声波处理法的示意图。

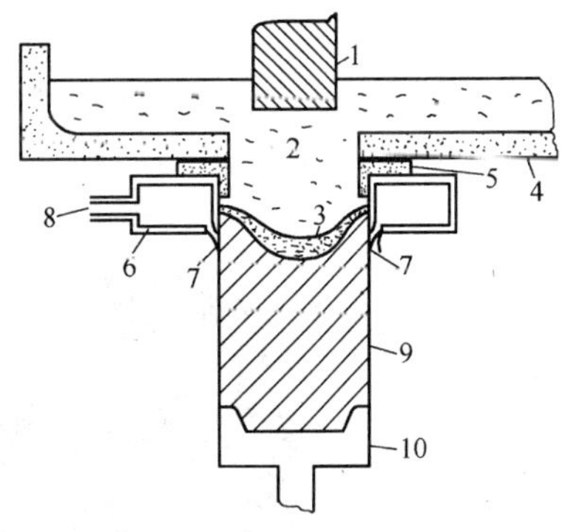

图 2-28 超声波处理法示意图
1—超声波探头；2—金属熔体；3—固液两相区；
4—中间包；5—隔离环；6—结晶器；7—冷却水流；
8—结晶器进水口；9—坯料；10—引锭

液态金属中施加高能超声波可以产生两个基本现象：气蚀效应（cavitation）和声流效应（acoustic streaming）[107]。气蚀过程包括熔体中小气泡的形成、长大、振动和破裂，这一不稳定的压缩速率极高，破裂产生压力波，人为造成形核质点（源）。同时，高能超声波在熔体中传导时，产生声流现象，各种各样的声流导致熔体剧烈混合。气蚀效应中气泡破裂导致的压力冲击波会造成枝晶臂的断裂，声流现象又会将破裂的枝晶臂均匀分布在熔体中。所以当超声振动预凝固作用相互结合时，熔体结构变化包括：晶粒细化、抑制柱状晶组织、提高熔体均匀程度和减少偏析。对于 Al - Si 合金来说，超声波处理可以促进形核并破坏长大的晶粒，可以有效降低初生固相的晶粒尺寸，使得 Al - Si 合金的强度和韧性上升。

2.3.6　冷却斜槽法

冷却斜槽法是日本宇部株式会社开发的半固态浆料制备方法，用于制备具有非枝晶组织的铝合金和镁合金坯料，已在欧洲申请了专利。其原理是：将略高于液相线温度的熔融金属倒在冷却斜槽上，由于斜槽的冷却作用，在斜槽壁上有细小的晶粒形核长大，金属流体的冲击和材料的自重作用使晶粒从斜槽壁上脱落并翻转，以达到搅拌效果。通过冷却斜槽的金属浆料落入容器，控制容器温度，即缓慢冷却，冷却到一定的温度后保温，达到要求的固相体积分数，随后进行流变成形或触变成形[126~128,524]。图 2 - 29 为冷却斜槽法制备半固态浆料 - 流变成形 - 二次加热 - 触变成形的工艺过程。图 2 - 30 为德国亚琛大学铸造研究所使用的冷却斜槽法设备示意图[54]。

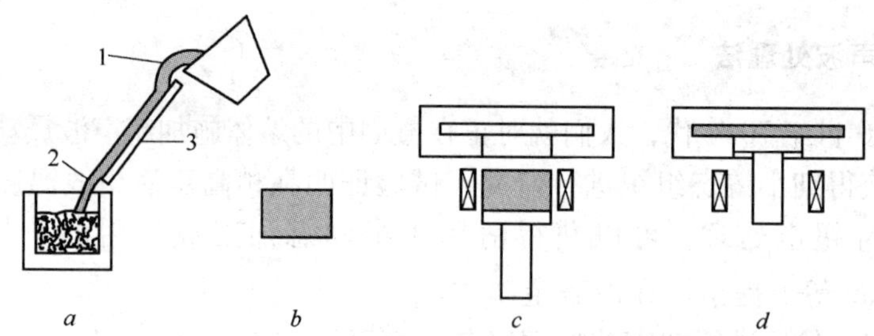

图 2 - 29　冷却斜槽法制备半固态浆料及成形工艺示意图

a—浆料制备；*b*—坯料；*c*—二次加热；*d*—半固态成形

1—熔融金属；2—半固态浆料；3—冷却斜板

图 2 - 30　德国亚琛大学铸造研究所使用的冷却斜槽法设备示意图

冷却斜槽一般是由合金钢制成的，其内部采用水冷却，表面涂镀一层氮化硼（BN），以防止半固态金属黏附在冷却斜槽表面上。其生产工序为：将金属加热到熔融状态，保持其温度略高于液相线温度；将熔融金属倒在冷却斜槽上，并在斜槽内部通水冷却，保持斜槽处于低温状态；由于冷却斜槽的冷却作用，处在斜槽表面的熔融金属开始形成晶核；载有大量晶核的熔融金属流过冷却斜槽进入容器，控制容器温度，缓慢冷却，可形成具有近球形组织的浆料；进一步冷却，调整金属固相分数使其达到流变成形的要求；同时将容器盖上，以避免成形浆料表面形成氧化物。

在冷却斜槽方法中，影响熔融金属转变为半固态浆料的主要因素有 3 个：（1）浇注条件。熔融金属倒入冷却斜槽，逐步凝固形核，很多细小固相颗粒随液相流入容器，只有在浇注温度高于液相线温度时，才可能在斜槽上形成晶核，同时斜槽温度要尽可能低。（2）斜槽长度。如果斜槽过长，会在斜槽底部凝固形成金属壳，阻碍金属的流动，降低冷却效率，如果斜槽过短，熔融金属内没有产生大量细小晶粒，达不到半固态浆料要求。（3）斜槽的倾斜角度。倾斜角度的大小直接影响熔融金属的流动速度。

采用冷却斜槽法制备半固态浆料的固相百分数在 3% ~10% 之间，其流动性基本同熔融金属一样。在流变铸造中，固相百分数越低，越容易铸造。因此，冷却斜槽法能应用于流变铸造成形很薄的铸件。

2.3.7 阻尼冷管法

基于“新 MIT 法”和“冷却斜槽法”的特点，北京有色金属研究总院提出的一种新的制备半固态合金浆料的方法——阻尼冷管法[129]。该方法是将高于液相线温度以上几度的合金熔体通过一个阻尼冷管。由于管子的阻尼作用，合金熔体被搅拌。同时，阻尼冷管周围设有冷却系统，使合金熔体被冷却，装置具有很好的调节冷却强度系统，因此能有效地调节合金熔体的冷却速度。合金熔体在管壁的冷却下形成许多细小的晶核，晶核形成后，将迅速长大，由于金属熔体流的冲击，使长大到一定尺寸的晶粒从管壁上脱落，随金属熔体流入下面的容器。进一步迅速冷却合金熔体，就能获得较理想的半固态浆料。作者提出两种不同结构的阻尼冷管装置，如图 2 -31 所示。图 2 -31*a* 是带分流楔的阻尼冷管，其特点是截面为扁长形，它能使金属熔体在经过扁长形截面时，由于截面面积的变小而流动速度加快，同时在出口的分流楔阻碍下，对金属熔体产生搅拌作用。同时，扁长形截面能增加截面的周长，从而增加了管壁的冷却作用。图 2 -31*b* 是带螺旋芯头的阻尼冷管，其特点是螺旋芯头的材料密度比金属熔体的密度大一些，螺旋芯头在金属熔体的冲击下，由于螺旋斜面上的周向分力作用，使螺旋芯头转动。同时，金属熔体也向相反的方向转动，从而起到对金

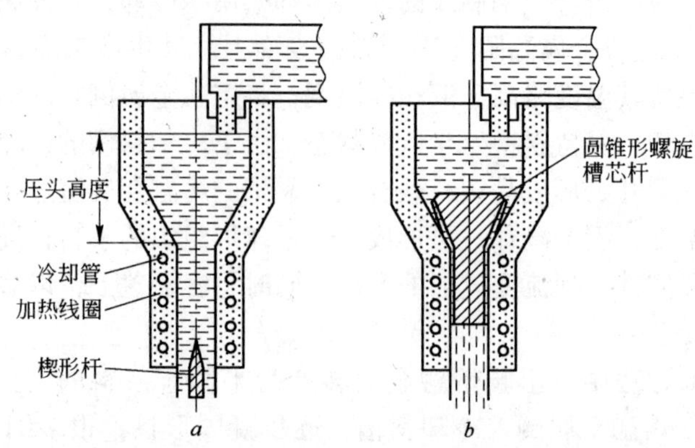

图 2－31　两种阻尼冷管法设备的示意图

a—带分流楔的扁管法；b—带螺旋芯头的圆管法

属熔体的搅拌作用。同样，合金熔体在管壁的冷却下形成许多细小的晶核，晶核形成后，将迅速长大，由于金属熔体流的冲击，使长大到一定尺寸的晶粒从管壁上脱落，随金属熔体流入下面的容器。两种方法的金属熔体压头高度都直接影响到金属熔体的流动速度。数值模拟结果表明压头高度必须大于一定值，如压头高度必须大于 300mm（冷管直径为 50mm 时）。但是，过高的压头高度也是没有必要的。

阻尼冷管法的特点是合金熔体是在一个封闭的阻尼冷管中流动，避免了高温熔体与空气接触而氧化，特别适用于镁合金，这种方法能有效地防止镁合金的燃烧和氧化。阻尼冷管的结构可以多样化，能适应各种不同的要求和流量的需要。阻尼冷管法具有冷却斜槽法的特点，不需要外加动力。阻尼冷管法与“新 MIT 工艺”相比较，工艺更简单。与冷却斜槽法相比较，具有可控性好，金属熔体不与空气接触而避免氧化等特点。

2.3.8　蛇形管法

和阻尼冷管法的原理相类似，北京科技大学陈正周、毛卫民以及太原科技大学杨小容等人提出了蛇形管浇注法制备半固态浆料的工艺[130~133]，有些学者也称其为 SIN 函数冷却法[134]。图 2－32 为多弯道蛇形管浇注半固态浆料制备工艺示意图。在达到特定温度的液态金属被浇注入蛇形管后，由于合金熔体是在具有一定弧度且封闭的蛇形弯道内流动并多次改变流动方向，合金熔体具有一定的“自搅拌”功能。蛇形管内壁附近的熔体在管壁激冷的作用下会形成大量的晶核，由于熔体在管内的运动方向和位移大小不断改变，使得浆料受到不断变化的剪切力作用，管内壁面和中心区域的密度分布不一致，也会造成对流，促使晶核向管内中心游离，最终得到均匀的球形或近球形晶粒组织。

2.3.9 斜管法

斜管法流变制浆工艺是在铝合金斜板法工艺的基础上加以改进，采用封闭的斜管代替斜板，使其适用于极易氧化的镁合金半固态浆料的生产，同时使静态的斜板变为转动的斜管，对合金液凝固初期进行搅拌，以获得更多的游离晶粒。其试验装置如图2-33所示[135]。

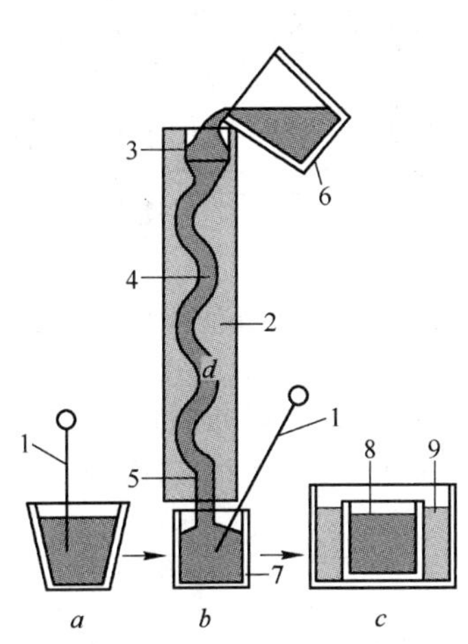

图2-32 多弯道蛇形管浇注工艺示意图
a—控制金属熔体的浇注温度；*b*—浇注过程；*c*—浆料水淬冷却
1—热电偶；2—浆料制取系统；3—浇口；4—蛇形管道；5—垂直管道；6—熔炼坩埚；7—采集坩埚；8—浆料；9—冷却水

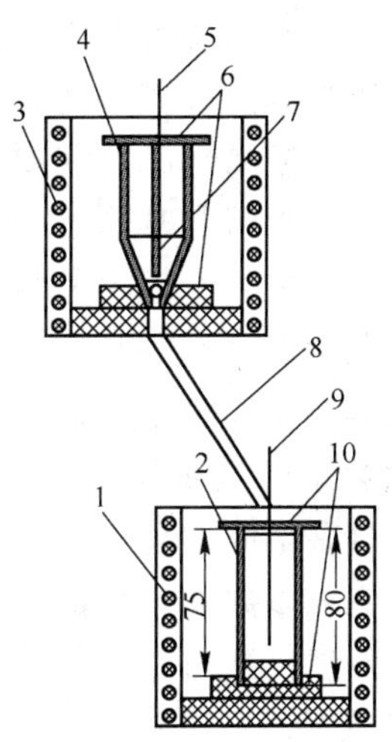

图2-33 斜管法半固态制浆设备示意图
1—结晶炉；2—结晶器；3—保温炉；4—保温坩埚；5—热电偶；6—绝热套；7—柱塞；8—斜管；9—热电偶；10—绝热套

影响斜管法流变制浆工艺的主要因素有浇注温度，斜管的冷却速度和冷却能力，斜管的材料、长度和倾角等。采用斜管法流变制浆工艺，浇注温度应较低，使其流经斜管时利用斜管的激冷作用而产生大量的晶核，随后在结晶器中逐渐长大形成非枝晶组织。当浇注温度过低则易在斜管内壁“结皮”。另外，不同的预热温度，即不同的冷却速度，对半固态合金浆料的组织也会产生影响。

2.3.10 剪切低温浇注法

剪切低温浇注式半固态浆料制备工艺（Low Superheat Pouring with a Shear Field，LSPSF）[136,137]是由南昌大学杨湘杰、郭洪民等人在斜管法等半固态制浆工艺基础上自主开发的半固态浆料制备工艺，装置结构如图2-34所示。该工艺是将具有特定过热度的合金熔体浇注入一个可以转动的输送管之中，合金熔体在自身重力和输送管转动共同作用下流经输送管，并保证合金液流经输送管末端的温度控制在合金液相线以下1～5℃；具有大量自由晶的合金熔体在浆料蓄积器中静态缓慢冷却。其中转动输送管是该工艺的核心构件，具有特殊热交换条件，起到使合金在凝固初期形成局部过冷和较强混合搅拌的复合作用。在低过热度浇注、管壁局部激冷和搅拌混合的综合作用下，处于管壁及其附近的合金熔体处于热过冷状态，发生形核及晶粒游离。在输送管转动与合金熔体自身重力作用下，不断地有合金熔体与新的管壁相接触，因此形核及晶粒游离会不断地发生。与普通铸造相比，本工艺中合金熔体的总体形核数量不会有所提高，但绝大多数的自由晶得以残存，大大提高了有效形核数目。浆料蓄积器可以被加热到特定温度，实现浆料的缓慢冷却，调节浆料的固相率。

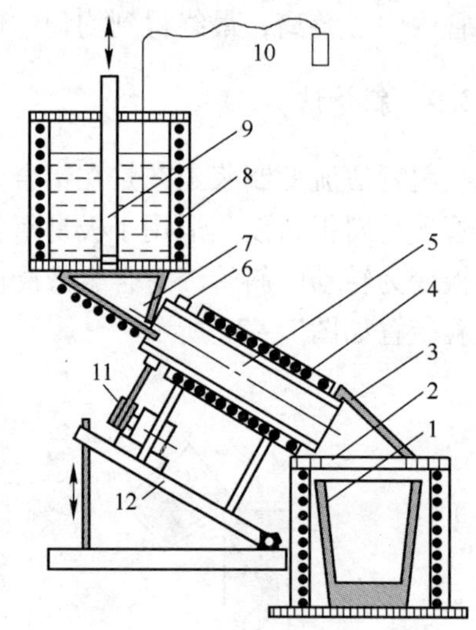

图2－34 LSPSF流变铸造工艺原理示意图

1—浆料收集器；2—控温电阻炉；3—挡板；4—加热单元；5—转动输送管；6—支撑轴承；7—进料口；8—转换电阻炉；9—塞棒；10—热电偶；11—电动机；12—支撑

2.3.11 锥桶式剪切流变成形法

北京科技大学张帆、康永林设计了锥桶式流变成形机（Taper Barrel Rheomoulding，TBR，设计之初称为Rotating Barrel Rheomoulding Machine）[138,139]，装置的基本结构如图2－35所示，该装置的基本原理是利用两个刻有凸纹及沟槽的内、外锥桶的相对转动，使液态金属在凝固过程中发生剧烈的剪切变形，形成初生相细小且均匀圆整的半固态浆料。装置设计有可以调节内锥桶高度的举升机构，可以调整内外筒缝隙大小从而改变制浆过程的时间和剪切力的大小，相对于传统SCR工艺有更大的灵活性。

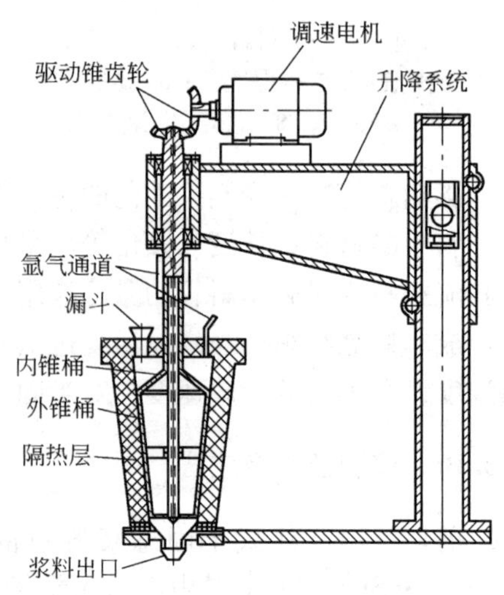

图2－35 锥桶式流变成形装置示意图

2.4　非搅拌法制备半固态浆料

2.4.1　化学晶粒细化法

化学晶粒细化法是添加晶粒细化剂，增加外来晶形核数目与改变结晶方式来细化晶粒与改善结晶组织，生产非枝晶组织半固态浆料的一种方法[140,141]。通常化学晶粒细化法与其他方法结合使用来生产半固态浆料，如 MHD 法和浇注温度控制法。通常，铝合金中加入 Al－Ti－B 中间合金细化晶粒。V. Laxmanan 在其申请的专利中，采用该法结合 DC 铸造，选择合适的工艺参数，生产的 A356 合金坯料中初生 α 相为 150μm，并呈蔷薇状。挪威 Norsk Hydro 公司应用化学晶粒细化法与特殊的凝固条件相结合，制备了半固态镁合金 AZ91 细晶粒铸锭，但此种工艺对钢等高熔点合金细化作用不明显。

晶粒细化法的关键是选择合适的晶粒细化剂。比如在铝合金中，最为困难的是选择合适 Al－Ti－B 晶粒细化剂的 Ti/B 比例。近年来，对于铸造铝合金，有的学者开始采用新型 AlB 晶粒细化剂，用以生产具有非枝晶组织结构的铝合金坯料。

采用晶粒细化方法生产的具有非枝晶组织结构的合金坯料，晶粒组织细小（A357 一般为 70～80μm，MHD 法生产的为 100～130μm），具有更加圆整的晶粒，但所含包裹的液相比 MHD 法生产的坯料多。MHD 生产的具有非枝晶组织结构的合金坯料，宏观偏析比晶粒细化方法生产的坯料严重。

化学晶粒细化法的缺点是晶粒细化剂只对某些特定的合金系有作用，有时这些晶粒细化剂会成为非金属夹杂残留在产品中，降低非枝晶组织坯料在半固态加工时的加工性能，并对最终产品的机械性能造成影响。图 2－36 是采用晶粒细化法生产的非枝晶组织坯料及其二次加热后的组织[127]。

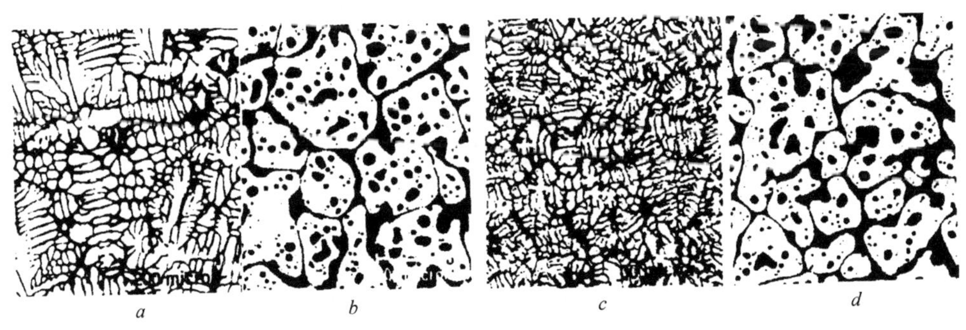

a　　*b*　　*c*　　*d*

图 2－36　采用晶粒细化法生产的非枝晶组织坯料及其二次加热后的组织

a—采用 Al－Ti－B 晶粒细化的 A356 合金组织；*b*—采用 Al－Ti－B 晶粒细化的 A356 合金二次加热后组织；*c*—采用 Si－B 细化的 A356 合金组织；*d*—采用 Si－B 细化的 A356 合金二次加热后的组织

2.4.2　流变铸造法（新 MIT 法）

流变铸造法（新 MIT 法）又称为"旋转冷却针法（Spinning Cold Finger）"[91,140,142]，是由 MIT 的 Flemings 等提出的，Idraprince 有限公司获得这项技术专利。由于其设备简单，操作方便，这项技术在流变铸造中得到应用。MIT 最近的实验研究认为，影响形成非枝晶半固态浆料的重要因素是合金的快速冷却和热传导。采用新 MIT 法，在一定的搅拌速度下，搅拌时间为 2s，就能获得适合半固态加工的非枝晶组织，进一步提高搅拌速度对产生球形晶粒没有太大影响。当合金温度低于液相线温度时，搅拌对最终的微观组织没有太大影响，只是利用搅拌消除过热，引起合金形核固化，而容器壁和浇注热传导（对流）起很大作用，基于这一点，MIT 改进的流变铸造是在快速热释放的同时进行搅拌。

如图 2－37*a* 所示为新 MIT 工艺过程：用带有冷却作用的搅拌器插入温度在液相线温度以上几度的合金熔液中进行搅拌，搅拌数秒后，熔体温度降低到对应只有几个固相百分数的温度时，将搅拌器取出，将合金静止在半固态区间，进行短时间缓慢冷却或保持在绝热状态。合金在液相线温度以下，由于搅拌和冷却的共同作用，导致熔体体积中合金晶粒的过冷形核产生，而且固相合金晶粒在熔体中分布均匀，然后迅速冷却合金熔体，就能获得较理想的半固态浆料，图 2－37*b* 是新 MIT 法熔体温度在加工区间的变化示意图。

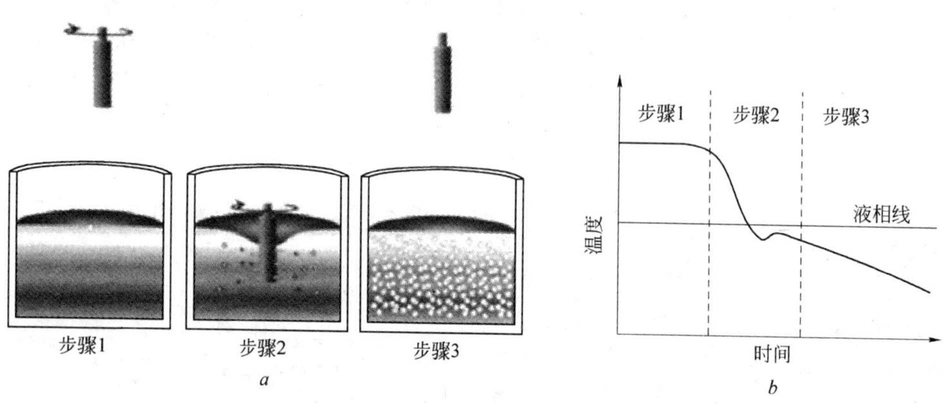

图 2－37　新 MIT 法制备半固态浆料示意图

a—工艺步骤；*b*—加工温度区间示意图

图 2－38 是采用 MIT 工艺制备的 A356 合金与常规冷却凝固制备的 A356 合金组织的对比。图 2－39 是采用 MIT 工艺和电磁搅拌法制备的 A356 合金坯料进行二次加热后的微观组织的对比。

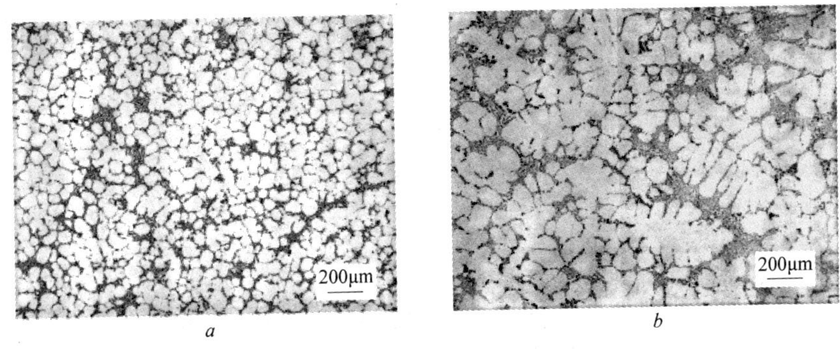

图 2 - 38 采用 MIT 工艺和常规冷却凝固制备的 A356 合金组织对比

a—MIT 工艺制备；b—常规冷却凝固

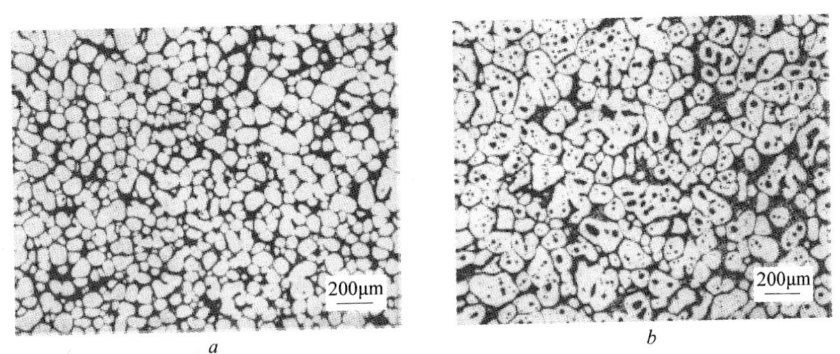

图 2 - 39 采用 MIT 法和电磁搅拌法制备的 A356 合金二次加热后的组织对比

a—MIT 法；b—电磁搅拌法

2.4.3 NRC 工艺

NRC 工艺（New Rheocasting Processing）是日本宇部株式会社开发的一种新流变工艺，广泛用于各种轻金属合金，尤其是镁合金。采用 NRC 工艺可以从熔融金属中直接制备出含有球状晶的半固态浆料，而不需要搅拌。而且采用这种方法制备出的产品具有良好的机械性能和微观组织。这个工艺有很多优点：生产成本低，相对于传统的触变成形，费用减少大约 20%；生产效率高，工具寿命长；产品机械性能好[143~150]。

NRC 方法的生产工艺过程为：（1）将熔融金属控制在液相线温度以上几度范围内；（2）将熔融金属倒入隔热容器中，由于容器的冷却作用，在熔融金属内部产生大量的初生相晶粒；（3）在容器上下用陶瓷覆盖，防止过冷；（4）利用风冷将金属冷却到设定的半固态温度；（5）通过隔热容器外部的高频感应加热器调整浆料的温度，调整金属浆料的固相体积分数，形成球形浆料，满足成形需要，这个过程需要 3 ~ 5min；（6）翻转隔热容器，将半固态浆料倒入套筒；同时，上表面的氧化层沉到套筒底部，可防止氧化层进入产品；（7）将浆料直接倒入模腔中，并成形。过程示意见图 2 - 40。

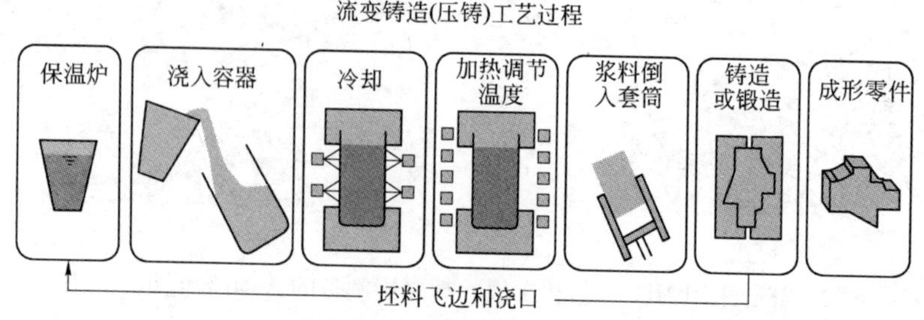

图 2 - 40　NRC 方法的工艺过程

NRC 方法制备出的浆料微观组织特征：初始 α 相分布非常均匀；不存在残余共晶体，但存在残余金属间化合物；初始 α 相颗粒近似球形。

2.4.4　不同液体混合法制备半固态浆料

不同液体混合法是将两种或三种不同亚共晶成分的熔融合金混合，或将亚共晶和过共晶成分的熔融金属混合。待混合的两种或三种熔体均保持在液相线以上，没有晶核或晶核很少。混合是在绝热的容器中进行，或者在一个通过向绝热容器的表面涂镀石墨的静置混合槽中进行。混合得到的新合金温度在液相线温度上下，含有大量的晶核，形成具有细小、球状组织的半固态浆料，如图 2 - 41 所示[151]。

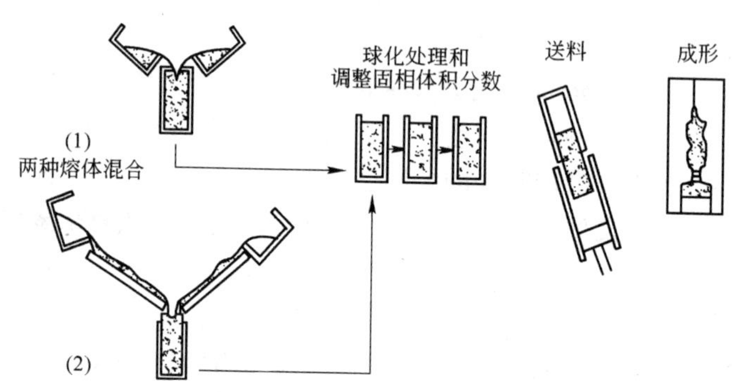

图 2 - 41　不同液体混合法制备半固态浆料工艺示意图

通常，混合槽要预热，保证熔体流过混合槽时，其温度保持在液相线温度以上。熔体在混合槽上以湍流方式流动，使其混合程度良好。两种熔体的混合导致自发的热传导（热释放），亚共晶吸收过共晶热量。通过控制不同熔体的成分和质量，能获得所需半固态浆料。如果两种将要混合的熔体是不同成分，通过控制热和质量传递（或扩散）获得大量初始 α 相颗粒。亚共晶合金温度、对流强度和初始相颗粒尺寸对半固态浆料最终微观组织有很大影响。

2.4.5 连续流变转换法

美国 MIT 的 WPI/MPI（Metal Processing Institute）的 ACRC（Advanced Casting Research Center）研究小组，在美国能源署资助下，开发了一种新的、连续、经济、高效的半固态浆料制备新技术——连续流变转换法（Continuous Rheoconversion Process，简称 CRP 法），该方法与不同液态混合法有相同之处，也有不同之处，连续流变转换法有一个反应器，图 2－42 所示为连续流变转换法的设备及原理图[152]。

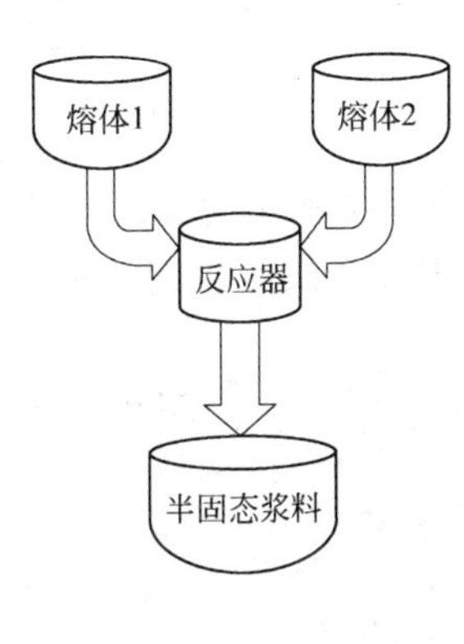

图 2－42 连续流变转换法（CRP）的设备及原理图

CRP 法工艺过程简单，将具有一定过热度的合金（可以是相同合金，也可以是不同合金）倒入反应器中混合，由于反应器在浆料初始凝固阶段具有散热和强制对流作用，使得浆料内形核率较高，同时强制对流的作用又会使浆料内部形成非枝晶的组织结构，所生产的半固态浆料可以直接供流变成形，或冷却凝固后制成具有非枝晶组织的坯料供触变成形使用。CRP 法设备主要包括：两个独立的合金温度控制装置、加热的输送管道、反应器。反应器的作用是：为合金浆料提供较大的形核空间，使合金在反应器中流动时，产生较强的强制对流效果。通过改变反应器的加热温度，可以调节散热强度。CRP 过程的主要工艺参数包括：合金熔液的过热度和化学成分、反应器的散热率、浆料存储器的温度等。

CRP 制浆法最主要的特点是强制对流和高形核率，两个作用导致的结果是：大量的初生相晶核产生，使熔体内部分布大量的晶核；在均匀温度场内，形成的晶核能稳定保持。在 CRP 设备中反应器是最为关键的设备，它提供了大量晶核形核和熔体强制对流的场所，图 2 – 43 为 Magma 模拟软件模拟的反应器中熔体流动的流线。

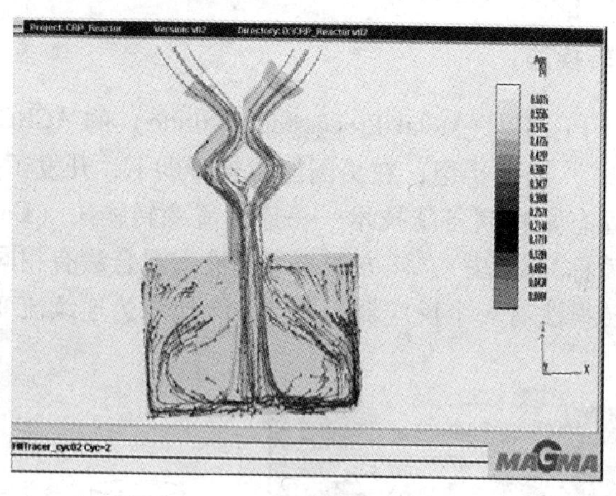

图 2 – 43　反应器中熔体流动的流线

如图 2 – 44 所示为采用 CRP 法制备的 A356 合金坯料组织和加热 585℃后的水淬的组织（金属过热度为 9℃）。

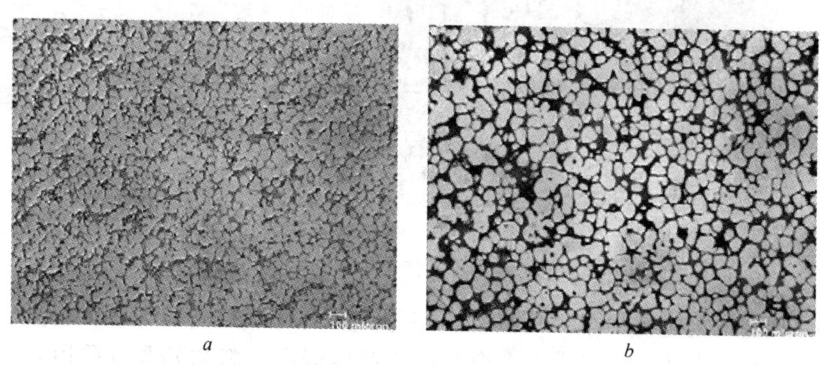

图 2 – 44　采用 CRP 法制备的 A356 合金坯料组织[140]

a—CRP 法制备；*b*—加热 585℃后水淬

2.4.6　浇注温度控制法

浇注温度控制法又称为近液相线铸造法。由于采用搅拌法易造成被搅拌合金的夹杂等缺陷，SIMA 又不适用于大体积构件，于是澳大利亚和我国的研究学者在研究非枝晶组织坯料制备方法时发现，通过控制合金的浇注温度，也就是低过热度浇注或液相线温度下浇注（Sub – liquidus Casting），初生枝晶组织可以转变为球状颗粒组织，该方法的特点是不需要加入任何合金元素，不需要进行任何搅拌，同时也无需复杂工艺和设备，就能获得更为完好的非枝晶结构组织[153~167]。该方法已经对多种铸造合金和变形合金进行试验，效果良好。

随后东北大学采用近浇注温度控制法，半连续制备铝合金半固态浆料。对变形铝合金2168、7075和铸造铝合金A356等展开研究，在液相线温度附近，控制浇注温度和保温时间，调整冷却强度，获得了均匀、细小的蔷薇状或近球形组织，如图2－45所示。获得的材料经二次加热后转变为细小的等轴晶，此时得到的组织完全适合于半固态触变成形的需要。具体的工艺条件见表2－1。

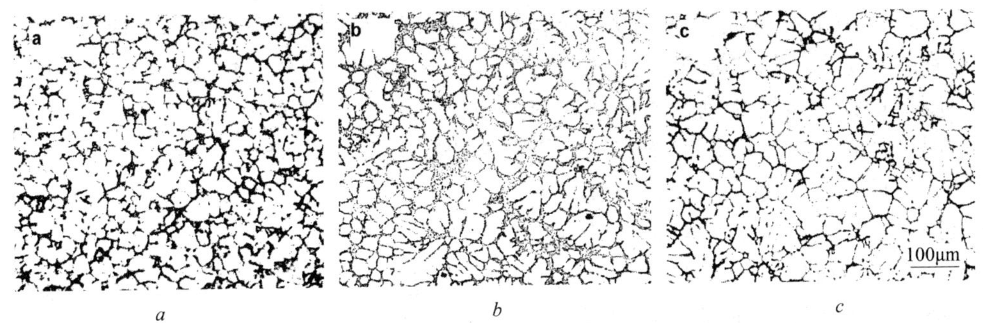

a *b* *c*

图2－45 模铸和近液相线铸造法制备的铝合金组织

a—模铸A356；*b*—半连续铸造A356；*c*—半连续铸造7075

表2－1 近液相线半固态半连续铸造生产工艺

合金种类	铸造温度/℃	铸造速度/mm·min^{-1}	保温时间/min	冷却水流量/m^3·min^{-1}	锭坯尺寸($d \times L$)/mm×mm	晶粒平均等圆直径/μm	晶粒平均圆度
7075	630～635	180	30	0.025～0.075	100×2000	29.7	0.54
A356	615～630	120	30	0.05	160×1200	16.7	0.48
AM60	615～630	120	30	0.05	100×2000		0.55

在浇注温度控制法中，影响因素主要有3个：浇注温度、保温时间和冷却强度。

（1）浇注温度。一般认为低温浇注时，熔体内存在大量近程有序排列的准固态原子集团，这些原子集团在一定的过冷度下，便迅速长大变成稳定的结晶核心。同时温度足够低时，熔体有过冷的可能，发生大量的异质形核，从而使铸锭完全由细小的等轴晶组成。因此降低浇注温度有助于等轴晶的形成。

（2）保温时间。延长保温时间可以使熔体内温度趋于一致，晶核分布与晶体生长条件比较一致，晶核数量有所增加，也可使铸锭组织均一、细小。

（3）冷却强度。在铸造过程中，降低一次冷却强度有利于降低熔体中的温度梯度，抑制枝晶的长大速度，与此同时提高二次冷却强度可有效降低液穴深度，有利于促进形核与铸锭组织的均匀。

浇注温度控制法作为一种简单、高效、低成本的非搅拌半固态浆料制备技术，近年来引起很多科研工作和生产者的注意。工业化应用的主要困难来自于浇注时液态金属温度的精确控制和产品大批量生产时质量、内部组织的稳定、连续性。

2.4.7　流变容器制浆法

Julio Aguilar 等人在流变成形镁合金零件时所使用的流变容器制浆法[168,169]与麻省理工学院的“新 MIT 工艺”原理相似，都是将过热度较低（接近液相线温度）的镁合金熔体倒入薄壁金属容器或保温容器中，将合金温度保持在半固态温度区间，进行短时间缓慢冷却或保持绝热状态，此时合金熔体内产生大量晶核，然后将合金冷却到指定温度，就可以获得非枝晶组织的浆料，进一步冷却凝固后可以获得具有非枝晶组织的镁合金坯料。两种方法的区别是：当熔体刚倒入容器时，“新 MIT 工艺”使用一个带有冷却作用的镀铜棒搅拌器伸入到熔体内进行短时间搅拌，搅拌时间极短，使合金温度降低到液相线温度后，立即取出搅拌器。而流变容器制浆法则不需使用搅拌器，如图 2－46 所示。

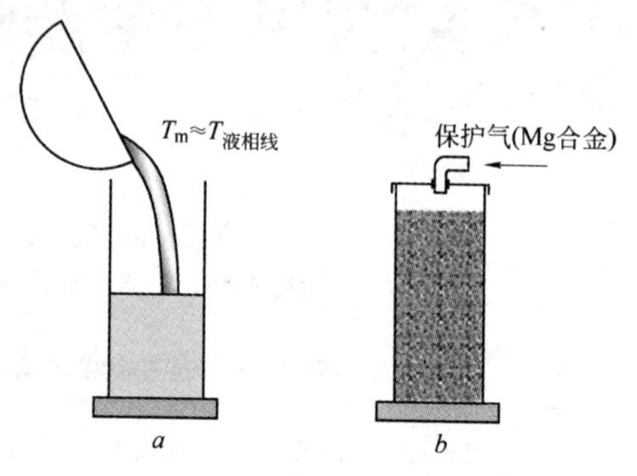

图 2－46　流变容器制浆法

a—倒入容器；b—控制冷却温度

2.4.8　自孕育半固态制浆法

李元东、杨建等人在低温浇注、液液混合法、固液混合法、悬浮铸造及冷却斜槽法的基础上，提出了自孕育法的概念[170]。所谓自孕育法（Self Inoculation Method，简称 SIM 法），就是指将两个一定成分、质量、温度的合金母液－固相（或液相，半固态）、半固态－半固态（或固相）混合，再经过一定角度的导流器，利用两个合金液（体）的不同性质，如温度、表面张力、组织等，在混合后使得合金液中瞬间形成大量晶核（一次自孕育），同时通过导流器产生紊流，促进晶粒增殖、加强自孕育效果（二次自孕育）、抑制晶粒长大，获得具有非枝晶初生固相的固液混合浆料，然后进行各种后续热加工，如流变成形或触变成形。其原理见图 2－47。SIM 实际上结合了混合法和冷却斜槽的工艺特点，多种孕育/混合方式获得大量的晶核或“准固相原子团簇”。熔体经导流器流入铸型过程温度快速降低，熔体中存在的“准固相原子团簇”迅速地发展为游离晶核。同时，在导流器器壁和熔体接触面上大量形核，长大成头部大根部小的晶核，在熔体流动的剪切力作用下脱落、游离入熔体中，发生晶粒增殖效果。

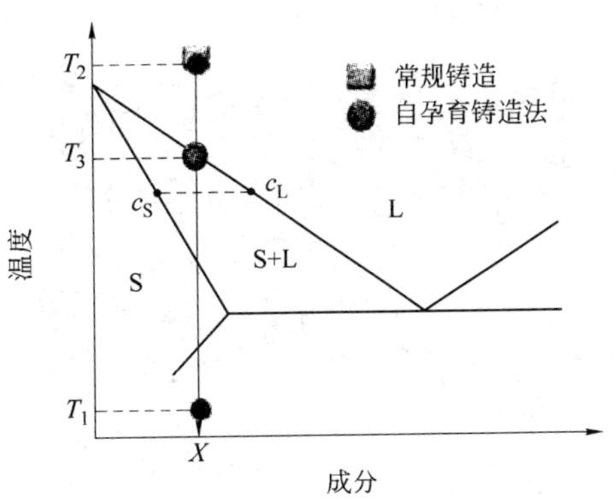

图 2-47　自孕育半固态铸造方法原理示意图
T_1—孕育剂温度；T_2—合金母液温度；
T_3—混合后合金的温度；c_S—固相成分；
c_L—液相成分；S—固相；L—液相

2.4.9　旋转热焓平衡装置法

Alcan 公司提出一种新的旋转热焓平衡装置法（Swirl Enthalpy Equilibration Device，简称 SEED）用于制备具有非枝晶组织的半固态坯料，并申请了专利。目前已完成实验室研究工作，正在进行工业化试验[171~173]。SEED 法制备半固态浆料或坯料主要有 3 个步骤：(1) 成分和温度合适的熔融铝合金液倒入圆柱形容器，然后旋转容器，使得在容器器壁上形成的初生固相颗粒均匀分布于容器内，旋转时间依照合金类型和制备坯料重量的不同而有所不同；(2) 待旋转停止后，容器底部阀门打开，残余液相渗出并得到排空，根据工艺条件选择合适的排空时间和液相排空比例，通常排空多余液相以获得密实、能支持自身重量的坯料；(3) 待排空过程结束后，翻转容器就可以得到供后续加工用的坯料。图 2-48 为 SEED 法制备非枝晶组织坯料过程示意图及温度和固相分数的变化规律。

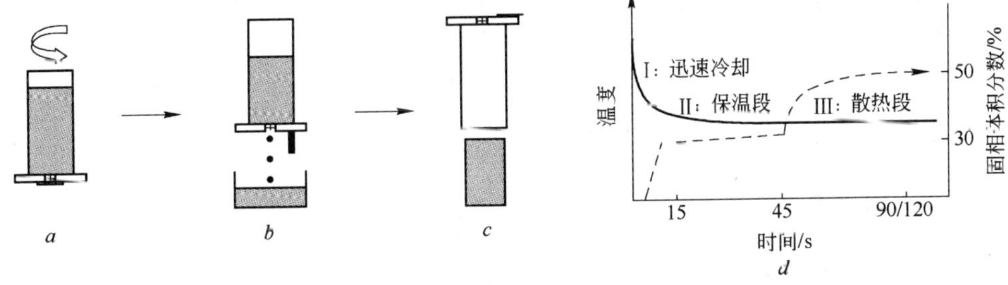

图 2-48　SEED 法制备非枝晶组织坯料过程示意图及温度和固相分数的变化规律
a—倒入并旋转；b—打开阀门；c—转运坯料；d—温度和固相分数的变化规律

金属熔体与容器器壁接触的最初几秒，由于热释放使得浆料温度下降较快，此时固相分数也增加较快；随着时间的推进，旋转过程使得初生相均匀分布于容器中，这一阶段浆料的温度和固相分数变化较小；随着底部阀门的打开，固相分数继续增大而温度变化也较小。这些工艺参数的共同作用就会生产出如图 2-49 所示的非枝晶铝合金组织。图 2-50 为 SEED 法生产车间和 SEED 法生产设备。

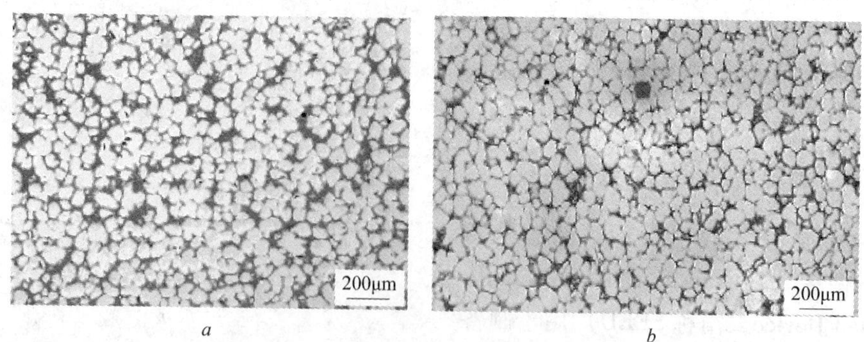

图 2－49　SEED 法制备铝合金坯料的组织
a—A356 合金的组织；*b*—206 合金的组织

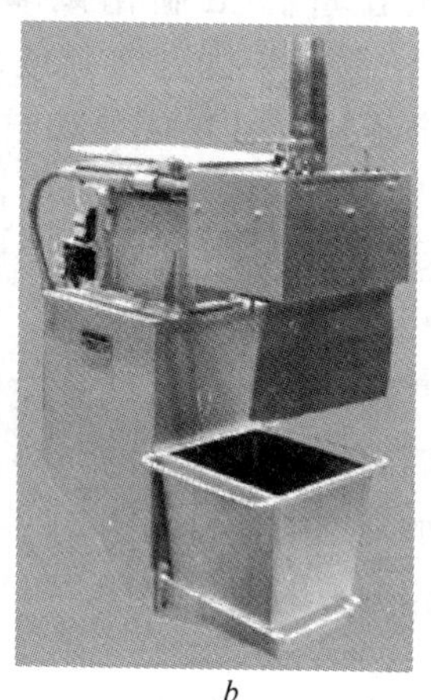

a　　*b*

图 2－50　SEED 法生产车间和生产设备
a—生产车间；*b*—生产设备

2.4.10　喷射沉积法

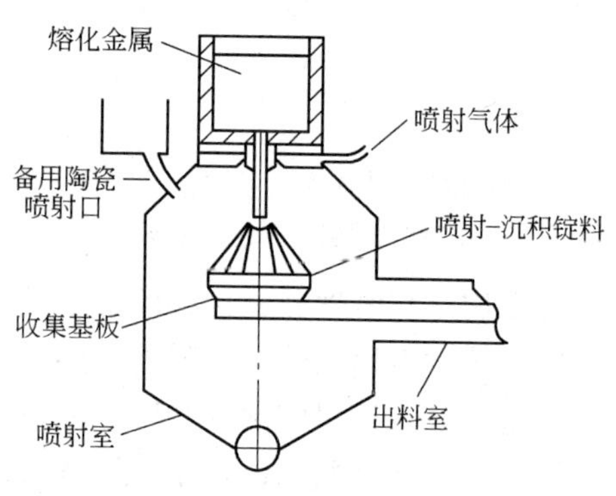

图 2－51　喷射成形法示意图

喷射沉积技术最早由英国的 Singer 教授于 20 世纪 70 年代提出，其原理是通过对熔体进行气体或离心雾化，使其产生固液、液相或半固态颗粒同时沉积到基体上形成材料或直接热加工的工艺，这种独特的凝固工艺也被用作生产半固态金属浆料（坯料），如图 2－51 所示的 Osprey 喷射成形法，它是一种非搅拌法[12,174,175]。

喷射沉积是通过气体喷雾器将液体金属雾化为微米量级的液滴，大颗粒液滴依然是液态，小颗粒液滴在雾化过程中凝固，中等尺寸的液滴为半固态。在喷射气体的作用下，经高速冷却（10^3K/s），这些颗粒沉积到预成形靶上并开始凝固、预成形，较高液相分数的液态和半固态液滴由于撞击而分裂，而较高固相分数的固态和半固态颗粒则会分离为碎块，靠半固态微粒的冲击产生足够的剪切力打碎其内部枝晶，凝固后成为颗粒状组织，形成非枝晶组织，经再加热后，获得具有球形颗粒固相的半固态金属浆料。在喷射成形过程中，一部分固相颗粒重熔和再凝固所经历的时间较长，在预成形靶表面典型的局部凝固时间为 10^{-2}s 数量级。

采用喷射沉积法制备具有非枝晶结构的锭坯，能得到一般熔铸条件无法实现的细晶组织及某些高合金成分，如高铝硅合金，尤其是均匀弥散的颗粒增强金属基复合材料；其次喷射沉积得到的预成形毛坯料，可为半固态成形大的复杂零件做好准备。目前该方法已应用到工业生产中，对铝合金、黑色金属和金属基复合材料进行了成功的试验和生产，晶粒尺寸可小至20μm。其缺点是生产成本较高，只适用于某些特殊产品，喷射沉积法设备、工艺都较为复杂，在国外此项技术较为成熟，我国还处于实验室研究阶段。

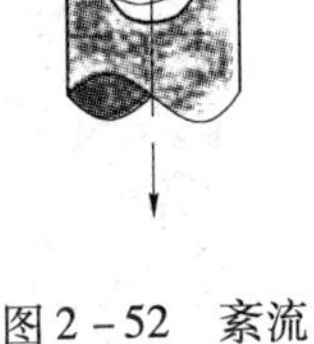

图 2-52 紊流效应法示意图

2.4.11 紊流效应法

紊流效应法是将金属液通过特制的多流装置，使金属液的流动产生紊流效应，抑制枝晶的形成，因而可获得具有流变特性的金属浆料，其原理如图 2-52 所示[7]。

2.5 固相法

2.5.1 应力诱发熔体激活法

应力诱发熔体激活法（Stress Induced Melt Activation，SIMA）是由 Young 首先开发并经 Kirkwood 及其同事发展的一种半固态坯料制备方法，它是将常规铸锭经过挤压、辊压、轧制等变形工艺产生足够的冷变形、温变形甚至热变形，制成具有强烈拉伸形变结构显微组织的棒料，然后加热到固液两相区，并保温一定时间，被拉长的晶粒变成了细小的粒状颗粒，随后快速冷却获得非枝晶组织坯料[176~181]；另一种改进的 SIMA 法则将冷变形改为再结晶温度下的温变形，以保证最大应变硬化效果，图 2-53 所示为 SIMA 法工艺流程和温度变化图。

图 2-54 是 DC 铸造的 Al-7Si-0.6Mg 合金，经预变形分别为 0%、10%、

25%、40%，重熔温度 580℃，保温 30s 后的金相组织照片。由图可以明显看出二次加热前冷变形对部分重熔组织的影响。

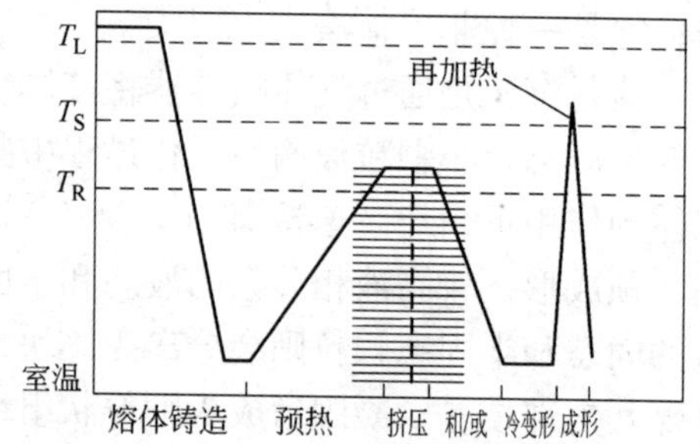

图 2－53　应力诱发熔体激活法（SIMA）工艺路线及温度变化图

一般认为，其机理是经过塑性变形和再结晶的大角度晶粒晶界，在半固态加热温度区间被液态金属润湿，树枝晶侧枝熔断而成为初生球状晶粒。通过添加微量元素和进行循环热处理，可使晶粒尺寸减小，初生相的颗粒圆整，缩短初生相球粒化的时间。一般锭坯承受的有效应变越大，半固态加热时组织的球化程度越好，球化后的组织越细小、越均匀。SIMA 法中最重要的 3 个工艺参数是预变形量、加热到半固态期间的温度和保温时间。因此 SIMA 工艺效果主要取决于低温热加工和重熔两个阶段，若在两者之间设置冷加工工序，可以增加工艺的可控性。SIMA 技术适用于各种高、低熔点合金系列，尤其对制备较高熔点的非枝晶组织合金具有独特的优越性。现已成功应用于不锈钢、工具钢、铜合金和铝

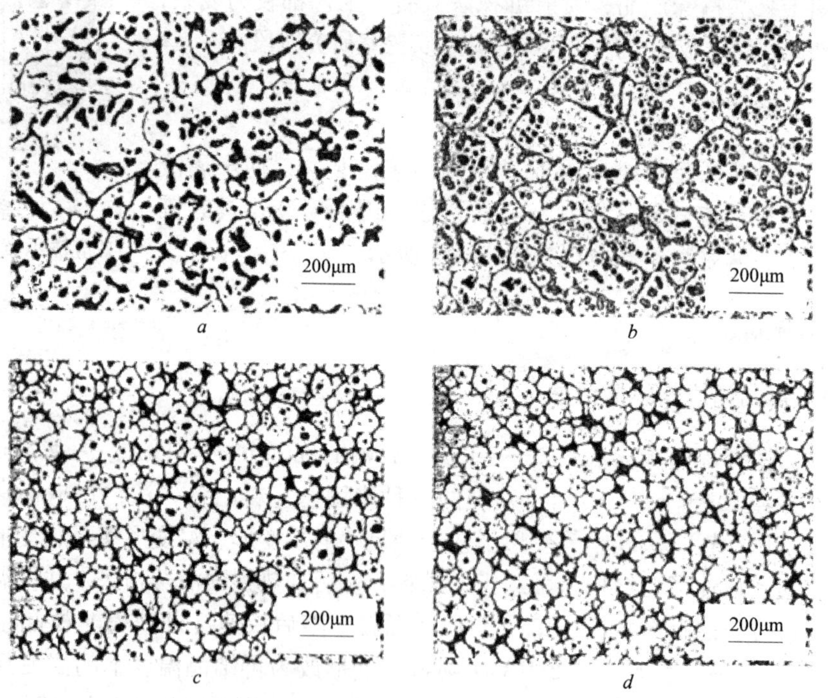

图 2－54　DC 铸造 Al－7Si－0.6Mg 合金预变形后重熔的金相组织照片

a—0%；*b*—10%；*c*—25%；*d*—40%

合金，并获得了晶粒尺寸 20μm 左右的非枝晶组织合金，与机械搅拌和电磁搅拌法相比，SIMA 法不需要复杂的设备，制备的金属坯料纯净，产量较大，它将是一种有前景的坯料制备方法。由于 SIMA 法坯料制备需要增添塑性变形工序，使得 SIMA 法生产坯料的成本较电磁搅拌法的高 3～5 倍，因此目前只是生产小批量、小尺寸的半固态坯料。表 2－2 是采用 SIMA 法制备具有非枝晶组织坯料的工艺参数。

表 2－2 SIMA 法制备具有非枝晶组织坯料的工艺参数

合金种类	冷加工率/%	半固态加热温度/℃	保温时间/min	平均晶粒大小/μm
7075	52	590	0.5～3	30
2A12	—	618	—	—

2.5.2 新 SIMA 方法（ECAE 工艺）

在通过传统 SIMA 制取镁合金半固态坯料时，晶粒的细化和球化效果是很理想，但由于其本身的晶体结构导致其塑性较低。因此姜巨福等人引入等径角挤压（Equal Channel Angular Extrusion，ECAE）工艺替代 SIMA 法中的冷、热塑性变形，可以在避免产生裂纹并且合金截面尺寸不发生较大变化情况下得到具有大变形量和细化晶粒的 Mg－Al 合金坯料[181～185]。晶粒尺寸随挤压过程压力的增加而减小，应用于 AZ91D 合金时可以获得平均尺寸为 18μm 的细晶粒，而传统 SIMA 方法获得的晶粒尺寸为 189μm，同样其在室温和高温情况下的力学性能相较于传统 SIMA 方法也有很大的提高，详见表 2－3。而轧制道次也是影响产品力学性能的重要因素，该方法应用于 Mg－6Al 合金制备半固态坯料时，被等径角挤压 1～4 道次，材料的抗拉强度由铸坯的 196.4 MPa 分别提高至 255.6MPa、287.2MPa、298.9MPa、308.4MPa。

表 2－3 SIMA 与 ECAE 方法制取的 AZ91D 半固态坯料力学性能比较

方法	293K 屈服强度/MPa	293K 最大抗拉应力/MPa	293K 伸长率/%	373K 屈服强度/MPa	373K 最大抗拉应力/MPa	373K 伸长率/%
SIMA	171.3	248.2	7.0	80.1	120.3	12.9
ECAE	213.1	312.6	15.2	116.4	181.6	18.0

合肥工业大学朱广余，薛克敏[186]等人在新 SIMA 方法的基础上，将近液相线浇铸方法、ECAE 工艺和半固态保温处理相结合，首先通过近液相线浇注为 ECAE 试验提供细小非枝晶组织坯料，再通过 ECAE 工艺细化近液相线浇注的坯料组织，获得大塑性变形，为后续半固态保温处理提供良好的应变诱导条件，最后通过半固态保温处理，使坯料中大的变形能释放，获得细小圆整的组织。这种

复合工艺减少了 ECAE 细化晶粒所需要的道次，避免了繁琐的多次机械再加工。

2.5.3　半固态等温热处理法

半固态等温热处理法（Semi Solid Isothermal Heat Treatment，SSIT）是 20 世纪 90 年代中期发现的一种方法，最初应用于 ZA12、ZA27 合金中，现已有学者将其引入铝硅合金、镁合金和 SiC_P/ZA27 金属基复合材料的半固态成形中。它是将金属坯料进行等温热处理，使合金由枝晶转变为球状组织，为后续的半固态成形作坯料准备。以常用的 AZ91D 镁合金为例，在 570℃ 加热时，升温过程中，晶界处的共晶组织（δ + γ）中的 γ 相首先发生溶解，随着温度的继续升高，δ 相又发生熔化分离，并在半固态等温过程中演变为球状，570℃ 时保温 60min，其初生相尺寸在 50 ~ 80μm，如图 2 - 55 所示[187 ~ 190]。

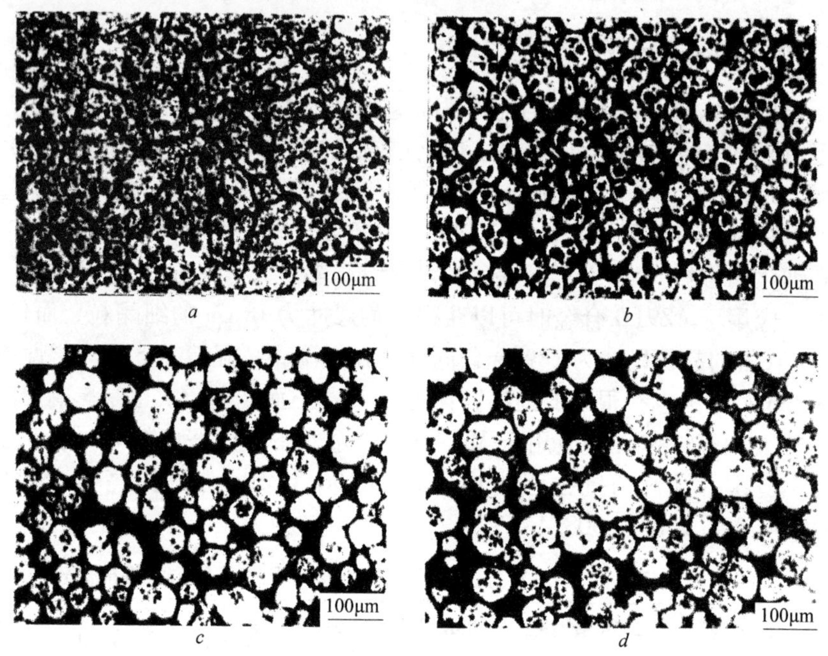

图 2 - 55　镁合金 AZ91D 在 570℃ 半固态等温热处理过程中的组织演化

a—0min；*b*—10min；*c*—60min；*d*—90min

添加微量元素 Zr 的 ZA - 27 合金，锭坯在重新加热到半固态温度区域时进行等温热处理，初生相为均匀、细小的颗粒状组织。在等温温度不变的前提下，随时间的延长，初生相形态的演化过程依次为：枝晶→短枝晶→枝晶碎块→颗粒→颗粒均匀化→颗粒长大；而时间不变，高的等温温度促使初生晶粒尺寸增大，并使枝晶形态向颗粒状转化的时间缩短。

半固态等温热处理法省略了非枝晶锭坯制备步骤，而在半固态成形前的二次加热过程中实现半固态组织的非枝晶化，工艺和设备简单，可操作性高，尤其可贵的是降低了镁合金半固态坯料制备时的氧化问题，为镁合金非枝晶锭坯的制备开辟了新的方法。

2.5.4 粉末法

先将金属粉末混合、压块，再加热使一种粉末熔化或不同成分粉末相互扩散形成合金后熔化而得到液相，形成固液混合金属浆料。譬如，用该方法制备 Ti - 20% Co 金属浆料，冷却后，再加热可以触变成形。

2.6 连续制备非枝晶组织坯料的方法及生产线

连续制备具有非枝晶组织结构的坯料是工业生产中主要采用的方法。连续制备方法，按照铸造方式可分为立式和水平式。两类机型的基本组成是一样的，都由制浆室、过渡段、结晶器、牵引机、冷却系统、加热系统组成，两者的主要区别在于拉坯方向是水平还是垂直。水平式半固态连铸机浆料进入结晶器的压力损失大，容易发生流道阻塞，难以采用高固相分数的浆料生产坯料，而且这种连铸机占地面积大。立式半固态连铸机浆料充填结晶器容易，可以采用较高固相分数的浆料生产坯料，但这种连铸机需要地坑作业，铸坯长度受到限制。目前仍以立式半连续铸造为主。

半固态连续制坯的技术关键有 3 个：（1）连续或足够量的半固态浆料制备；（2）稳定的半固态浆料供应，特别是保证半固态浆料在较高固相分数下具有足够的流动性；（3）结晶器和冷却系统的设计。生产中，必须避免出现拉漏或拉断现象，保证连铸生产过程的稳定性。虽然半固态浆料的制备方法很多，但从技术的稳定性、连续性、可操控性和经济性等方面考虑，工业生产中大多采用机械搅拌和电磁搅拌连铸法[191,192]。

2.6.1 机械搅拌立式连续铸造法

连续制备具有非枝晶组织的带材（坯料）装备由连续半固态浆料制备和带料（坯料）铸造机两部分组成。图 2 - 56、图 2 - 57 为两种机械搅拌连续制浆的设备示意图[193,194]。

图 2 - 57 所示的连续半固态浆料制备机由熔液存储器、搅拌腔及转动轴组成。存储器、搅拌腔及转动轴均用不锈钢制造，搅拌腔是内径为 33.5mm 的圆筒，转动轴是 25.4mm × 25.4mm 的方柱，四个角切去一定的量，以便方柱能装入圆筒内。转动轴由皮带带动，转速可调。平均每秒钟可制备 Sn - 15% Pb 合金浆料 11g。其特点是在搅拌区的外部设计有加热和冷却系统，目的是为了有效地调节半固态浆料在搅拌区的冷却速度和温度。

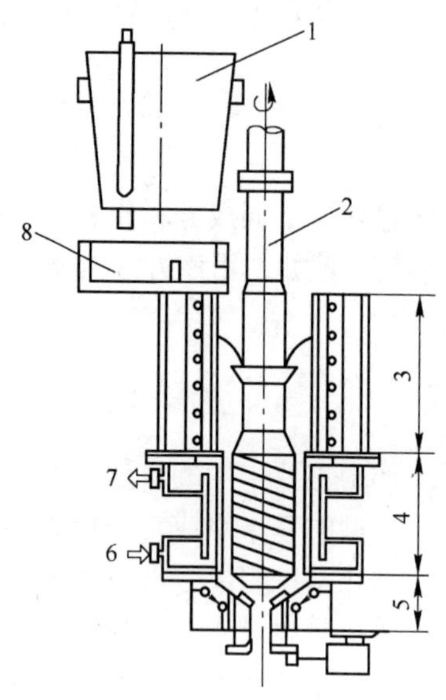

图 2－56　机械搅拌连续制浆设备示意图

1—浇包；2—搅拌器；3—受液区；
4—冷却区；5—排出区；6—冷却水入口；
7—冷却水出口；8—中间包

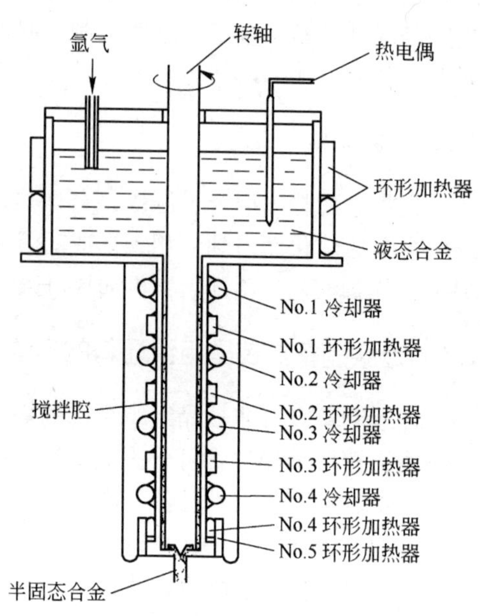

图 2－57　连续半固态浆料制备机

图 2－58 所示是一种带料铸造机。其中，传动带是用硅橡胶制造的，浆料制备机所获得的半固态浆料流到传动带上后，传动带在轧辊 1 的驱动下向前运动，当通过轧辊 1 和支撑轮 7 时被压扁。两轮之间的压力由弹簧 4 通过杠杆 6 来调节和保持。由于机械搅拌所固有的缺陷，在实际生产中应用较少。

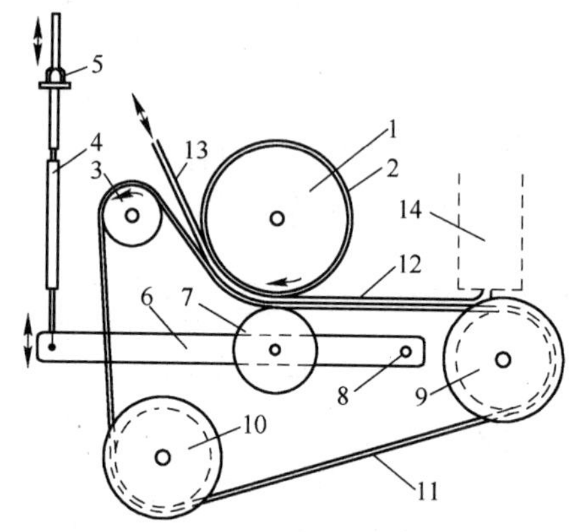

图 2－58　连续半固态带料铸造机

1—轧辊；2—硅橡胶轧辊套；3，9，10—从动辊轮；
4—弹簧；5—调节螺栓；6—杠杆；
7—支撑轮；8—转轴；11—传动带；
12—半固态浆料；13—合金带料；
14—浆料制备机

2.6.2　机械搅拌水平式连续铸造法

20 世纪 90 年代，日本的藤川安生发明了半固态机械搅拌水平连铸机，丰富了有色金属半固态连铸机的类型。图 2－59 所示为半固态机械搅拌水平连铸机。

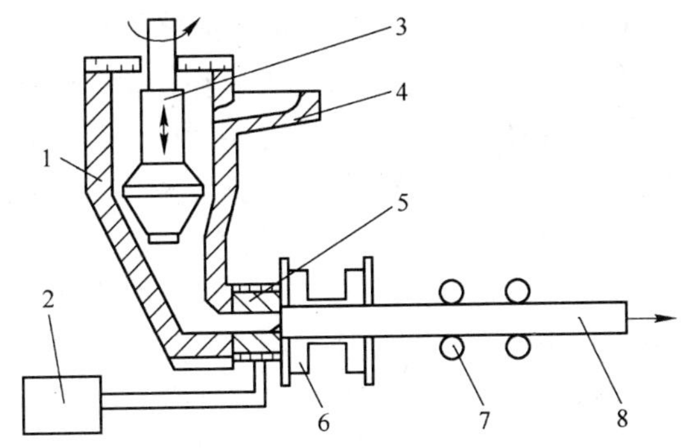

图 2-59 机械搅拌水平半固态连铸机

1—制浆室；2—温控仪；3—搅拌器；4—受料口；5—分离环；6—结晶器；7—拉坯辊；8—成形的坯料

2.6.3 电磁搅拌水平式连续铸造法（EMS-DC）

图 2-60 是电磁搅拌水平式连续铸造铝合金的生产线示意图[195]。合金熔化在其他的熔化炉中完成，然后注入熔池中。电磁搅拌采用 50Hz 的工业用交流电，其主要的工艺参数如表 2-4 所示。

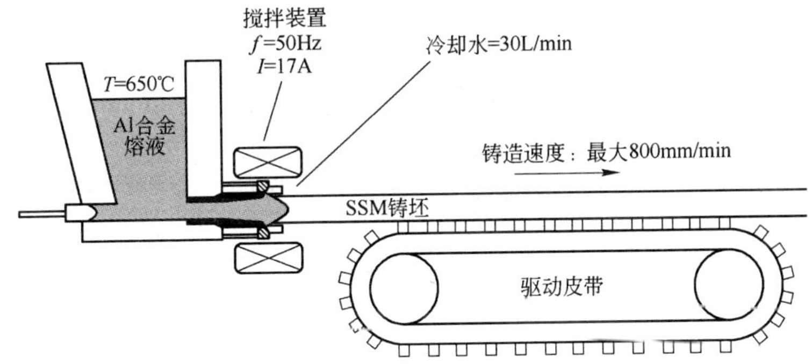

图 2-60 水平式连续铸造铝合金生产线示意图

表 2-4 不同合金所选用的工艺参数

合 金	铸坯直径 /mm	铸造速度 /mm · min^{-1}	冷却水量 /L · min^{-1}	熔液温度 /℃	搅拌电流 /A
A356	85	360	50	665 ±5	17
AA5754	85	310	50	665 ±5	18
AA6081	85	450	50	700 ±5	20
AA7075	85	350	50	670 ±5	17

图 2 - 61[196] 是 Kennet P. Young 设计的电磁搅拌水平连续流变铸造半固态铜或铝合金的结构示意图。主要设备包括熔化炉、连铸机、结晶器、水冷装置和电磁搅拌器等，其中电磁搅拌器、结晶器及水冷装置的设计制作最为关键。通常结晶器采用不锈钢、氧化铝纤维和石墨等材料制作装配，二次冷却水采用多路进水以确保其分布合理、压力和冷却效果均匀。其工作情况为：熔化炉 1 将合金熔化，熔化后的合金通过熔池 6 流入中间包 2，中间包的液面高度靠控制系统操作控制棒 7 来保持，中间包内的合金熔液通过中间包出口 3 流入结晶模 6，结晶模具有水冷系统 4，冷却水由进水阀门 8 调节，结晶模周围安装有两极多相感应电机的定子 9，通过调节定子的通电线圈的电流频率和电流强度来提供合适的搅拌功率。结晶模中的未凝固金属熔液在电磁场的作用下产生强烈的搅拌。铸造速度根据工艺要求由牵引机 5 控制。控制合理的搅拌工艺和铸造速度，凝固线能保持在一个理想的位置，拉铸出的坯料质量也很好。

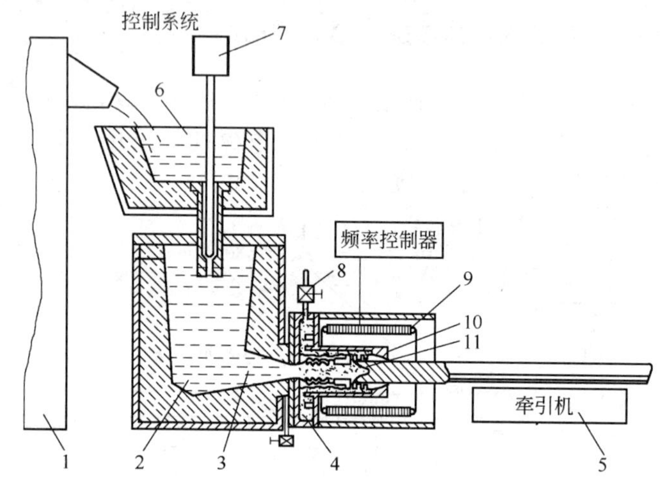

图 2 - 61　电磁搅拌水平连续流变铸造结构示意图

1—熔化炉；2—中间包；3—中间包出口；4—水冷系统；5—牵引机；6—结晶模；7—系统操作控制棒；8—进水阀门；9—电机定子；10—结晶器；11—凝固线

如图 2 - 62 为国内设计人员设计的半固态电磁搅拌水平连铸设备示意图[178]。主要结构包括中间包和半固态流变连铸车。

主要工作情况是：浸入式水口 14 承接熔炼炉，将液态金属或合金提供给中间包 15，以供搅拌室 18 制作半固态浆料；连铸车 60 其上安装有中间包支撑架 24、中间包 15、耐材制作的搅拌室 18、滑动水口 27、耐材制作的流变段 23、用低熔点液态金属或合金热传导剂 37 循环冷却的钢制结晶器 51 及搅拌器主杆钢管 11、把持搅拌器的横臂 8 和可升降旋转的立柱 9 及使立柱升降和旋转的液压缸 10，它们能和半固态流变连铸车一起移动。半固态流变连铸车行走马达 25 和半

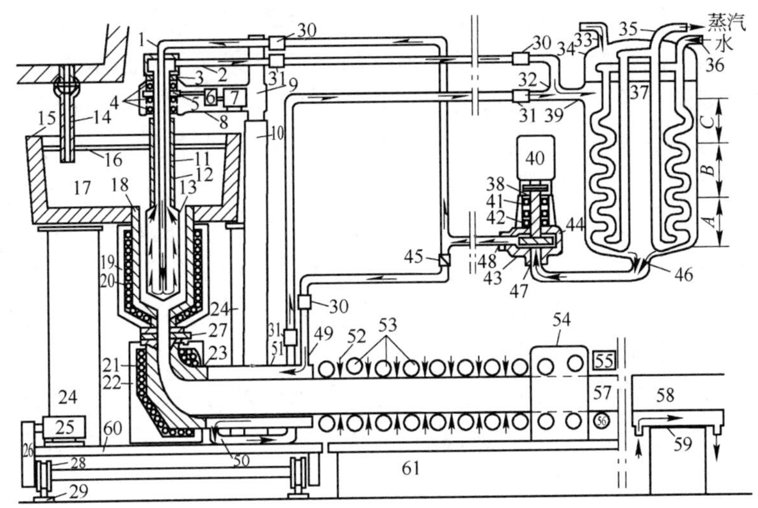

图 2-62 国内设计的电磁搅拌水平连铸半固态坯料生产线示意图

1—冷却剂输送管；2—热传导剂输送管；3—搅拌器机械密封；4—搅拌器轴承组；5—齿轮；6—变速箱；7—直流马达；8—横臂；9—立柱；10—液压缸；11—搅拌器主杆；12—耐材衬砖；13—搅拌器的换热段；14—浸入式水口；15—中间包；16—保护渣；17—液态金属或合金；18—耐火材料制备搅拌室；19—磁轭；20—水冷铜管；21—感应圈；22—流变段磁轭；23—流变段；24—中间包支撑架；25—连铸马达；26—变速箱；27—滑动水口；28—车轮；29—钢轨；30，31—活动关节；32—三通；33，34—蒸汽发生器；35—蒸汽出口管；36—软化水进口管；37—热传导剂；38—轴；39—热传导剂入口；40—循环泵马达；41—轴承组；42—机械密封；43—循环泵；44—液轮；45—流量调节阀；46—液流；47—泵进口；48—泵出口；49—管道；50—出口；51—钢制结晶器；52—喷嘴；53—辊道；54—拉矫机；55—切割机；56—输送辊道；57—连铸坯；58—引锭；59—冷床；60—流变连铸车；61—床身

固态流变连铸车变速箱 26 带动半固态流变连铸车轮 28 沿钢轨 29 在于拉坯中心线相垂直的水平轨道上移动。开浇前，半固态流变连铸车 60 载着装配好的中间包 15、搅拌室 18、滑动水口 27、流变段 23、结晶器 51、搅拌器主杆 11、把持搅拌器的横臂 8、可升降旋转立柱 9 及使立柱升降旋转的液压缸 10，开到有气水混合冷却装置的喷嘴 52 与气水混合冷却装置的辊道 53、拉矫机 54、切割机 55、输送辊道 56 及引锭 58 组成的拉坯线前，对准拉坯中心线，并将引锭 58 送入结晶器 51，形成固态坯壳后，连铸坯 57 被拉矫机 54 牵引出结晶器 51，再经过气水混合冷却装置的辊道 53，受有气水混合冷却装置的喷嘴 52 的进一步冷却，使连铸坯 57 全部凝固，穿过拉矫机 54 后连铸坯在辊道 56 上被切割机 55 切割，半固态合金坯料连铸坯 57 被送到冷床 59 上冷却。

搅拌室 18 和中间包 15 是分体的，经组装连为一体。搅拌室 18 是半固态流变连铸机上制作半固态浆料的主体部位，在此金属熔体承受剪切作用并进一步冷却，其材质选用优质耐火材料，能够承受高温的金属或合金流体的冲刷与侵蚀，搅拌室的外侧设有水冷铜管组成的感应线圈 20 及矽钢片制成的搅拌室磁轭 19，采用水冷电缆和中频电源相连接，可根据需要调节晶闸管逆变电源的功率对搅拌室内的金属或合金熔体进行不同强度的搅拌。

采用 EMS－DC 工艺制备的非树枝晶 ZL101A 合金具有良好的力学性能：σ_b = 251.25MPa，δ = 16.10%。为得到完全的椭球形非树枝晶组织锭坯，需进一步优化工艺参数，并辅以适当的后续热处理，同时合金伸长率的提高有赖于合金中树枝晶组织的减少和非树枝晶组织的更加细小、圆整[128]。

在电磁搅拌连续制坯法中，水平搅拌装置则可以用于水平或立半连续制坯设备中。水平连续铸造设备最大的优点是经济性好、能连续生产、设备投资低，缺点是产品质量受重力影响较大。

2.6.4　电磁搅拌立式半连续铸造法

图 2－63 所示是电磁搅拌立式连续制备金属坯料的生产线布置图[110]。熔化炉是可倾式中频感应炉，三相电源频率为 50Hz。熔化炉容量为 200kg 铝或 900kg 铜。铸坯直径可达 110mm，铸坯长度可达 3.5m，铸造速度最高可达 300mm/min。

图 2－64 是电磁搅拌系统和铸造部分示意图。搅拌电源是 50Hz 的三相交流电，搅拌电流最大为 350A。对于轻合金铸坯直径可达 115mm。如铸造更大直径的铸坯，需改变搅拌电源的频率。为了保证质量，铸造中采用热顶，热顶高度 H_M 不小于 60mm。结晶器采用特殊牌号的奥氏体钢制造，具有水冷系统和二次水冷装置。

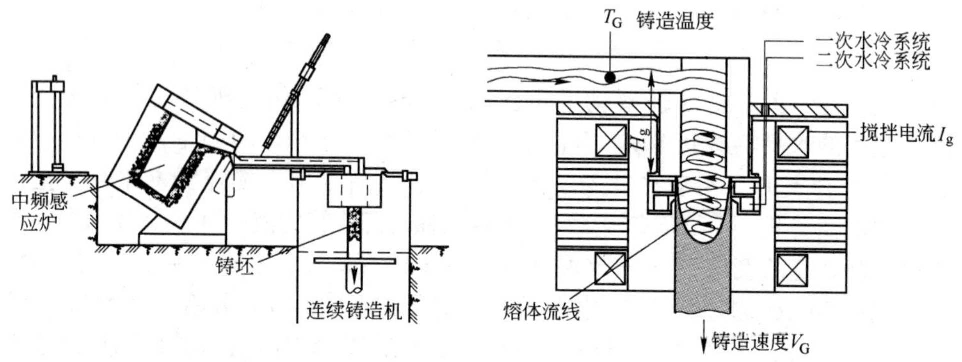

图 2－63　电磁搅拌立式半连续制备坯料生产线布置图

图 2－64　电磁搅拌系统和铸造部分示意图

图 2－65 ~ 图 2－68 为国内外电磁搅拌半固态半连续铸造主要机型示意图，

它们的共同之处在于半固态浆料制浆室设置在结晶器和浇口杯之间，在制浆室内部或外部设有搅拌装置。图2－65所示法国立连铸机主要应用于有色金属，制浆室分为两段，上段直径很小，下段直径很大，搅拌器设在下段，可减少搅拌过程中浆料的吸气；图2－66所示美国立连铸机的制浆室和结晶器都设有电磁搅拌装置，通过二次搅拌促进连铸坯料非枝晶化，制浆室采用耐火材料制成，适用于黑色和有色金属；图2－67所示日本的立连铸机在制浆室和结晶器之间设有带加热装置的耐火材料过渡段，使半固态浆料能顺利进入结晶器；图2－68为我国研制的立半固态连铸机，其特点是结晶器带有振动装置，可保证连铸过程顺利进行，制浆室无加热装置，靠控制热平衡实现连续冷却坯料的非枝晶化，节能效果明显。

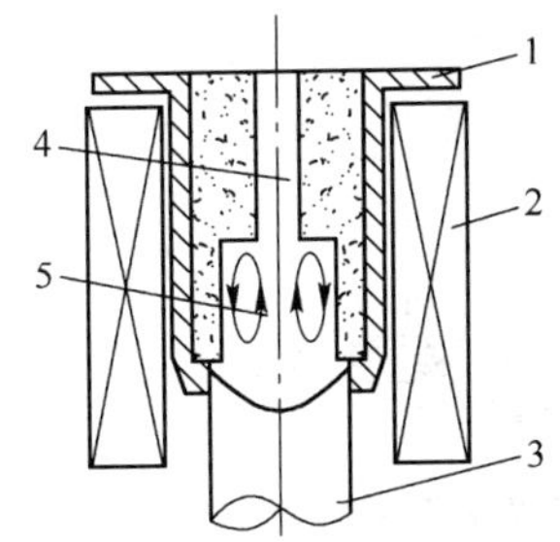

图2－65 法国立连铸机
1—金属型；2—搅拌器；3—坯料；4—导流管；5—制浆室

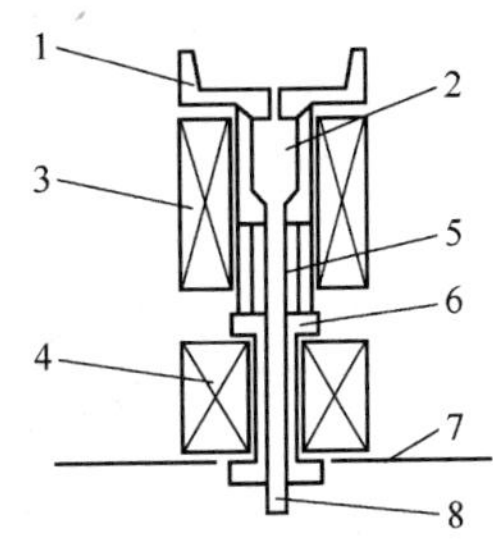

图2－66 美国立连铸机
1—浇口；2—制浆室；3—一次搅拌器；4—二次搅拌器；5—热管；6—结晶器；7—浇注台；8—坯料

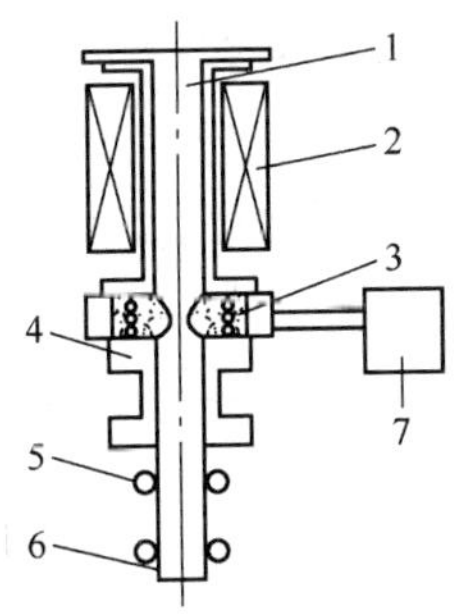

图2－67 日本立连铸机
1—制浆室；2—搅拌器；3—分离环；4—结晶器；5—拉坯辊；6—坯料；7—温控仪

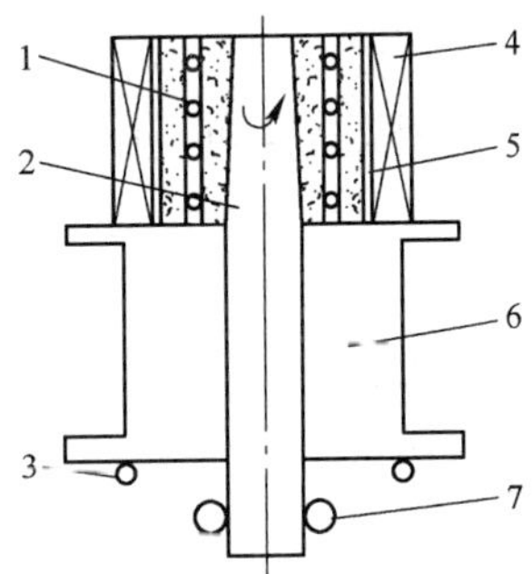

图2－68 中国立连铸机
1—电热体；2—制浆室；3—振动器；4—搅拌器；5—冷却器；6—结晶器；7—拉坯辊

图2－69为我国研制的立式半连续坯料连铸设备示意图[200]。利用电磁搅拌和机械搅拌制备半固态浆料，再经连铸设备中电磁搅拌器的电磁搅拌作用，连续铸造成半固态加工用圆坯。圆坯铸造过程是在搅拌和振动的过程中完成的。

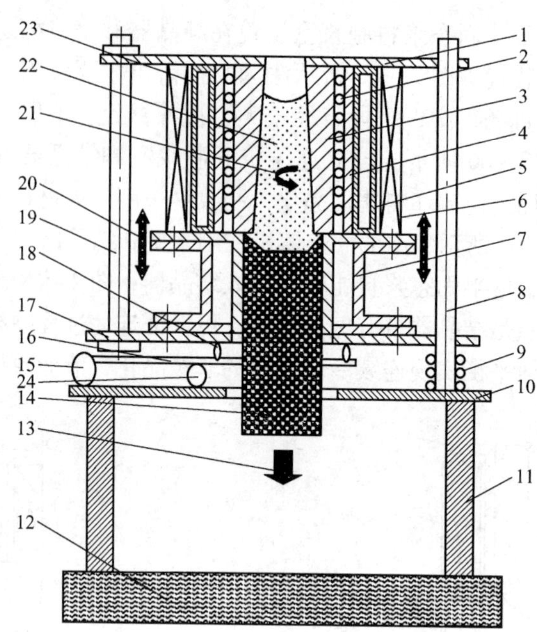

图 2－69　立式电磁搅拌半连续坯料连铸设备示意图

1—上压板；2—加热元件；3—耐火容器；4—隔热层；5—冷却水套；6—电磁搅拌器；7—水冷结晶器；8—导柱；9—弹簧；10—操作平台；11—机架；12—基础；13—坯料运动方向；14—坯料；15—偏心驱动机构；16—振动臂；17—下托板；18—铰链；19—紧固螺栓；20—水冷结晶器和制浆室的振动方向；21—电磁搅拌方向；22—半固态浆料；23—冷却风道；24—支撑

该设备主要由制浆室、水冷结晶器和振动器组成。制浆室与水冷结晶器同轴安装，由紧固螺栓通过上压板和下托板固定成一体。制浆室包括：耐火容器、电阻加热器、冷却水套和电磁搅拌器，其内腔与制浆室内腔相通，其直径大于制浆室下口直径，两者直径比为 1.4∶1。水冷结晶器外设有冷却水通道。振动器包括偏心驱动机构、振动臂、铰链、弹簧和导柱，振动器置于水冷结晶器的下方，偏心驱动机构置于操作平台上，并置于振动臂的一端，结晶器的下托板与振动器通过铰链相互铰接，振动臂与操作平台通过铰链相互铰接，导柱垂直安装在操作平台上，导柱与用于使结晶器和制浆室相对固定的紧固螺栓沿圆周间隔均布，弹簧置于导柱的底部、下托板与操作平台之间。该装置的特点是：振动与电磁搅拌器产生的水平旋转搅拌作用一起促进制浆室内壁上形成的晶体脱离、进入熔体内部，促进非枝晶固相的形成；振动对制浆室中的半固态浆料施加一个周期变化的剪切力，使其黏度减小，顺利进入水冷结晶器。

在电磁搅拌连续制坯法中，垂直搅拌只能用于立式半连续制坯设备中。由于立式连铸系统坯料凝固的对称性，因此对坯料的尺寸限制较少。但立式连续制坯设备的缺点是生产的不连续性、较高的设备投资和产品成本。图2－70所示是国外立式半连续铸造设备照片。

图2－70　国外立式半连续铸造设备

目前，半固态连铸机的主要机型有立式和水平式两种，且以立式为主，同钢铁行业中的连铸机发展历程一样。随着技术进步和产业化进程发展，半固态连铸技术也会朝着弧形连铸机方向发展。

2.6.5　双螺旋搅拌立式半连续铸造

传统半连续铸造生产的铸坯横截面微观组织是不均匀的，铸坯表面激冷区为细小的等轴晶组织，中心部位是粗大的等轴晶，中间的组织为柱状晶，同时铸坯在横截面方向上也存在化学成分偏析。为使化学成分均匀，需要额外的加工步骤，如塑性变形和均匀化处理等。将双螺旋搅拌系统与半连续铸造技术结合，就可以克服上述缺点，改进产品质量。同时，这套装置能连续生产具有非枝晶组织结构的锭坯，为半固态加工提供坯料，如图2－71所示。

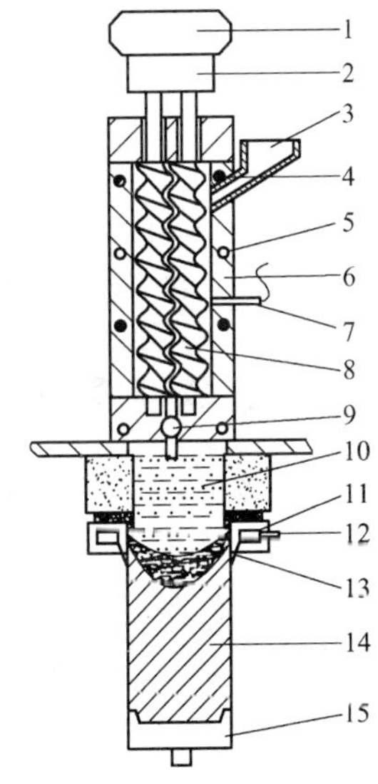

图2－71　双螺旋立式半连续铸造设备示意图

1—电机；2—齿轮箱；3—喂料口；4—加热器；5—冷却装置；6—搅拌筒；7—热电偶；8—双螺旋搅拌器；9—流量控制阀；10—半固态浆液熔池；11—冷却模；12—入口；13—冷却介质；14—半固态坯料；15—引锭

与传统的DC铸造相比，双螺旋半连续铸造有以下优点：铸坯截面方向上组织细小、均匀；铸坯截面方向上化学成分均匀；可为触变成形提供高质量的非枝晶组织锭坯；适用于现有的连铸设备，可以直接安装于现有的DC铸造设备上；生产效率高，设备投资少。

2.6.6　冷却斜槽水平连续铸造法

T. Motegi 等人采用冷却斜槽水平连续铸造法生产非枝晶组织坯料[90,202]，图2-72为设备示意图。设备主要由电炉、倾斜的冷却斜槽、中间包和水平连铸机构组成，冷却斜槽采用纯铜制成，长度在80～240mm之间，倾斜角度控制在40°～80°范围内。

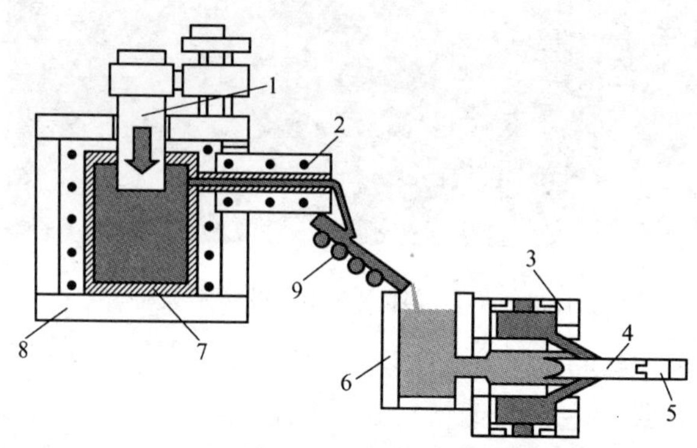

图2-72　冷却斜槽水平连续铸造设备示意图

1—带加热器的陶瓷棒；2—加热器；3—水冷模；4—锭坯；5—引锭杆；6—中间包；7—石墨坩埚；8—电炉；9—冷却斜槽（板）

2.7　半固态浆料制备技术的发展趋势

半固态金属浆料的制备方法很多，制备方法的选择应考虑应用的需要、简便、可靠和经济等方面，即工艺流程要短，容易操作，过程稳定，产品质量稳定，最为注意的是经济性要高。

各种半固态浆料的制备方法中，搅拌法生产的半固态坯料的价格比普通的铸造坯料高30%～40%；SIMA法生产的坯料只适用于较小尺寸的场合。

经过多年的半固态研究与开发，真正投入使用的半固态合金坯料和生产厂家还很有限，真正能大批量供应的坯料也只是电磁搅拌法生产的铝基合金，主要是7.62～15.24cm的A356和A357，生产更大直径的坯料是今后的发展趋势。镁及镁合金作为最轻的结构材料有着广阔的应用前景，目前，用连铸工艺可生产20.32cm以上具有非枝晶组织的镁锭；欧洲的半固态加工用坯料供应商主要有法国的Pechiney公司、奥地利的SAG公司、瑞士的Alusuisse-Lonza公司，美国的Alumax公司生产的坯料主要供本公司触变成形使用。因此，当前的任务是扩大适用于半固态加工的合金范围，正在开发的合金有：过共晶 Al - Si 合金、Al - Cu 合金、Al - Mg 自硬合金、高强 Mg 合金和铁基合金等。

为了扩大半固态金属成形技术的应用，改善半固态加工用金属及合金坯料的经济性和降低具有非枝晶组织的合金坯料价格尤其重要，这就要求扩大生产厂家的能力，稳定提高坯料的质量，扩大半固态金属成形的应用市场。同时，加强生产中废品、料头的回收利用。

当前，半固态连铸设备的研究重点是如何在现代连铸机的基础上进行改造，而不是全部重新设计。主要内容包括：制浆室与普通连铸机兼容性的研究；连续冷却条件下半固态浆料的制备技术；半固态弧形连铸机的研究开发；半固态连铸生产线最优配置的研究等。

3 流 变 学

流变学是研究固体、液体、液固（液）混合物（如悬浊液、乳浊液、膏状物）、液气、固气等混合物流动和变形规律的一门科学，特别强调时间因素的影响。它首先由 H. G. Schwedoff（施韦道夫）于 1890 年提出，并经 E. C. Bingham 和 H. Green 在总结前人研究成果的基础上建立。经过多年的发展，流变学已经应用于建筑、水利、石油、化工、机械、冶金和医学等诸多领域[16]。金属在半固态状态下具有复杂而又特定的流动性能，继而导致其特殊的变形性能。研究并了解半固态金属的流变性能是半固态金属加工技术的重要内容。

从流变学的本质出发，半固态金属也可以认为是由两相组成的分散体系，因此半固态金属浆料可以分为两大类：一是“类液浆料”，浆料中包含分散的固相颗粒，密实相或分散相是液体，被分散的是已凝固的合金固相颗粒，半固态合金的固相分数只是在 0.2 ~ 0.3 之间，与通常冷却凝固条件下凝固的合金相似，其宏观流动性也已基本消失，但在外力的作用下浆料具有与液体一样的流动行为；另一类是“类固浆料”，浆料中固态颗粒相互连接，整体上显示固态行为，具有明显的屈服特征，此时对半固态合金进行搅拌，即使固相分数高达 0.5 ~ 0.6，由于其独特的非树枝晶结构，固相呈分散的颗粒，浆料虽不具备像液体那样随意的流动性，但仍有一定的流动性[2]。

非树枝晶、固相分数小于 0.6 的半固态金属浆料一般具有伪塑性和触变性两个独特的流变性能。伪塑性是指浆料的稳态黏度由浆料所受的剪切速率控制；触变性则是指给定剪切速率下，瞬态黏度受时间控制。所有的半固态金属加工技术都有赖于半固态金属浆料这两个独特的流变性能。以上两类半固态金属浆料在流变特性和流变机理上具有较大的差别。准确掌握并了解半固态浆料的流变性能对半固态加工技术的成功应用至关重要。

反映半固态合金流变性能的指标是合金的表观黏度，而影响流变性的因素则有固相体积分数、剪切速率、冷却速度、流变制度、合金成分、颗粒形状、尺寸及凝聚状态等。以下章节将对半固态合金的伪塑性、触变性以及半固态合金的黏度和影响因素等作一一介绍。

3.1 金属流变学

在材料科学铸造专业中，金属的流变学是一个重要的研究方向，很多科学问题和工艺过程都与金属流变学有着密切关系。以往在铸造合金熔融状态流动性研究时，习惯把液态金属看做是牛顿流体。在研究液态金属的冷却过程中，往往先确定一个临界温度，把温度高于临界温度的物体视为单纯的塑性体；而低于此临界温度的物体则视为单纯的弹性体，这种方法大大简化了金属流变学的问题[203~205]。实际的金属材料流动变形，经常是黏性、弹性和塑性的复杂组合。即使是固态的金属合金在很大的温度范围内也是具有弹性、塑性和黏性的综合特征，因此把物体流动变形性能简单化的研究方法就显得不太合适。这样，在研究半固态合金流变性能时，应按照材料的真实流动变形性能考虑，把材料的黏性、弹性和塑性结合起来研究。

通常，对于固相分数小于0.6的半固态金属合金，其流动呈现伪塑性。采用单相模型进行近似模拟，可以以黏度为基础建立本构关系，它具有悬浮液的特点和行为，黏度模型的建立基于典型的幂指数定律和Bingham型（屈服应力+指数定律），还有一些模型则考虑组织形态与加工历史的影响，此类模型大多为经验公式。对于固相分数大于0.6的半固态金属合金，由于合金中固相粒子结成连续网状，其本构关系则利用多孔材料的本构关系，采用双相模型，借助连续机械和混合理论，描述半固态金属合金中的固相粒子应力场和其间的填隙液相压力场。

在理想液体和绝对刚体的基础上，人们首先建立了简单材料流变模型，并以此为基础建立复杂材料的流变模型，以下介绍的是常见的几种流体的流变性能。

3.1.1 简单流体的流变性能

3.1.1.1 虎克弹性体流变性能

对于弹性体，施加一定的载荷，物体在加载的同时出现和载荷相应的变形量，卸去载荷后物体的变形消失。弹性体的应力与应变符合：

$$\tau = G\gamma \tag{3-1}$$

式中，τ 为物体内部的切向应力；γ 为物体的切向应变；G 为物体的剪切模量，又称为第二类弹性模量[16]。

如果虎克弹性体只受简单拉伸应力的作用，式（3-1）就可以简写为：

$$\sigma = E\varepsilon \tag{3-2}$$

式中，ε 为拉伸应变；E 为虎克模数，又称为弹性模数和杨氏（Young）模数。

从图3-1所示虎克体流变性能曲线和机械模型可以看出，弹性体的切向应力与切向应变呈线性关系。

如果一个弹性体的变形能立刻反映其相应的应力，这种弹性体称为理想弹性体或虎克弹性体；如弹性体延迟反映相应的应力，则称为非理想弹性体，如黏弹性体。

3.1.1.2 牛顿黏性体的流变性能

如图3-2所示，当流体作层流流动时，流体中的切应力 τ 与它所引起的流

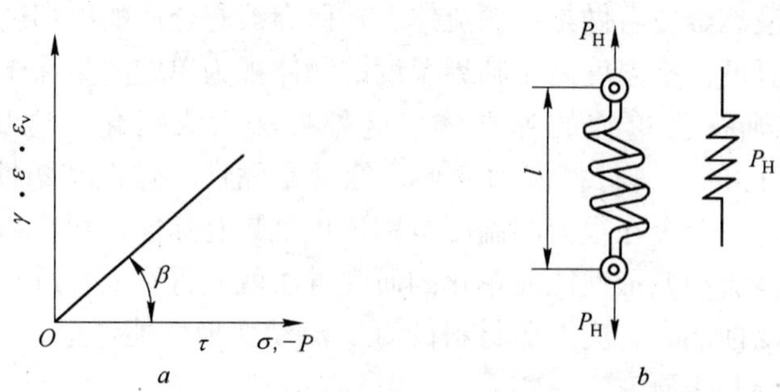

图 3－1　虎克体流变性能曲线和机械模型

a—流变性能曲线；*b*—机械模型及符号

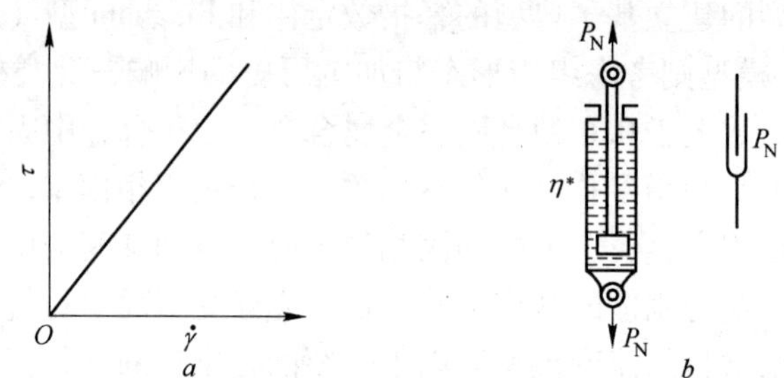

图 3－2　牛顿流体流变特性曲线和机械模型及符号

a—牛顿流体特性曲线；*b*—机械模型及符号

体应变速率（液层之间在流动法线方向上的速度梯度）呈正比。

$$\tau = \eta \frac{dv}{dr}，即 \tau = \eta\dot{\gamma} \tag{3-3}$$

此流体称为牛顿黏性流体，其中 η 为流体的黏度，它表示流体内质点间发生相对运动时，质点之间发生剪切应力或内摩擦的特性，其值的大小与流体的本身温度有很大的联系。

$$\eta = K e^{E_n/RT} \tag{3-4}$$

式中，E_n为流动激活（活化）能（$2.09 \times 10^7 \sim 2.09 \times 10^8$ J/(K · mol)）；R 为气体常数；K 为给定切应力下，表示液体分子量特征及其分子量的常数；T 为绝对温度。

3.1.1.3　非牛顿黏性体的流变性能

对于一些黏性体，τ 与$\dot{\gamma}$不呈线性关系，即物体的黏度系数不能保持一常数，如图 3－3 所示的伪塑性体和胀流体，此类黏性体称之为非牛顿黏性体。如果物体的黏度系数随切变速率的增加而变小，则称其为“伪塑性体”；如果物体的黏度系数随切变速率的增加而变大，则称其为“胀流体”。

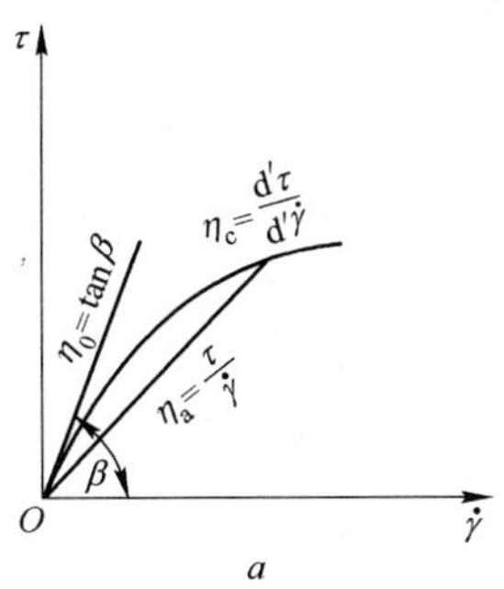

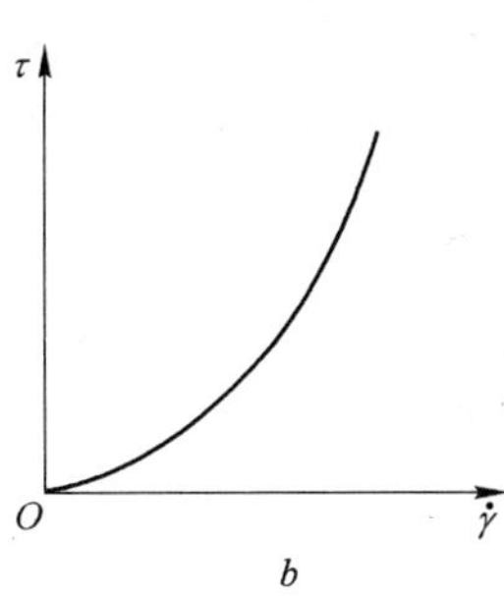

图 3-3 伪塑性体和胀流体的 $\tau-\dot{\gamma}$ 流变曲线

a—伪塑性体；*b*—胀流体

对于非牛顿黏性体的应力和剪切速率关系，一般服从指数定律。

$$\tau=\eta_0\dot{\gamma}^n \tag{3-5}$$

式中，η_0 为零剪切黏度，即 $\dot{\gamma}=0$ 时的流变曲线斜率，有时称之为零稠度系数。n 为指数，对于伪塑性体，$n<1$；对于胀流体，$n>1$；对于牛顿黏性体，$n=1$。

上面提到的指数定律被广泛应用于伪塑性体和胀流体的流变性能研究中，当然也被半固态合金研究工作者所采用，在实用性方面最好，也最方便。

3.1.1.4 塑性体的流变性能

对有些物体，当载荷引起的切应力小于某一值 τ_s 时，它如同绝对刚体一样，不作任何变形。而当切应力达到 τ_s 值时，物体开始承受因流动形成的不可逆的变形，其流动速度即是变形速度。与此同时，塑性体内的切应力维持为恒定值，大小不再变化，这类物体称之为塑性体，也叫圣维南体，其临界 τ_s 为屈服极限，塑性体的变形速度可为任何正数值，由其他条件决定。故塑性体的流变性能数学关系式为：$\tau=\tau_s$。当塑性体受拉伸作用的时候，上式变为：$\sigma=\sigma_s$。

3.1.2 复杂流体流变性能

实际材料中，物体的流变性能往往很复杂，并不像前面所述的弹性体、黏性体或塑性体那么简单[16]。但流变学研究表明，不少复杂的流变性能都可以用弹性、塑性和塑性体的组合来表示，如宾汉体、开尔芬体、麦克斯韦体、施韦道夫体、普朗特体等。下面以典型的宾汉体（Bingham Body）的例子加以说明。

宾汉体是在 1910 年由 Bingham 提出的，其流变性能可用一虎克弹性体串联一组由塑性体与牛顿黏性体所组成的并联体构成，其结构方程式为：

$$B=H-(N|S) \tag{3-6}$$

如果在宾汉体上施加载荷，产生的应力不随时间而变化，$\tau=\tau_{\bar{c}}=const$，则宾汉体结构的线性微分方程式的解可以简化为：

$$\tau_c = \tau_s + \eta\dot{\gamma} \tag{3-7}$$

还可以表示为：

$$\eta_a = \eta + \tau_s/\dot{\gamma} \tag{3-8}$$

宾汉体的机械模型、表观黏度与切变速率关系和剪切速率与剪切力$\dot{\gamma}-\tau$关系曲线如图3-4所示。

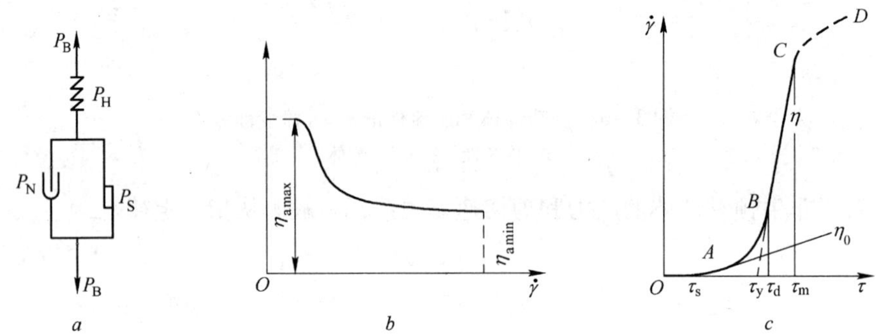

图3-4 宾汉体的机械模型和有关关系曲线

a—宾汉体机械模型；*b*—表观黏度与切变速率关系；*c*—宾汉体的$\dot{\gamma}-\tau$关系曲线

由图3-4*c*可见，当作用在宾汉体的切应力小于屈服极限τ_s时，在曲线*OA*段上物体不能流动，此时流变性能如同虎克弹性体；当切应力大于屈服极限τ_s后，流变曲线中出现曲率较大的*AB*曲线段，曲线上各点切线与横坐标的夹角随$\dot{\gamma}$的增大而变得越来越大，即表观黏度越来越小，此时物体呈“伪塑性体”；当切应力超过某一数值τ_d后，$\tau-\dot{\gamma}$流变曲线*BC*段变为直线，物体的黏度为一常数，其值不随切变速率变化，说明此时$\dot{\gamma}$的变化几乎不能使宾汉体的网络结构再发生变化，$\eta_a=\eta_{amax}$，物体呈牛顿黏性体；当作用于宾汉体上的切应力值超过某一临界值τ_m时，即曲线*CD*段，说明流动的宾汉体出现紊流现象，此时牛顿公式已不适用。

宾汉体流变性能测试时，人们常把*BC*直线段的延长线与τ轴的交点τ_y作为宾汉体的屈服极限，而把τ_s作为真屈服极限或下屈服极限，它表示结构物体的静态极限切应力，而τ_d称为上屈服极限，对于τ_y则是一种近似的有条件的结构物体组织不破坏的切应力极限值。所以宾汉体的流变近似公式表明的是有结构物体流动时，流变性能的近似数学式。采用该近似数学式解决实际问题，不会引起太大的误差。

3.1.3 金属的流变性能

金属的流变性能研究主要是针对铸造和凝固过程，金属在浇注进入铸型以及随后的凝固冷却过程中，都会出现多种多样的流动变形现象[206~212]。

首先是金属熔体的充型过程。液态金属的流动性能研究直接指导铸件浇注系统的设计，继而提高铸型的充填性能。一般简单地把液态合金视为牛顿流体，从水力模型的角度来考虑铸造合金的流变性能。水力模拟也成为浇注系统设计的重要实验方法。近年来对 Wood 合金（Bi：30% ~60%，Pb：15% ~35%，Sn：10% ~20%，Cr：7% ~15%四种金属元素组成的低熔点合金）研究时发现，只有当合金的温度具有较高过热度时，金属液才可以视为牛顿体；当合金过热度较小时，合金出现屈服极限，呈现宾汉体的流变性能，此时便不可以用牛顿流体的流动规律来探讨液态金属充填铸型的规律。如在压力铸造浇注温度较低的时候，则应注意可能由宾汉体的流变性能影响金属充填浇注系统和型腔的过程。

铸造金属在进入铸型以后，随着其本身温度的降低，凝固过程开始，合金由液态金属开始转变为液固态（类液浆料，固相质点较少，分布于液态合金中）、固液态（类固浆料，固态树枝晶连成骨架，但在骨架间仍有液态合金）和全固态。在这一过程中产生补缩、偏析、异相质点的沉浮和应力、变形等现象，这些现象都与金属的流变性能密切相关。在金属由全液态向全固态转变的过程中，其流变性能发生剧烈的变化。每种状态下，合金流变性能往往又不是简单的绝对刚体、理想液体、黏性体、弹性体或塑性体，往往是几种流变特性的结合。在铸件凝固过程中，铸件的主要缺陷都是在该金属处于固相线以上温度，即固、液两相区温度之间形成的，如铸件的致密度、成分的均匀性、热裂、夹渣等缺陷，都与固相线温度以上铸造系统流变性能密切相关。金属在冷却凝固过程中，其流变性能可以认为是由牛顿流体转变为宾汉体，这样可以从合金流变性能的角度来理解铸件中缺陷的形成。比如，具有宾汉体流变性能的流体将阻碍密度不同的质点上浮或下沉，这样在固相线附近析出的大量气体所形成的气孔便不能上浮，而停留在所析出的地点，使铸件形成分散的析出性气孔。与此同时，铸件合金凝固时析出的密度较大的颗粒也不能像在一般黏性液体中一样下沉，它们停留在所析出的地方，增大了凝固区域，使铸件从层状凝固转为体积凝固，在铸件上形成分散性缩松，降低致密度。另外，铸件在固、液两相区凝固时，如在某处出现固体体积收缩而引起的缩孔，具有宾汉体流变性能的液体虽有通道使缩孔相连，但作用在液体上的切应力如不足以克服金属的屈服应力时，液体便不能流动填补缩孔，从而使铸件中出现枝晶间连通形式的缩孔，导致铸件渗漏。

另外对于半固态金属合金的流变模型，也有学者采用机械模型建立其本构关系方程。对 Al-5% Cu 合金，文献［210］提出了该合金在固液共存区的流变模型为：

$$[H_1]-[S|N_1]-[H_2|N_2] \tag{3-9}$$

式中，［H］为虎克体；［N］为牛顿体；［S］为塑性圣维南体。

文章作者利用如图 3－5 所示的机械模型分析 Al－5% Cu 凝固时间与残余应力的关系。从图中可以看出，虎克体、开尔芬体、宾汉体三者串联，因此变形过程中三者应力大小始终相等，也就是说三者中的任何一个均可作为凝固过程应力大小的计算单元。

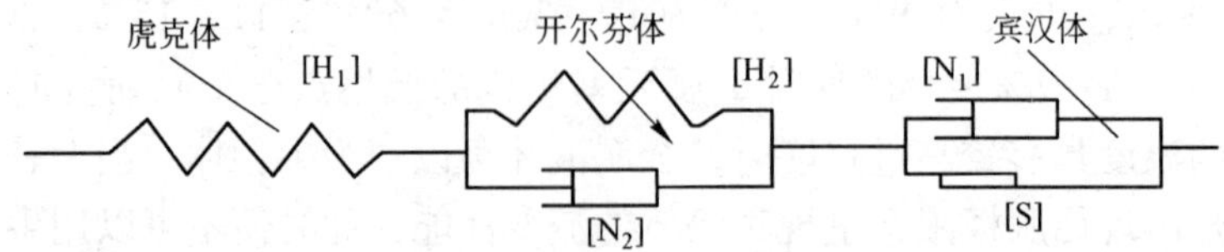

图 3－5　Al－5% Cu 合金流变机械模型

对于具有枝晶初生相的半固态 A356 铝合金的流变特征，有人认为它符合五元件模型：

$$[H_1]-[N_1|H_2]-[N_2|S] \tag{3-10}$$

而含有非枝晶初生相组织半固态 A356 铝合金的流变特征符合六元件模型：

$$[H_1|S_1]-[N_1|H_2]-[N_2|S] \tag{3-11}$$

根据流变曲线，采用六个基本特征参数描述和评价合金的流变特征：加载瞬时切变 γ_1；卸载瞬时恢复切变 γ_2；加载稳定状态切变 γ_3；卸载稳定状态下的切变 γ_4；加载时间 t_1；加载稳定时间 t_2。表 3－1 为不同试验条件下所测得的流变特征参数。由于它们与流变模型中各元件力学参数之间存在着确定的关系，因此可以借助这一组特征参数来确定流变模型和评价材料的流变性能。

表 3－1　不同试验条件下的流变特征参数

试验条件	流变特征参数		γ_1	γ_2	γ_3	γ_4	t_1/s	t_2/s	ε_1/s^{-1}	ε_2/s^{-1}
A	$T=580$℃	枝晶	0	4×10^{-3}	12.5×10^{-3}	0	70	300	0.12×10^3	0.03×10^3
	$\tau=0.78$kPa	退化枝晶	40×10^{-3}	0	126×10^{-3}	60×10^{-3}	70	200	1.23×10^3	0.33×10^3
B	$T=580$℃	枝晶	10×10^{-3}	10×10^{-3}	26.5×10^{-3}	5×10^{-3}	70	200	0.24×10^3	0.06×10^3
	$\tau=0.78$kPa	退化枝晶	30×10^{-3}	0	140×10^{-3}	90×10^{-3}	70	130	1.57×10^3	0.38×10^3

自然材料和工程材料中，物体的流变性能往往很复杂，人们利用虎克体、牛顿体、圣维南体的相互组合，建立了半固态金属合金的多元机械模型，利用这些模型可以简便分析半固态金属合金的复杂流变性能，并对半固态金属合金加工过程中出现的组织及缺陷加以说明和解释。

铸件成形过程中，其主要缺陷都是在固相线温度以上，尤其是在固液相线温度之间形成的。热裂产生的温度范围处于有效结晶区靠近固相线温度，因此热裂的产生与半固态合金的流变性能有着密切关系，合金的不可补缩区温度间隔越大，合金的热裂倾向越大。热裂的两种流变学理论如下[212]。

（1）合金塑性理论。固液温度区间的合金是一种塑性材料，塑性的大小取决于固液晶粒间液态合金的数量，液态合金越多。合金变形时补缩进行的流动越容易，合金所表现的塑性变形可能性越大，铸件越不容易热裂，衡量热裂产生的参数为：$\Delta\varepsilon = \varepsilon_0 - \varepsilon_y$，$\Delta\sigma = \sigma_0 - \sigma_y$。当 $\Delta\varepsilon > 0$、$\Delta\sigma > 0$ 时，铸件不易产生热裂。

（2）卡西尔哲夫热裂理论。考虑合金全部变形的内容，在铝硅合金结晶范围内对其进行流变性能研究，建立流变性能机械模型，结构公式为：$T = [H_1] - [S|N_1] - [H_2|N_2]$；合金热裂稳定性指标为：$D = \varepsilon_{0\min} - \varepsilon_{y\max}$，式中，$D$ 为卡西尔哲夫所假设的合金稳定性指标，$\varepsilon_{0\min}$ 为总应变极限的最小值，$\varepsilon_{y\max}$ 为应变的最大值。由于 $\varepsilon_{0\min}$ 在数值上远大于 $\varepsilon_{y\max}$，因此 $D = \varepsilon_{0\min}$。

根据卡西尔哲夫理论可知，评价一个合金是否容易产生热裂，主要由合金在固相线温度时的弹性模量所决定，若合金的弹性模量较大，则 D 较小，合金易产生热裂。

对于铝铜合金，通过求解本构方程可以得到：

$$\gamma_H = \tau / G_1 \tag{3-12}$$

$$\gamma_K = [1 - \exp(-tG_2/\eta_2)]\tau/G_2 \tag{3-13}$$

$$\gamma_B = (\tau - \tau_S)\ t/\eta_1 \tag{3-14}$$

式中，G_2/η_2 表示 Kelvin 体渐息系数，它的大小表示 Kelvin 体变形恢复的难易程度，其值越大，Kelvin 体变形恢复越容易。Al－5% Cu 合金中加入稀土可以使渐息系数的峰值左移，即使枝晶连成骨架的温度推迟，使准固相线下降，准液态区扩大，准固态区缩小。因此稀土的加入可不同程度地提高合金在固液共存区的流变参数，从而改善合金的热裂倾向。

总之，对金属流变性能的理解，并采用相应的措施来改变和控制铸件凝固过程的合金流变性能，从而减少铸件缺陷，提高铸件质量，已经成为铸造过程中材料研究的一个重要方向。

3.2 表观黏度

前面已介绍，流变性是指液体在流动变形过程中的力学性能。对半固态合金的铸造而言，黏度影响合金的流动性及充型能力，对铸件的质量影响很大，因此搞清黏度的影响规律有着十分重要的生产实际意义。

3.2.1 表观黏度的概念及测量方法

普通浇注过程中浇注温度高于液相线温度，合金以全液态形式浇入铸型。从流体的分类上讲，全液态金属属于牛顿流体，它的黏度是一常数，不随切变速率变化，如图 3－6 所示。

但是大量试验表明，部分凝固的半固态合金属于非牛顿流体，即伪塑性体，它的黏度不再是常数，而是随切变速率的变化而改变。为了表征非牛顿体的黏度，工程上广泛采用表观黏度的概念，非牛顿体的表观黏度定义为[16,205,213]：

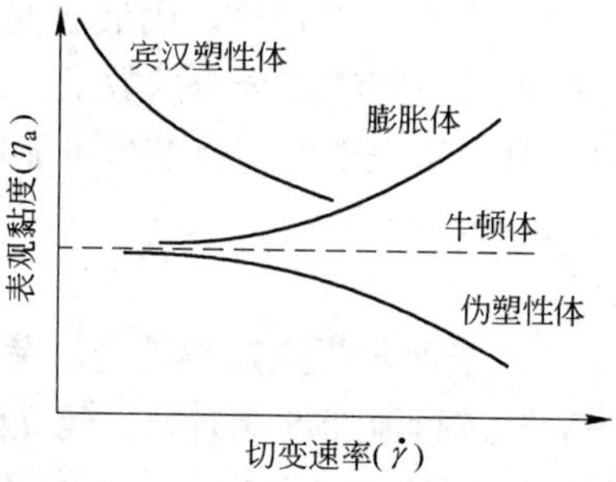

$$\eta_a = \tau / \dot{\gamma} \qquad (3-15)$$

式中　η_a ——表观黏度，Pa · s；

$\dot{\gamma}$ ——切变速率，s^{-1}；

τ ——切应力，Pa。

图 3－6　流体分类图

对于半固态金属浆料流变性能和表观黏度的测量，一般采用标准或自制的流变仪进行实验。使用流变仪可以获得较高的剪切速率，可以较好地反映实际生产过程中半固态合金的流变行为，但由于不同固相率的浆料是由完全液态经冷却凝固后得到的，与实际生产不相符，并且较高剪切速率可以引起浆料流动的不稳定性，流变仪搅拌时由于垂直于流动方向的压力和剪切速率梯度，在壁面处会形成一层薄的金属层，导致芯部浆料与壁面的滑动。半固态浆料的固相分数高于40%时，必须考虑壁面效应的影响，因此可以采用带有凹槽的流变仪。对于半固态合金低剪切速率流变行为，国内外的学者一般采用平板压缩试验来研究，而高剪切速率则通过反向挤压试验进行。在利用平板压缩实验研究半固态浆料的流变性能时，较小高径比的圆柱试样在两个平行板之间以给定速率或给定载荷进行压缩变形，变形后期轴向速度相对于径向速度已不重要，由于存在摩擦，试样的应力－应变场非常不均匀，因此对于不同尺寸的试样在比较结果时应特别注意。如果流动条件复杂，合金是否到达稳态条件难以确定，而且难以防止液、固相偏析，所测量的黏度值一般为非稳态值。由于该实验可以测量到屈服应力的存在，因此在后面的塑性变形一章中会有介绍。而在反向挤压实验时，由于压力的驱动使浆料流动，计算黏度时往往假设其线性变化，这也同大多数的实际情况不符。

3.2.2　表观黏度的计算

由式（3－12）可以看出，要计算表观黏度 η_a，就必须先求出切应力 τ 和切变速率 $\dot{\gamma}$[214]。商品化的流变仪/黏度计主要分为旋转式流变仪/黏度计、毛细管式黏度计、落球黏度计等。最为常用的是旋转式黏度计。采用的控制测试手段有两种：一种类型是控制输入应力，测定产生的剪切速率，这类流变仪称之为“控制应力流变仪”或“CS 流变仪”；另一类是控制输入剪切速率的流变仪，这类仪器命名为“控制速率流变仪”或“CR 流变仪”。旋转式黏度计测量头系统的形式分为同轴圆筒、锥板和平行板等。在以往的半固态合金黏度测量中，一般采用同轴双筒流变仪，如图3-7 所示。其类型主要有 Searle 和 Couette 型，分别如图 3-8、图 3-9 所示[214]。Searle 型系指输入的扭矩和产生的转子速度作用于同一转子轴上，设计的测量头系统能将扭矩数值经数学转换变为剪切应力，将转子速度变换为剪切速率，对于 Searle 型流变仪，马达的驱动力和扭动检测器都作用在同一转子轴上。Searle 型流变仪不能在高剪切速率下测试低黏度样品。因为这种条件下，层流会变为湍流，造成错误结果。Couette 型则是指驱动力作用于外筒，测量头系统则是另一构件，在内筒轴上测量与黏度相关的扭矩。

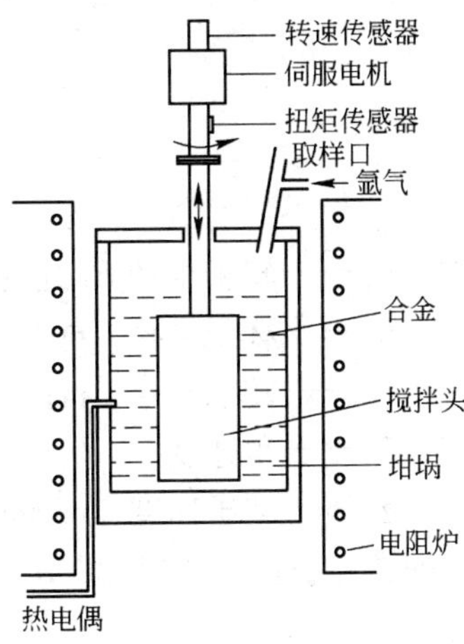

图 3-7 同轴双筒流变仪

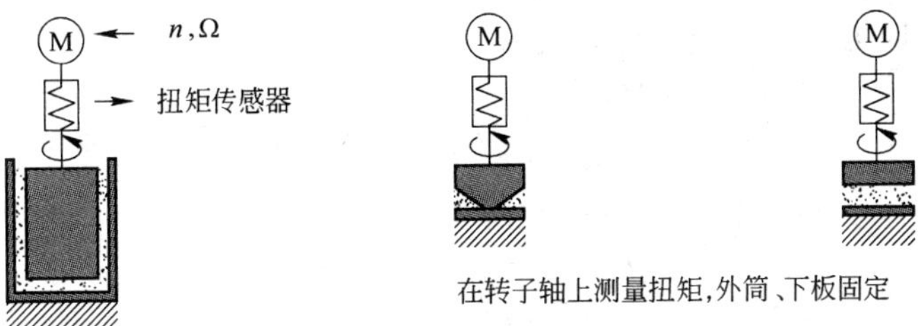

图 3-8 Searle 型流变仪示意图

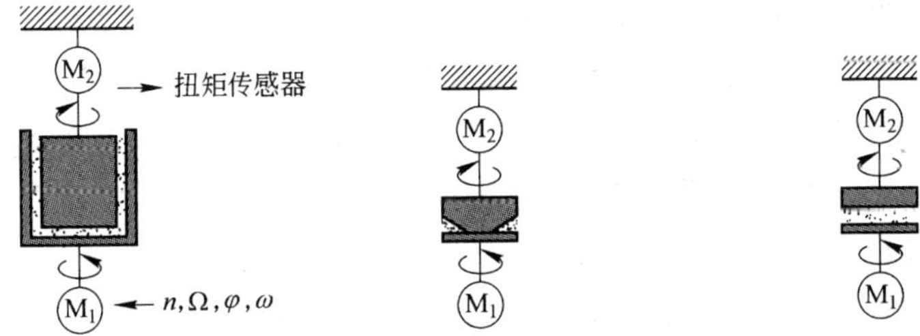

图 3-9 Couette 型流变仪示意图

旋转黏度计的剪切速率和剪切应力的数学关系分析如下：

(1) 同轴圆筒体测量头系统（德国 DIN53108）[214]。

1) 内圆筒体的剪切速率。转子表面的剪切速率为：

$$\dot{\gamma}_i = 2\Omega \frac{R_a^2}{R_a^2 - R_i^2} \qquad (3-16)$$

$$\Omega = \frac{2\pi \cdot n}{60} \qquad (3-17)$$

式中 $\dot{\gamma}_i$ ——转子半径 R_i 处的剪切速率；

R_a ——杯子半径，m；

R_i ——转子半径，m；

Ω ——角速度，rad/s；

n ——转子速度，$r \cdot min^{-1}$。

通常，引进“半径比”δ 量值：

$$\delta = \frac{R_a}{R_i} \qquad (3-18)$$

得到：

$$\dot{\gamma}_i = \left(\frac{1+\delta^2}{R-1}\right) \cdot \Omega = M \cdot \Omega \qquad (3-19)$$

式中，M 为剪切速率因子或几何因子，$rad \cdot s^{-1}$。

2）剪切应力。剪切应力计算式为：

$$\tau_i = \frac{M_d}{2\pi \cdot L \cdot R_i^2 \cdot CI} = \left(\frac{1}{2\pi \cdot L \cdot R_i^2 \cdot CI}\right) \cdot M_d \qquad (3-20)$$

$$\tau_i = A \cdot M_d \qquad (3-21)$$

$$\tau_a = \frac{M_d}{2\pi \cdot L \cdot R_a^2 \cdot CI} \qquad (3-22)$$

$$\tau_r = \frac{M_d}{2\pi \cdot L \cdot r^2 \cdot CI} \qquad (3-23)$$

式中，τ_i 为半径 R_i 处的剪切应力，Pa；τ_a 为半径 R_a 处的剪切应力，Pa；τ_r 为径向坐标 r 处的剪切应力，Pa；M_d 为测得的力矩，N · m；L 为转子高度，m；A 为形状因子，m^{-3}，它综合了上式括号中的所有因子，对于每种结构相同的测量头系统，是一个常数；CI 为扭矩相关因子，其概括了转子的端面作用。分析评价时，需要知道 τ_i 和 τ_r，而 τ_a 对大多数试验并不重要。

3）形变值 γ。形变 γ 与角偏转 φ（rad）值及转子尺寸呈线性关系：

$$\gamma = M \cdot \varphi \qquad (3-24)$$

4）黏度 η（Pa · s）。黏度 η 的表达式为：

$$\eta = \frac{M_d}{\Omega} \cdot \frac{A}{M} \qquad (3-25)$$

（2）锥板测量头系统。

1）剪切速率$\dot{\gamma}$。剪切速率的表达式为：

$$\gamma_c = \frac{1}{\tan\alpha} \cdot \Omega = M \cdot \Omega \tag{3-26}$$

当α很小时有：

$$M = \frac{1}{\tan\alpha} \approx \frac{1}{\alpha} \tag{3-27}$$

$$\Omega = \frac{2\pi \cdot n}{60} \tag{3-28}$$

式中，Ω为角速度，rad/s；n为转子速度，$\min^{-1}$；α为锥角，rad；M为剪切速率因子，对于特定的测量系统，M是常数。

2）剪切应力。剪切应力的表达式为：

$$\tau_c = \left(\frac{3}{2\pi \cdot R_c^3}\right) \cdot M_d = A \cdot M_d \tag{3-29}$$

式中，τ_c为锥板上的剪切应力，Pa；R_c为锥板的外半径，m；M_d为测定的扭矩；A为式（3-29）括号中所包含的剪切应力因子，对于特定的测量头系统，A是常数。

3）黏度。计算黏度的公式与同轴圆筒测量头系统所用的公式一样。

$$\eta = \frac{M_d}{\Omega} \cdot \frac{A}{M} \tag{3-30}$$

（3）平行板测量系统。

1）剪切速率。剪切速率与平板的半径、角速度和平板之间的高度关系为：

$$\dot{\gamma} = \frac{\Omega R}{h} = M \cdot \Omega \tag{3-31}$$

式中，Ω、R、h分别为平板的角速度、平板的半径和平板之间的距离；M为结构因子，其值等于R/h。

2）形变γ。形变将测量头的结构与角偏转关联起来：

$$\gamma = M \cdot \varphi \tag{3-32}$$

式中，φ为偏转角。

3）剪切应力τ。板外缘的剪切应力与扭矩及结构因子A成正比。

$$\tau = M_d \cdot A \cdot \left(\frac{3+n}{4}\right) \tag{3-33}$$

式中，结构因子$A = \dfrac{2}{\pi \cdot R^3}$，Pa；$R$为板外直径，对于非牛顿流体（幂指数小于1），剪切应力必须按照威森博格公式校正，此时非牛顿流体的剪切应力为：

$$\tau(R) = \frac{M}{2\pi R^3}\left[3 + \frac{\mathrm{dln}\ M}{\mathrm{dln}\ \dot{\gamma}_R}\right] \tag{3-34}$$

由于 $$\tau(R) = \eta\dot{\gamma}_R$$

因此表观黏度的表达式为：

$$\eta_{app} = \frac{M}{2\pi R^3 \dot{\gamma}_R}\left[3 + \frac{\mathrm{dln}\ M}{\mathrm{dln}\ \dot{\gamma}_R}\right] \tag{3-35}$$

如果试验装置是螺旋搅拌器，其示意图如图 3－10 所示。

由于螺旋搅拌头的几何形状远比光筒复杂，剪切应力和切变速率的直接计算比较困难。Kemblowski 等人为解决这一问题而引入了等效直径的概念，将螺旋搅拌头等效成如图 3－10 所示的同轴光筒搅拌头，其等效直径为：

$$d_e = d_t - \frac{d_s - d_r}{\ln \frac{d_t - d_r}{d_t - d_s}} \tag{3-36}$$

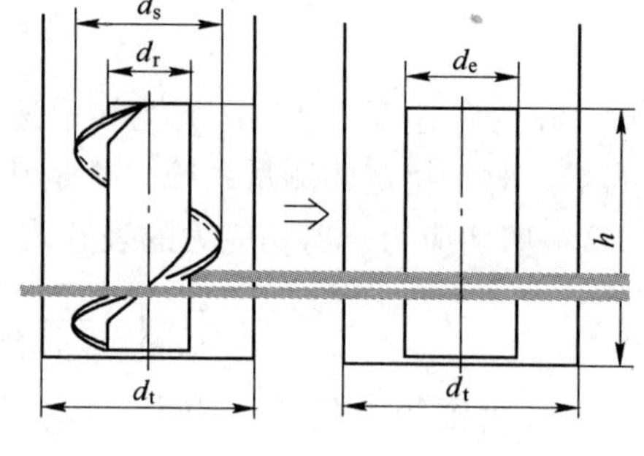

图 3－10　螺旋搅拌头等效成光筒示意图

式中　d_t——坩埚直径；

d_s——螺旋搅拌头外径；

d_r——螺旋搅拌头内径。

通过等效直径 d_e 的引入，可以将螺旋搅拌器等效成同轴双筒流变仪。这样就可以沿用同轴双筒流变仪中所获得的公式，对剪切应力和剪切速率进行近似计算（因为忽略了端面效应等因素的影响）：

$$\tau = \frac{2M}{\pi d_e^2 h} \tag{3-37}$$

$$\bar{\dot{\gamma}} = \frac{4\pi n}{d_t/d_e - d_e/d_t} \tag{3-38}$$

式中　M——螺旋搅拌头的净扭矩，N · m；

n——螺旋搅拌头的转速，r/s；

h——螺旋搅拌头的高度，m。

$\bar{\dot{\gamma}}$ 的含义是指双筒间流体的切变速度 $\dot{\gamma}$ 的几何平均值，将式（3－37）、式（3－38）代入式（3－15）可得：

$$\eta_a = \frac{M(d_t/d_e - d_e/d_t)}{2\pi^2 n h d_e^2} \tag{3-39}$$

因为 M 与 n 均可由试验测出，所以表观黏度可以计算出来。

图 3－11*a* 是转速不变时（$n = 4.6$r/s，冷却速度为 1.08×10^{-2}K/s），扭矩 M 与固相体积分数 f_S（f_S 用 Scheil 方程计算）的 $M - f_S$ 关系曲线，通过式(3－39）将其换算成 $\eta_a - f_S$ 曲线，如图 3－11*b* 所示，$\eta_a - f_S$ 曲线对半固态加工有重

要的作用。

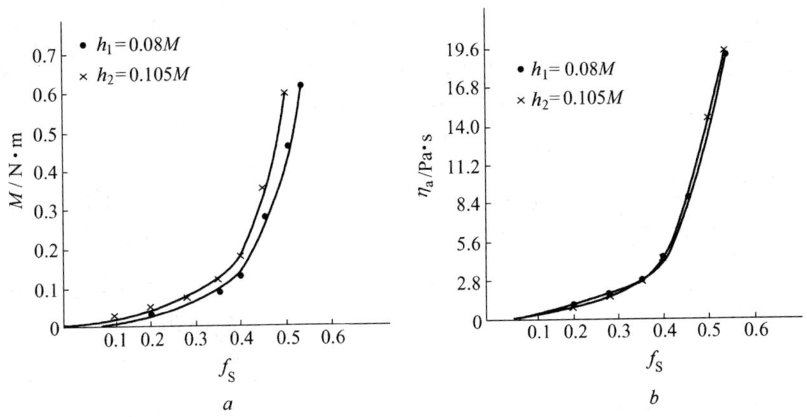

图 3－11　Al－10 %Cu 的 $M-f_S$ 曲线和 η_a-f_S 曲线

a—$M-f_S$ 曲线；*b*—η_a-f_S 曲线

3.3　几种状态下的流变学规律

半固态合金具有细小非枝晶固体颗粒，因其显微结构上的特殊性，浆料具有不同于通常液固两相合金的流变性能。在常规凝固条件下，Sn－15% Pb 浆料，当固相分数小于 15% 时，合金浆料具有一定的流动性；当固相分数大于 15% 时，需在此合金上作用一大于屈服极限的切应力，破坏固态颗粒间的联系，从而使浆料发生流动；固相分数为 40% 和 50% 的 Sn－15% Pb 合金，其屈服极限分别为 2×10^5 Pa、4.5×10^5 Pa；如果将固相分数为 40% 的 Sn－15% Pb 非枝晶合金进行搅拌，合金的屈服极限只有 1.2×10^2 Pa。一般来说在相同固相分数条件下，非枝晶的半固态合金浆料屈服极限要比常规凝固条件下得到的合金浆料低 2～3 个数量级，其表观黏度接近于室温条件的机油。

自从 1971 年美国麻省理工学院的 M. C. Flemings 和他的学生 D. B. Spencer 首次对半固态 Sn－15% Pb 合金的流变性进行研究以来，关于半固态浆料的流变性所开展的实验主要有 3 种类型[43,79,215～218]：

（1）从液相线温度以上连续冷却和剪切；

（2）在特定初始条件（给定剪切速率和固相分数）下的瞬态或稳态实验；

（3）部分凝固或部分重熔后的剪切。

对半固态金属流变学的研究主要集中于等温稳态、变温非稳态、触变性和动态 3 个方面。由于触变性反映的是表观黏度与剪切应力作用之间的时间关系，因此对实际工业应用有着更为重要的作用。

影响半固态合金流变性能的主要因素是浆料的固相分数、浆料温度和剪切速率。当剪切速率一定时，表观黏度随固相分数的增加而增加，流型变化为牛顿流体—伪塑性流体—宾汉流体。当固相分数一定时，则表观黏度随剪切速率的增大和冷却速率的降低而下降，即呈伪塑性特征；而当剪切速率一定，固相分数增加时，则相应的剪切力随之增加。当浆料处于实际工艺条件下，如压铸，它的充型过程持续时间只有0.01~0.02s，属于等温动态流变范畴，其流变行为则属于胀流型。国内外对半固态Sn－15%Pb、ZA12合金的动态流变行为的试验研究表明，浆料表观黏度随剪切速率增加而增加，与稳态时流变特性相差甚远。

半固态金属合金的“稳态”是指在恒定温度下，对合金浆料保持恒定的剪切速率，并且保持一定的时间，使得剪切力不再有明显的变化，此时合金组织内部固相粒子之间“聚集”和“分离”现象可以近似看作处于动态平衡状态，合金浆料所处的状态即为“稳态”，与之相对应的状态即为“瞬态”。稳态时，表观黏度只与固相分数、剪切速率有关；瞬态时，则必须考虑与结构变化有关的依时特性。

大多数学者采用结构参数 λ 或 K 来描述固相粒子在浆料中的结构状态。完全固态时，所有固相粒子相互连接，其值等于1；完全液态时，没有粒子相互连接，其值为0；浆料处于半固态温度区间时，固相粒子处于部分破裂状态，$0<\lambda<1$。每一剪切速率下都对应一半固态结构形态。当剪切速率发生变化时，达到新的平衡值需要一定特征时间，一般认为随剪切速率的增加，所需的特征时间变短，最终在新的剪切速率下建立对应的半固态合金的结构形态。采用这一方法即可以解释半固态金属的瞬态反应——剪切“稠化”，也可以解释稳态时半固态金属的剪切“稀化”现象。

为了描述结构参数的演化，引入一阶变化方程，破裂的速率取决于已有的连接和变形速率，其形式为：

$$\frac{\partial\lambda}{\partial t}=a(1-\lambda)-b\lambda\gamma\exp(c\dot{\gamma}) \tag{3-40}$$

回复参数 a 和破裂参数 b、c 均为经验参数，指数部分取决于变形速率，剪切递增试验时 λ 的变化速率要快于剪切递减试验，平衡态时破裂速率和回复速率相等。平衡态时的结构参数为。

$$\lambda_{e}=\left[1+\frac{b}{a}\dot{\gamma}\exp(c\dot{\gamma})\right]^{-1} \tag{3-41}$$

Kirkwood采用如下方程描述剪切时半固态浆料内固相颗粒变化的动态过程：

$$\frac{d\lambda}{dt}=\alpha(1-\lambda)-b\dot{\gamma}^{m}\lambda \tag{3-42}$$

方程右边的第一项表示的是相对于未建立的结构（un－buildup structure）程

度和常数 α 的结构建立速率，第二项则表示包含常数 b、已存在的结构程度 λ 和剪切速率的结构破坏速率，当半固态浆料达到稳态时，上式左边为 0，即：

$$\frac{\mathrm{d}\lambda}{\mathrm{d}t}=0 \tag{3-43}$$

也有的学者考虑结构状态的变化，满足：

$$\frac{\partial s}{\partial t}=\dot{s}=A(s,t,T)-D(s,\dot{\varepsilon},t) \tag{3-44}$$

式中，s 为结构参数；A 为聚集状态方程；t 为时间；T 为温度；D 为分散状态函数；$\dot{\varepsilon}$ 为应变速率。考虑材料内部性质、温度和依时变化的边界条件，上式采用线性插值可得：

$$s(t)=(s_0-k_1)\cdot\exp(k_2\cdot t)+k_1 \tag{3-45}$$

式中，s_0 为初始聚集状态；k_1、k_2 为动态常数。

3.3.1 等温稳态流变行为

3.3.1.1 等温稳态流型的一般规律及其影响因素

流变性能的一个重要特性是等温稳态行为[43,219~220]。试验时将合金以某一剪切速率进行搅拌，冷却到指定的固相分数后进行等温搅拌。在等温搅拌刚开始时，剪切力随时间的延长而降低，搅拌一定的时间后，剪切力将不再发生变化。对于大多数的半固态合金来说，其稳态的表观黏度应该只受固相分数和剪切速率的控制。

图 3-12[220] 显示 Sn-15% Pb 合金中稳态表观黏度与固相分数和切变速率的关系。对于固相分数一定的半固态合金浆料，其稳态表观黏度随切变速率的增加而减小。当剪切速率一定，固相分数增加时，则相应的剪切力随之增加，这就是半固态合金的“伪塑性”，又称为剪切“稀化”，稀化程度取决于固相分数和剪切速率，半固态合金的剪切稀化现象是流变性能的一个重要特征。

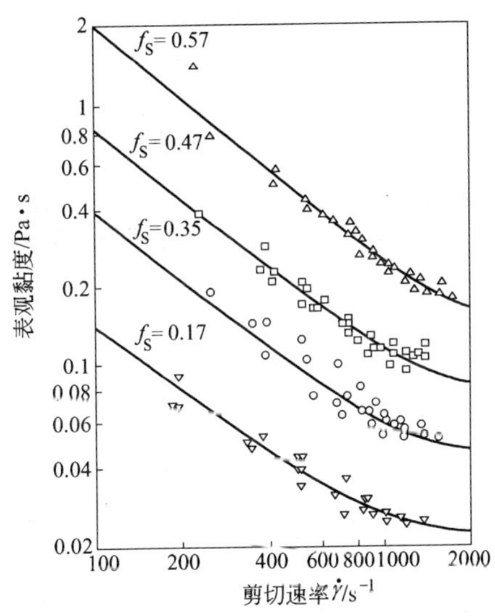

图 3-12　Sn-15% Pb 合金稳态表观黏度与剪切速率的关系

图 3-13 为 Couette 黏度计中测量的 Sn-15% Pb 等温剪切时，剪切时间对表观黏度的影响。浆料的最初状态为全液态，降低温度，表观黏度迅速上升；达到

预定温度后，由于固相颗粒球化和 Ostwald 熟化作用，表观黏度降低，大约 200min 后其值趋于稳定，此时温度达到预定值只用了不到 10min。熟化作用时间随着剪切速率的上升而缩短。

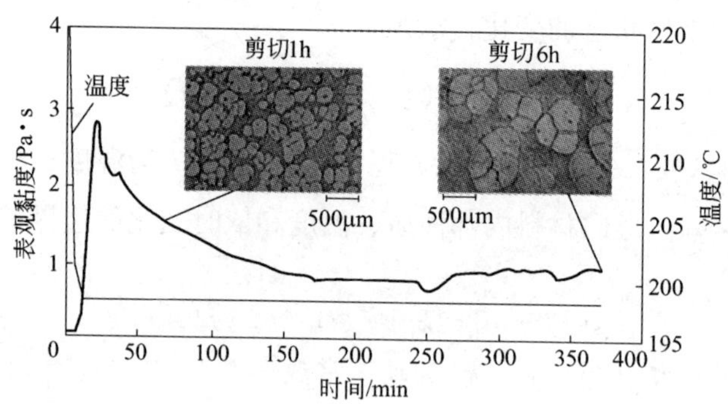

图 3-13　Sn-15%Pb 等温稳态剪切时剪切时间对表观黏度的影响（剪切速率为 $110s^{-1}$）

图 3-14 是 Sn-15%Pb 半固态合金等温剪切（固相分数为 0.4）时的表观黏度值与剪切时间的函数关系，剪切速率分别为 $100s^{-1}$、$300s^{-1}$、$1000s^{-1}$。

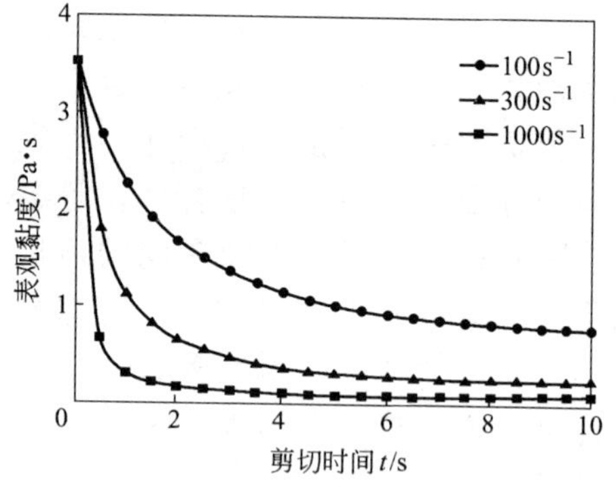

图 3-14　Sn-15%Pb 半固态合金的表观黏度值与剪切时间的函数关系（固相分数为 0.4）

半固态合金等温稳态流变行为的“伪塑性”在其他的合金系中也得到证实，如：Zn-27Al-2Cu、Al-Cu-Mg、Al-Si、Al-Si-Mg、Bi-Sn 等。一般认为半固态合金的伪塑性是由浆料中的固相颗粒造成的。在低的剪切速率下，固相颗粒更易团聚，也更容易形成树枝晶，导致高的表观黏度；而在较高的剪切速率下，团聚的固相颗粒将分离，更容易球化，降低合金浆料的表观黏度，团聚体的分离和颗粒的球化也进一步使被包裹的液相释放，增加有效液相分数。这样在某一剪切速率的前提下得到的表观黏度是颗粒球化和颗粒团聚与分离的动态平衡的结果。

在一定的固相分数下，表观黏度与剪切速率呈一一对应的关系，但这种关系也不是非常严格，即使采用同一种合金、相似的实验手段也可得到如图 3-15 所示的不同流动曲线[43]，试验结果的差异主要来源于以下几个方面：

(1) 流变仪中圆柱体的形状差异。圆柱体表面可以是光滑的，也可以带有沟槽。表面带有沟槽的圆柱体可以促进固相粒子的均匀分布，而表面光洁的圆柱体则会导致壁面排空（depletion）或滑动，因此导致剪切应力的不同。

(2) 剪切速率计算方法的不同。

(3) 剪切试验开始方式的不同，即部分重熔或部分凝固下，具有不同尺寸和形貌的固相粒子，都会对剪切应力有影响。

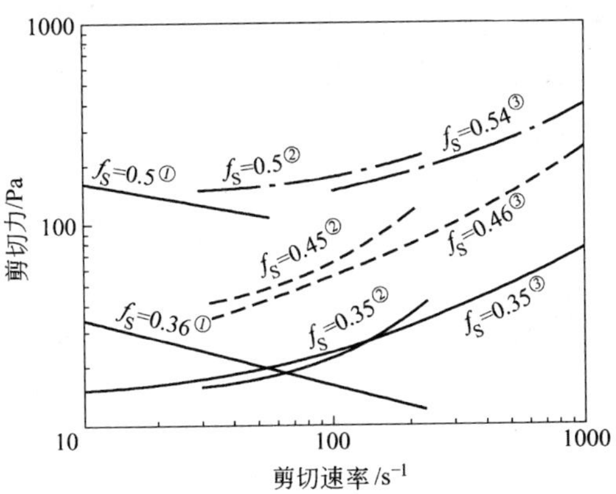

图 3-15　稳态剪切 Sn-15%Pb 合金所得到的不同剪切力与剪切速率之间的关系（图中①、②、③表示来自不同文献的数据）

(4) 初始剪切速率的影响。半固态浆料的固相分数分别为 0.45 和 0.50 时，以不同的初始剪切速率可以得到不同的稳态表观黏度曲线，大的初始剪切速率可以得到较低的表观黏度。因此在表述半固态合金等温稳态流变行为的时候，除了明确固相分数外，还应表明初始剪切速率。

3.3.1.2　等温稳态流变行为的屈服现象

另一个与等温稳态流变行为有关的现象是屈服应力的存在。通常认为屈服现象是固相粒子间动态作用导致的结构变化造成的，它的出现直接与触变性关联。图 3-16 为 Sn-15% Pb 合金半固态浆料间歇时间与屈服应力的关系[43]，固相粒子之间的相互作用导致屈服应力的出现，使得半固态浆料表现出类似弹性固体。

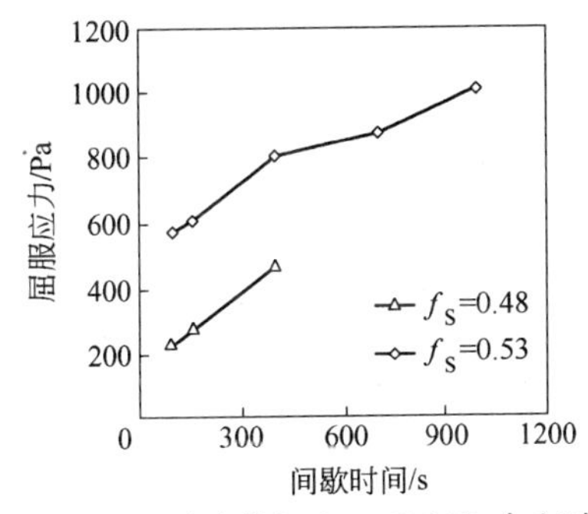

图 3-16　稳态剪切 Sn-15%Pb 合金时屈服应力与间歇时间的关系

3.3.2　连续冷却流变行为（变温非稳态）

在连续冷却过程流变性能的研究中，将熔体从高温下连续冷却，同时采用一定的速率进行搅拌，在整个冷却过程中测定半固态合金浆料的表观黏度。连续冷却过程的研究给出材料最基本的流变性能，如固相分数、切变速率、冷却速度对流变性能的影响，同时连续冷却条件也是最接近实际半固态加工过程的条件。

Spencer 最先对 Sn-15% Pb 合金连续冷却行为进行研究，测定了搅拌条件下熔体从液态冷却到固相时合金的表观黏度。半固态合金在固相分数为 0.4 时仍具有液体的行为。随后麻省理工的 Joly 和 Mehrabian 对 Sn – 15% Pb 连续冷却行为进行系统的研究。半固态合金的表观黏度不仅与固相分数有关，而且与切变速度和冷却速度也密切相关。

图 3 – 17 显示在一定的冷却速率下，不同切变速率对 Sn – 15% Pb 合金表观黏度的影响，首先表观黏度随固相分数的增加而增加，在固相分数较小时增加较慢，到一定固相分数后急剧增大；其次切变速率越大，则表观黏度增加速度越小，并且在较高的固相分数下更易发生这种现象。同时，在给定的切变速度下，不同冷却速度时合金的表观黏度的结果表明，冷却速度越小则表观黏度增加速度越小，而且在较高的固相分数下仍保持较低的表观黏度。将半固态浆料快速淬火研究表明，在未经搅拌的条件下，固相颗粒形成树枝晶；剧烈搅拌而且搅拌时间越长，固相颗粒就越趋向于形成蔷薇状甚至球状。球状颗粒比树枝状颗粒更易相互移动，显示出更小的表观黏度。

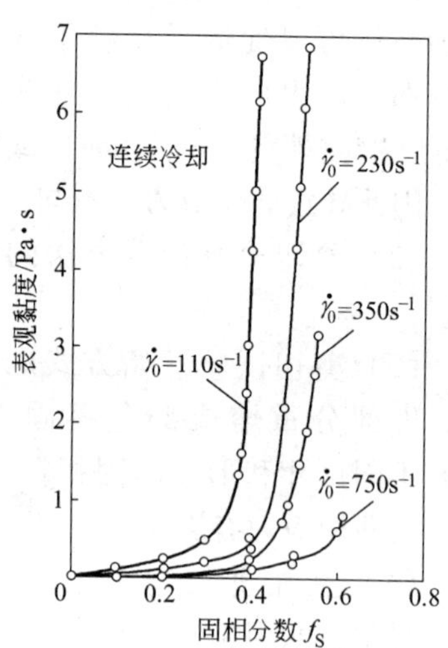

图 3 – 17　连续冷却不同剪切速率条件下固相分数与表观黏度的关系

Sn – 15% Pb 合金在冷却速度 0.33K/min、剪切速率为 750s^{-1} 的情况下，固相分数即使达到 0.6，半固态浆料也会像机油一样保持较低的黏度，采用悬浮体系的标准模型，可解释连续冷却固相分数 f_S 和表观黏度 η 之间的经验关系式：

$$\eta = A\exp\ (Bf_S) \tag{3-46}$$

式中，A、B 是与剪切速率相关的系数。上式对 Sn – 15% Pb、Bi – 17% Sn、Zn – 27% Al – 2% Cu（ZA – 27）等合金剪切后熔体黏度下降均能作出很好的解释。

继 Sn – 15% Pb 合金后，半固态合金的连续冷却行为在其他合金中也得到验证，如 Zn – 27% Al – 2% Cu（ZA – 27）、Al – Zn、Al – Cu – Mg、Al – Si、Al – Si – Mg，甚至在含有 SiC 颗粒的半固态复合浆料中也表现出类似的连续冷却行为。

3.3.3　等温瞬态流变行为

3.3.3.1　等温瞬态流变行为的一般规律

半固态合金流变性能，除了受固相分数、剪切速率的影响外，还与剪切时间（黏性流动时间）有关[216]。半固态合金流变性能与剪切时间的依赖关系，在流变学中称为触变性。将一稳态半固态浆料突然改变剪切速率，半固态金属的流动行为发生变化，剪切应力往往随之发生变化，半固态浆料需要一定的时间重新回到它的稳态值。例如突然增加剪切速率，剪切应力开始时增加，随后逐渐降低到新的稳态剪切时的值。实际工作中的半固态压铸，充型时间一般只有0.01～0.2s，这样可以认为半固态浆料处于等温瞬态流变范畴，其流变行为属于胀流型。研究半固态合金等温动态流变行为（触变性）最常用的方法有两种：剪切力－剪切速率滞后环（$\tau - \dot{\gamma}$ hysteresis loop）和剪切速率突变试验，有关触变性的定义、剪切力－剪切速率滞后环和影响因素，将在本书的触变性一章中作详细说明，对多种半固态合金的动态流变行为试验研究表明，其结果与稳态流变行为相差甚远。本节只介绍剪切突变试验。

将ZA12合金瞬态时剪切应力与剪切速率的关系作曲线，得到如图3－18所示的半固态ZA12合金稳态、瞬态剪切应力与搅拌时间（剪切时间）关系曲线，曲线的斜率即代表了某一条件下半固态浆液的表观黏度[5]。如前所述，稳态条件下，半固态金属浆液的表观黏度随剪切速率的增加而减小，表现为伪塑性流体的特征；而在瞬态条件下，半固态合金浆液的表观黏度则随着剪切速率的增加而增加，表现为胀流体的特征，这一结果表明，在半固态合金成形过程中，即使在较高的成形速度下，半固态金属浆液也可以实现平稳的充型。

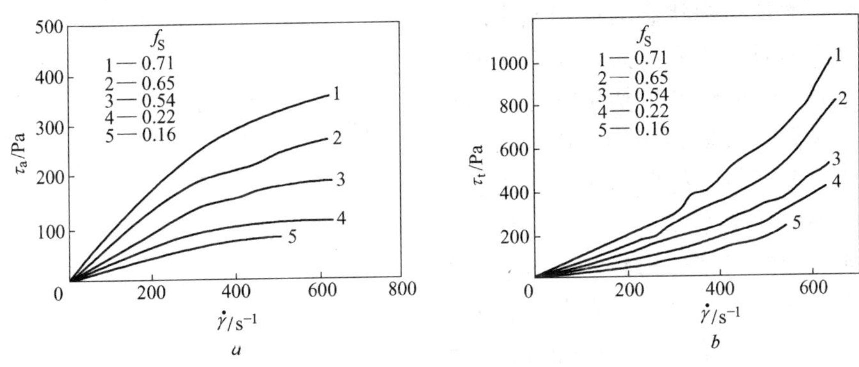

图3－18 半固态ZA12合金的剪切应力与剪切速率关系曲线[5]

a—稳态时的关系；b—瞬态时的关系

3.3.3.2 剪切突变试验

剪切突变试验[215,220～224]是指试验时突然改变剪切速率（以阶梯式跳越增加或减小），以此观察剪切力或黏度的变化规律，同时也可以用来观察半固态合金团聚结构形成的动力学特征。如图3－19[221]和图3－20所示为A357合金半固态剪切突变试验的结果，发现剪切速率递增后，表观黏度立即递增到某一数值，然后逐渐下降到与新的剪切速率相对应的稳态值。

剪切突变试验可以验证和说明半固态浆料内部的“团聚”（agglomerate on）和“分散”（deagglomeration）的动态过程。剪切速率递减时，团聚作用占据主导作用；剪切速率递增时，分散作用占据主导地位。在恒剪切速率、等温剪切过

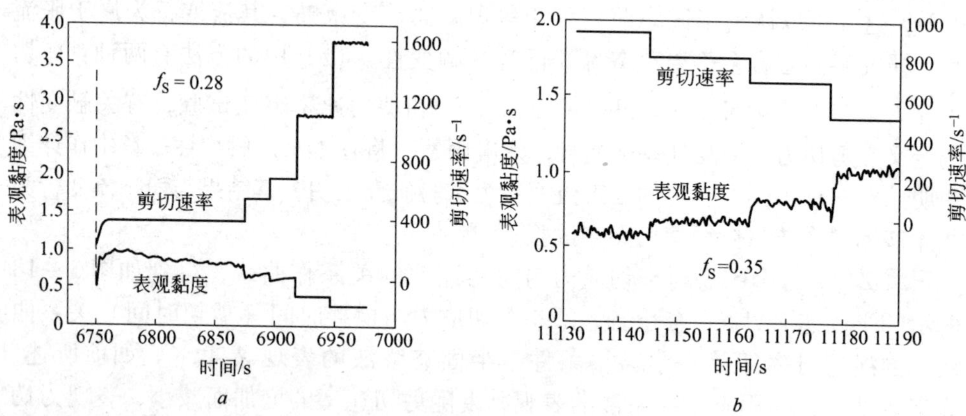

图 3－19　A357 合金剪切突变试验曲线

a—剪切速率递增；*b*—剪切速率递减

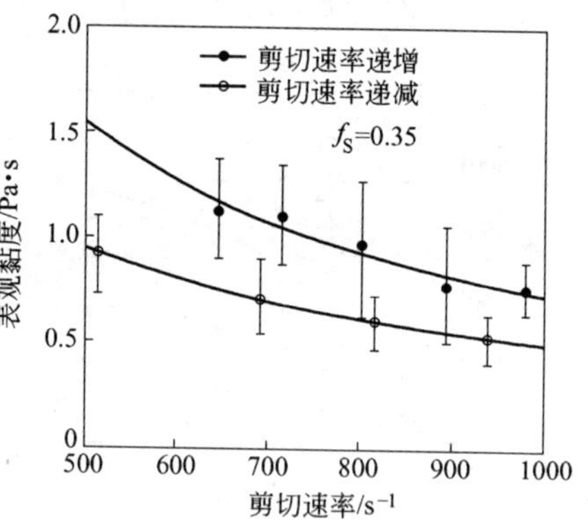

图 3－20　A357 合金在剪切速率递增和递减后测得的表观黏度值

程中，在进入稳态后的某一时刻，半固态合金的微观结构状态与剪切速率的大小有直接的对应关系：如果剪切速率增加，半固态合金将产生初生相的“结构破坏”现象，表现为初生相进一步碎化和分离，直至与新的剪切条件相适应为止；如果剪切速率减小，半固态合金将产生初生相的“结构构建”现象，表现为初生相的凝聚与合并，直至与新的剪切条件相适应为止。如果在此过程中瞬时改变剪切速率的大小，则与剪切速率变化之前对应的结构状态在新剪切速率作用下会瞬时保持不变，一定时间后方达到与新剪切条件相对应的稳态。

Kirkwood 在利用剪切突变试验研究 Sn－15% Pb 合金表观黏度时，采用改进的触变 Cross 方程描述剪切突变时浆料的黏度、剪切力变化规律。当合金浆料剪切速率递增时，重新达到稳态时剪切应力的变化遵循如下公式。

$$\sigma = \sigma_e + (\sigma_i - \sigma_e)\exp[-(a + b\dot{\gamma}^m)t] \tag{3-47}$$

式中，σ_i、σ_e分别为剪切速率为$\dot{\gamma}$时的最初和最终应力，确定不同剪切速率下的 a、b 值，理论上就可以预测半固态浆料在进入模具型腔时的流动行为。

上述经验公式只是反映内部结构破裂的单一过程，Quaak 等人采用式（3－46）描述半固态浆料在剪切速率突变时的剪切应力变化，其内部结构的破坏过程分为两个过程，采用特征时间 τ_1、τ_2加以区别，对于 Al－7Si－Cu 合金在剪切递增试验时，遵循如下公式。

$$\frac{\sigma-\sigma_e}{\sigma_i-\sigma_e}=\frac{\eta-\eta_e}{\eta_i-\eta_e}=a\mathrm{e}^{-t/\tau_1}+(1-a)\mathrm{e}^{-t/\tau_2} \tag{3-48}$$

3.4 影响流变性的因素

从上一节的分析看到，半固态合金虽然具有流动性，但其表观黏度远远高于全液态合金，这种高黏度固液两相流体在铸造时是很困难的。为了使流变铸造顺利完成，半固态合金的表观黏度的控制至关重要[205,225]。本节主要介绍各种因素对表观黏度的影响规律。

3.4.1 固相体积分数对表观黏度的影响

半固态合金与全液态合金的主要差异在于它含有已凝固的固相。固相的多少（即固相分数）对表观黏度的影响最大。图 3－21 是实验得到的 Al－10 %Cu 合金在不同搅拌转速下得到的 η_a-f_S曲线。

从图 3－21 看出，表观黏度随固相分数的增加而增加，特别是当固相分数超过某一临界值f_{scr}时（当 $n=4.76$r/s 时，$f_{scr}=0.35$），表观黏度开始迅速上升，这一特性对流变铸造有重要意义。它表明，当固相分数超过f_{scr}时，表观黏度的控制将是困难的。因为此时 $d\eta_a/df_S$较大，表观黏度对固相分数的变化很敏感。类似的结果在 Joly 的同轴双筒流变仪中也出现过。螺旋搅拌器中表观黏度的控制相对容易一些。

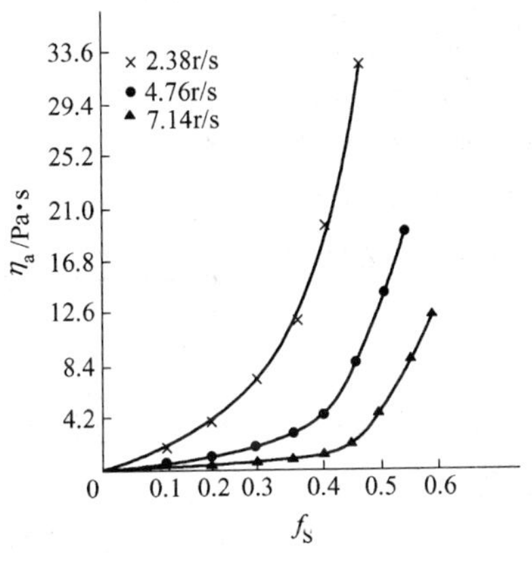

图 3－21　Al－10 %Cu 合金不同搅拌转速下的 η_a-f_S曲线

（$v_{冷}=1.08\times10^{-2}\mathrm{K\cdot s^{-1}}$）

在实际操作中，固相分数由固液两相体的温度决定，通过 Scheil 方程将温度换算成固相分数的函数。固相体积百分率（f_S）与温度的函数关系式为：

$$f_S=1-\left(\frac{T_M-T_L}{T_M-T}\right)^{\frac{1}{1-k}} \tag{3-49}$$

式中，T_M 是纯溶剂的熔点；T_L 是合金的液相线温度；k 是平衡分配比值。

因此温度的控制代表了固相分数的控制。与f_{scr}相对应的是一个临界温度 T_{cr}，当 $T>T_{cr}$时，表观黏度就不会太大。通常固相体积百分率达到 0.4 左右时，表观黏度将急剧增加，如图 3－21 所示。它们之间的关系可以用式（3－44）来表示。

在不同的固相体积百分数区间，半固态金属浆料表现的物性有很大的差别，适用的物理模型也不同。当固相体积百分数很低时（<0.2），固相微粒间的相互作用很小，半固态金属浆料可以作为一种牛顿黏性流体来处理；当固相体积百分率增大到0.2～0.6时，固相微粒间的相互作用已经十分显著，固相微粒相对运动的流体动力学行为以及固相微粒的附聚行为被用来解释半固态金属浆料的性质；当固相体积分数达到0.6～0.7以上时，固相微粒已经形成了"骨架"，此时的半固态金属浆料可以被认为是浸透着液体的多孔固体。

3.4.2　剪切速率对表观黏度的影响

剪切速率对表观黏度有着强烈的影响。首先要明确"平衡态"这一概念。在恒定的温度下，对半固态金属浆料保持恒定的剪切速率，并且持续一定的时间，使得剪切力不再有明显的变化，此时半固态金属浆料所处状态即为"平衡态"。

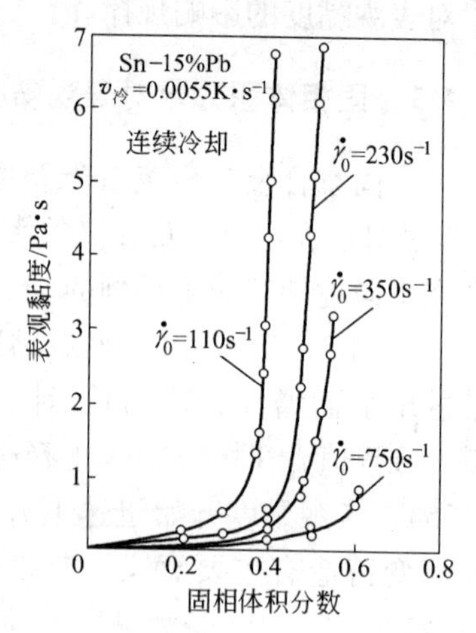

图3－22　剪切速率对表观黏度的影响（材料为Sn－15% Pb）

在相同的固相体积百分率下，表观黏度随剪切速率的上升而下降，如图3－22所示。图中数据是在半固态金属浆料处于平衡态时测量获得的，它们的关系满足指数定律[29]。

$$\eta_a = k\dot{\gamma}^n \qquad (3-50)$$

式中，$\dot{\gamma}$是剪切速率；k为稠密度；n为幂指数。

在流变学中，上述表观黏度与剪切速率的关系反映的是黏性浆料的"伪塑性"。幂指数n越小，浆料的伪塑性越显著。

在许多情况中剪切速率的大小是搅拌转速的函数。由图3－22中还可以发现，表观黏度随转速的增加而下降。因为$\bar{\dot{\gamma}} \propto n$（式（3－42）），所以表观黏度随切变速率的增加而下降。因此Al－10% Cu半固态合金也显示出非牛顿流体的特征，半固态合金的这一特征具有两方面的实用意义。

（1）可在f_S不变的条件下降低η_a。从图3－22中看到，当固相分数不变时，表观黏度随转速的增加而降低，而且固相分数越高，转速增加使表观黏度降低的数值越大，这一点对高黏度的半固态合金的铸造特别有利。

（2）铸造必须在不断搅动的条件下进行。

从图3－22看到，转速越低，表观黏度越高，如果转速趋于零（即停止搅动)，则表观黏度的数值非常大。表观黏度的这一特点要求在流变铸造时保持一定的搅拌速度，使半固态合金的表观黏度不致过高，而无法进行铸造。

3.4.3 冷却速率对表观黏度的影响

根据凝固理论，合金冷却速率的改变将影响它的组织形态，继而改变合金流变行为。对半固态合金流变性的影响规律是普遍关心的问题。图 3－23 是 Al－10% Cu 合金在不同冷却速度下的 η_a-f_S 曲线。图 3－24 是 Sn－15% Pb 合金在不同冷却速率下固相分数与表观黏度的变化曲线。从图 3－23 中看到，随着冷却速度从 $1.08\times10^{-2}K\cdot s^{-1}$ 降低到 $2\times10^{-3}K\cdot s^{-1}$，表观黏度降低。但是，从表观黏度降低的数值看，冷却速度变化对表观黏度的影响不如转速的影响明显。

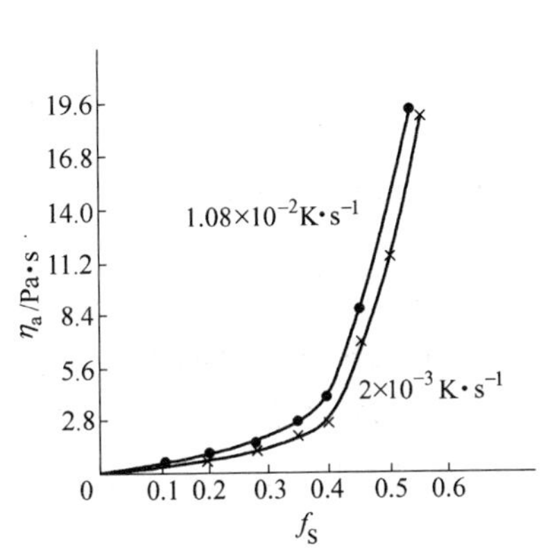

图 3－23 Al－10% Cu 合金在不同冷速下的 η_a-f_S 曲线（n=4.76r/s）

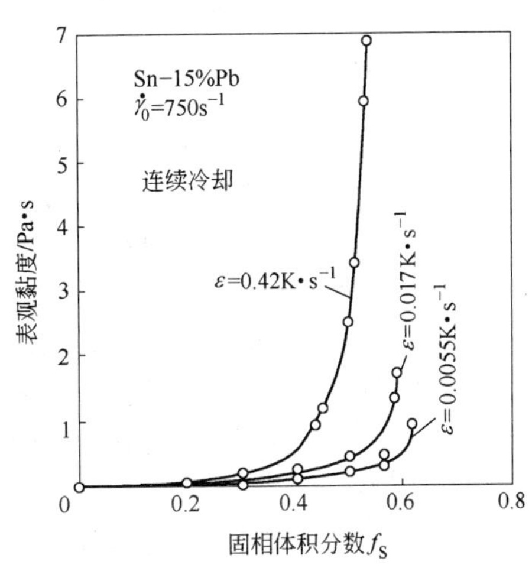

图 3－24 冷却速率表观黏度的影响（Sn－15% Pb）

根据冷却速度对表观黏度影响的上述特点，在实际生产条件下，只要严格控制固相分数和搅拌转速，就可以基本控制半固态合金的表观黏度，而无需严格地控制半固态合金的冷却速度。

3.4.4 流变制度对表观黏度的影响

3.4.4.1 半固态合金浆料搅拌的方式

对半固态合金浆料进行搅拌的方式有以下几种[205]：

（1）连续冷却搅拌。将合金以某一冷却速度连续地冷却，并在全液态时就开始搅拌，这是采用最多的一种方法。前面所述的流变曲线都是用这种方法测得的。

（2）冷却至一定温度后保持恒温。合金在全液态就开始搅拌，冷却到固液两相区中某一温度后等温搅拌。

（3）冷却至两相区内开始搅拌。它的冷却制度同第 2 种方法一样，不同的是搅拌不是在全液态就已开始，而是在固液两相区内才开始。

这 3 种搅拌方式的示意图见图 3－25，并称之为流变制度。

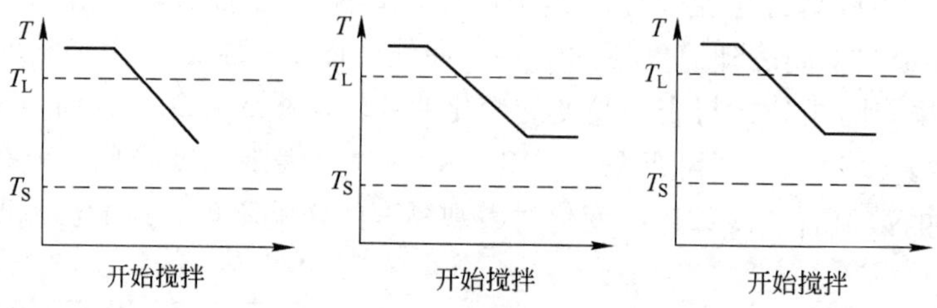

图 3－25　半固态合金浆料获得方法

3.4.4.2　流变制度的对比

为了对比流变制度的影响，把第 1 种冷却制度作为参照标准，研究另外两种冷却制度对表观黏度的影响。

（1）搅拌冷却至一定温度后保持恒温。在其他参量固定的前提下，先将合金搅拌冷却到固相分数为 0.35，然后开始等温。图 3－26 是测得的 $M-t$ 曲线，时间 t 从固相分数到达 0.35 的时刻算起，图中的虚线是第 1 种方法得到的扭矩数值。因为转速不变，所以 $\eta_a \propto M$（见式（3－37）），因此可直接将表观黏度坐标画在图的右侧。

从图 3－26 看出，随着等温时间的延长，表观黏度先升后降，但始终高于初始值（即第 1 种方法对应的数值）。对第 2 种方法（冷却至一定温度后保持恒温），等温开始阶段无法保证其温度为 $T_{f_S}=35\%$，因为由连续冷却转入等温过程总会有热惯性，使实际温度低于 $T_{f_S}=35\%$，因此等温开始阶段的表观黏度上升。随着等温时间的延长，半固态合金的温度逐渐回升到 $T_{f_S}=35\%$，表观黏度不断降低。当等温时间超过 120s 后，表观黏度连续降低并趋于平稳，这一特点对等温过程中的铸造有一定意义。

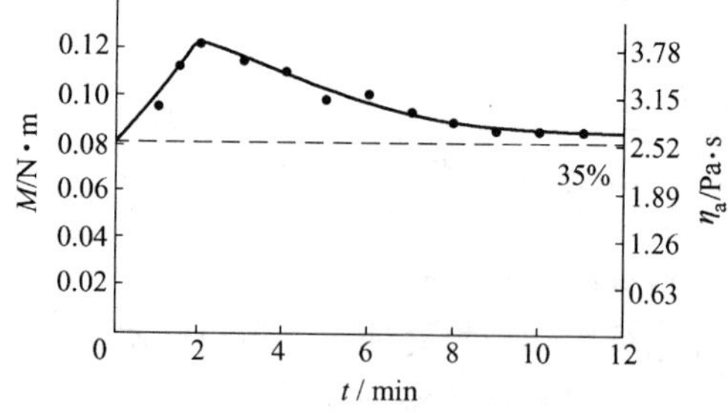

图 3－26　第 2 种方法的 $M-t$ 曲线

（Al－10% Cu，$n=4.76\text{r}\cdot\text{s}^{-1}$，$v_{冷}=1.08\times10^{-2}\text{K}\cdot\text{s}^{-1}$）

（2）两相区内开始搅动。在其他参量固定的前提下，将合金冷却到 $f_S=0.2$ 等温，同时开始搅拌，同样将合金冷却到 $f_S=0.35$，等温搅动。这样可测得两条

$M-t$ 曲线，见图 3－27。图中虚线分别对应第 1 种方法在 $f_S=0.2$ 及 0.35 时的扭矩值。搅动初期的扭矩振幅很大（特别是在 $f_S=0.35$），因此我们在搅拌开始 90s 后记录 M。

从图 3－27 的曲线规律看，随着时间的延长表观黏度趋于平稳。结合图 3－26，可得出如下结论：延长等温时间，可使表观黏度稳定。图 3－27 中两条曲线的规律相反，$f_S=0.20$ 曲线单增，而 $f_S=0.35$ 曲线单降。产生这种现象的原因讨论如下。

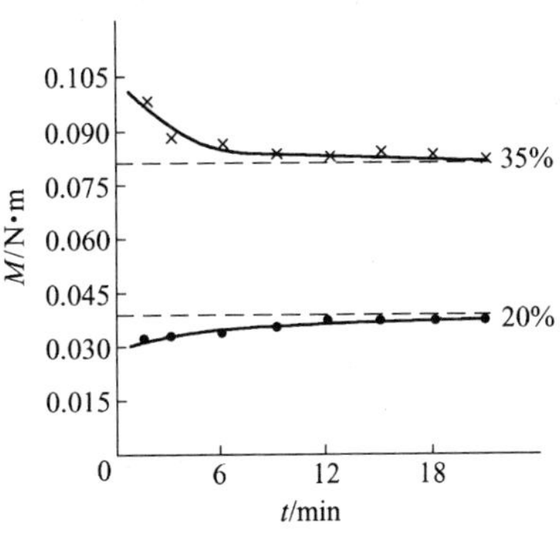

图 3－27 第 3 种方法的 $M-t$ 曲线
（Al－10% Cu，$n=4.76\text{r/s}$，$v_{冷}=1.08\times10^{-2}\text{K}\cdot\text{s}^{-1}$）

在两相区内开始搅动，由于是先凝固后搅拌，搅动前部分固相附着在坩埚壁上，部分构成空间网架，这种固相结构的流动性最差。随着搅拌开始，坩埚壁上的固相不断脱落，空间网架不断被破坏，半固态合金的流动性得到改善，因而扭矩下降（见图 3－27 中 $T_{f_S}=35\%$ 的曲线）。

但是，在图 3－27 中也能看到相反的扭矩变化规律（$T_{f_S}=20\%$ 时）。产生这种现象的原因比较复杂。分析认为：一开始固相附在坩埚壁上，但尖端稍有凸出。搅拌器转动后，尖端被打断，所需扭矩为 M_D，继续搅拌时，坩埚壁上的柱状晶不断脱落，在 d_s 与 d_t 的间隙（gap）中产生 M_1。再继续搅拌，柱晶碎粒进入 d_s 与 d_r 之间又产生 M_2。在图示的 1200s 内，扭矩的变化为 M_D（最小）$\rightarrow M_D+M_1\rightarrow M_1+M_2$（这期间 M_1、M_2 是有微小变化的）。坩埚壁枝晶完全脱落后，大部分进入 d_s 与 d_r 之间，小部分留在 d_t 与 d_s 之间，即 $M_{总}$ 趋于稳定。当然，该观点还有待实验验证。

3.4.5 合金成分对表观黏度的影响

上述流变曲线均是在 Al－10% Cu 合金中获得的，为了比较合金成分变化对表观黏度的影响，选用 Al－5% Cu 合金作为对比，图 3－28 是对比结果。从图中可看出，Al－5% Cu 合金的表观黏度比 Al－10% Cu 合金略低。

3.4.6 固相颗粒形貌对表观黏度的影响

固相颗粒形貌通过包裹液相对表观黏度产生影响。固相粒子在没有紧密连接的情况下，如枝晶或蔷薇状组织时，会包容较多包裹液相。对于一定固相分数的半固态合金，包裹液相越多，则有效液相分数越小，使表观黏度增加，包裹液相的多少可反映到固相颗粒形状因子上，就是如图 3－29 所示的影响规律[226]。

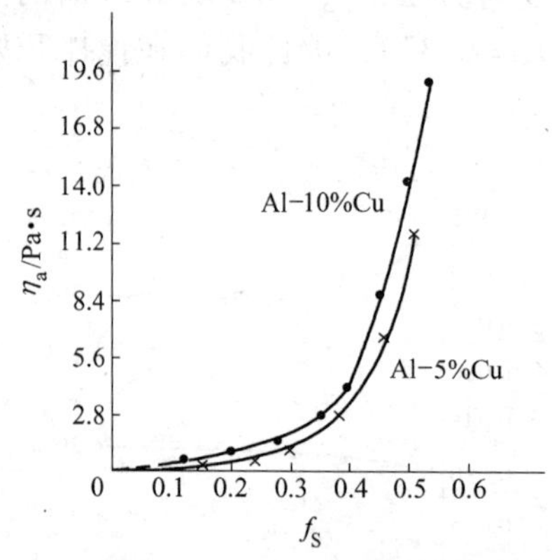

图 3-28　不同合金成分的 η_a-f_S 曲线

（$n=4.76$r/s，$v_{冷}=1.08\times10^{-2}$K·s^{-1}）

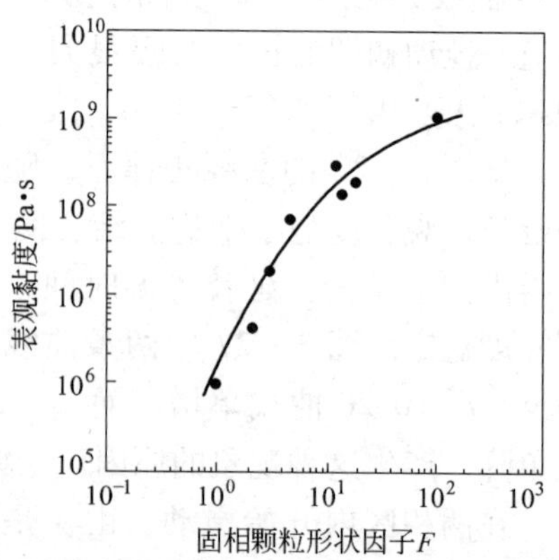

图 3-29　固相分数为 0.5 时颗粒形状因子对 Al-7Si-0.6Mg 表观黏度的影响

3.5　各种因素与凝固组织的关系

在上一节主要探讨了各种因素对表观黏度影响的宏观规律，而没有涉及产生这些规律的微观机制。如果把半固态合金浆料看成一种特殊的材料，那么这种材料的性质（如表观黏度）必然受到材料内部微观组织状态的影响。

半固态合金浆料的内部组织状态主要由它的固相组织状态决定，固相的数量、大小、形状及分布等参数决定了表观黏度的高低。下面就上述的各种因素对固相组织参数的影响进行讨论，根据两相流动原理对表观黏度的变化规律进行定性分析。

3.5.1　固相分数

固相分数越高，半固态合金液相含量越少，流动性越差。因此表观黏度随固相分数的增加而上升是必然的。当固相分数超过 f_{scr} 时，半固态合金的宏观流动性趋于消失，因此表观黏度的增加速度很快。

如图 3-30 为不同固相分数下的 Al-7%Si-0.49%Mg 合金连铸组织金相照片[31]，从图中可以看出，f_S 为 0 时，即全液态浇注时，其组织为疏松的柱状晶组织；$f_S=0.05$ 时可以看到细小的等轴晶组织，同时伴有少量的柱状晶；$f_S=0.18$ 时，凝固组织均为细小、均匀的晶粒；当 f_S 增大到 0.2 以上时，晶粒组织变化不大。

3.5.2　搅拌温度

搅拌温度是半固态金属合金固相分数的函数，因此搅拌温度影响半固态金属

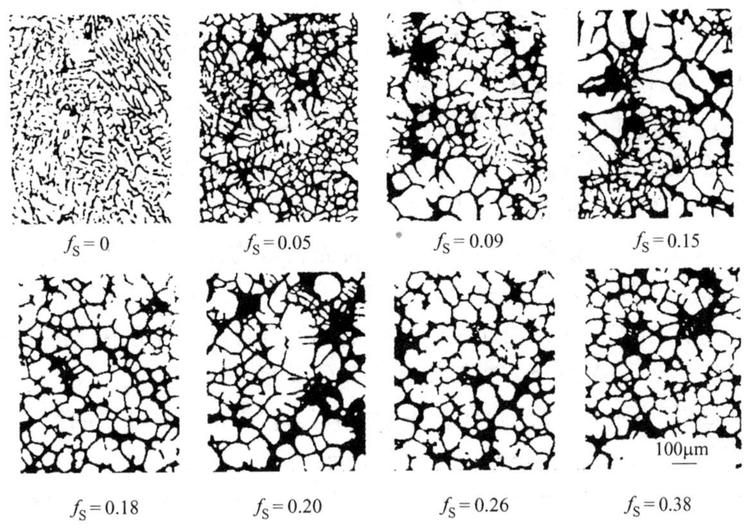

图 3－30 Al－7% Si－0.49% Mg 合金在不同固相分数下浇注的组织

浆液的固相分数和晶粒密度。对于镁合金 AZ91D（固相线温度：490～510℃，液相线温度：610～620℃）来说，在 590℃较高温度下搅拌，固相分数较小，凝固所形成的枝晶也较少，搅拌打碎的固相粒子较少；较低的 550℃下搅拌时，在较强的对流和溶质偏析作用下，生长中的枝晶融化破碎，破碎的枝晶数目大量增加，因此晶粒密度增加。图 3－31 为不同搅拌温度（固相分数）获得的半固态镁合金 AZ91D 的金相组织照片。

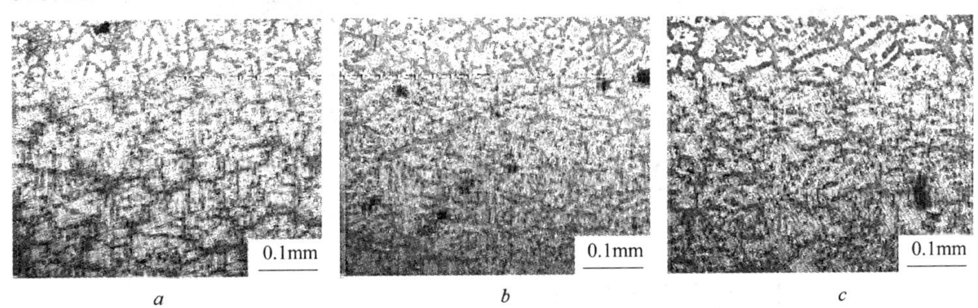

图 3－31 AZ91D 合金在不同搅拌温度下的组织照片（搅拌速度为 600r/min）
a—550℃；*b*—570℃；*c*—590℃

当搅拌时其他工艺参数不变时，固相分数过低，也不利于合金力学性能的提高，这主要是较高温度搅拌时，合金中的固相粒子较少，在随后的成形过程中，多数合金液仍然以枝晶方式凝固结晶。

3.5.3 搅拌强度

搅拌强度是很难直接测定或计算出来的。但是，可以通过其他参数来描述。

对于机械搅拌，搅拌强度是搅拌转速的函数。为此，常用搅拌转速来描述。而对于电磁搅拌，常用磁场强度来描述。

3.5.3.1　电磁搅拌强度对半固态组织的影响

由于有金属熔液的存在，决定搅拌力大小的磁感应强度难以被测量。处于液固两相区的半固态合金浆料不属于牛顿流体的范畴，不同的固液比需使用不同的数学模型。因此，计算搅拌力和搅拌速度都是件极为复杂的事情，直接建立搅拌强度和半固态合金质量之间的关系就变得十分困难。但是，电磁搅拌强度和磁感应强度有直接的函数关系，因此可以通过电磁搅拌器所产生的磁感应强度来间接地探讨搅拌强度和半固态合金浆料质量之间的关系[203]。

图 3 – 32 是 Al – 6.6% Si 合金在磁感应强度不同的旋转磁场的搅拌作用下所得到的凝固组织。图 3 – 32*b* 和图 3 – 32*c* 所示的半固态浆料的组织是经过磁感应强度为 759G 和 1153G 的电磁搅拌得到的，其初生相晶粒细小，在基体上散布比较均匀。图 3 – 32*c* 中的初生相微粒比图 3 – 32*b* 中的更为细小一些，但并不是很明显。然而图 3 – 32*a* 所示的半固态浆料的组织与图 3 – 32*b*、图 3 – 32*c* 相比有明显的差别。它所采用的磁感应强度为 446G。可以明显地看到，它的初生相微粒最为粗大，而且合并生长的痕迹非常明显，初生相颗粒在基体上的分布很不均匀，众多的初生相颗粒相互簇集在一起。

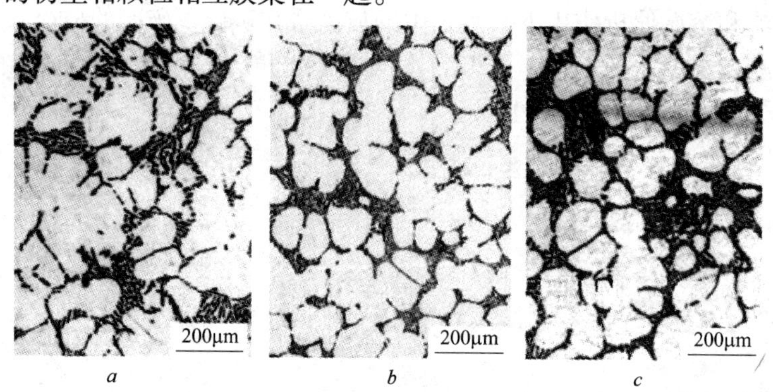

图 3 – 32　不同搅拌强度下半固态 Al – 6.6% Si 合金的组织

a—446G；*b*—759G；*c*—1153G

造成以上的差别的主要原因是由于磁感应强度的不同。电磁搅拌带来晶粒细化的主要原因是电磁搅拌造成了“晶粒倍增”。晶粒倍增是由于枝晶的再熔化造成的。在电磁搅拌的作用下，铝液的湍流对流，不断地将热脉冲带到了液固界面，这种热脉冲加速了枝晶臂的熔化过程。枝晶臂被分离后，一旦随湍流被带到稍微过冷的液体中，即可形成一个新的晶体。此外，熔体流动在枝晶臂根部造成了应力集中，导致枝晶臂的机械断裂，断裂的枝晶臂也可以形成一个新的晶体，这样也会造成晶粒倍增。

晶粒倍增的程度与电磁搅拌强度密切相关。总的说来，搅拌强度越大，晶粒倍增现象越明显，晶粒也就越细小。但是搅拌强度与晶粒细化程度并不是成正比的。当电磁搅拌强度比较小时，其细化晶粒的作用比较明显。如果电磁搅拌强度大到某种程度后，细化晶粒的作用就不显著了。

对与半固态铸造，合并生长也是晶粒长大的一种方式。从图3－32中可以看到，加大电磁搅拌强度可以有效抑制晶粒的合并生长。这主要是由于熔体的对流强度越大，越容易将聚集在一起的初生相颗粒冲散。同时，也避免了初生相颗粒的簇集，使其更均匀地分散在基体中。

从表3－2中可以看出，电磁搅拌的ZA27合金的力学性能随磁感应强度升高呈大体上升的趋势，结合金相组织的变化可以看出：随搅拌强度的升高，一方面使半固态浆液中的初生相的形状圆整，另一方面使晶粒细化；随磁感应强度的增大，初生相由蔷薇状枝晶演化为熟化的蔷薇状，最终演变为球状、类球状，同时晶粒尺寸有所减小。

表3－2　ZA27合金经不同磁感应强度搅拌后的力学性能

试样号	B1	B2	B3	B4	B5	B6	B7	B8
搅拌电流/A	5	10	15	20	25	28	30	35
磁感应强度/T	0.0099	0.014	0.019	0.0236	0.0209	0.03188	0.03395	0.03892
布氏硬度 HB	—	—	—	121	116	120	118	119
抗拉强度/MPa				408	413	428	417	432
伸长率/%				4	5.5	10	7	8.5

3.5.3.2　机械搅拌转速对半固态组织的影响

实验表明，机械搅拌转速增加时固相组织也发生变化。图3－33是转速2.38r/s和7.16r/s，固相分数均为0.45的金相照片。由图可以看出，高转速下固相颗粒比较分散，而低转速下聚集现象明显（白色为固相）。

根据两相流动原理，高转速下的固相颗粒易于流动，而低转速下由于固相的

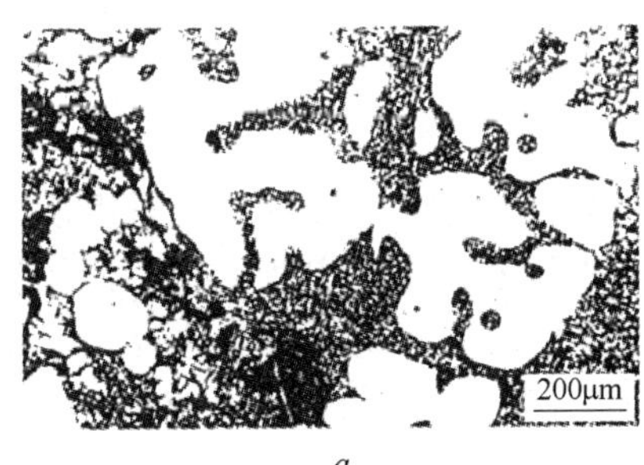

a

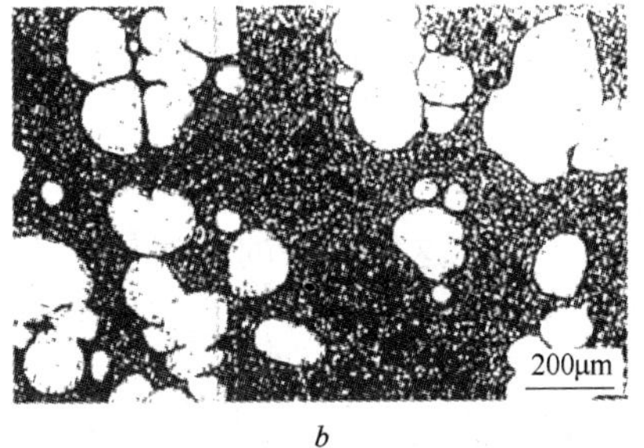

b

图3－33　Al－10%Cu的流变组织（$f_S=45\%$）

a—转速为2.38r/s；*b*—转速为7.16r/s

聚集使其不成粒状，所以流动困难。这样就从组织上解释了表观黏度随转速增加而下降的原因。

当搅拌其他条件不变时，搅拌速度越小，初生相树枝晶所受的剪切力就小，破碎强度也小，获得的初生相晶粒较大；搅拌速度增大，初生相晶粒变得细小而又圆整。

Kamado 等人在研究机械搅拌对半固态镁合金 AZ91D 合金组织的影响时发现：采用叶片状搅拌器搅拌时，增大搅拌速率会加快 α 相的球化过程，并使晶粒细化；采用研磨机形式的搅拌器时，搅拌速率的增大反而会使 α 相尺寸增大，两种搅拌均有助于 α 相的球化。

考虑实际的生产效率，人们也研究了搅拌时间对半固态流变组织的影响。图 3 – 34 为搅拌时间对半固态镁合金晶粒密度的影响关系曲线，搅拌时间少于 9min 时，其晶粒密度相当接近，超过 9min 后，晶粒密度开始下降。因此长时间搅拌对晶粒密度没有帮助，一般搅拌 3min 足以产生非枝晶的半固态浆料。

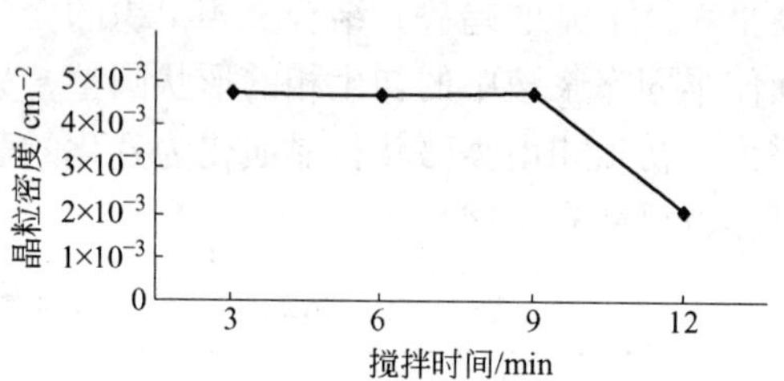

图 3 – 34　搅拌时间与半固态镁合金晶粒密度的关系曲线

华中科技大学材料成形和压铸实验室的钟鼓、吴树森、万里等人对 Al – 20Si – 2Cu – 1Ni – 0. 4Mg 合金使用一种最新被研发的直接超声波振动法（DUV）进行半固态加工，通过实验对比发现，在合金的半固态温度区域，半固态浆料经过 DUV 处理 90s 后，合金中最初的 Si 颗粒由 30μm 细化到 20μm。结果发现，经过 DUV 处理后，与未处理的合金相比，最初的 Si 颗粒分布更加均匀，形状更加规整，同时体积分数更低[33]。

3. 5. 4　冷却速度

如果固相分数不变，冷却速度变化对固相的影响主要有两个方面[18,205,227,230]：

（1）颗粒平均尺寸。实验表明，固相分数一定时，低冷速的固相颗粒平均尺寸较大。产生这种现象的原因是低冷速达到同样固相分数所需的时间较长。即低冷速下颗粒的生长速度较慢，但它有较长的生长时间，故颗粒较大。高冷速时，达到相同固相分数所需时间较短，颗粒长大受到限制，所以颗粒数较小。这也可能是冷速减小时表观黏度降低的原因。

冷却速度大，合金液体的过冷度大，形核率就大幅增加，可以有效地细化晶粒，但增加冷却速度对球形晶粒的形成不利。因此在保证合金熔体充分搅拌的前提下，应该尽量增加冷却速度，以达到细化晶粒、提高性能的目的。

（2）有效固相分数f_{sef}。半固态合金的固相形状是很复杂的，固相中常有包裹着的液相，转速低时情况最严重。对流动过程来说，这部分液相不参加流动，而随包裹它的固相一起运动，因而使实际液相量减少，固相分数增加。如把这部分液相与原有固相之和统称为有效固相，相应地引出有效固相分数f_{sef}的概念。通过图像分析仪可将f_{sef}测量出，图3－35是Al－10% Cu合金在转速$n=4.76$r/s时的测量结果。

图3－35表明，高冷速下$f_{sef}-f_S$较高（除个别点略低），因此它的不参加流动的液相量较多，所以表观黏度较高。

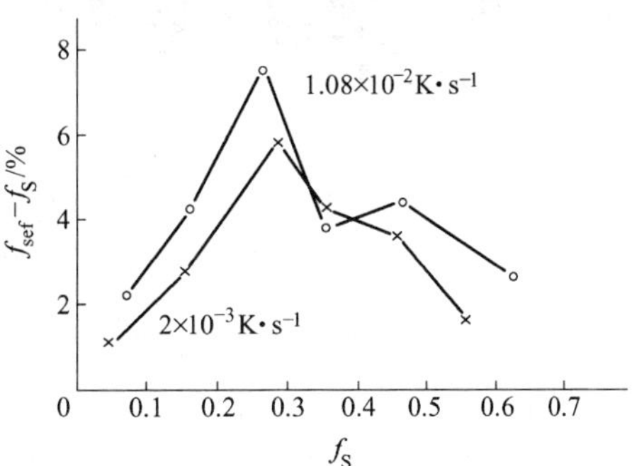

图3－35　冷却速度变化对有效固相分数的影响

图3－36为Al－10% Cu合金在不同冷却速度下，非枝晶组织中晶粒长大的情况。Okano在研究Al－10% Cu半固态合金在不同冷却速度下的凝固时发现，铸锭中初生相晶粒尺寸与冷却速度成－1/3的指数关系，并随冷却速率的降低而降低。普通模铸Al－10% Cu合金组织如图3－36*a*所示，铜模（3－36*b*）和钢模（3－36*c*）铸造的合金组织晶粒远小于绝热模（3－36*d*）铸造组织[227]。

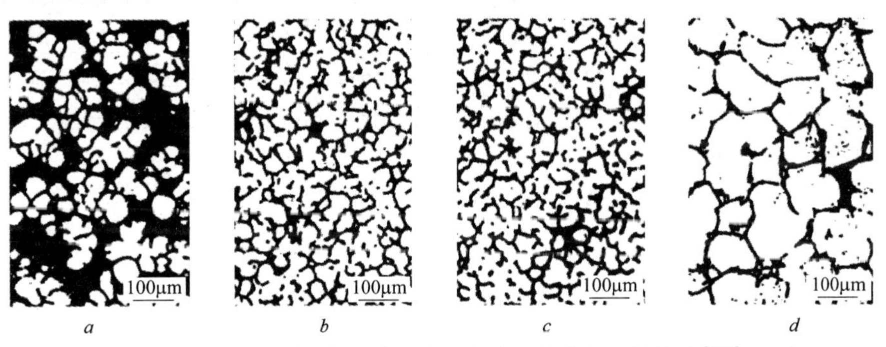

图3－36　不同冷却速度对半固态合金晶粒长大的影响[227]

a—14K·s^{-1}；*b*—12K·s^{-1}；*c*—12K·s^{-1}；*d*—0.21K·s^{-1}

3.5.5　合金成分

合金成分变化，半固态合金浆料的流变组织会发生变化，图3－37是Al－5% Cu的流变组织与的Al－10% Cu合金流变组织对比，Cu含量增加使固相中包裹的液相增多。根据有关理论，合金浓度越高，越有利于产生成分过冷，从而使固液界面越不稳定，其结果是界面更加不光滑。不难看出，颗粒的固液界面越不

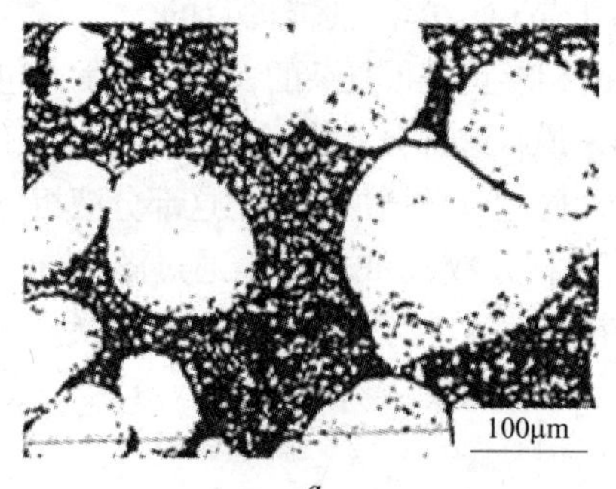

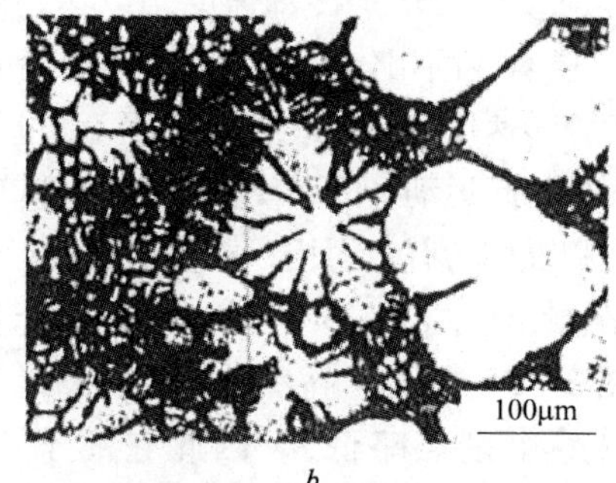

图 3-37　Al-Cu 合金的流变组织（f_S=46%）

a—Al-5% Cu 合金；b—Al-10% Cu 合金

光滑它包裹的液相越多，即 f_{sef}增加，因此表观黏度增加。

为保证具有非枝晶结构合金坯料的触变性能及加工零件的力学性能，就应在制备非枝晶结构坯料及二次加热过程中尽量使其微观组织球化、细小和均匀。在二次加热过程中，由于球化对触变性能有着积极的影响，故此阶段应选择合适的保温温度和时间，使坯料微观组织尽量球化，同时避免微观组织粗大。在坯料制备阶段，则可以采用添加合金元素，改善固相粒子之间的润湿情况，降低固液相之间的表面张力和固相粒子之间的接触面积，使得二次加热过程后，固相粒子之间接触面积减小，固相粒子之间的液相增加，这样参与变形的“有效”液相随之增加，改善坯料的触变性能，如图 3-38 所示[230]。对于半固态铝基触变材料，一般采用两步法进行合金的处理，首先调整铁、铬和铜的含量，其次添加微量元素钡，表 3-3 为改进的铝基触变材料的化学成分。元素 Li 的作用与 Ba 相似，只是作用强度稍弱。

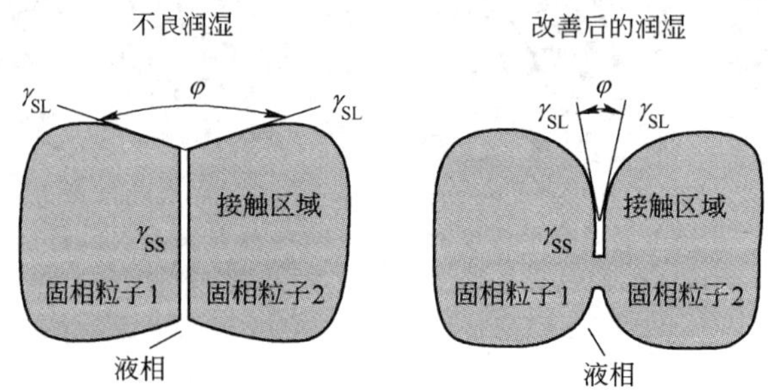

图 3-38　相邻固相粒子之间润湿角对接触面积的影响

表 3-3　改进的铝基触变材料的化学成分

元素	Si	Mg	Mn	Fe	Cr	Zr	Ti	Zn	Cu	Ba
含量/%	0.86	0.47	0.31	0.21	0.19	0.23	<0.01	<0.01	0.42	0.23

4 非枝晶组织及其凝固过程

4.1 引言

非枝晶组织的获得是半固态成形过程的关键。获得半固态非枝晶组织的途径主要有两条，一是通过均质或非均质形核方式在熔体内部直接形成，对此已做了大量的理论和试验工作，取得了基本一致的认识；另一种则是首先形成树枝晶，然后由树枝晶逐步转变为非枝晶组织，此类非树枝晶的获得一般通过搅拌方法。搅拌法生产具有非枝晶组织的半固态浆料，是在凝固过程中不断地进行强力搅拌，其凝固组织不再是粗大的树枝晶，而转变为细小、均匀的颗粒状组织。具有这种组织结构的半固态浆料，即使当固态组分不断增加（甚至达到60%），金属浆料仍然保持良好的流动性。细小均匀的非枝晶组织不但有利于改善半固态合金的流变性能，更重要的是消除了普通铸锭中存在的粗大的树枝晶，因而从根本上改变了铸锭（铸件）的组织状态。

具有非树枝晶组织的半固态浆料，在半固态下进行变形有自己独特的性质，它既不同于液态金属的流动，也不同于固态合金高温下的塑性变形，在实际应用中，主要是利用这一特性来成形零件。本章以电磁搅拌生产半固态铝合金坯料为例，着重分析其微观组织形成与演化规律，同时也简要介绍其他半固态浆料制备方法中微观组织形成与演化的规律。

4.2 常规铸造枝晶组织的微观结构和性能

采用常规铸造方法得到的铸造组织通常是典型的树枝晶组织。金属在凝固过程中，由于凝固前沿温度过冷区的存在，凝固往往以枝晶方式生长。金属在半固态区间，通常会同时存在结晶（crystallization）、溶质再分配（solute redistribution）、熟化（ripcning）、枝晶间液相流动（interdendritic fluid flow）和固相移动（solid movement）等过程。枝晶结构受枝晶间液相流动和固相移动作用明显。在合金熔体凝固早期，初步形核长大的晶粒是可以自由移动的，如图 4 - 1*a* 所示。但是，当晶粒进一步长大成为大尺寸枝晶，并形成相互交错的枝晶网时，晶粒间的相互移动就变得困难，如图 4 - 1*b* 所示[7, 176, 231]。

一般认为，在金属凝固过程中，存在一个临界固相体积分数。当液态金属中的固相体积分数高于这个临界值时，在液态金属内部就会形成枝晶网，并且其强度会随固相体积百分数的增加而急剧增加。麻省理工学院的 M. C. Flemings 使用

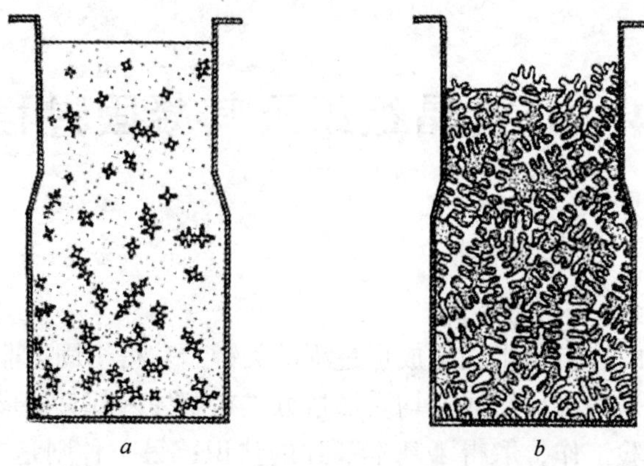

图 4 - 1　枝晶网的形成示意图

自制的高温黏度计研究了铸造枝晶组织在剪切应力作用下的变形行为。实验表明，当固相体积分数f_S小于0.2时，液态金属的剪切强度是微乎其微的。当固相体积分数f_S大于0.1～0.2时，液态金属的剪切强度会急剧上升，如图4-2所示。

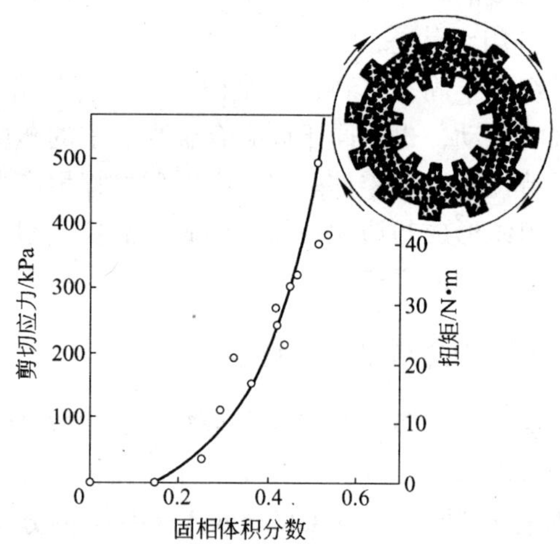

图 4 - 2　常规铸造 Sn - 15% Pb 组织在液固区的剪切强度

具有枝晶组织的合金在液固两相区的等温剪切应力和角位移的关系如图4-3所示。在给定的应变速率下，剪切应力随变形量的增加而迅速增加到最大值，之后，又迅速下降到一个稳定值。剪切应力的最大值随合金固相体积分数的增加而增加。在变形初始阶段，发生的应力值急剧上升可能是由于晶粒间接触点增加造成的。当发生了足够的变形，连续的裂缝便开始产生，随即应力值就急剧下降。如果合金此时的固相体积分数较低，那么液体金属便会补充到裂缝中，通常这就会形成铸件中的宏观偏析；但是如果合金此时的固相体积分数很高，液体金属不能补充到裂缝中，那么细小的裂缝就会扩展、相遇并连通为宏观裂纹，这就是铸件热裂形成的原因之一。

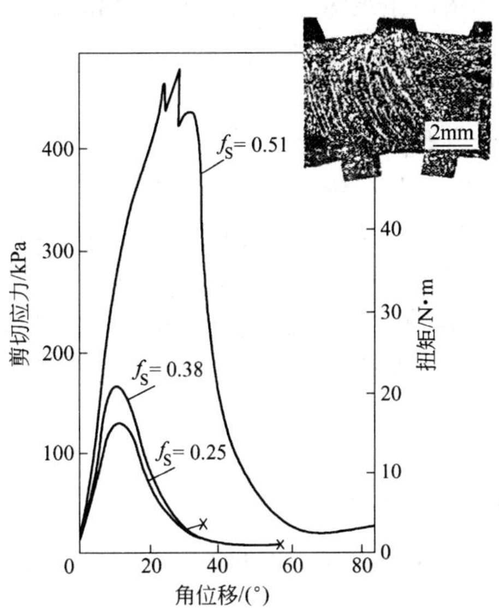

图 4-3　Sn-15% Pb 在液固区的剪切应力与角位移的关系（f_S为固相体积分数）

4.3　非枝晶组织的微观描述

前面提到在凝固过程中如同时加上强烈搅拌，凝固组织则由树枝晶组织转变为非枝晶组织。电磁搅拌条件下，铝合金的非枝晶组织除了近球形粒状晶外，还有短棒状（或条状）晶粒和蔷薇状晶粒等。非树枝晶的特点是一次、二次枝晶不明显。对非树枝晶的描述除了晶粒的大小，还有晶粒形态。

下面介绍常用的几个描述非树枝晶组织的参数，同时，探讨非树枝晶组织形成过程中组织参数的变化规律，以及工艺参数对组织参数的影响。

对于一定成分的合金，可以采用固相体积分数、固相粒子形状、尺寸分布等来定量描述半固态的微观组织结构。采用水淬或快速冷却可以使半固态条件下的显微组织保留下来，利用二维金相组织照片可以测量固相粒子的尺寸、分布和体积分数等。

4.3.1　固相体积分数

精确测量固相体积分数对半固态合金的理论研究和实际生产都具有重要意义。对于给定合金，一般指的是平衡条件下给定温度的固相体积分数，有时取决于热加工历史。固相分数的测量方法主要有：

（1）利用热动力学数据（平衡相图）；

（2）热力学分析技术；

（3）半固态试样淬火后微观组织的定量显微金相分析；

（4）超声检测（测量超声波传播速度）；

（5）测量电阻/磁穿透力；

（6）测量机械性能（压痕和挤压试验等）。

后3种方法测量精度一般不高，因为半固态浆料的电、磁、机械和超声波的传播能力受微观组织结构，尤其是固相连接率（connectivity）和分布的影响，因此微观组织结构参数与固相分数并不一一对应，但可以为生产提供指导。热力学数据可以为合金快速设计提供指导，热力学分析技术则会提供合金热力学历史信息，金相分析技术则会揭示固相粒子在半固态浆料中的形貌和分布情况。

4.3.2　粒子形貌

4.3.2.1　颗粒平均尺寸 D 和形状因子 S

颗粒形状平均尺寸 D 和形状因子 S 的定义为[232~233]：

$$D=\frac{l_1+l_2}{2} \tag{4-1}$$

$$S=\frac{l_2}{l_1} \tag{4-2}$$

式中，l_1、l_2分别为非树枝晶组织初生相颗粒的长度（长轴）和宽度（短轴）；D 表示颗粒平均直径，反映非树枝晶组织颗粒的大小；S 为形状因子，反映非树枝晶颗粒接近理想球状的程度。$S=1$ 时，长轴与短轴相等，表示颗粒为球状，最为理想，S 的数值越小，颗粒越不圆整，越接近枝晶组织。

以常用的A356铝合金为研究对象，对在不同电磁搅拌强度作用下得到的非树枝晶组织作金相分析，得到磁场强度与非树枝晶组织平均尺寸 D 和非树枝晶颗粒形状因子 S 的关系，其数学表达式为：

$$D=aB^{-n} \tag{4-3}$$

$$D=5.2283B^{-1.2378} \tag{4-4}$$

$$S=A\ln B+C \tag{4-5}$$

即

$$S=0.4372\ln B+1.7552 \tag{4-6}$$

随着电磁搅拌强度的增加，非树枝晶组织平均尺寸呈乘方关系减小；而非树枝晶组织形状因子呈对数关系增加，最终趋近于1。因此在磁感应强度小于0.1T情况下，增加磁场强度对细化初生相颗粒、提高颗粒圆整度有利。

在一定电磁搅拌作用下，对不同冷却速度获得的非树枝晶组织进行金相组织分析和数学处理，得到冷却速度与非树枝晶组织平均尺寸 D 和颗粒形状因子 S 的关系，其数学表达式为：

$$D = aB^{-n} \tag{4-7}$$

即

$$D = 79.454v^{-0.1466} \tag{4-8}$$

$$S = A\ln\left(\frac{1}{v}\right) + c \tag{4-9}$$

即

$$S = 0.831\ln(v) + 0.5301 \tag{4-10}$$

对于常规凝固过程所得到的结晶组织，通常采用枝晶间距，如一次、二次和高次枝晶间距来衡量凝固条件对枝晶结构的影响。研究表明，在大多数具有柱状、等轴状结构的合金中，一次、二次枝晶臂间距 d 取决于热梯度和生长速度的乘积，即取决于冷却速度。枝晶臂间距与冷却速度之间存在以下关系：

$$d = bv^{-n} \tag{4-11}$$

式中，指数 n 的数值对于二次枝晶间距为 1/3 ~ 1/2，对于一次枝晶间距则非常接近 1/2。

比较非树枝晶组织的颗粒大小与冷却速度关系和树枝晶间距与冷却速度关系的数学表达式，虽然 D、d 两者的含义不同，但在形式上是一致的，区别在于指数 n 的不同。相同冷却速度条件下，n 越大，晶粒越粗。但就指数 n 而言，一次枝晶 > 二次枝晶 > 非树枝晶，这也反映了电磁搅拌对晶粒细化的作用。

非枝晶组织颗粒大小与冷却速度的关系式与现有研究中对非树枝晶组织演变过程的认识规律相吻合。随着冷却速度的降低，初生相颗粒向近球形发展，而这种变化规律可以半定量地表达为随着冷却速度的降低，非树枝晶组织的形状因子呈对数关系增大，即初生相颗粒以对数增长方式向近球形方向发展。因此提高冷却速度有利于细化晶粒，但使初生相颗粒向枝晶方向发展，不利于形成球形颗粒。

搅拌工艺中对铝合金组织起主导作用的工艺参数是搅拌强度和冷却速度，在不考虑磁感应强度和冷却速度的交互作用对凝固组织的影响的情况下，搅拌强度和冷却速度与非树枝晶颗粒平均尺寸的关系如下：

$$D = \lambda(v + kB)^{-n} \tag{4-12}$$

式中，λ 为常数，k 为系数，n 为指数；同样搅拌强度与非树枝晶颗粒形状因子的关系式可表达如下：

$$S = \lambda\ln\left(\frac{1}{v} + kB\right) + \lambda_2 \tag{4-13}$$

由此可以半定量地理解，在确定的电磁搅拌强度下，随冷却速度的增加，初生相颗粒平均尺寸按乘方关系减小的同时，会造成形状因子按对数关系减小，即初生相组织向枝晶方向发展。使初生相颗粒圆整，则势必造成其平均尺寸的增加。在磁感应强度不大的情况下（小于0.1T），随着电磁搅拌强度的提高，颗粒平均尺寸按乘方关系减小，颗粒形状因子按对数关系增大，即适当加大电磁搅拌强度有助于获得理想的半固态非树枝晶组织。因此在实际生产中，应合理选择电磁搅拌强度和冷却速度等工艺参数，以获得理想的非树枝晶组织。

4.3.2.2　F－形状因子

半固态合金可被假设成由悬浮在液相中的固相颗粒组成。固相颗粒表面封闭，而液相构成连续的基体，固相颗粒主要特征参数为单位体积中的颗粒数目、形状和体积分数。固相三维结构可由二维截面描述，即通过测量固相粒子的二维截面可以间接说明三维特征。图像分析技术可以提供半固态浆料中单位面积的颗粒数、颗粒界面的长度和颗粒截面积，因此引入F－形状因子，其表达式为：

$$F_1 = \frac{4\pi A}{P^2} \tag{4-14}$$

也有的学者采用：

$$F_2 = \frac{P^2}{4\pi A} \tag{4-15}$$

式中　A——晶粒面积；

P——晶粒周长。

$F=1$表示粒子为球状结构，$F_1 \to 0$和$F_2 \to \infty$表明粒子形状越复杂，越远离球形。

4.3.2.3　颗粒特征形状因子（F_g）

颗粒二维截面很容易造成几种不同的投影影像，特别是颗粒为枝晶结构时，图像分析时只用一个平均的形状因子并不能反映出固相颗粒的真实复杂形状，通常还需要引入一个无量纲的颗粒特征形状因子F_g来表示颗粒平均固液界面表面积的平方：

$$F_g = C\frac{S_V^2}{N_A} \tag{4-16}$$

式中　S_V^2——单位体积固液界面表面积；

N_A——试样截面单位面积晶粒数目；

C——定义为固相颗粒为球形（$F_g=1$）时的参数。

对于球形单分散系统，S_V^2可以写成：

$$S_V^2 = N_V \pi D^2 \tag{4-17}$$

式中，N_V为单位体积球晶数目，利用式（4－17）和$N_A = N_V \cdot D$，将式(4－16)变为：

$$F_g = CN_V \pi D^2 \tag{4-18}$$

球形晶粒所占的体积分数可以写成：

$$V_V = N_V \frac{\pi}{6} D^3 \tag{4-19}$$

最后得到：

$$F_g = C6\pi V_V \tag{4-20}$$

让 $F_g = 1$，即完全球化固相晶粒：

$$C = \frac{1}{6\pi V_V} \tag{4-21}$$

因此 F_g 最后定义为：

$$F_g = \frac{1}{6\pi f_S} \frac{S_V^2}{N_A} \tag{4-22}$$

不管微观组织形态如何，S_V 和 f_S 的值均可由图像分析技术得到

$$S_V = \frac{4}{\pi} \frac{L_{\alpha L}}{A} \quad 和 \quad f_S = \frac{A_\alpha}{A} \tag{4-23}$$

4.3.2.4 固相连接常数

固相连接常数表征半固态坯料或浆料中固相颗粒的连接程度或聚集状态，采用下式表示[6]：

$$C^S = \frac{2S_V^{SS}}{2S_V^{SS} + S_V^{SL}} \tag{4-24}$$

式中，S_V^{SS} 为两个固相颗粒之间相连的表面积；S_V^{SL} 为固相颗粒和液相之间的面积。当 C^S 为 0 时，所有的固相颗粒被液相包围。固相连接常数可以用固相体积连接常数表示：

$$V_C^S = f_S \cdot C^S \tag{4-25}$$

如果体积连接常数超过 0.3，材料无触变性能，与一般固体相似；如体积连接常数小于 0.1，则坯料中的固相难以承担坯料本身的质量，在触变成形前会发生坍塌。

4.3.3 粒子分布

在固相分数达到一定值的半固态浆料中，固相粒子在液相中的分布对其流变性能影响较大，并直接影响半固态加工生产的零部件质量。到目前为止还没有成熟的对粒子分布进行定量分析的方法。

有的学者在研究半固态浆料的塑性变形时，引入结构参数 s 描述粒子分布，完全团聚状态时 $s=0$，完全分散状态时 $s=1$，但这一参数定义不准确，难以在试验中进行测量。

Gurland 等人采用接触常数来描述固相粒子在半固态浆料中的分布，其表达式为：

$$f_{sc} = C_S f_S \tag{4-26}$$

式中，f_{sc} 为接触体积，C_S 为固相接触常数，它表示的是半固态合金组织中固相粒子与固相粒子之间的相互连接的程度。相邻两颗粒由接触转化为连接，应满足：$\gamma_{SS} < 2\gamma_{SL}$，固液界面能 γ_{SL} 相对于固固界面能 γ_{SS} 越低，晶粒间液相的穿透深度越深，连接值越低，固固相之间的连接程度越低。对于触变性材料，其值不要超过0.3，否则触变性能降低。其值也不能低于0.1，否则由于坯料失去保持其形状的能力而不适用于触变成形。

半固态合金中加入少量的钡（Barium），可以降低固液界面能，从而使液相的穿透程度加深，这样接触常数就会发生变化。但是，合金元素的加入不仅影响半固态合金的流动特性，同时对机械性能亦有影响。

目前，大量的半固态微观组织观察都是在合金淬火后的组织上进行的，是二维图像。也有的学者采用对多个不同（截面）深度的二维图像进行组合构造三维图像，图4-4就是澳大利亚学者 K. L. Xia 采用实验获得的半固态浆料组织的二维图像，通过计算机模拟构造出来的三维图形。但工作量较大，耗时较长，在固相粒子均匀细小分布的浆料中还不能准确说明团聚程度。最近也有学者采用电子背反射和 X 射线分析技术来研究固相粒子的分布情况。

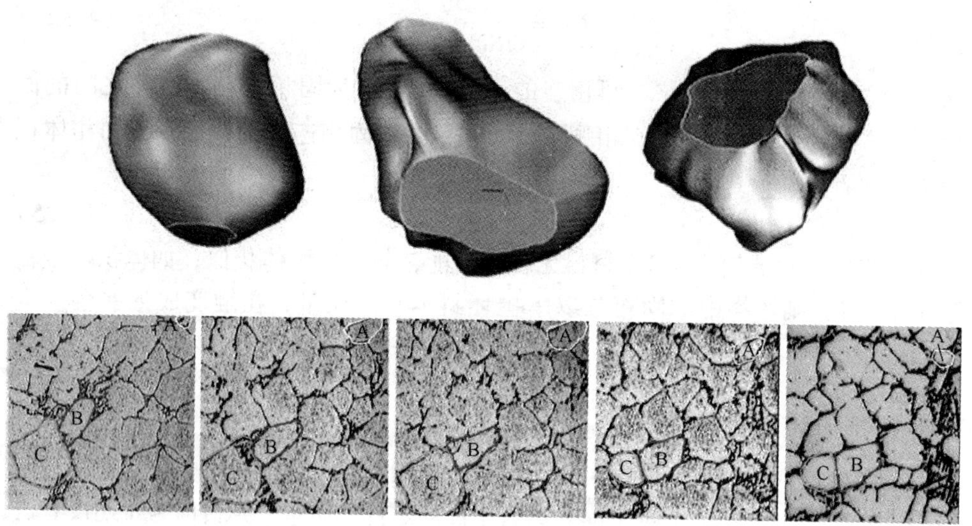

图4-4　采用二维实验图像构造的三维图形

4.4　非枝晶组织的形成与演化规律

前面已经提到，获得非枝晶组织的途径主要有两条，一是通过均质或非均质形核方式自熔体内部直接形成；另一种则是首先形成树枝晶，然后由树枝晶逐步转变为非枝晶组织。由于非枝晶组织是半固态金属加工所必需的组织条件，而通常的凝固条件下只能得到枝晶组织，因此围绕非枝晶组织的形成与演变开展了大量的研究。虽然奥斯特－瓦尔德粗化已经成为等温条件下树枝晶向非枝晶转变的公认机制，但目前对连续冷却和强对流同时作用下细小球状颗粒形成机理和非枝晶形貌演化过程提出多种解释，包括枝晶臂破碎机制、枝晶臂根部熔断机制、枝晶臂弯曲机制、生长控制机制等，下面将介绍几种常见的解释。值得注意的是在半固态金属中，任何形状的固相颗粒都会随着等温时间的延长，为达到最小表面自由能而产生球化。为了方便分析，先介绍合金的常规铸造组织和形成过程。

4.4.1　常规铸造组织及其形成机理

金属的凝固过程是：随着温度的降低，金属熔液逐步结晶，从液态转变为固态。晶体的结晶方式主要由结晶时的能量条件决定。晶体在生长过程中其体积自由焓的降低一定要大于表面能的增加。为了满足这一条件，晶体必须处于过冷条件，如图4－5所示[3, 235]。

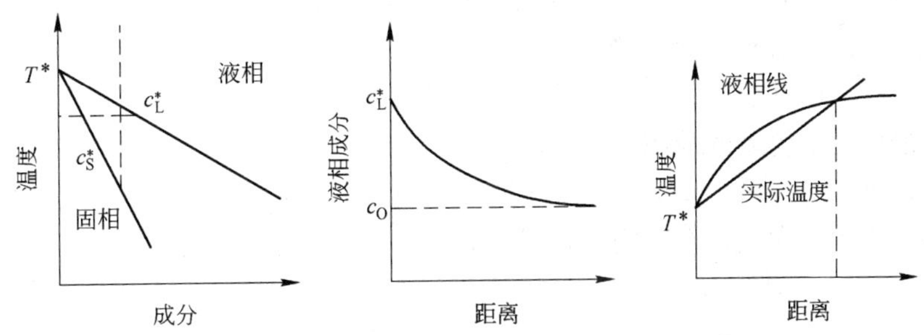

图4－5　液固两相界面的成分过冷

如在Al－Si亚共晶合金熔体中，先结晶的固体含溶质较少，靠近界面的液体内溶质富积。在结晶过程中，当液固相界面处于平衡态时，液相中靠近界面处将形成一个扩散边界层，其厚度为δ。扩散边界层以外的液相因有对流作用得以保持均匀的成分，而在边界层内则只靠扩散进行传质，如图4－6所示。液固相界面前沿保持的浓度梯度使得扩散边界层液相线温度不同。溶质含量高的地方，其液相线温度低，而溶质含量低的地方，其液相线温度高。熔体中实际的温度是从液固相界面开始逐渐升高，因此出现了成分过冷。由于成分过冷的存在，在固相表面的偶然凸起

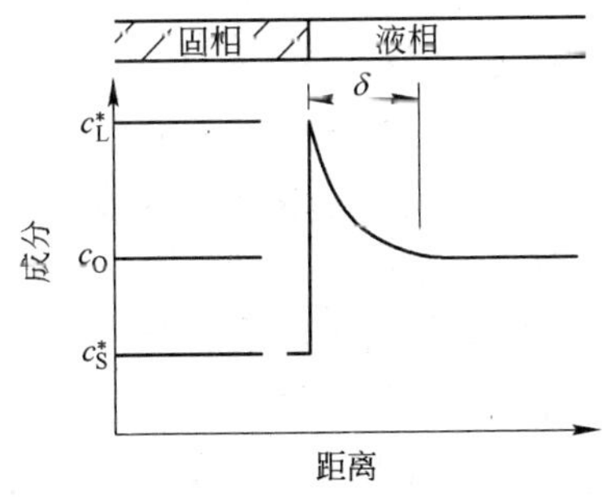

图4－6　液固相界面溶质扩散层的厚度

部分伸向过冷液生长。随着伸入过冷区距离的增加凸起部分生长速度加快，同时，在其侧面产生分枝，形成树枝状组织。

半固态金属的微观组织与常规铸造组织不同。如对两种组织在相同固相分数下进行剪切试验，其剪切强度会存在显著的差异。半固态金属的剪切应力要比常规铸造金属的剪切应力值低好几个数量级，而且半固态金属的剪切应力的急剧上升是从固相体积分数 0.4 的时候开始的，这一点与常规铸造组织的特性也有明显不同，见图 4 – 2。

4.4.2　搅拌过程中微观组织的形成与演化

与采用常规铸造方法形成的树枝晶组织不同，合金在剧烈搅拌的状态下凝固，得到的半固态金属具有独特的非枝晶、近似球形的显微结构[3, 29, 73, 235 ~248]。为了研究凝固过程，可采用有机透明液体在微观结构水平上直接观测，但在搅拌过程中，由于施加较强的搅拌，导致强制对流的产生，难以直接观测和研究凝固过程，因此采用最终凝固组织间接研究凝固行为。Spencer 和 Flemings 利用旋转黏度计对 Sn – 15% Pb 的研究表明，在强烈搅拌作用下，半固态温度区间的固相颗粒或呈退化枝晶结构，或呈蔷薇状。延长搅拌时间，由于熟化过程的作用，或多或少地向包含包裹液相的球形结构转化。增加剪切速率可以加速这一转变过程，减少固相颗粒中包裹的液相。

Vogel 等在对 Al – Cu 合金研究时发现，在施加剪切作用下，初生相粒子为蔷薇状，粒子长大到一定程度后难以继续长大，随后的凝固会形成新的颗粒。Molenaar 等在中速和快速冷却下对施加剪切作用的 Al – Cu 合金进行观察，最终的凝固组织都形成蔷薇状和径向长大的胞状颗粒。剪切速率对颗粒密度和尺寸影响不大，但胞状间距远大于无搅拌时的二次枝晶间距，表明搅拌促进晶粒长大。Smith 等在研究 Al – 19% Si 合金凝固组织演化时，发现增大剪切速率，颗粒平均直径降低，颗粒密度增加。上述工作都是采用搅拌棒作为简单搅拌器，并在较低剪切速率下，熔体呈层流流动时的研究结果。

Ji 和 Fan 采用双螺旋流变成形机研究 Sn – 15% Pb 湍流作用下的凝固行为。在较强的湍流作用下，凝固初期颗粒形状即为球状。图 4 – 7 为双螺旋剪切时等温剪切时间与初生颗粒间距、颗粒密度和形状因子的关系。等温剪切试验显示：随着等温剪切时间的延长，固相颗粒尺寸、形状因子和密度几乎不变，颗粒尺寸分布非常近似于随机分散的单球尺寸。在较低剪切速率区域，随着剪切速率的增加，颗粒密度增加，颗粒尺寸减小；而在高剪切速率区，粒子密度和尺寸变化较小。这一工作证明湍流流动对球状结构颗粒形成的重要性。

Das 等采用不同搅拌装置系统研究不同流动情况下固相颗粒的演化过程，包括圆柱棒的低剪切速率下形成的层流、螺旋搅拌器形成的层流占主导但附带一定

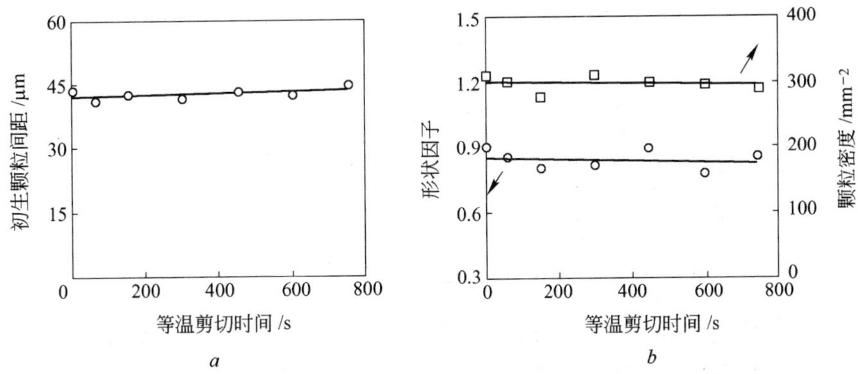

图4-7 双螺旋剪切时等温剪切时间与初生颗粒间距、颗粒密度和形状因子的关系
a—与初生颗粒间距的关系；*b*—与颗粒密度和形状因子的关系

湍流的流动、双螺旋搅拌下的湍流流动。他们发现：在强制对流情况下，湍流对凝固过程中球形颗粒的形成具有重要作用。强制对流情况下，所观测到的蔷薇状和球状颗粒在凝固过程中有长大趋势。

进一步研究显示，熔体搅拌加速凝固过程晶粒的长大。在完全由扩散控制过程时，半固态状态初生枝晶球化过程需要数十分钟乃至数十小时；而在层流起主导作用时球化过程仅需几分钟；在强湍流情况下，仅需几秒钟。

综上所述，强制对流下的凝固试验表明：强制对流促进非枝晶细化组织的产生；强制对流由于加强凝固过程的传质而加速晶粒生长；对晶粒尺寸和形貌，湍流流动远比层流流动的影响大，层流使枝晶生长向蔷薇状转化，而湍流则会使枝晶由蔷薇状向球状晶粒生长；均匀的温度和成分场导致大量的非均质形核，促进组织细化。

在强烈的搅拌作用下，熔体各处温度及溶质分布基本上是均匀的。因此，当温度降低到足以形核的过冷度时，就可在整个熔体内同时非均质形核。形核后的生长过程受到流体流动的强烈影响，主要是在搅拌的均匀混合作用下，晶核在各个方向温度均匀化，固液界面的溶质浓度梯度减小，降低了成分过冷，从而破坏了生成枝晶的必要条件，因此球状结构是这种条件下唯一的生长形态。同时搅拌还会造成晶粒之间相互磨损、剪切以及液体对晶粒的剧烈冲刷，这样枝晶有可能被打断，形成更多的细小晶粒，其自身结构也逐渐向蔷薇形演化。随着温度的继续降低，最终使得这种蔷薇形结构演化成更简单的球形结构，演化过程如图4-8所示。球形结构的最终形成要靠足够高的冷却强度和足够高的剪切速率，同时这是一个不可逆的演化过程，即一旦球形结构形成，只要在液固区，无论怎样升降合金的温度（但不能让合金完全融化），它也不会变为枝晶。

在半固态浆料中，也存在着可逆的“大结构”转换过程。所谓“大结构”

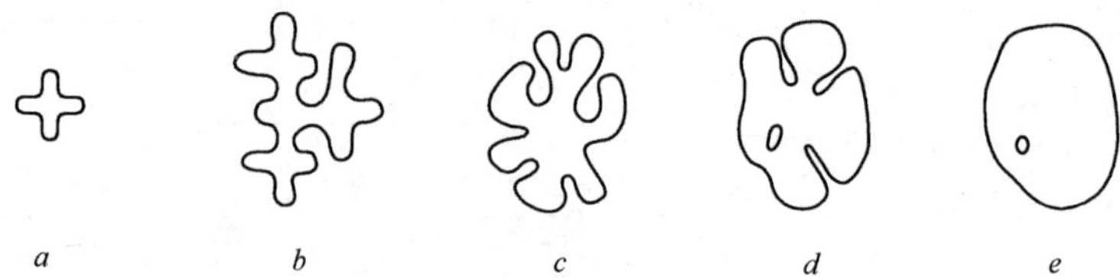

图 4－8　球形颗粒的演化过程

是指处于合适位向的固相颗粒在相互碰撞中，会在接触点“焊合”，并逐渐凝聚成团，如图 4－9 所示。当剪切速率较低的时候，“焊合”在一起的固相颗粒不容易被打散，容易形成“大结构”。当剪切速率很高时，由于搅拌力很大，固相颗粒发生焊合很困难，而且原先焊合在一起的也容易被打散。在等温搅拌时，随剪切速率降低或上升，“大结构”也随着产生或消失。

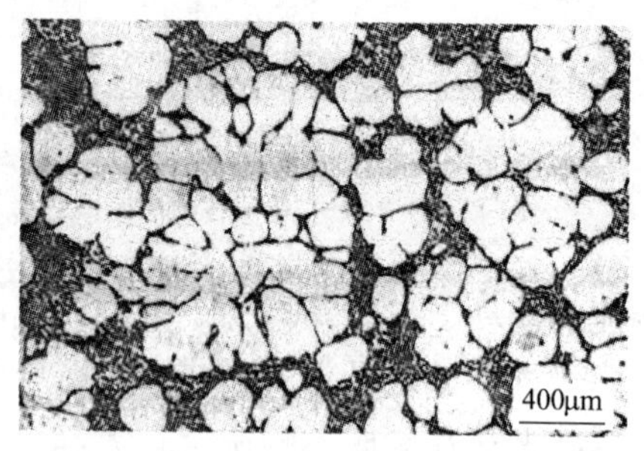

图 4－9　球形颗粒的成团附聚

固相颗粒形状与剪切速率、剪切强度和剪切是否引起湍流有密切关系。图 4－10所示为形核质点形状与剪切速率的关系[7,9]。随着剪切速率的增加，形核质点也由枝晶形逐渐演变为蔷薇状，最后发展为球形颗粒。形核质点的尺寸大小与冷却速度也密切相关。冷却速度越高，固相颗粒尺寸越小；冷却速度越低，固相颗粒尺寸越大。

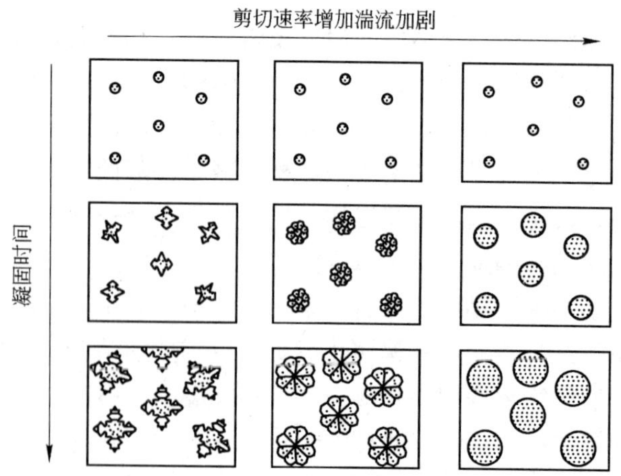

图 4－10　形核质点形状与剪切速度、强度的关系

4.4.2.1　枝晶臂根部断裂机制

金属凝固开始时，熔体中首先生成树枝晶。在搅拌剪切力作用下，枝晶与熔体、型腔壁以及枝晶之间发生碰撞、摩擦和冲刷等作用，一次枝晶臂发生折断、破碎。由于颗粒熟化、剪切和摩擦，枝晶形貌变为蔷薇状，在足够低的冷却速率和足够高的剪切速率下由蔷薇状组织发展成为球形组织，其演化过程为初始枝晶碎片→枝晶生长→蔷薇状颗粒→球形和椭球形颗粒。枝晶碎化可能的机制有：流动的金属液产生的剪切力使枝晶臂断裂；枝晶正常粗化时，枝晶臂根部重熔，金属液流动使枝晶粗化时排除的溶质加速扩散，促使枝晶臂熔断脱落；金属液流动产生的剪切力使枝晶臂根部产生应力，诱发生成小角度晶界，金属液沿新晶界迅速渗透促使枝晶臂熔断。

为了解释熔体搅拌产生的晶粒细化现象，Vogel 提出了枝晶臂根部断裂机制，用于解释熔体搅拌作用下的晶粒倍增现象，见图 4－11。

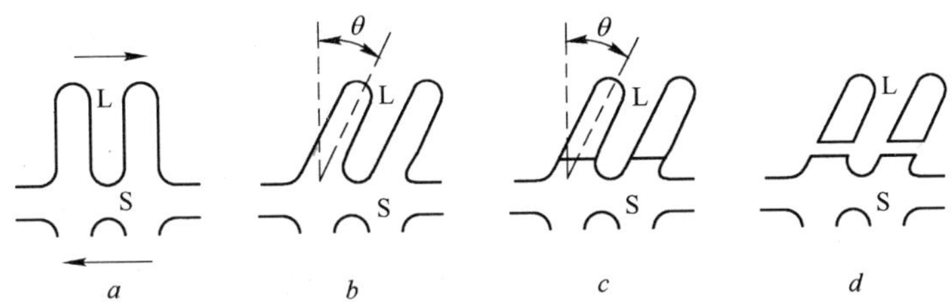

图 4－11　枝晶臂根部断裂机制

a—没有变形枝晶；*b*—熔体搅拌导致的剪切力使得枝晶臂产生塑性弯曲，进而形成枝晶臂根部位错叠积；*c*—在高温下，位错叠积形成大角度晶界；*d*—当晶界处的表面能大于固液界面能两倍时，液态金属就会润湿晶界并沿着晶界迅速渗透，导致枝晶臂分离

枝晶臂断裂机制目前仍有争议。Doherty 在 Al 单晶高温弯曲试验时，发现大、小角度晶界在弯曲角度超过 55°时也没有破碎，因此有些学者怀疑搅拌作用是否可以提供如此高的剪切力使枝晶臂根部断裂。

4.4.2.2　生长控制机制

Vogel 等人采用改进的边界层模型说明熔体的搅拌作用对球形颗粒生长的作用。利用停滞（stagnant）热和扩散边界层探讨搅拌作用，颗粒生长速率、界面稳定性则由求解温度和溶质分布的 Laplace 方程获得，此时发现，在高、低迁移率的界面，搅拌作用都降低固液界面的稳定性，增大枝晶臂端部速度，降低端部曲率半径，如图 4－12 所示。试验结果的矛盾使 Vogel 提出流变铸造形成的非枝晶组织结构是大量正在生长的颗粒的结果，在完全扩散控制作用下，高密度生长的晶核由于交叉重叠扩散导致的溶质梯度降低，也会保证形状稳定的非枝晶结构颗粒的长大。

近年来，很多研究工作者相信强制对流下的颗粒形貌演化是一种生长现象，

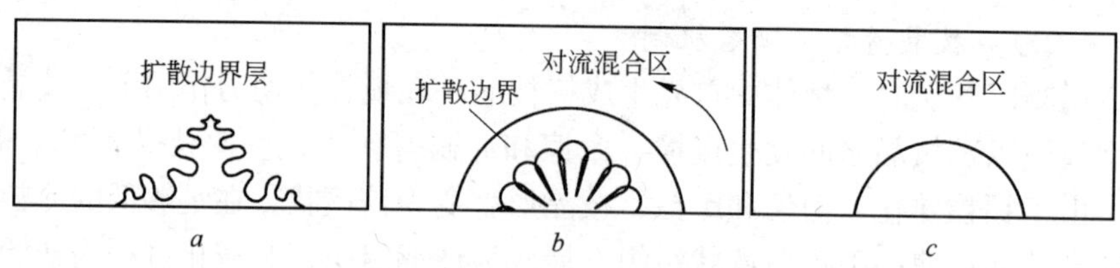

图 4 - 12 扩散层对固相颗粒长大几何形状的影响

将枝晶形成的自由表面模型与蔷薇状颗粒的圆胞自动生成模型耦合，Mullis 提出不需要机械作用，枝晶弯曲就会造成蔷薇状颗粒的形成，但在试验中还没有观测到大量枝晶弯曲现象。

4.4.2.3 枝晶臂根部熔断机制

枝晶臂根部熔断机制认为[249~251]：由于曲率的存在使材料的实际熔点降低，枝晶臂根部的曲率最大，相对应的其熔点也是最低。熔体中温度的波动就可造成枝晶臂根部熔体脱落。强烈搅拌时引起热波动和在枝晶臂根部产生有助于熔化的应力，促进了此机制的作用。同时在根部固体中较高的溶质质量分数也降低熔点，促进局部熔断。对于铸造铝合金来说，初生 α - Al 二次枝晶臂根部的溶质富集和温度起伏加剧，枝晶臂根部熔断。试验结果表明，在液相线温度 10℃ 下搅拌，二次枝晶臂根部很难熔化，初生的枝晶臂很难得到细化，而在液相线温度 5℃ 下搅拌时则变得较为容易。

通过对 AlSi7Mg 半固态电磁搅拌的组织金相观察，二次枝晶臂的缩颈处的直径约为 30μm，长度约为 100μm，固相率为 0.2 ~ 0.3 时，黏度为 $\eta = 0.25\text{Pa} \cdot \text{s}$。假定以纯铝在熔点附近的屈服强度作为 AlSi7Mg 合金熔体初生 α - Al 的屈服强度，其值为 6.5MPa。只有当合金液体相对于初生 α - Al 的运动速度达到 1.46m/s 时，初生 α - Al 枝晶二次枝晶臂才有可能塑性弯曲，而在实际的搅拌过程中熔体相对于初生 α - Al 的相对速度很少能达到此速度值，加之二次枝晶臂间距很小，即使能发生弯曲，其弯曲角度也只有几度，不可能枝晶达到 20°以上。二次枝晶臂如果能够在搅拌作用下发生折断或弯曲，那就可能在极短的时间内使所有的二次枝晶臂折断或弯曲，但试验结果并非如此。在连续冷却的水平旋转电磁搅拌中，熔体主要作水平旋转流动，但同时存在一种附加流动，即蔷薇状初生 α - Al 一会儿进入熔体较冷的边缘区域，一会儿又进入较热的熔体中心区域，造成蔷薇状小枝晶强烈的忽冷忽热的温度起伏，而且初生的 α - Al 枝晶二次臂根部溶质富集仍很严重，二次臂熔断的条件很充分，从而造成二次臂根部的大量熔断，组织中出现大量球化或粒状初生 α - Al。

树枝晶以枝晶臂颈缩熔断方式转变为粒状晶的转变过程如图 4 - 13 所示。由于凝固过程的溶质偏析，枝晶根部的颈缩是多数合金普遍存在的现象，颈缩部位的曲率比其他部位大。枝晶根部与本体之间的曲率差就会产生相应的过冷度差，进而出现生长速度差，使颈缩进一步加剧。由于实际凝固条件下的过冷度是不大的，上述过冷度差可以看成是颈缩区域相对于枝晶本体的过热度。这一过热度将通过熔体传给枝晶根部，使枝晶根部逐步熔化，最后枝晶臂被熔断，成为若干个非枝晶颗粒。

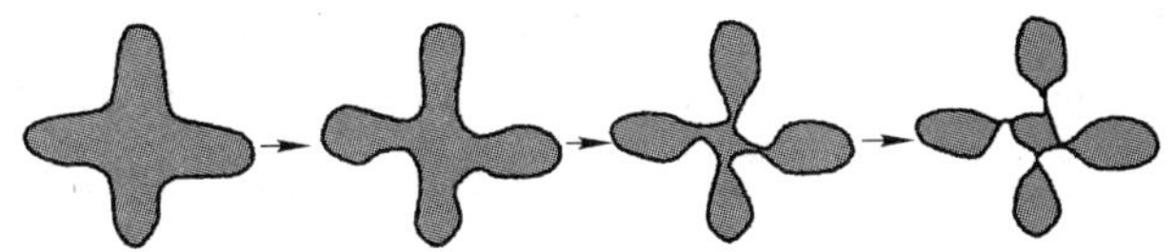

图 4－13　枝晶臂颈缩熔断演变机制

在枝晶臂根部熔断的过程中，存在两种相反的传热过程：热量供给和热量消耗。热量的供给主要来源于枝晶根部附近熔体的相对过热度，而热量的消耗主要是熔化枝晶臂所需的熔化热。当热量供给与消耗达到平衡时，由熔体传给枝晶臂根部的热流量应当等于枝晶臂根部熔化所需的热流量。这种平衡关系可以用下式进行数学描述：

$$\frac{[2r\mathrm{d}r - (\mathrm{d}r)^2]\Delta H_{\mathrm{m}}}{\mathrm{d}t} = \frac{4\sigma T_{\mathrm{L}}}{\Delta H_{\mathrm{m}}} \cdot \frac{r_0 - r}{r_0} h_i \qquad (4-27)$$

式中，h_i 是颈缩区固液界面的传热系数；r、r_0 分别是枝晶颈缩部位和本体的半径；$\mathrm{d}r$ 是在一个微小的时间段 $\mathrm{d}t$ 内枝晶臂半径的变化量；ΔH_{m}、σ 及 T_{L} 分别为合金单位质量的结晶潜热、表面能和液相线温度。

经过一系列的数学推导，可以得到半径为 r_0，颈缩系数为 a_0 的枝晶臂通过颈缩熔断转变为粒状晶的时间为：

$$t_c = Kr_0^2[a_0 + \ln(1 - a_0)]\frac{1}{h_l} \qquad (4-28)$$

式中，a_0 是颈缩系数的初始值，其定义为 $a_0 = \frac{r}{r_0}$；K 是与合金特性有关的一个综合参数，并由式（4－29）定义：

$$K = \frac{\Delta H_{\mathrm{m}}}{2\sigma T_{\mathrm{L}}} \qquad (4-29)$$

由此可见：

（1）演变时间与合金材料有关。由综合参数 K 的定义式可见，结晶潜热大或熔点较低的合金，以颈缩熔断方式转变为粒状晶所需的时间也较长。据此可以推测熔点较低的金属其转变时间较长，这一推论已经被试验所证实。

（2）演变时间随枝晶半径成平方规律延长。数学分析表明，当颈缩系数为零，即 $a_0 = 0$ 时，转变时间最短 $t_c = 0$。可是，在 $0 < a_0 < 1$ 的范围内，演变时间

随 a_0 单调增加，这说明颈缩越严重，演变时间越短。这一推论也与试验结果相一致。

（3）搅拌对演变时间具有重要影响。尽管从式（4－28）不能直接看出搅拌对演变时间的影响，但是，搅拌对演变时间具有重要影响。实际上，搅拌的影响隐含在参数 a_0 中，因为搅拌可以促进颈缩，减小 a_0。没有搅拌时，传质过程很慢，在枝晶根部和本体之间的溶质偏析差别很小。但在搅拌条件下，枝晶根部的传质远不如枝晶端部快，因而这种溶质偏析差异就会明显地表现出来。所以，在搅拌条件下，枝晶颈缩程度明显加大，搅拌越强烈，演变时间越短，这一点也已经为大量试验所证实。

（4）颈缩熔断作用范围与颈缩程度密切相关。从数学的观点来看，式（4－29）在 $0<a_0<1$ 整个范围内均有意义，说明颈缩熔断演变机制是一个普遍适用的机制，也就是说，只要存在颈缩，这一机制就会起作用。实际上颈缩是合金凝固过程的一个普遍现象。但是必须指出，演变时间强烈地依赖于颈缩程度，所以当颈缩程度过小时，演变时间过长，实际上难以完全转变，失去了实际意义。据此可以认为，颈缩熔断机制在凝固初期作用不大，因为那时颈缩程度较小。

4.4.2.4　晶粒漂移和混合抑制机制

晶粒漂移和混合抑止机制从熔体搅拌的传质和传热出发，探讨其独特的形核与长大机制[252～254]。与传统的常规铸造相比，搅拌使得熔体内部产生强烈的混合对流，凝固过程在激烈运动的条件下进行，独特的传热和传质过程决定了其独特的凝固组织。传热方面，混合对流使得熔体内部热量的传输主要以快速对流而不是热传导进行，搅拌对流作用一方面延缓了型壁和液面处熔体的冷却，另一方面又加速内部熔体及熔体整体的温度降低。型壁处与液面的熔体受到较强的冷却作用，但混合对流作用将这些部位较冷的熔体带入熔体内部而用温度较高的熔体来补充，从而延缓了这些部位温度的降低，推迟了表层稳定凝固壳层的形成。较冷的熔体进入内部，较热的熔体到表层受到冷却，这种混合作用加速了内部熔体温度的降低，从而使全部液态金属在一个相对较短的时间内降到凝固温度，整个熔体处于过冷而不只是表层，并且温度相对均匀，从而可以大量生核，并在熔体内部运动漂移过程中得以留存下来继续长大。从传质方面，熔体中物质传输为对流控制而非扩散控制，物质处于快速混合状态，晶粒生长排除的溶质被及时带走，不会在界面前沿堆积，因而使得熔体中宏观成分相对均匀。

凝固在连续降温条件下进行，型壁与液面等处依然是向外界散热的主要部位，因而这些部位的熔体中能形成较多的晶粒，这些晶粒随熔体运动漂移进入内部，在随熔体运动及自身旋转的运动过程中长大。正是由于熔体混合对流作用使晶粒向内部漂移而不是就地生长，极大地增加了熔体中的形核率，这为熔体中细小蔷薇状的非枝晶初生相形成准备了条件。

激烈的（电磁）搅拌创造了一个新的形核动力学条件，即低温度梯度，（电磁）搅拌时熔体的温度梯度很低，使其成为形核和初生α相长大的一个新的动力学因素。同时，搅拌也使二次枝晶臂熔化和初生相细化现象得到加强。液态金属的温度在激烈的运动下不会迅速降至液相线温度以下，而是与中心的液相区相近，铸件在整个液相区的温度梯度很小，温度趋于一致，大部分液体金属可能同时冷却至液固两相区，在相同或相近的温度下形核。强烈的搅拌改变了常规凝固条件下依靠传导单向传热和依靠扩散缓慢传质的状态，激烈的对流引起熔体内的能量和物质快速混合，使熔体在整体上温度和成分相对均匀，已有的晶核在很小的温度梯度和比较均匀的溶质浓度场下长大，晶粒在随熔体混合对流运动的同时自身也快速旋转运动，这时的晶粒可以看做是自由晶粒，这就使晶粒处于一个相对均匀的生长环境而且不断改变自身的位置，消除或极大地削弱产生枝晶的条件，在这种情况下晶粒长大，没有哪一个方向可以有明显的优先生长，故而晶粒在各个方向上均匀长大，最终生长成为圆滑的、形状规则的特殊非枝晶组织。

另外当熔体温度降至液相线温度以下时，由于低温度梯度现象，整个熔体温度均低于液相线温度，初生α－Al在整个熔体区域形核，增加了初生α－Al同时形核的位置，而非传统凝固方式的由外及里的发展，这可能是电磁搅拌细化初生α－Al的重要原因。过冷度减小使初生α－Al一次枝晶臂的长大失去方向优先性，大大减慢了一次枝晶臂的生长速度，二次枝晶臂与一次枝晶臂的长大速度相近，所以组织中出现许多蔷薇状的初生α－Al。经过剧烈搅拌后的枝晶臂，在适宜的条件下任意枝晶以相同条件生长。随着凝固过程中剪切的继续和时间的增加，初生α相与液体之间发生摩擦和冲刷作用，使得熔体各处温度及溶质分布基本均匀，消除了枝晶生长所必需的“成分过冷”，晶体在各个方向上的长大速度快而均匀，球形结构便成了这一条件下唯一的生长方式，晶粒由枝晶形态转变为球形趋势增加，最终形成圆整的颗粒状组织。

在剧烈搅拌条件下，尽管自由晶粒长大过程中释放的结晶潜热被流动的熔体及时带走，排除的溶质也在熔体中混合，但晶粒周围还是存在一个对流作用较弱的扩散边界层，如图4－14所示的δ范围。在这个微区内的温度和成分分布是控制晶粒生长行为的重要因素。在边界层中，溶质浓度分布是从晶粒到液相逐渐降低，即存在局部的负的浓度梯度，因而液相线由低到高。同时由于结晶潜

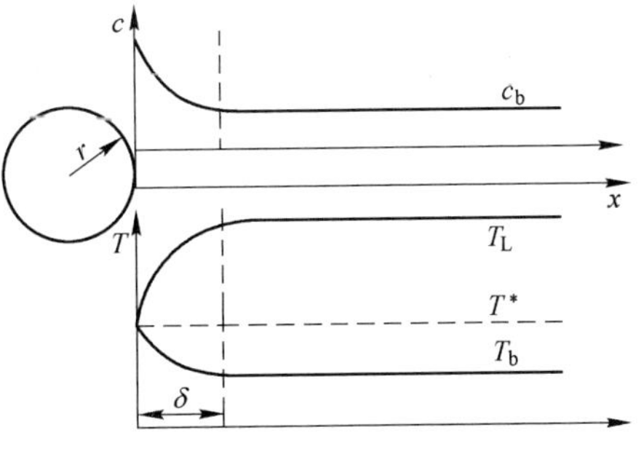

图4－14　自由晶粒的生长

热的释放，使得扩散边界层中温度从晶粒向液相也是逐渐降低的，即存在负的温度梯度（这不同于宏观上从熔体表层到内部正的温度梯度），因而晶粒可以通过向液相中直接排除结晶潜热而不断长大，此时热流方向与长大方向一致，尽管由于强烈的混合对流作用使得边界层很薄，但这足以提供晶粒生长所需要的微小的动态过冷度。图中扩散边界层中的过冷度包括由成分过冷引起的 $\Delta T_c(T_L - T^*)$ 和热过冷 $\Delta T_t(T^* - T_b)$，或许还有曲率过冷 ΔT_σ。当然这种状态也许只是一个瞬间，因为晶粒处于运动中，晶粒所处的生长环境始终在变，正是由于这种运动和变换，才使得熔体中某处微区的某种状态不会长久地作用于晶粒的某个侧面导致晶粒不同部位的生长出现较大的差异，所以晶粒在各个方向上相对均匀地长大，形成规则圆滑的球形形貌。

随着冷却和凝固的进行，熔体终将转变成固体。在混合对流作用下，熔体内部热量的传递主要是通过对流来进行，而熔体向外界的热量散失，依然是通过型壁和液面来进行的，因此在总体上看熔体依然存在一个由型壁向内部的温度梯度。前面曾提及混合对流延缓了型壁表面稳定凝固壳层的形成，而当稳定的凝固壳层形成时，熔体内部已具有大量的处于生长状态的晶粒，初生固相已经具有了一定的体积分数。凝固层不再运动，但内部尚未固化的熔体依然处于对流中，晶粒依然均匀长大，并随着凝固的进行不断有晶粒随熔体的凝固而逐渐沉积下来，使凝固层变厚，而熔体逐渐减少。可以看出，这种逐层堆积方式没有了传统铸造中在静态单向散热条件下少数晶粒择优单向生长生成粗大柱状晶的现象，从而消除了柱状晶。

4.4.2.5　填充间隙机制

假定枝晶臂是旋转抛物面，在相邻枝晶臂的交汇处会出现一个内凹的曲面，那里的曲率为负值，其曲率半径记为 r_1。这一负曲率的存在会对附近的熔体产生一个附加压力，进而使其液相线温度升高。相反，在枝晶臂的其他部位均为正曲率，曲率半径记为 r_2，相应地与其邻接的液体的液相线温度较低。对应于这种曲率差带来的液相线温度差，会在枝晶根部与端部之间出现相应的溶质平衡浓度差 $c_L^{r_1} - c_L^{r_2}$，如图 4－15 所示[249, 250]。

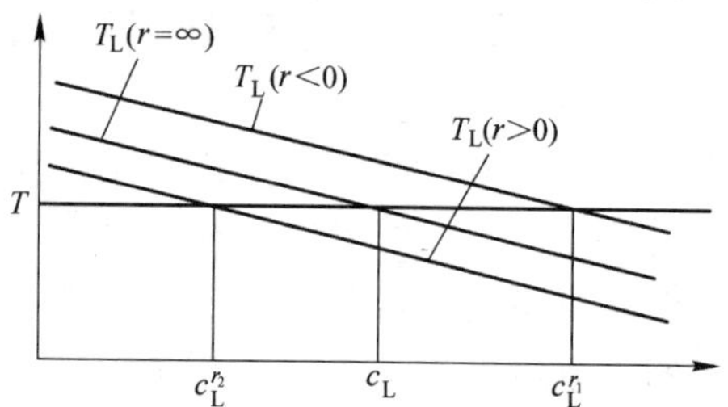

图 4－15　曲率对液相线和溶质平衡浓度的影响

在这种浓度差的驱动下，溶质原子会从枝晶根部向端部转移，同时溶剂原子会从端部向根部转移，这种物质转移的结果是枝晶端部曲率减小，根部枝晶间隙被不断填充，最后逐步转变为粒状晶，如图 4－16 所示。当传质过程达到平衡时，溶质原子从枝晶根部向端部

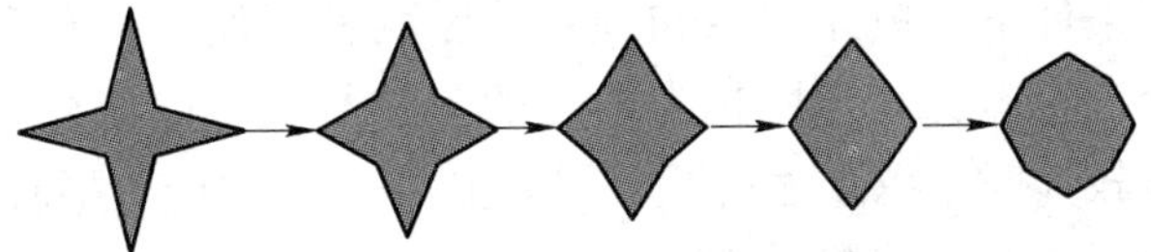

图 4－16　树枝晶向粒状晶转变的填充间隙机制

转移的通量与溶剂原子从端部向根部转移填充的通量相等。数学上可以表示为：

$$-D_e \frac{c_L^{r_1} - c_L^{r_2}}{l} = c_L^{r_2}(1 - k_0)\frac{dr_2}{dt} \tag{4-30}$$

式中，D_e 是搅拌条件下的有效扩散系数，可以用 $D_e = D\exp(v_\theta)$ 表示，D 是没有搅拌时的扩散系数，v_θ 是熔体的搅拌流动速度；l 是枝晶颈缩区沿枝晶轴向的长度；dr_2 是在微小时间段 dt 内枝晶根部填充引起的曲率半径变化，$\frac{dr_2}{dt}$ 是枝晶臂填充速度；k_0 是溶质平衡分配系数，由于这种演变方式强烈地依赖于枝晶间隙的填充速度，所以把这种树枝晶向粒状晶的转变称为填充间隙机制。

假定枝晶长度为 l，半径为 r_2，枝晶端部是一个半径为 r_2 的半球形，比值 r_2/l 越大，树枝晶向粒状晶的转变越充分；如果 $r_2/l = 1$，树枝晶完全转变为粒状晶，所以 $\psi = r_2/l$ 可以用来描述演变程度和进程，并称之为枝晶形状特征参数。通过理论和数学推导。可以得到填充间隙机制的转变时间表达式：

$$t_c = \frac{al^2(1-\psi^2)}{2D\exp v_\theta} \tag{4-31}$$

式中，a 是一个与合金性能有关的综合参数，并用下式计算：

$$a = \frac{\rho \Delta H_m C_1(1-k_0)}{2\sigma T_1} \tag{4-32}$$

由式（4－31）可以看出：

（1）演变时间随枝晶臂长度的加大急剧延长，事实上，如果保持其他条件不变，演变时间随枝臂长度的立方增大，所以可以认为，尺寸很大的枝晶通过填充间隙机制演变为粒状晶是不可能的。

（2）枝晶形状特征参数 ψ 越接近 1，演变时间越短。所以填充间隙机制只对尺寸较小的等轴树枝晶向粒状晶转变有效。

（3）演变时间也受搅拌速度影响。以高锰钢 ZGMn13 为例，当搅拌速度从 590r/min（v_θ =2.476m/s）提高到 1160r/min（v_θ =4.86m/s）时，计算得到的填充间隙转变时间由 18min 骤减为 90s。

（4）与颈缩熔断机制类似，填充间隙机制的演变时间随着合金液相线温度的提高而减小，因此钢铁材料的演变时间明显小于铝合金的试验事实就可以理解了。

在实际凝固条件下，填充间隙和颈缩熔断两种机制都会存在，但在不同阶段，主次关系会存在差异。当固相为细小的等轴晶时，以填充间隙方式演变为主。当枝晶尺寸较大时，以颈缩熔断方式为主。因此，实际估算时最好两者都计算，取其中较大者作为工艺控制的依据。

总之，无论是枝晶臂的弯曲融合，或者是熔断，或者是机械断裂等机制，都将阻止初始形成的小枝晶晶粒向粗大枝晶的形态发展。同时晶体的等轴生长和合并生长也促使合金初生相向球形或椭球形的形态发展和长大。

对于先形成枝晶再施加搅拌的情况，剪切力的作用首先是破坏枝晶结构，但枝晶在破碎过程中始终保持枝晶形态，只是树枝状的程度不同而已。从等轴晶和柱状晶对比实验可以看出，不论剪切力是促使枝晶断裂破碎还是促使枝晶熔化，归根结底是促使枝晶结构形态随时间的发展而趋于消失。而在球化现象发生之后，剪切力则既具有促进球晶形成的作用又具有抑制球晶形成的作用，即在一定的剪切速率范围之内是促进球晶的形成，而高于此范围后，作用恰恰相反，是促使球晶消失。注意到大多数金属半固态锭料和许多实验结果的微观组织并不是真正的球形晶粒，而是蔷薇状。它既可能是由于搅拌强度和时间不够而残留枝晶的形貌，也可能是球状晶在后续冷却过程中由于固相分数增大，使搅拌效应减弱而发生常规凝固条件下的枝晶生长。

4.4.3 金属在半固态等温热处理过程中的组织演化

金属在半固态等温热处理过程中，随着加热温度的升高，低熔点的共晶组织首先熔化，分布于晶界和晶粒内部，初生组织则由树枝状演变为不规则的大块状。随着保温时间的延长，大块状晶粒开始分离，由于晶界和晶内液相与固相之间的界面曲率的作用，使晶界与晶内液相相互连通，合金组织随之分离为细小的块状或粒状。保温时间进一步延长，在界面曲率和界面能的作用下，小的初生相晶粒会逐渐熔化，大的则不断长大球化，此时是以原子的扩散为条件，并在无对流情况下进行，过程进行较为缓慢，可由 Ostwald 熟化理论予以解释。金属在半固态等温转变过程中，晶粒的分离与合并主导着半固态晶粒组织的变化规律。保温过程前期，分离占主导地位，其后分离与合并之间基本保持平衡，而长时间保温合并占主导地位。半固态等温热处理过程中，组织的演化可以归结为：树枝状组织→大块状→块状颗粒→球化→长大[187~190, 255~257]。

4.4.4 近液相线法组织的形成与演化

4.4.4.1 近液相线法组织的形成与演化过程

经典形核理论有均质形核和非均质形核。均质形核仅仅是热力学推导的理想状况。在实际液态合金熔体中，存在比纯净液态金属剧烈得多的结构起伏和能量起伏，因为各组分物质原子的电负性不同，一些同类或异类原子聚集成团的几率大大增加，这些原子团簇内的原子依靠一定的化学键，在空间上形成一定的有序结构，物理性质上接近于固态晶体。当温度低于液相线温度时，它们能够作为基底而长大形成晶核。另外，容器的器壁、熔体中的高温合金相，也可能作为非均质形核的基底[56, 157, 161～166]。

当熔体温度在液相线温度附近时，小范围的温度波动能造成溶液具备适当的过冷度，降低临界形核半径，使得相当数量的晶坯稳定形核。这些业已形核的结晶颗粒成为形核长大的结晶核心。实际上，这些在浇注前已形核的结晶颗粒，起到了晶粒细化剂的作用。

根据 Turnbull[258] 提出的非均质形核率公式，以 7075 铝合金为例，通过热力学计算可以发现非均质形核率主要与过冷度 ΔT 和润湿角 θ 有关。在润湿角 $\theta = 5°$ 的情况下，过冷度 $\Delta T = 1K$ 时，形核率仅为 $4.23 \times 10^7 cm^3 \cdot s^{-1}$；当过冷度 $\Delta T = 5K$ 时，形核率为 $9.1 \times 10^{16} cm^3 \cdot s^{-1}$；而 $\Delta T = 10K$ 以上时，形核率就接近 $10^{25} cm^3 \cdot s^{-1}$。小的过冷度下，形核时所需逾越的能量屏障很高。当过冷度一定时，润湿角增加，形核率急剧下降。如 $\Delta T = 5K$ 的情况下，当润湿角 $\theta = 5°$时，形核率为 $9.1 \times 10^{16} cm^3 \cdot s^{-1}$；当润湿角 $\theta = 10°$时，形核率为 $5.1 \times 10^9 cm^3 \cdot s^{-1}$；当润湿角 $\theta > 15°$时，基本无晶核的形成，熔体的形核率几乎是 0。

Stefanescu[259,260] 等人提出了瞬态形核的理论，并用实验验证了其热力学计算。他们认为晶核是在略低于液相线温度的小过冷度下瞬时形成的。在液相线温度附近形核的关键条件是如何获得与晶核润湿角非常小的基底，即与晶核有相似的原子结构和键型的基底。在液相线温度以上形成的原子团簇可以满足此条件，它们在小的过冷度下，瞬时发展成为晶核。大多数熔体中的高温夹杂相与晶核“润湿”效果不好，无法成为形核的基底，因此原子团簇是近液相线法晶核的主要来源。因此对于近液相线法来说，在液相线温度附近进行保温，并获得均匀、稳定、数量众多的原子团簇是获得优良的半固态浆料的关键。

晶核一旦形成，在很小的过冷度下就会进入长大阶段。决定晶体长大方式和长大速度的主要是晶核的界面结构、界面附近的温度分布状况、结晶潜热的释放及散热条件。将铝合金在其近液相线温度保温浇铸，由于熔体迅速散热，很快处于过冷状态，大量晶核在浇注过程中已经形成，此时晶体的长大方式主要取决于液固相界面的性质及界面前沿的过冷情况。根据 Dustin – Kurz、Rapz – Thevoz 和 Kanetkar – Stefanescu 模型，可把近液相线法晶核的长大过程分为 3 个阶段：球形长大、枝晶长大和枝晶抵触后的枝晶熟化，如图 4 – 17 所示。晶粒在互相抵触之前是呈球形长大，还是先以球形长大、然后以枝晶长大，取决于形核数目和冷却强度。

在凝固的初期，合金熔体中液相温度较高，游离的晶粒做不规则的热运动和自旋运动，晶粒周围的液体溶质浓度大致相等，液体中原子沿各个方向向晶粒添加的机会相同。因此晶核应先以球形长大，同时依据能量最小原理，球形晶粒的表面有利于保持最低的表面能，所以晶粒先以球形长大的假设可以成立。

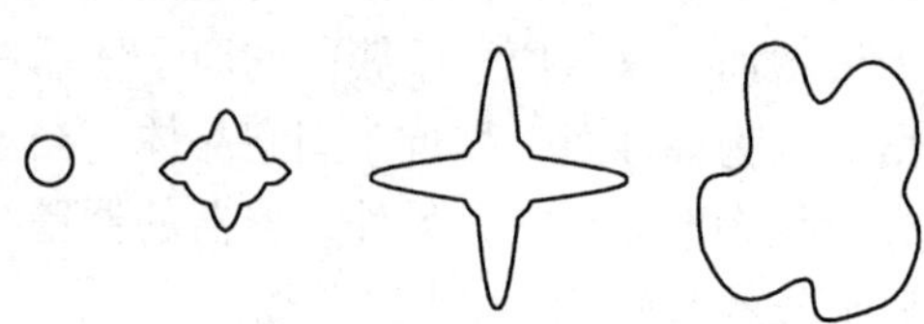

图 4 – 17　晶粒长大示意图

随着晶粒的继续长大和液相扩散能力的降低，平衡分配系数 k 小于 1 的合金元素在初始凝固的固相中溶解度较小，易在界面前沿产生溶质富集，固相中排出的过多溶质聚集在界面前沿的富集边界层中。对于生长中半径为 R 的球形晶粒周围的扩散场，假定没有切向扩散产生，可求得固液界面前沿的浓度场，同时结合通量条件，就可以得到固液界面 $r = R$ 时的浓度梯度：

$$(G_c)_R = \frac{v(1-k)c^*}{D} = \frac{c_0}{\dfrac{D}{R_v(1-k)} - R} \tag{4-33}$$

式中，D 为液相扩散系数；c_0为溶质原始浓度；c^* 为界面的液相浓度；v 为固液界面推进速度。

对于近液相线法铸造，熔体在浇铸过程中迅速过冷。在凝固过程中，固液界面的温度梯度 G 在微观球形晶粒附近是极小的，成分过冷度是晶体凝固结晶动力的主要来源。成分过冷度可表达为：

$$\Phi = mG_c - G \tag{4-34}$$

式中，m 为合金液相线的斜率。为简单起见，假定在球形晶粒固液界面上产生的纯数学扰动具有无限小的振幅，不影响热扩散或溶质扩散场，被扰动的球形晶粒的微观界面可以用简单的正弦函数来描述，如图 4 – 18 所示，数学扰动方程：

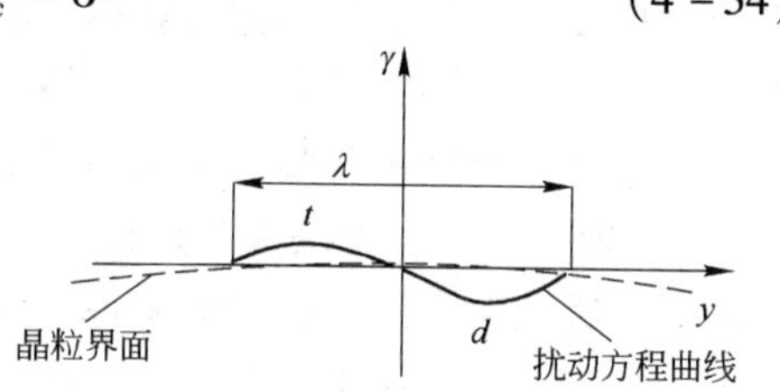

图 4 – 18　球形晶粒界面前沿微观扰动的“晶芽”

$$\gamma = \varepsilon \sin(\omega \gamma) \tag{4-35}$$

式中，ε 为振幅；ω（$=2\pi/\lambda$）为波数。界面温度可以根据局部平衡的假设推导出来，

$$F^* = T_f + mc^* - \Gamma K^* \tag{4-36}$$

其中：

$$\Gamma = \sigma/\Delta S_f \tag{4-37}$$

式中，T_f为熔点温度；Γ 为 Gibbs – Thomson 系数；K^* 为曲率半径；c^* 为界面液相局部成分浓度；ΔS_f为单位体积的熔化熵；σ 为固液界面能。由式（4 – 36）得界面尖端（t）和凹谷（d）处温差：

$$T_t - T_d = m(c_t - c_d) - \Gamma(K_t - K_d) \tag{4-38}$$

K_t和 K_d可以根据形状函数 $\gamma = \varepsilon\sin(\omega y)$ 在 $\gamma = -\frac{\lambda}{4}$ 和 $\frac{\lambda}{4}$ 的二阶导数来确定：

$$K_t = -K_d = \frac{4\pi^2\varepsilon}{\lambda^2} \tag{4-39}$$

由于假定了温度场和浓度场不受其小的扰动存在的影响，因此尖端和凹谷处的温度差和浓度场差，可以由原来的球形界面前存在的温度梯度和浓度梯度求得：

$$T_t - T_d = 2\varepsilon G \tag{4-40}$$

$$c_t - c_d = 2\varepsilon G_c \tag{4-41}$$

把式（4-40）、式（4-41）代入式（4-38）整理得：

$$\lambda = 2\pi\sqrt{\Gamma/(mG_c - G)} = 2\pi\sqrt{\Gamma/\Phi} \tag{4-42}$$

波长 λ 确定界面的临界扰动，与热扩散场、溶质扩散场相适应，如果波形相对于未扰动界面是固定的，则尖端和波谷都不会长大。Γ/Φ 是表面张力效应的作用力与成分过冷的动力之比，如果成分过冷函数 Φ 趋近于0（成分过冷的极限情况），最小不稳定波长趋近于无穷大，这正是我们所期望的晶粒呈球面长大方式。因此，表面张力抑制晶粒以枝晶的形式长大（如果晶粒要以枝晶形式长大，则成分过冷必须大于表面张力的作用力）。

在近液相线法铸造时，温度梯度较小，属于远离成分过冷极限的不稳定状态，即 G 远远小于 G_c，因此可得不稳定因子：

$$\lambda = 2\pi\sqrt{\frac{\Gamma\left[\frac{D}{Rv(1-k)} - R\right]}{mc_0}} \tag{4-43}$$

在近液相线铸造时，在晶粒的球形长大阶段，假定在球形晶的表面“晶芽”的表面张力的阻力作用一定，那么熔体的温度和凝固速度是决定球形生长条件的决定性因素。形核和晶粒的球形长大均发生在凝固的初期，熔体在小的过冷度下停留的时间越长越有利于球形晶粒的获得。

液相线温度附近浇注后，获得大量的晶核，在过冷的熔体内均有机会长大，一旦抵触，在空间上已无法再长大，晶粒进入了另一个长大阶段，即晶粒熟化阶段。各个晶粒形成微小的网络，在网状结构的内部存在溶质富集的液相。在没有达到共晶成分之前，原子继续向枝晶臂上添加，细小的枝晶臂继续长粗，形成蔷薇状组织，加大冷却强度，有利于保存获得的球形晶粒组织。

近液相线铸造时，适当静置有利于显微组织的细化，此时枝晶的熔断在一定程度上促进了蔷薇化，但不显著；静置时间过长，晶粒又有长大的趋势，且容易出现异常长大的枝晶，原因与枝晶的熔断破碎与焊合长大有关。适当的增加铸型的冷却能力，有利于组织细化，也促进球化的趋势，但冷却能力过大也不好。

4.4.4.2　近液相线铸造工艺条件对坯料组织的影响

近液相线法的工艺参数包括：浇注温度、保温静置时间和冷却速度。下面以近液相线法铸造镁合金为例，探讨其对微观组织的影响[261～264]。

A　近液相线铸造与液相铸造的微观组织比较

如图 4－19 为 AZ91D 镁合金在不同浇注温度下铸造的金相组织。由图可见，在 690℃时组织为细小的发达枝晶结构；降低浇注温度（635℃），枝晶主干粗大，而一次枝晶很少，组织明显粗化；进一步降低温度（600℃），晶粒尺寸无明显变化，但单位体积内的 α－Mg 晶粒数有减少的趋势；若浇注温度降至稍低于液相线，即近液相线铸造时，其组织与低温时的液相铸造组织（600℃和 635℃）相比明显细化，枝晶也明显退化为蔷薇或近蔷薇状。另外，在高于液相线温度铸造时，照片中有明显的气孔存在，温度越高显微气孔越明显，而在近液相线铸造时几乎没有观察到显微气孔。可见，在近液相线铸造时，不仅组织细化，没有显微气孔，而且枝晶明显退化，α－Mg 粒度均匀化且有蔷薇化趋势，同时降低铸造温度有利于减轻显微气孔。这表明，近液相线铸造极大促进了 AZ91D 的组织优化。

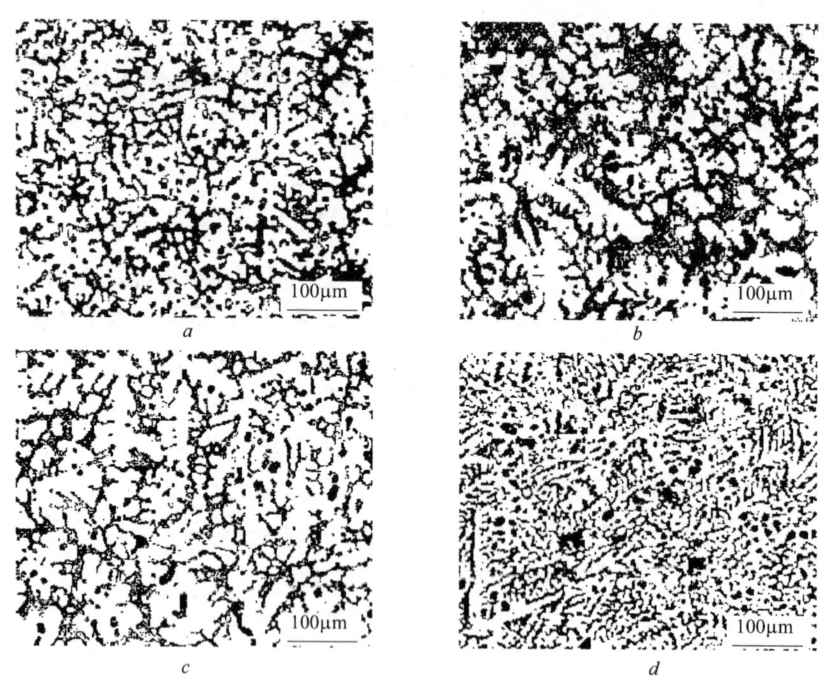

图 4－19　AZ91D 在不同铸造温度下的组织（石墨模）[188]

a—594℃；*b*—600℃；*c*—635℃；*d*—690℃

B 保温静置时间

如图4－20为静置不同时间后在水冷铁模浇注的组织[188]。未静置时，组织较为粗大，尚有放射状发达枝晶存在；静置30min后组织明显细化，多数枝晶逐渐熔断为“孤岛”状等轴细晶，出现蔷薇化趋势，但蔷薇化趋势不明显；至60min时，伴随着枝晶熔化和蔷薇化，晶粒也迅速长大，呈现较粗大的蔷薇结构和个别异常长大的枝晶。

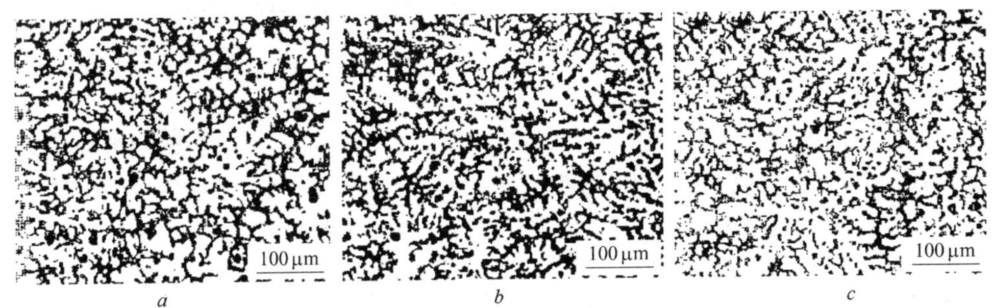

图4－20 近液相线铸造时不同静置时间的铸锭组织（水冷铁模浇铸）

a—0min；*b*—30min；*c*—60min

C 冷却速率

图4－21为在不同冷却速率下进行近液相线铸造的组织[188]。按石墨模、铁模和水冷铁模顺序，冷却能力逐渐增加。

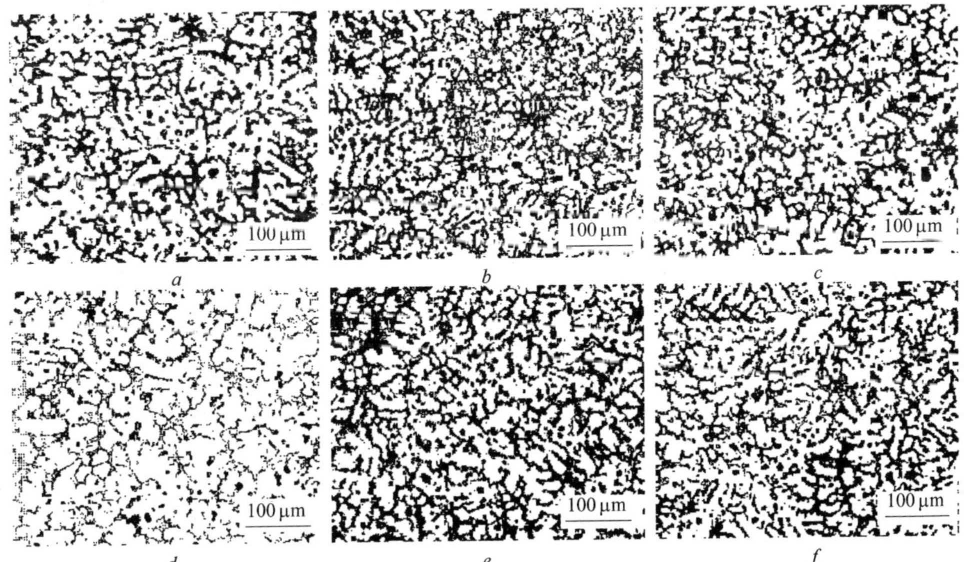

图4－21 近液相线铸造时冷却速率对铸锭组织的影响

静置时间0min：*a*—石墨模；*b*—铁模；*c*—水冷铁模

静置时间60min：*d*—石墨模；*e*—铁模；*f*—水冷铁模

从图中可见，熔液不静置时，中等冷却能力的铸模（铁模）比低冷却能力的石墨模得到的组织细小，更加蔷薇化，进一步增加冷却能力（水冷铁模），组织进一步蔷薇化，同时晶粒度有所增加，同时有个别大枝晶出现。对静置 60min 后的合金浇注，用石墨模时的组织较为粗大，晶粒度达到 50～70μm，基本上为蔷薇组织；加强冷却能力（铁模），组织有所细化，出现许多细小近球形晶粒，不过也存在个别较粗大枝晶；在水冷铁模的强冷却条件下，组织又一次粗大化，枝晶也比铁模时发达，并且静置 60min 的组织要比未静置时的对应组织粗大。可见近液相线铸造时，适当增加冷却速率有利于晶粒的细化，也促进了晶粒向球化转变的趋势，但冷速不宜过大。

此外采用控制熔体结晶法制备半固态 Zl101 合金的时候，结晶初期熔体流动对粒状初晶形成也有作用。研究表明，粒状晶的形成除受浇注温度等因素的影响外，还与熔体的充型方式有关。常用的上铸充型流动是使初生的 α 相粒化，而充型相对平稳的底铸，熔体底流动较弱，即使在接近液相线温度浇注，所得的组织大多数区域仍然为树枝晶。正常温度浇注时（680℃），在型内熔体冷却到液相线温度附近（620℃），对其施以极短时的搅拌，也可获得初生相颗粒圆整的半固态组织。

D　浇铸扰动

在近液相线浇注过程实施扰动主要指一种动量扰动，直接引起的是流动效应，与机械或电磁搅拌的扰动作用相比有很大区别，不仅强度弱得多，动力源、对熔体作用的温度区间等也不同，电磁搅拌作用到电子层次、机械搅拌作用到原子层次，而浇注扰动仅作用到原子集团层次[265]。一方面浇铸扰动加快熔体中类固相原子集团的游动速率，增加晶坯或固相质点与熔体完全润湿的概率，同时使熔体温度分布趋于均匀，提高形核率，增大液相线以上不高温度区间内类固相原子集团的尺寸及其存在的稳定性。另一方面扰动会对非枝晶组织的形成起到加强作用。当浇注发生时，扰动即随之发生，随凝固的进行，贯穿于晶粒的形核、长大过程并逐渐减弱趋于消失，当形核阶段作用大时，扰动作用会明显细化晶粒，而对晶粒形貌的改善作用不是很明显；当在长大阶段作用大时，就会使晶粒形貌发生明显改善。无论扰动在形核阶段作用大，还是在长大阶段作用大，在能浇注的前提下，增大近液相线浇注时的扰动作用都可有效促进理想非枝晶组织的形成。

4.5　半固态组织颗粒簇

半固态棒坯的金相结构中常常有众多的初生相颗粒簇集在一起的情形，如图 4－22 所示。初生相颗粒簇是由于初生相颗粒相互碰撞，并焊合在一起形成的。与晶体合并生长不同，晶体合并生长主要发生在凝固过程的初期，并且已经融合成一个晶粒。而颗粒簇是产生在凝固过程的后期，晶粒间也只是局部紧贴在一起，此时因为融体黏度很大，搅拌力不足以将这些焊合的颗粒打散，于是它们被最终保留下来，形成“颗粒簇”。“颗粒簇”内部缺乏低熔点的基体相，因此在进行部分重熔时，它们仍然会“焊合”在一起，这会“干扰”后续的触变成形过程，只能通过施加大的变形力才会抵消这种干扰。

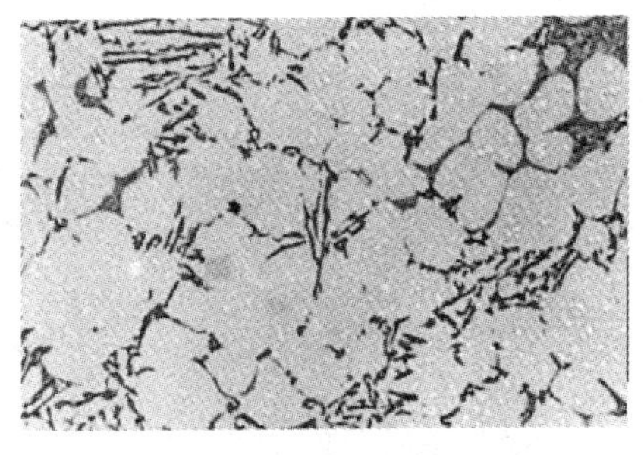

图4－22　Al－6.6%Si合金的初生相颗粒簇（×63）

4.6　半固态合金的金相组织

半固态加工技术既被应用于低温合金，也被应用于高温合金。下面给出一部分合金的金相照片，以便作为参考与比较。

4.6.1　搅拌方法生产的半固态合金金相组织

除铝合金外，镁合金和铜合金也可以应用SSM成形技术，并且已经取得了一些成果，可以用这种方法制造出质量优良的零件[54, 266～268]。图4－23是半固态镁合金和铜合金的金相组织。S. Mathieu等人还研究了半固态铸造方法与普通的模铸法生产的AZ91D合金微观组织的差别以及它们对性能的影响，半固态工艺改变镁合金的微观组织结构、α相和β相的分布、组成和成分比例，半固态铸造生产的镁合金中，铝在初生相中的含量为3%，模铸生产的只有1.8%，同时半固态试样中含有更多的锌。

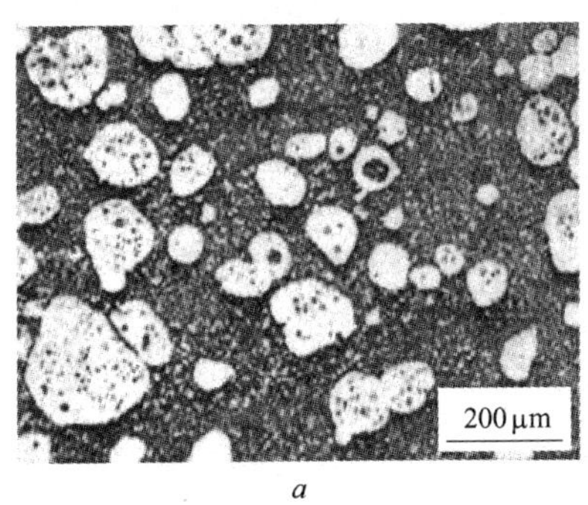

a

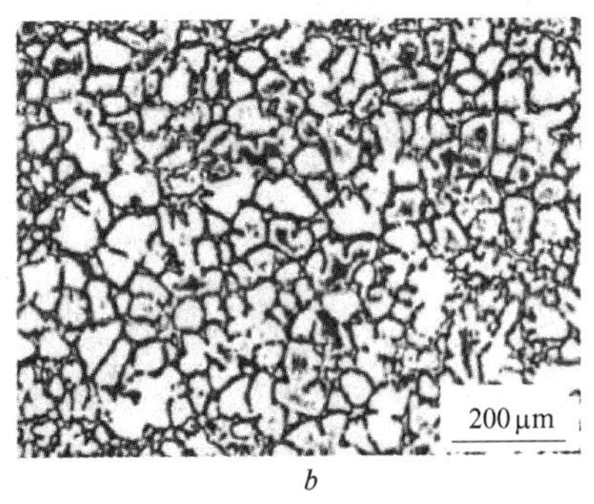

b

图4－23　半固态加工方法制备的Mg和Cu合金的非枝晶组织

a—Mg合金的非枝晶组织；*b*—Cu合金的非枝晶组织

对于钢铁工业，SSM成形技术也有着重要的意义。采用这种方法制造机械零件，可以大幅度降低能源消耗，提高压铸铸型寿命。目前，SSM成形技术在某些不锈钢、镍基合金以及低合金钢上的应用，已经开展了一些研究，如图4－24所示。但是，这方面的应用仍然局限在实验室中，距离工业应用还有一定的距离。

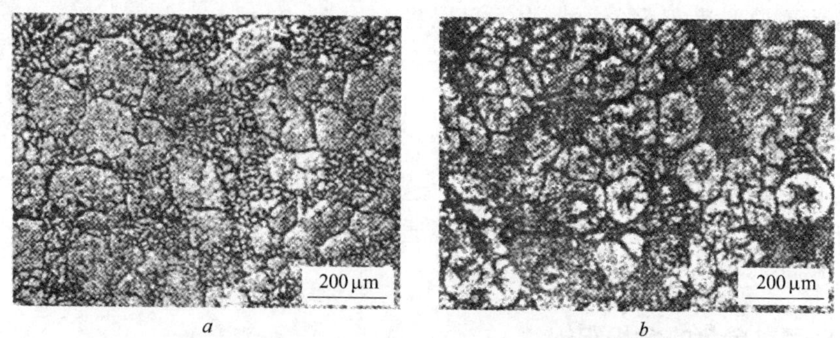

图4－24　半固态加工方法制备的低碳钢和不锈钢非枝晶组织

a—低碳钢的非枝晶组织；*b*—不锈钢的非枝晶组织

半固态成形技术在高熔点合金中的研究也是一个热点，并取得了一定的进展。图4－25是一组高熔点合金的半固态金相照片。

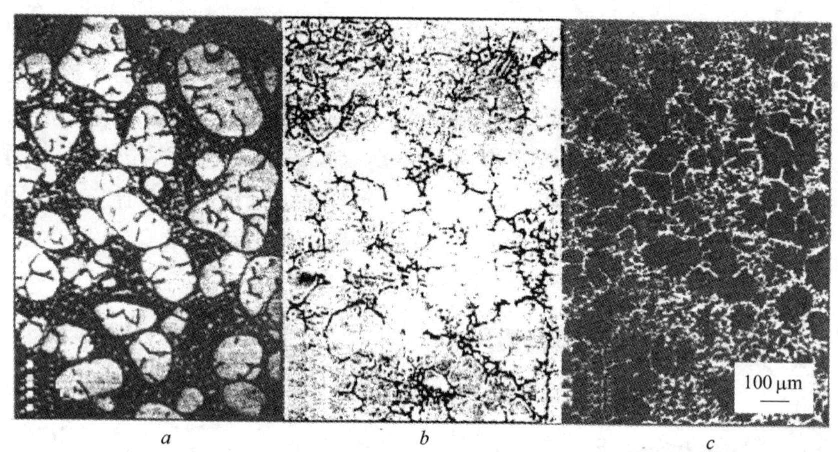

图4－25　半固态加工方法制备的高熔点合金组织

a—Cu－10Sn－2Zn铜合金；*b*—AlSi304不锈钢；*c*—HS31（X－40）钴基高温合金

图4－26是连续流变铸造AlSi7Mg合金棒坯的金相组织照片。铸坯直径为110mm。

如图4－27为搅拌法生产的过共晶Al－24Si显微组织和常规铸造组织的对比图。从图中可以看出，搅拌法和传统的砂型铸造法生产的Al－24Si组织有很大的区别。砂型铸造微观组织由初生的β相和（α＋β）共晶体组成，初生的β相呈粗大的板片状，共晶的β相呈针状。电磁搅拌的Al－24Si过共晶合金的微观组织，初生β相明显细化，同时出现大量的近球形α相。近球形的α相是在

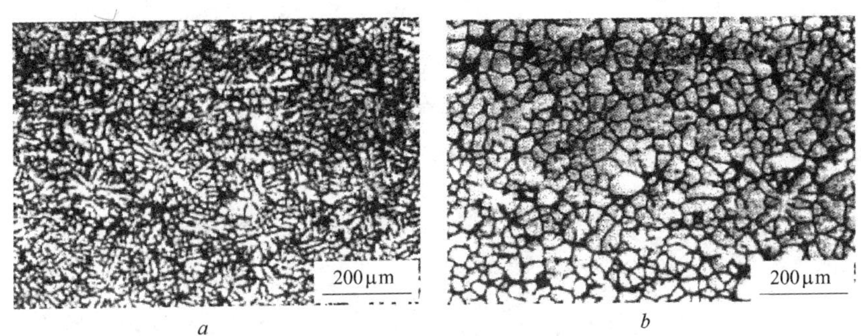

图 4－26 流变铸造 AlSi7Mg 合金棒坯的金相组织

a—圆柱坯表皮下 10mm 深处的金相组织；b—圆柱坯中心处的金相组织

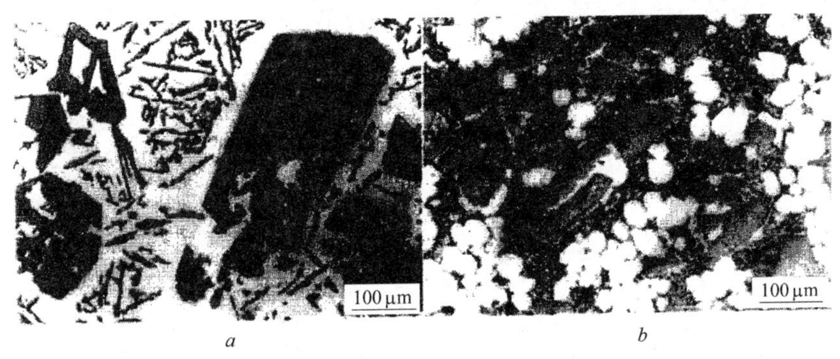

图 4－27 传统铸造和电磁搅拌后的 Al－24Si 合金显微组织

a—传统铸造；b—电磁搅拌后的组织

高于共晶线温度 575℃就开始析出，随着温度的降低，数量不断增多，尺寸不断增大。二次加热时，重熔温度低于 590℃，半固态 Al－24Si 组织中依然存在近球形的 α 相；重熔温度 595℃，近球形的 α 相完全消失。其形成的机理是 Al－Si 合金熔体中的类固型原子偏聚团在电磁力和搅拌作用下发生合并，并且在电磁搅拌条件下熔体中形成局部微区的瞬时高压，高压作用扩大 α 单相区和（L＋α）两相区的范围，降低 α 相形核所需的临界半径。α 相在高于共晶温度 575℃形核，在电磁搅拌下 α 相晶核不断长大演化为近球形。

4.6.2 其他方法生产的半固态合金金相组织

铁基合金因为熔体温度高，对搅拌器、电磁搅拌装置和工艺控制、熔体保护有更高的要求，带来技术上的复杂性，重熔加热也造成更多能源消耗。潘冶等人试图建立不需搅拌等附加处理的半固态灰铸铁制备方法，以得到组织呈球状、尺寸细小、分布均匀的初生奥氏体，为铸铁及近铁基材料的半固态加工提供技术依据。他们发现浇注前合理调整熔体温度，并配以合适的凝固冷却速度，不需要搅拌和其他附加处理，也可以成功制备球状初生奥氏体的半固态灰口铸铁。如图 4－28所示，初生奥氏体不再是树枝状，而呈近球形，均匀分布在共晶体中，砂型铸造的半固态灰口铸铁组织细小，圆整度高，此时的冷却速度 0.69℃/s，冷却速度过高或过低，均不利于球状初生奥氏体的形成[148, 149, 269～272]。

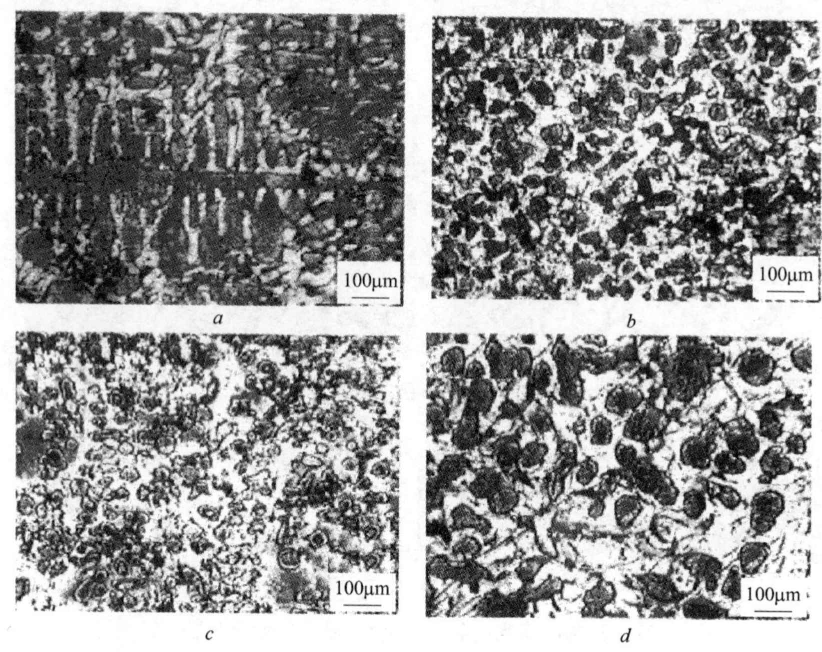

图 4－28 正常铸造条件和熔体控温＋适当快冷的灰口铸铁组织

a—正常铸造条件；*b*—熔体控温＋适当快冷（砂型）；

c—熔体控温＋适当快冷（石墨型）；*d*—熔体控温＋适当快冷（陶瓷型）

如图 4－29 为 NRC 工艺制备的非枝晶 AlMgSi1 组织照片。图 4－29*a* 为 NRC 制备的该合金坯料 642℃淬火组织，图 4－29*b* 为 NRC 制备的铸态组织，准备直接送入成形模腔前的组织。如图 4－30 为 NRC 工艺制备的非枝晶 ZK60 组织照片，图 4－30*a* 为 NRC 制备的该合金坯料 620℃淬火组织，图 4－30*b* 为 NRC 制备的半固态铸件的组织。

图 4－31 为通过双螺旋搅拌工艺获得的 Al－7Si－0.6Mg 半固态坯料经流变压铸工艺（RDC）得到的金相组织和普通压铸金相组织对比。图 4－31*a* 的 α_1 为在搅拌制浆容器中获得的球状晶组织，α_2 为制浆过程中产生的枝晶组织，α_3 为在铸型中产生的球晶组织。相对于图 4－31*b* 常规压铸的金相组织，可以发现螺旋搅拌工艺不但可以产生大量的非枝晶组织，并且在强烈对流作用下使得在搅拌装置表面冷却产生的晶核均匀地游离在剩余的液相中，浆料在浇注入铸型后，这些晶核会在液相内二次凝固形成细小的球晶组织，大大提升产品性能。

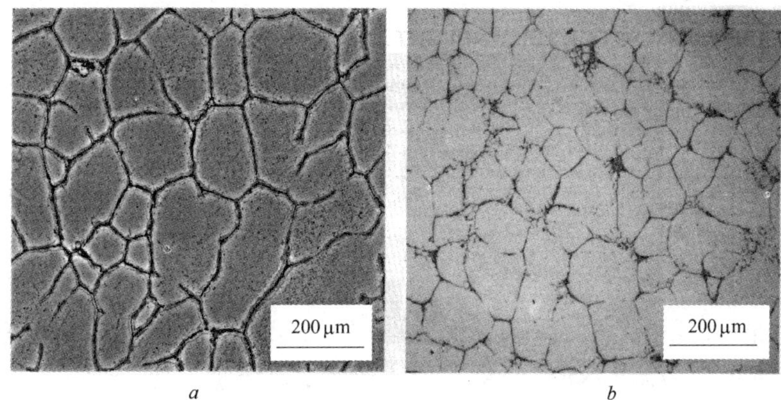

图 4-29 NRC 制备的 AlMgSi1 合金坯料的铸态和淬火组织
a—642℃淬火后组织；*b*—成形前的铸态组织

图 4-30 NRC 制备的 ZK60 合金坯料的铸态组织和 620℃淬火组织
a—620℃淬火组织；*b*—铸态组织

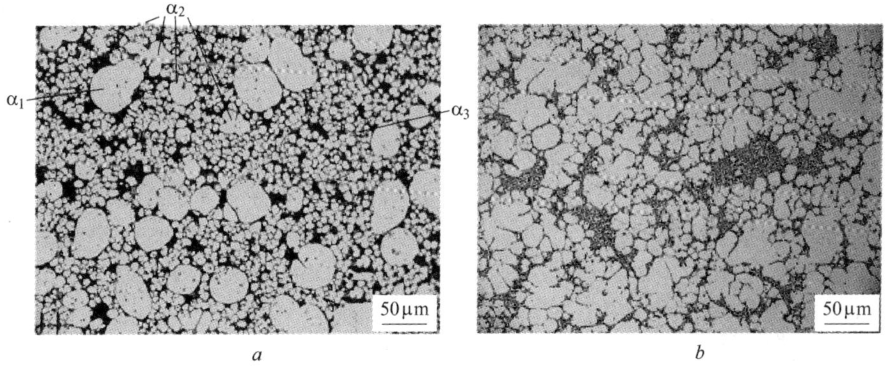

图 4-31 半固态流变压铸工艺（RDC）获得的微观组织和普通压铸工艺获得微观组织
a—半固态流变压铸工艺（RDC）；*b*—普通压铸工艺

5 流变成形

5.1 引言

将金属液从液相冷却到半固态，通过强烈搅拌或其他处理方法得到具有非枝晶组织的半固态浆料，然后直接将所得的半固态金属浆料进行压铸、挤压或轧制成形，通常称之为流变成形工艺。

半固态流变成形是将熔融金属直接成形，相比于触变成形过程，具有以下优点：流程较短，节省能源，成形件的切下料可在同一车间内回炉再利用；生产成本低，生产效率高，适用的合金范围广；成形零件组织均匀，疏松和氧化夹杂降低。但浆液的保存和输送难度较大，在实际应用过程中这是一个难点，对设备也提出更高的要求。

半固态流变成形工艺对设备的要求是：金属熔炼、半固态浆料制备、浆料输送、压铸等成形过程需要连续化；系统应具有氧化防护，对于镁合金来说还要有燃烧保护，以确保成形铸件无氧化夹渣缺陷和实现安全生产；能够进行快速制浆，并且制浆系统的温度能精确协调控制，以确保半固态浆料预定的固相分数及浆料质量；半固态浆料能够适时定量输送，以满足间歇式压铸等工艺的要求。

5.2 流变成形工艺及装备

在现有的加工技术基础上（液态金属的成形），半固态流变成形工艺只是增加了半固态浆料制备工序，其典型的工艺流程为：金属或合金锭准备→熔炼→半固态浆料制备→半固态浆料输运→流变压铸、锻造或轧制成形等。

半固态流变成形工艺不需要事先制备非枝晶坯料，而是直接将制备的半固态浆料成形，因此它除了前面所述的优点外，还具有加工过程氧化夹杂减少，废料的回收和使用可在同一车间内完成等优点。虽然半固态浆液的保存和输送目前还有一定的困难，但仍然受到人们的关注，是未来半固态成形的一个重要发展方向。

5.2.1 流变铸造

5.2.1.1 流变铸造的显微组织特点

在流变铸造中，合金熔体被施加强制的对流作用，虽然对流的强度很大，但仍然有扩散边界层存在，只是其厚度变小了。足够的成分过冷度仍然存在，晶粒依然是以枝晶方式长大的，只不过由于熔体剧烈对流的存在，其最终的形态发生了极大的变化，如图 5 - 1*a* 所示。

在晶粒长大的初期，固相颗粒非常细小。由于对熔体剧烈的搅拌，熔体内的热梯度很小，固相颗粒分散在液相中，熔体以粥状的形态存在。固相颗粒有时仍具有枝晶形貌。

当晶粒长大到一定的尺寸时，较长的枝晶臂在流动液体的冲刷下，或者在别的晶粒的碰撞下，会发生弯曲，与其他枝晶臂靠得非常近，或者干脆紧贴在一起。靠在一起的枝晶臂会逐渐融合，并且合并生长。如果枝晶臂在端部首先融合，那么枝晶臂之间的液体就被包在中间成为包裹液体。前面说过，固液界面仍有溶质富集层存在，在包裹的液体中溶质浓度较高。温度降低，包裹的液体同样产生结晶，当最后的那部分包裹液体达到共晶相温度时，将以共晶相结晶。正因为如此，将半固态浆料激冷，会在初生相微粒中见到极少量的共晶组织，如图 5 - 1*b*所示。

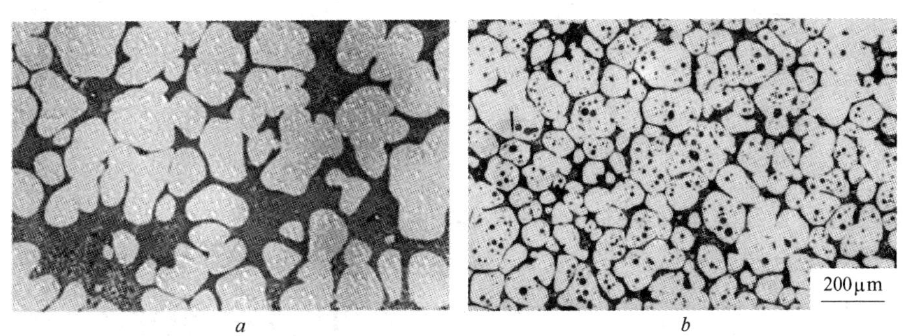

图 5 - 1 Al - 6.6% Si 合金的非枝晶组织和球形颗粒中包裹液体的分布情况
a—Al - 6.6% Si 合金的非枝晶组织；*b*—球形颗粒中包裹液体的分布

5.2.1.2 新流变成形工艺（NRC 工艺）

NRC（New Rheocasting Processing）法是日本宇部株式会社开发的一种新的流变成形工艺，工艺过程如图 5 - 2 所示。将熔融金属控制在液相线温度以上几度范围内，将其倒入隔热容器中，由于容器的冷却作用，在熔融金属内部产生大量的初生相晶核，容器上下用陶瓷片覆盖，防止过多的局部散热；利用风冷将金属冷却到设定的半固态温度；通过隔热容器外部的高频感应加热器调整浆料的温度，调整金属浆料的固相体积分数，满足成形需要，这个过程需要 3 ~ 5min；翻转隔热容器，将半固态浆料倒入套筒，这样浆料上表面的氧化层沉到套筒底部，可防止氧化层进入铸件；将浆料直接推到模腔中，并迅速成形。图 5 - 3 所示为成形工序[143 ~ 150]。

NRC工艺在浆料制备方面与冷却斜槽法有一定的相似地方，不同之处在于

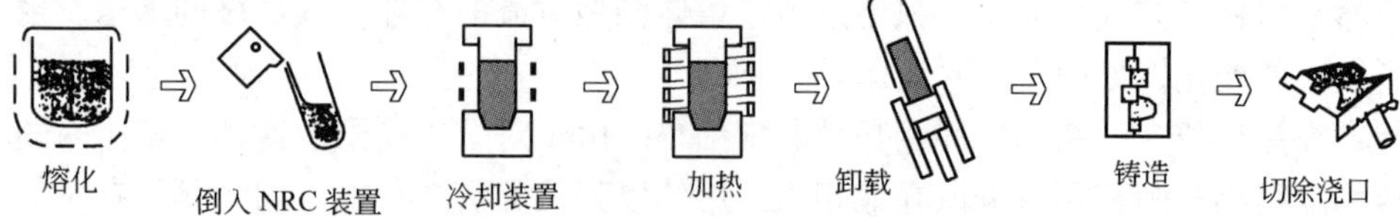

图 5-2　新流变成形 NRC 工艺示意图

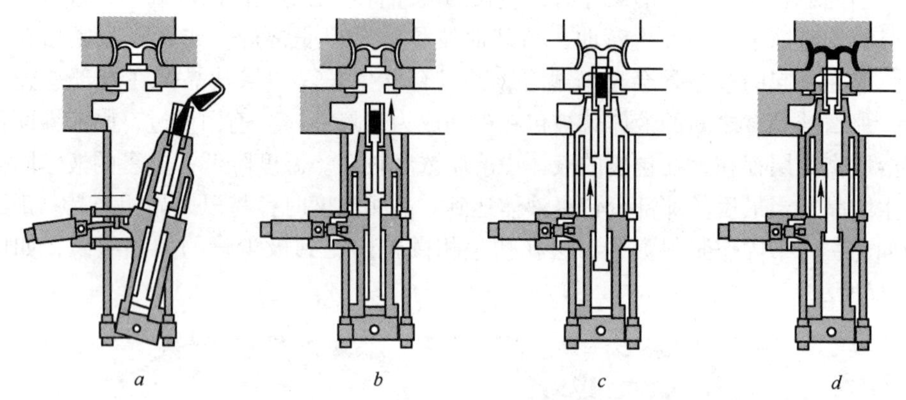

图 5-3　NRC 工艺中半固态镁合金浆料在挤压铸造机内的成形工序

a—倒入半固态浆料；*b*—复位；*c*—推进至下模；*d*—挤压进入模腔

它是将含有大量晶核的熔体导入绝热容器，从熔融金属中直接制备出含有球状晶的半固态浆料，而不采用搅拌技术。控制冷却条件，获得一定固相分数的具有球状组织的半固态浆料（容器外面既有冷却装置，又有加热装置），再直接注入模腔成形。NRC 法广泛用于各种轻金属合金，尤其是镁合金，相对于传统的触变成形，费用减少约 20%；生产效率高，工具寿命长；产品机械性能好。铸件具有良好的机械性能和微观组织，NRC 方法制备的浆料微观组织中，初始 α 相分布非常均匀，不存在包裹的液体，有时存在少量残余金属间化合物。图 5-4为 NRC 制浆设备的照片[6, 148]。

图 5-4　NRC 制浆设备照片

表 5-1 为 NRC 工艺与挤压铸造（SQC）和触变铸造工艺的比较，从表中可以看出 SQC 和 NRC 工艺都可以应用

于传统合金的生产中，而触变铸造目前只是应用于有限的几种铸造合金中；在SQC 和 NRC 中所使用的镁、铝合金可以在熔炼工序得到回收和再利用；相比于SQC 工艺，触变铸造和 NRC 工艺降低生产循环时间 30%；采用触变铸造和 NRC工艺生产的零件具有较高的伸长率和其他力学性能。

表 5－1 NRC 工艺与挤压和触变铸造工艺的比较[147]

特点	挤压铸造（SQC）	触变铸造	NRC
材料	普通合金材料 不限制于铸造合金 Al 和 Mg	特定的非枝晶组织材料 合金成分的严格限定 可用于变形合金 铸锭需制备	普通合金材料 合金成分的严格限定 可用于变形合金 Al 和 Mg
加热	过热的熔体 熔炼炉	较低的加热温度（半固态温度区间） 在设备内进行感应加热	低过热的熔体 熔炼炉
铸造	较长的生产循环时间 高的加工温度 模具寿命长	较短的生产循环时间 低的加工温度 模具寿命更长	较短的生产循环时间 低的加工温度 模具寿命更长
材料利用	可在车间内实现材料再利用 低再利用费用	在坯料供给者处实现材料再利用 高再利用费用	可在车间内实现材料再利用 低再利用费用
质量	高加工工艺稳定性 材料性能变化较大 机械性能好	高加工工艺稳定性 材料性能变化较大 机械性能好	高加工工艺稳定性 材料性能变化较小 机械性能好
产品	可生产不同合金材料零件 组织：枝晶	主要是铝合金零部件 组织：球形	可生产铝、镁合金等 组织：球形

图 5－5 为 NRC 设备平面布置图，NRC 设备主要由熔炼/静置炉系统、浆料制备系统、浆料转运机械手、高压铸造机（HVSC 机）和清理/涂覆系统组成。

世界上采用 NRC 工艺生产的第一个工厂坐落在意大利 Borgaro 的 Stampal S. p. A.，如图 5－6 所示。采用 UBE NRC 的 800t HVSC（水平夹持，垂直铸造）装置，为 FIAT 的 PUNTO 生产 V8 发动机支架。表 5－2 为该公司采用触变和流变成形生产同样的发动机支架工艺参数的对比[146]。

图 5－7 为 NRC 工艺生产的 A356 合金零件经 T6 处理后疲劳极限与其他加工方法生产的零件疲劳极限比较图[1]。

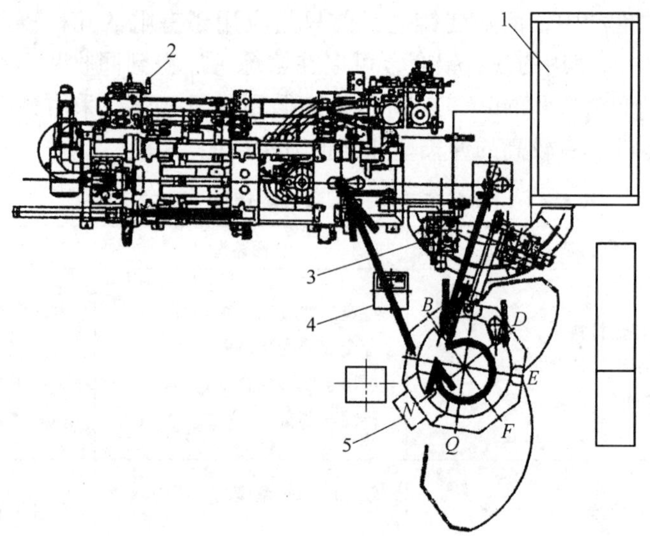

图 5 -5　NRC 设备平面布置图

1—熔炼/静置炉；2—流变铸造成形机；3—浆料转运机械手；4—处理用机械手；5—浆料制备机

图 5 -6　Stampal S. p. A. 内的 NRC 设备示意图

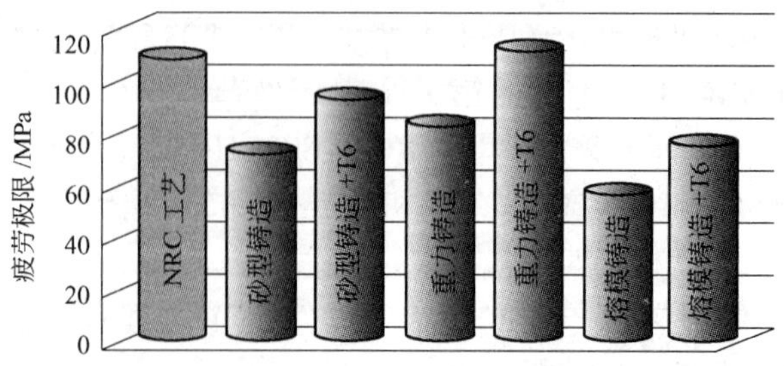

图 5 -7　采用 NRC 和其他工艺生产的 A356 合金零件经 T6 处理后的疲劳极限

表 5-2　S.p.A. 公司采用触变和流变成形生产同样的发动机支架工艺参数的对比

特　点	触变成形	流变成形
材　料	MHD 制备的 A357 坯料 供应商：Pechiney	A357 合金锭，无特殊要求
半固态坯料准备	切割坯料，中频感应加热炉中加热至半固态温度区间	熔炼炉熔炼，静置炉中处理，倒入特制坩埚中冷却至半固态温度
浆料温度/℃	577±2	579±2
所需金属重量/g	4000	4700
金属损耗/%	10	1
工　具	4 柱 2 室模	2 柱 2 室模
铸　造	水平，坯料平躺注射靴	垂直，浆料倒入注射靴
循环时间/s	59	52
废屑利用	返回供应商	本车间
废屑率	3%（目测）+2%（X 射线）	1%（目测）+0.5%（X 射线）

铸造镁合金和铝合金是目前在流变成形 NRC 过程中所使用的主要合金类型，由于镁和铝性质的差别，使得它们在 NRC 成形过程中应注意的问题也不尽相同。安全方面：由于镁合金极易与空气中的氧发生反应，一般采用钢制坩埚熔炼，采用混合气体、CO_2 或 N_2 与 SF_6 以及其他有机气体作为保护气；由于镁合金比铝合金氧化严重，使得坯料温度升高并导致先前凝固的初生相熔化，增大镁合金坯料燃烧的可能性，因此在坯料检测时（如检测固相分数等），应特别注意防护措施。氧化方面：Werner 等人在对铝合金和镁合金进行 NRC 成形的时候发现，镁合金成形时所需的溢流通道（overflows）比铝合金成形时的要大，目的是使充型时形成的氧化物排除在铸件外。冷却方面：相同重量的零件，镁合金制成的要比铝合金轻 1/3，而两种材料的熔解热和比热容却相差不大，因此在 NRC 成形时选择的不锈钢保温盖厚度等工艺参数方面也不相同。

图 5-8 为采用 NRC 流变成形工艺制造的发动机支架零部件[150]，图 5-8*a* 为上控制臂（upper control arm），材质为 A356，T6 热处理，零件总量 1820g，近终型零件，具有较高的冲击强度，内部气孔率低，强度高，塑韧性高；图 5-8*b* 为悬挂件（suspension），材质为 A357，T5 热处理，零件总量 360g，近终型零件，具有较高的伸长率，内部气孔率低，强度高，塑韧性好；图 5-8*c* 为发动机支架（engine bracket），材质为 A357，T5 热处理，零件总量 1800g，近终型零件，具有较高的伸长率，内部气孔率低，塑韧性高。

5.2.1.3　双螺旋流变成形

英国 Brunel 大学的 Z. Fan 等人又开发出双螺旋半固态金属流变成形机，用

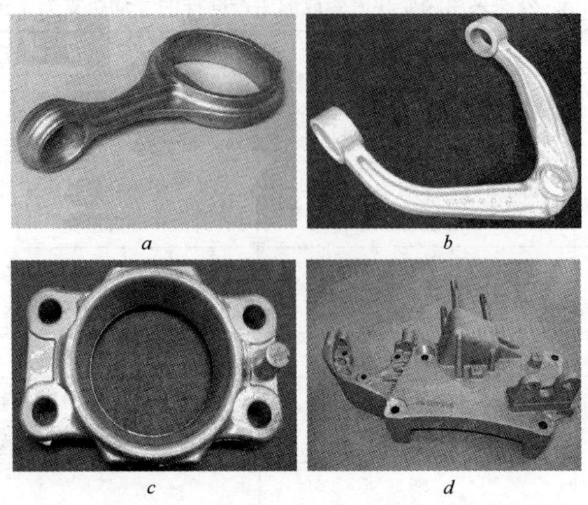

图 5－8　流变成形零部件（NRC 工艺）

于从液态金属直接制备出近终形产品[9~12]。双螺旋流变成形机组由液态金属浇入系统、高速双螺旋剪切挤压系统、组合模具系统和中央控制系统组成。双螺旋剪切装置由筒体和一对相互紧密啮合的同向旋转螺旋组成。螺旋轴的齿形经过特殊设计，能使金属熔体得到较高的剪切速率和较高的湍流强度。在挤压筒外沿着挤压机轴线方向分布着加热单元和冷却单元，形成一组加热－冷却带，温度控制精度可达到 ±1℃，能准确地控制半固态金属浆料固相体积分数。

成形零件时，定量的金属液经浇注系统进入双螺旋剪切系统，液态金属快速冷却至半固态温度区间的同时承受双螺旋剪切系统的剪切、挤压作用，至预定的固相分数和较为理想的非枝晶组织结构后，经过注射杆的挤压作用以预定的压力和速度注入预先加热的模具成形，这一过程完全由中央控制系统连续控制完成。在镁合金成形时，为减少流变成形过程中镁合金的氧化，熔炼和流变成形过程采用 $N_2+(0.5\sim1)\%SF_6$ 保护。通常用于成形 AZ91D 合金零件，图 5－9 为双螺旋流变成形设备示意图。

由于双螺旋流变成形工艺是在密封的环境中完成浆料剪切、注射等过程，因此具有如下特点：成形零件微观组织均匀，缩松显著降低，趋近于 0；具有较宽的半固态加工温度窗口，即可在较宽的固相分数范围内进行零件成形；可以在较低的浆料温度下成形，模具寿命长；精确的温度控制，保证浆料和零件组织的均匀度；较短的工作循环时间，成形零件材料性能较高，使得成形零件的成本降低。

5.2.1.4　SSR 流变铸造成形

基于前面第 2 章中提到的“新 MIT”制浆工艺，IdraPrince 公司建立了以此

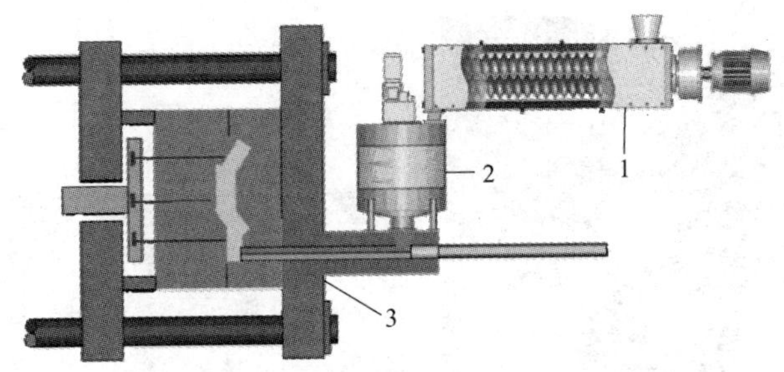

图 5－9 双螺旋流变成形设备示意图

1—双螺旋浆料制备单元；2—浆料收集与定量输送单元；3—压铸单元（HPDC）

制浆工艺为基础的、带有 1400t 压铸机的半固态流变铸造生产线 SSR（semi－solid rehocast），如图 5－10 所示[142]。

图 5－10 装有 1400t 压铸机的 SSR 生产线

在所有的设备装置中，制浆设备是关键，其中冷却棒（搅拌器）又是关键部件之一，如图 5－11 所示。冷却棒采用内水冷的石墨制成，利用石墨高热导率和与熔融金属不润湿的性能。如在实验室也可采用其他类似性能的材料（如 SiC 材料）。

SSR 生产工艺流程如下：通过机械手将圆筒中的铝合金液转运至 SSR 生产线，当机器人抓住圆筒的同时，石墨杆深入合金液中，并快速冷却 5～20s，通过 PLC 根据合金的类型、杆的温度和炉子的温度控制搅拌时间。待撤除冷却杆后，部分凝固的合金直接送入冷室压铸机中成形或进一步冷却以提高固相分数，SSR 生产线工作循环时间少于铸造生产线。

5.2.1.5 下液相线铸造工艺（SLC™）

Jorstad 等学者采用如第 2 章中介绍的浇注温度控制原理开发了下液相线铸造工艺（SLC™）制备非枝晶浆料，然后直接流变成形生产零部件[154]。采用

a

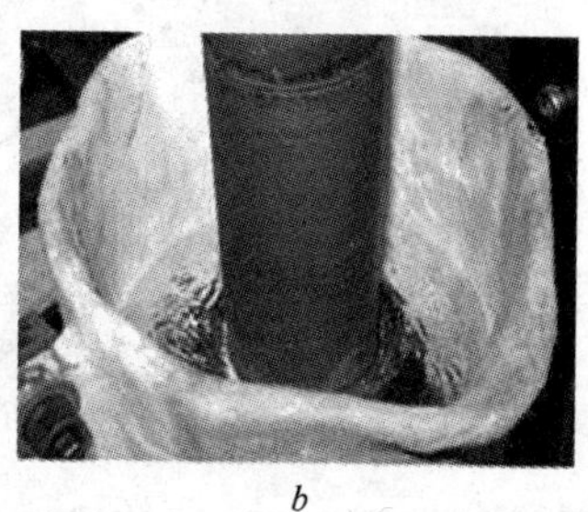

b

图 5 - 11　SSR 制浆设备和石墨杆冷却铝合金液示意图

a—SSR 制浆设备图；*b*—石墨杆冷却 5kg 铝合金液示意图

SLC^{TM}工艺不需要其他额外的铸造设备，可以在固相分数较宽的范围内对半固态浆料成形，制备时间完全不受制于零件铸造加工循环时间，零件生产时不需要浇道（gates），最终修复工作量减少，可以生产大直径（55m）、大重量（100kg）的零件。

图 5 - 12 所示为该工艺设备示意图。较宽的注射杆直径、较短的注射冲程和独有的门板技术是 SLC^{TM}工艺的主要特点。流变成形生产 A356 合金时，浆料制

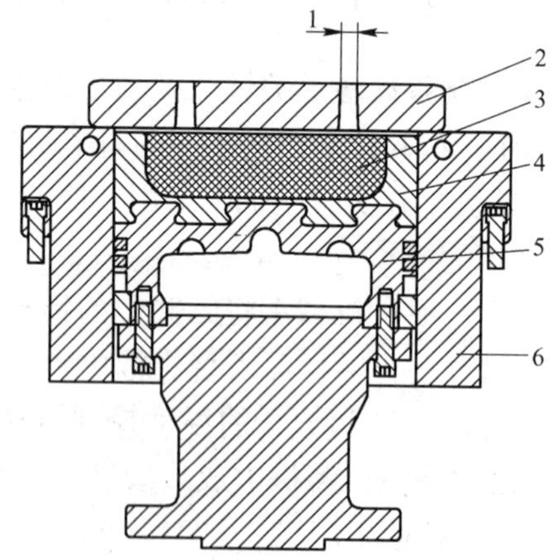

图 5 - 12　SLC^{TM}工艺中注射靴和浆料出口板（gate plate）示意图

1—多孔；2—浆料出口板；3—适于半固态加工的浆料（固相分数在 45% ~55%）；4—过冷浆料（固相分数在 55% ~100%）；5—水冷注射杆；6—水冷注射靴

备采用晶粒细化剂，转运浆料时温度取决于转运装置，一般稍低于液相线温度，即615～620℃；铸造成形温度选择在Al－Si共晶温度范围左右，即固相分数在50%左右，对于2×××和5×××合金系，也是在40%～60%。

采用SLC™工艺制备合金零部件时，浆料在大直径、短冲程的注射靴内冷却，在与注射靴壁和注射杆接触过程中没有形成过度冷却是SLC™工艺的关键；浆料出口板的作用是引导浆料从注射靴进入模腔，单孔、多孔浆料出口板对应单、多模腔成形，浆料出口板的设计可以消除浇道。

图5－13所示为采用SLC™工艺生产的A356－F合金驾驶连杆显微组织示意图，拉伸强度（UTS）为235MPa，屈服强度（YS）为120MPa，伸长率（EL）为12%；T6处理后拉伸强度（UTS）为340MPa，屈服强度（YS）为260MPa，伸长率（EL）为12%。

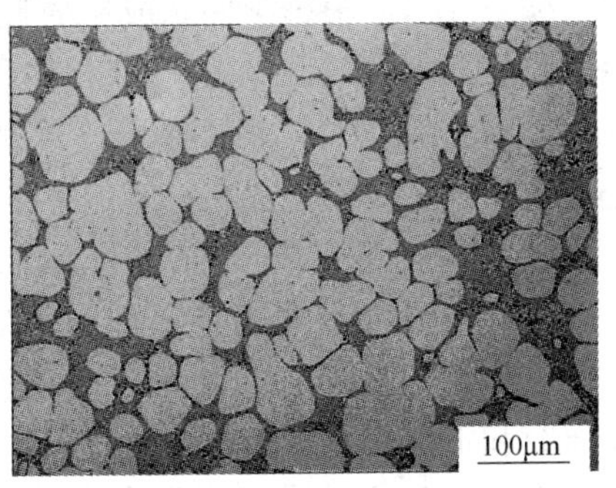

图5－13　采用SLC™工艺生产的A356－F（铸态）合金驾驶连杆组织示意图

5.2.1.6　气体诱导加工工艺（GISS）

气体诱导半固态加工过程（GISS）是最近被深入研究和发展成熟的最先进的新型流变过程之一[15]，它通过石墨扩散器，利用净化气体气泡的注入，实现快速热抽离和强力局部抽离，如图5－14所示。由GISS方法预备半固态浆料已经在多种凝固中得以实现，比如静止凝固、

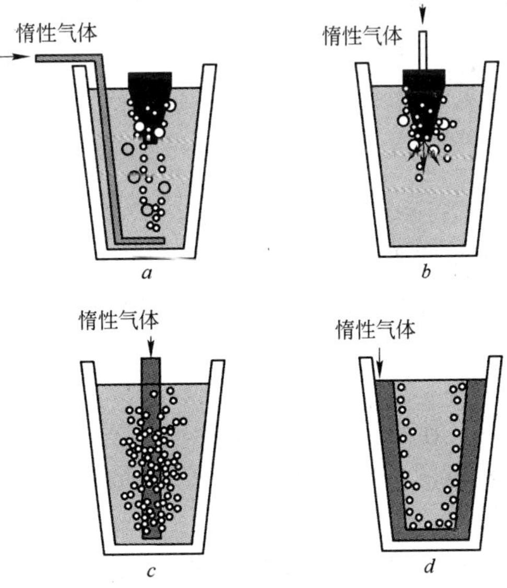

图5－14　气体诱导半固态加工过程示意图

振动凝固、重力凝固、流变挤压凝固等。同时，GISS 过程能够成形多种合金，包括铸造铝合金、静止铸造铝合金、锻造铝合金和锌合金。在工业实际应用上，GISS 加工过程逐渐被成功地利用，尤其是在形成的半固态浆料的固相体积分数小于 0.25 的情况下。

5.2.2　流变锻造

锻造成形分两类：开式模锻成形和闭式模锻成形。根据半固态成形的特点，由于流变成形的半固态浆料液相体积分数比较高，故开式模锻不适合于半固态流变成形；闭式模锻能在一定的范围内，适用于半固态流变成形。同时，由于半固态闭式模锻与半固态挤压和压铸成形也有许多相似之处，因此专门的流变锻造研究和报道相对较少。

图 5 – 15 所示为国内学者所使用的半固态流变锻造连接接头模具图[275]。模具组成可分为：上模、下模、弹出（挤出）单元、压力结构单元等。上模安装定位板与上模在压力机移动横梁处连接；压头 7 构成压力系统；模具材料为模具钢，并喷涂特殊涂层以保证液态金属在模具内的充填；具有压力的保持和重新定位系统；通过冷却通道 8 有效控制模具温度。

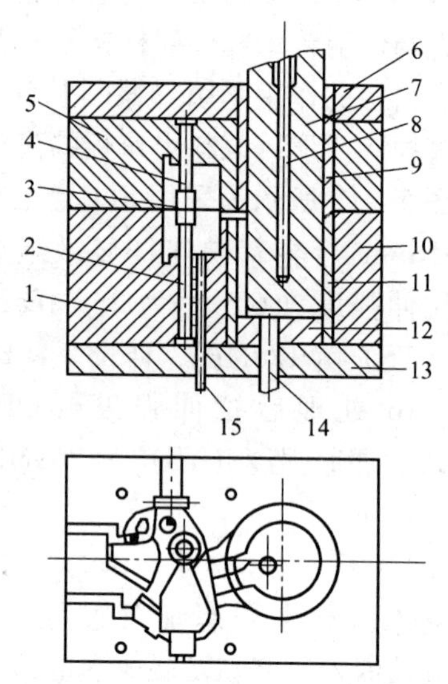

图 5 – 15　半固态流变锻造连接接头模具[16]

1—下模；2—下芯棒；3—砂芯；4—上芯棒；5—上模；6—上模安装定位板；7—压头；8—压头内冷却水通道；9—导位套筒；10—模具冷却系统；11—压室；12—压室垫板；13—底板；14—压杆；15—吊环

5.2.3　连续流变铸造

连续铸造非枝晶组织的坯料是半固态流变成形的基础，连续流变铸造也是应用较多的工艺，浆料的制备方法见第 2 章中的连续生产非枝晶组织坯料一节。

5.2.4　连续流变铸轧

半固态浆料可以通过连续流变铸轧制备具有非枝晶组织的板坯，图 5 – 16 是 SSM 连续流变铸轧的示意图。半固态金属流变铸轧产生的效果不仅仅是使成分均匀，而且能提高产品的整体质量。

半固态流变铸轧是将半固态金属浆料直接送入轧机辊缝实现浆料直接冷却和连续变形。该工艺克服了半固态触变轧制坯料需要再加热、能耗高等问题。半固

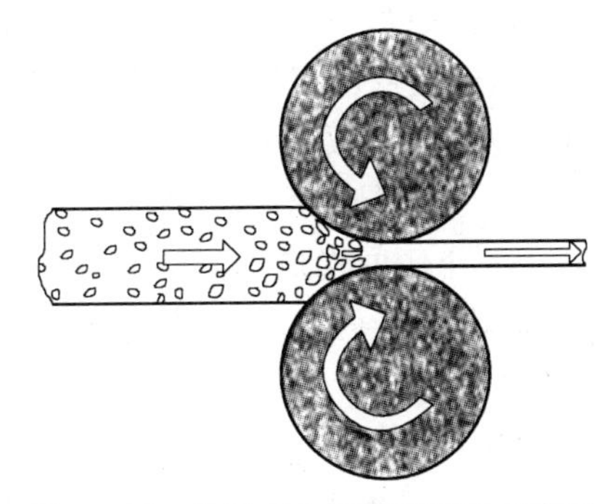

图5-16　半固态金属流变铸轧示意图

态浆料直接连续铸轧能对半固态浆料固相率进行准确控制，同时较容易实现浆料的稳定输送及多机架热连轧。因此，能提高轧制过程的稳定性及轧件质量，设备结构简单，维修操作方便[277~281]。

半固态流变轧制工艺通常利用均匀电磁搅拌或电磁与振动复合搅拌获得组织均匀、晶粒细小的半固态金属浆料。半固态浆料经过浆料导流管直接沿垂直方向，从轧机上部输送至第一架轧机入口处，并通过导卫装置进入轧制变形区轧制成形。半固态浆料经第一架轧机轧制变形后，边冷却边进入下面的机架继续轧制变形。图 5-17 为国内学者设计的半固态浆料直接连续铸轧结构图[276]。轧机布置成垂直段、扇形段、水平段三段，使浆料通过多机架进行连续轧制。设备主要由多架二辊轧机、导卫装置及冷却装置等组成，浆料搅拌器及输送装置与轧机采用上、下垂直布置，四个立柱构成机架框架 8，机架框架 8 是安放两架或多架轧机的总体构架，每架轧机由连接在机架框架 8 内侧一段上的左右两条矩形板 13 支撑，第一架轧机的轧辊为空心轧辊 4，并在内部装有喷水冷却水管 10，第二架以后的各轧机轧辊为实心轧辊 5。

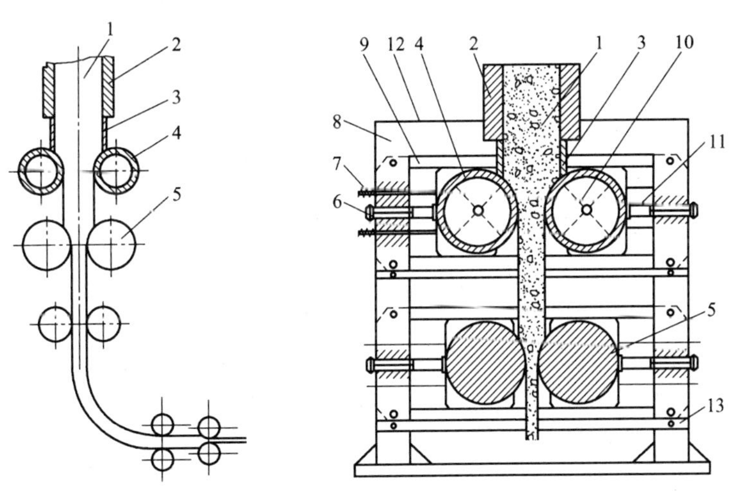

图5-17　连续流变铸轧结构图

1—半固态浆料；2—浆料导流管；3—导板；4—空心轧辊；5—实心轧辊；6—压下螺杆；7—平衡弹簧；8—机架框架；9—轴承座牌坊；10—冷却水管；11—压头；12—轴承座；13—矩形板

Haga 等人设计出 MDTRC - Melt Drag Twin Roll Caster（熔液拖曳双辊铸轧机），用以解决普通双辊铸轧机铸轧时轧制速度低、难于铸轧凝固范围宽的合金等困难，设备原理见图 5 - 18a[281~286]。下辊是凝固辊，对铸轧的合金起冷却、凝固作用，上辊是成形辊，控制铸轧合金板带的表面及形状。由于铸轧速度很高，在上、下辊间形成的凝固层不需要在辊缝焊合，因此轧制力显著降低。传统的双辊铸轧机铸轧 A5182 合金时，轧制力为 1 ~ 10kN/mm，而 MDTRC 只需 0.01 ~ 0.1kN/mm，且轧制速度提高到 60m/min，轧制力的降低使得轧辊可以使用铜合金材料，这样可以进一步改善冷却条件，并且不需使用润滑剂，反过来，铜轧辊的使用又可以进一步提高轧制速度，MDTRC 轧制出的 A5182 合金组织为等轴晶而不是柱状晶，轧制速度越高，组织越细小，偏析程度越小。为进一步提高铸轧速度，Haga 等人又将 MDTRC 与斜槽冷却法（CS）结合，见图 5 - 23b。在浇注前就已制备好半固态浆料，冷却斜槽与两辊铸轧机之间的连接很简单，并不需要作很大的机器改装。浇嘴由隔热器组成，预热到 400℃，将 620℃ 的熔融金属倒在冷却斜槽上，熔融金属在冷却斜槽的作用下转变成半固态浆料，并流入到浇嘴。表 5 - 3 是熔液拖曳双辊铸轧机的主要工艺参数。

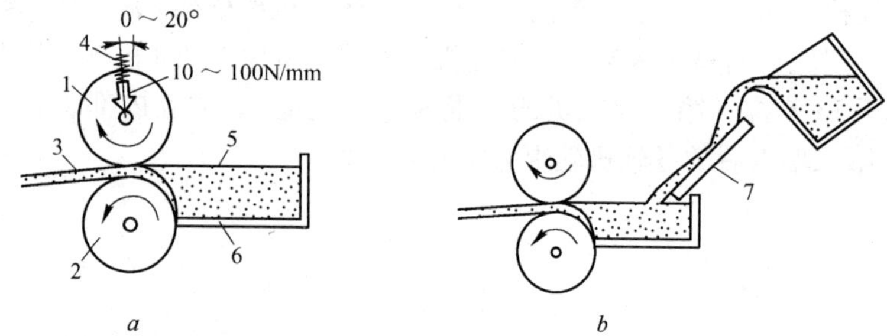

图 5 - 18　熔液拖曳双辊铸轧和冷却斜槽法 + 铸轧工艺示意图

a—熔液拖曳双辊铸轧工艺；b—冷却斜槽法 + 铸轧工艺

1—成形辊；2—凝固辊；3—带材；4—弹簧；5—熔体；6—浇嘴；7—冷却斜槽

表 5 - 3　熔液拖曳双辊铸轧机的主要工艺参数

部位名称	工艺参数
轧辊尺寸/mm	直径：300，宽度：100
轧辊材料	材料：铜，冷却条件：水冷，表面：无表面涂层
轧制速度/m · min^{-1}	60（30，90，120）
冷却斜坡尺寸	长度：300mm，宽度：100mm，倾斜角度：60°
冷却斜坡材料	材料：中碳钢，涂层：BN，冷却条件：水冷
铸轧材料	A356
熔融金属温度/℃	630，650
浇嘴熔体压头/mm	30，50
轧制力/N · mm^{-1}	30 ~ 140（宽度方向上）

半固态铸轧工艺与熔融金属液态铸轧工艺制备的铝带微观组织也有很大差别。液态铸轧形成的铝带为枝晶组织，而半固态浆料形成的铝带呈现为多重组织。在下部，等轴晶和近球形晶共同存在；在中间的下部分区域为等轴晶，在中间的上部分区域为近球形晶；在上部，细小的近球形初晶相存在于共晶组织之中[287~291]。

图5-19是采用机械搅拌制备半固态浆料后，在二辊铸轧机上进行加工获得的AZ91D和AZ31镁合金带材[80]。图5-20为半固态铸轧AZ91D镁合金前后的组织结构。由图可见，经过半固态铸轧后，材料的组织性能有进一步的提高，一次初生相变得更加近球形。表5-4是半固态铸轧AZ91D镁合金带材的力学性能与半固态压铸的AZ91D镁合金力学性能比较。

a

b

图5-19 半固态铸轧AZ91D带坯和进行热轧后的AZ31镁合金带材

a—铸轧获得的AZ91D带坯；*b*—经过热轧变形后的AZ31铸轧带（$\varepsilon=57\%$）

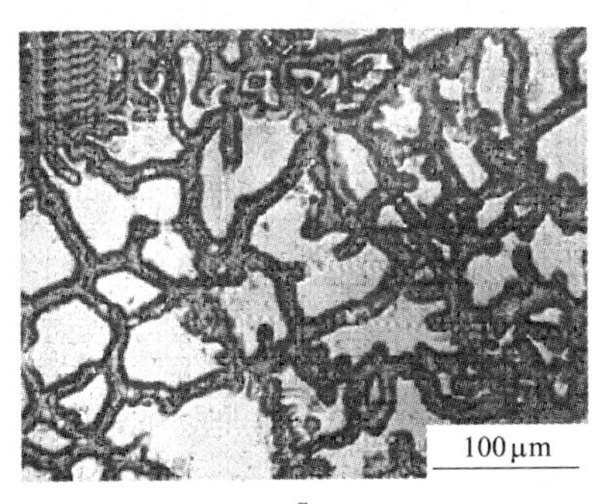

a

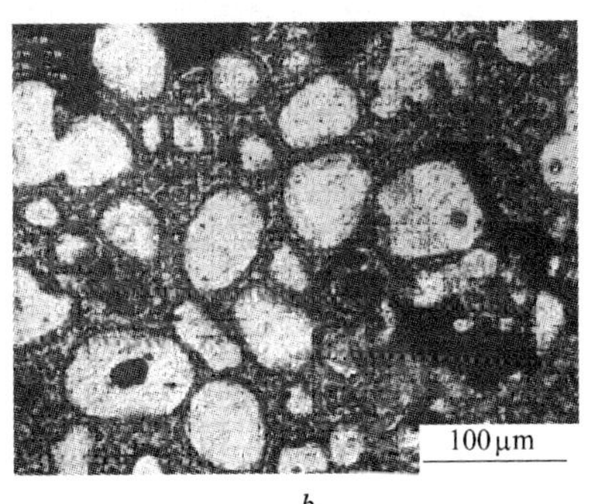

b

图5-20 半固态铸轧AZ91D镁合金前后的组织结构

a—铸轧前；*b*—铸轧后

表5-4 半固态铸轧与半固态压铸的AZ91D镁合金力学性能比较

成形方法	屈服极限/MPa	强度极限/MPa	伸长率/%
半固态压铸	120	231	6.2
半固态铸轧	120	230	18

表5－5是半固态铸轧获得的AZ91D和AZ31镁合金进一步进行冷、热加工的情况一览表。由表可见，半固态铸轧获得的镁合金板有较好的加工性能，AZ91D镁合金的冷变形量达28%，热变形量能达到47%以上；AZ31镁合金的热变形能达到57%以上。采用半固态铸轧能在一定的程度上解决镁合金板带的加工问题。图5－21是铸轧AZ31镁合金带材进一步轧制加工前后的组织结构。

表5－5　AZ91D和AZ31镁合金铸轧带加工情况一览表

合金	加工条件	温度/℃	原始厚度/mm	第一道次		第二道次		第三道次		总变形量/%	材料加工后的情况
				厚度/mm	变形量/%	厚度/mm	变形量/%	厚度/mm	变形量/%		
AZ91D	冷轧	室温	3.2	2.6	18	2.3	11			28	边部有小裂纹
AZ91D	热轧	340	3.3	2.6	21	2.12	18	1.75	17	47	表面和边部良好
AZ91D	热轧	340	3.5	2.8	20	2.18	22			37	表面和边部良好
AZ31	热轧	360	2.06	1.5	27	1.1	27			47	表面和边部好
AZ31	热轧	360	2.35	1.6	32	1.0	37			57	表面和边部好

a

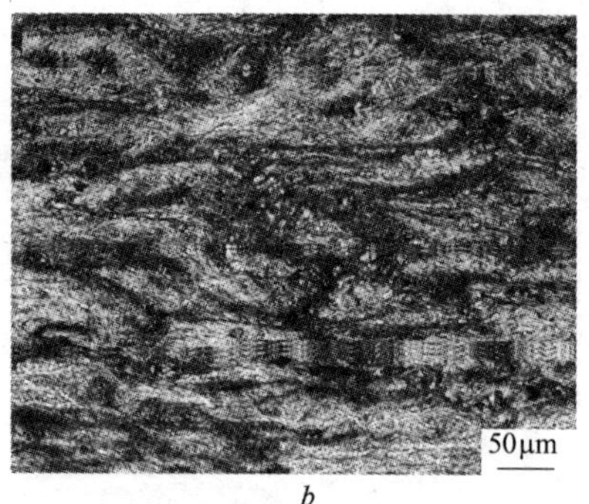

b

图5－21　铸轧AZ31镁合金带材轧制加工前后的组织结构

a—进一步轧制加工前的组织；*b*—进一步轧制加工后的组织

图5－22所示为半固态铸轧的A356铝带力学性能。可以看出通过半固态铸轧，铝带的机械性能有所提高，尤其是伸长率提高了大约20%，拉伸强度大于240MPa，其结果要好于A5052－H34、A6063－T4、A6063－T6的性能，等同于A6061－T4的力学性能。

国内的研究人员还采用垂直式电磁搅拌半连续铸轧半固态黑色金属，将制备的60Si2Mn和1Cr18Ni9Ti半固态浆料直接输送到两辊铸轧机中直接轧制。图5－23所示为半固态半连续铸造直接轧制生产钢铁材料的设备示意图[279]。

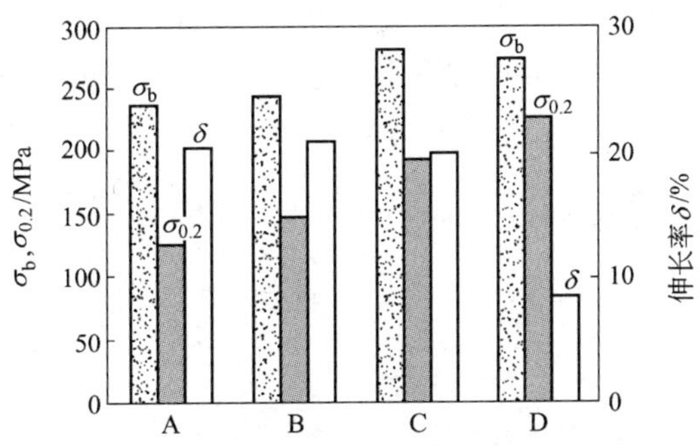

图 5-22 半固态铸轧的 A356 铝带的力学性能

A—由半固态浆料中制备；均匀化 540℃；冷轧 $t=0.5$mm，变形量为 75%；固溶 540℃-4h；160℃时效-2h；
B—由半固态浆料中制备；均匀化 540℃；冷轧 $t=0.5$mm，变形量为 75%；固溶 540℃-4h；160℃时效-4h；
C—由半固态浆料中制备；均匀化 540℃；冷轧 $t=0.5$mm，变形量为 75%；固溶 540℃-4h；160℃时效-6h；
D—由熔融金属中制备；均匀化 540℃；冷轧 $t=0.5$mm，变形量为 75%；固溶 525℃-5h；160℃时效-5h

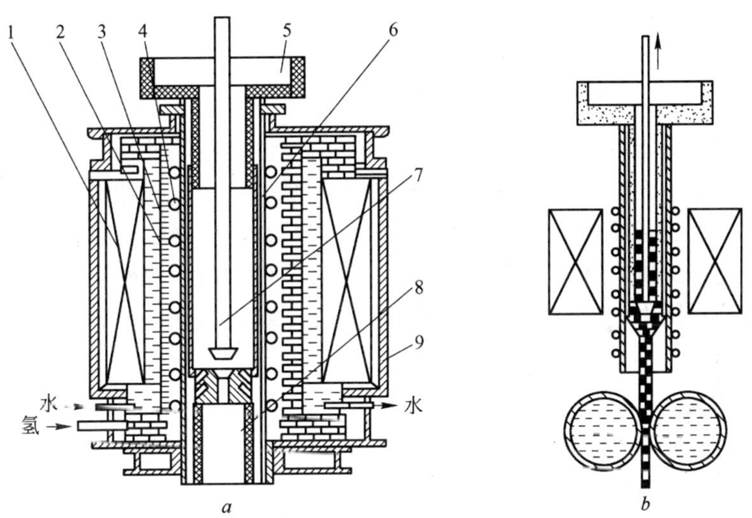

图 5-23 制备钢铁材料半固态浆料与直接轧制设备示意图

a—流变制浆装置；*b*—直接轧制设备

1—流变器；2—冷却水套；3—隔热保温层；4—加热钼丝；5—浇道；
6—搅拌坩埚；7—塞杆；8—输送管道；9—外壳

5.2.5 流变挤压

流变挤压与传统的热挤压工艺相比具有以下特点[103, 104, 292~294]：较低的挤压压力（为传统热挤压的 1/10-1/5）；具有较高的挤压比；较低的挤压压力所带来的较长挤压模具寿命；可以生产复杂断面挤压型材；挤压截面具有细小均匀的组织结构，如图 5 – 24 所示；对变形性能较低的合金可以进行加工；低成本，生产效率高。

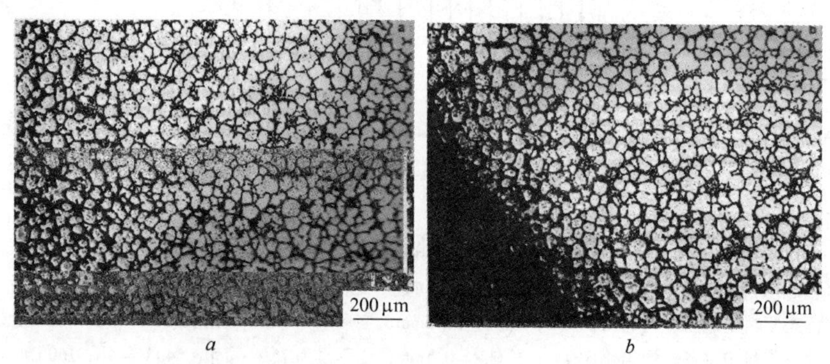

图 5 – 24　流变挤压 AZ91D 合金棒材芯部和边部的组织

a—芯部；*b*—边部

Fan 等人设计了一套连续流变挤压的装置，如图 5 – 25 所示。该装置主要由 4 部分组成：液态金属处理系统、双螺旋剪切挤压系统、齿轮泵送系统和挤压模具系统。流变挤压过程中，定量的液态金属合金液以精确的喂入速度和温度经喂入系统进入双螺旋剪切挤压系统，同时合金液承受剪切、冷却作用至预定的半固态温度区间，制备成所需组织结构的半固态浆料，然后半固态浆料经齿轮泵送料系统以一定的挤压力和速度进入挤压模具成形零件。由于双螺旋剪切挤压不能提供稳定的挤压压力和速度，因此采用齿轮传动系统完成这一任务。

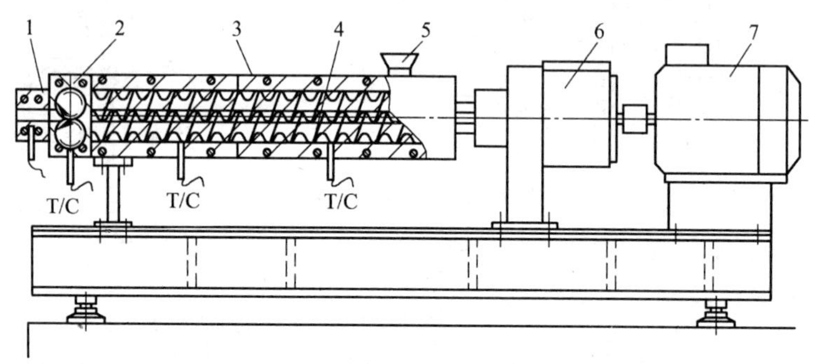

图 5 – 25　Fan 等人设计的连续流变挤压装置

1—模具；2—齿轮泵送机构；3—筒体；4—螺旋搅拌器；5—喂入系统；6—齿轮箱（减速器）；7—电机

流变挤压和第 2 章中介绍的连续流变铸造都可以连续生产产品，表 5 – 6 为这两个工艺过程特点的比较。

表 5-6 连续流变挤压和连续流变铸造工艺比较

工艺参数	连续流变挤压	连续流变铸造
成形装置	挤压模具	水冷铜模
固相分数	高（>0.6）	低（<0.3）
成形零件截面	小、片状、复杂	大、简单
可加工的合金	变形合金、触变成形用合金	铸造合金、触变成形用合金
设　备	专用设备	可以安装于现有的 DC 铸造设备上

5.3 流变成形的几个问题

5.3.1 流变成形的技术要求

值得注意的是半固态流变成形所考虑的压射工艺因素与液态压铸基本相似，但对压铸机的压射性能则提出更高的要求，如慢压射-快压射的转换时间、填充阶段的压力稳定以及增压建压的反应时间等[295]。

经过多年发展的镁合金压铸工艺已趋成熟，但由于镁合金的铸造性能如流动性对型温和浇注温度相当敏感，在充型过程中镁合金液极易凝固，必须精确控制型温和浇注温度，否则就易出废品。目前已推出镁合金专用的流变成形压铸机，其压射系统采取阶梯式增压等措施，压射速度是铝合金压铸的 1.5～3 倍，型温用循环热煤油等介质可精确控制在（270±5）℃，并实现了外围设备和原辅材料的专业化生产。在半固态流变成形时，应充分利用这些有利条件及成熟的经验、技术和设备，合理地选择和设计半固态流变成形的多项参数。

（1）浇道尺寸（runner）设计规则。浇道的作用是将半固态浆料输送到浇口，同时保证半固态浆液的流动平稳，无湍流、空气和夹杂。浇道的最小厚度应与浇口的厚度相同，如果浇道比浇口细，铸造时浆料一旦充满，浇道会比浇口先行凝固，阻碍浇注的进一步进行。

浇道的横截面沿长度方向上应有 10%～20% 的断面缩减率，这样可以使半固态浆料沿浇道保持有稳定的负压存在（back-pressure），由于半固态浆料的高黏度和低过热，浇道设计时应注意避免浇道的预凝固。

（2）浇口设计规则（gate）。

1）浇口的位置。半固态流变铸造或锻造的时候，浇口应位于零件最厚的区域，这样可以保证稳定的浇入条件，防止凝固收缩。如果远离零件的最厚的部位，浇口附近较薄的部位会首先凝固，这样会阻止半固态浆料对较厚部位的充填，导致缩松现象的发生。

浇口位置的确定还应保证半固态浆料在各个方向上流动均匀、平衡。如果流动距离不等，在较短的距离方向上浆料会首先达到铸造末端的状态，较长距离方向上依旧保持浇入状态，一旦铸造浆料充满，零件在较短方向上易出现缺陷。

2）浇口的数量。全液态模铸时，有时采用多浇口来充填铸型。半固态模铸时，一般采用单浇口，以避免浇注过程两部分金属相交、焊合时出现气体包裹或疏松。

3）浇口的速度。浇口的速度太高，会同全液态浇注一样，浆料的流动形式为湍流，可能引起内部气体包裹（entrapment）和氧化物、润滑剂等夹杂，导致零件力学性能的降低。多数学者认为：半固态浇注时，其流动的方式应为层流，一般保证浇口的速度低于5m/min。

4）浇口的尺寸。设计浇口尺寸时应考虑如下：保证半固态浆料充模时为层流流动；铸造过程凝固收缩时有充足的浆料补充。

浇口尺寸与模腔的宽度和厚度相比，浇口的尺寸大小应适宜，如果浇口的尺寸与模腔相比太小的话，半固态浆料充填时会以一束直达模腔的底部，产生溅射，这样会导致铸造零件质量的降低。浇口的厚度应与零件最厚的部位厚度相近，这样可以保证零件凝固时浇道和浇口都保持半固态状态，为浆料凝固过程提供开口通道。半固态浇注时，通过压杆对成形零件的压力保持在100MPa或更高，以消除宏观和微观的疏松。

以上是半固态铸造加工时应考虑的问题。对于充模时间只有0.2～0.25s的半固态铸造来说，浇口的位置应保证半固态浆料在各个方向流动的距离应相等，同时保证铸造时零件最厚部位的充填和收缩时浆料的补充。浇口的厚度应与零件最厚的部位相同；零件越宽，浇口的宽度也应越宽，提供良好的充填行为。在此基础上，可以从浇注充模时间、浇口的速度低于5m/min等条件最后确定浇口的宽度。

5.3.2 浆料的定量输送装置

借鉴液态压铸时金属液的输送装置，半固态流变成形时金属浆料的输送则更强调金属液输运过程中的保温和温度控制，确保合金浆料进行压铸前的固相分数，保证成形零部件的组织与性能。

如图5－26为与冷室或热室压铸机配套使用的典型的镁合金液自动输送供给系统，镁合金液由特殊钢管道输送，每根管至少有2个加热区，加热功率5kW，用NiCr/NiTe热电偶测温，耗氩气10～20L/min，定量浇注范围为0.2～30kg，通过液面监测和定压气体保护技术精确控制浇注量，压射套筒（镁合金液供给管出口处）用SF_6和氩气保护。

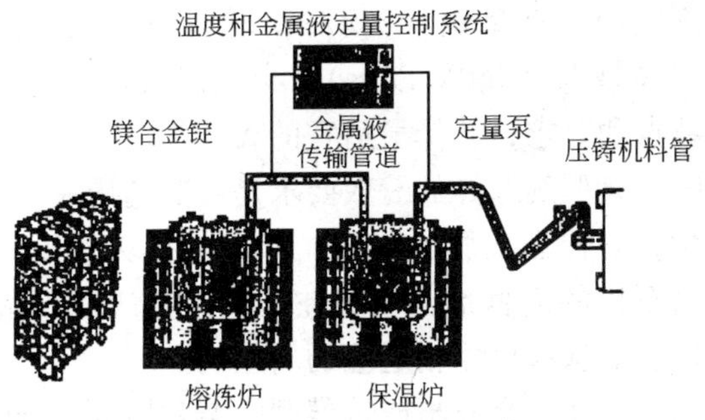

图 5－26 镁合金液自动输送供给系统

5.3.3 流变成形离型剂的要求

流变成形用离型剂的主要作用是在流变成形型腔表面形成连续性保护膜（皮膜），利于成形件脱型。离型剂有强制冷却压铸模型、缩短压铸循环周期的作用。不同成分的离型剂有其相应的黏润温度。在此温度下，离型剂的有效成分开始黏着到压铸型腔表面，并形成保护性皮膜。黏润温度低的离型剂，往往由于压铸型温度过高而不易黏着在型腔表面，所形成的皮膜质量很差。一般来说皮膜形成的关键是控制气膜。皮膜过厚易使铸件产生气孔、表面皱纹和残留物沉积；皮膜过薄则易造成局部性皮膜破裂，使压铸件产生粘型、流痕等缺陷。为了减少离型剂使用的盲目性，应对离型剂的主要成分及其特征有一定的了解。表 5－7 列出了压铸用水基离型剂的一些主要成分及特征。

表 5－7 压铸用水基离型剂的主要成分及特征

项 目	种 类	特 征	缺 点
主 料	矿物油	易形成连续皮膜	耐热性低，易出现油迹
	动植物油	耐热性好、润滑性好	氧化稳定性差，发黏
	合成油脂	高温黏着铺展性好	价高，难乳化
	天然石蜡	润滑性好	易沉淀、产生气体
	合成石蜡	中低温黏着铺展性好	易沉积，价高
辅 料	硅油	耐热性好、脱模性好	喷涂性差
	固体润滑油	耐热性好、保温性好	喷涂性差，恶化工作环境
	乳化剂	水溶性好	酌情使用
	添加剂	可提高极压油性	价高
	防腐剂	防腐	
	防锈剂	防锈	

离型剂一般由 15～25 种原料配制而成，其配方中原料成分的细微差别都可能使其性能产生很大差别。任何一种离型剂都不可能是万能的，总有一个侧重点和最佳适用范围。例如，有的离型剂黏着性好，有的则干燥性好。就型腔表面温

度而言，有的离型剂适用于低型温（200℃以下），有的适用于中型温（200～250℃），有的适用于高型温（250℃以上）。半固态成形时应根据压铸合金、压铸件和压铸模型的特点和要求，选择最适宜的离型剂。

在半固态成形时，离型剂选择的一般要求是：要选择最适宜的稀释比率、吹气排屑强度和喷雾量，以保证皮膜的形成；选择对压铸模型损伤作用小的离型剂；不要选择含过量石蜡的离型剂，以免在压铸型腔表面形成过大的沉积残留量；选择与铸件结构、形状和尺寸相适应的离型剂。

与铝合金压铸相比，镁合金液与压铸模型的亲和性低，凝固时间短，凝固收缩大，压铸件表面处理工作（如防锈、涂装等）复杂，回炉料质量易受离型剂污染，尤其是对成形精度要求高的薄壁镁合金压铸件，更须防止离型剂堆积在压铸型腔表面，因此在选择镁合金压铸用离型剂时，还需考虑下列因素：镁合金液在充型过程中温度和流动性下降快，易产生流纹和充填不良等缺陷，因此须提高镁合金压铸用离型剂的保温性；镁合金凝固收缩大，易咬住金属芯，导致压铸件脱型困难甚至拉伤铸型，故要求镁合金压铸用离型剂具有良好的润滑性，使压铸件脱型容易；镁合金易产生电化学腐蚀，其压铸件需进行表面处理，表面处理前的预处理（机械预处理、化学预处理、酸洗等）与压铸件表面残留的离型剂密切相关，含有硅质添加剂的离型剂会造成涂装困难，因此镁合金压铸用离型剂最好不含硅质添加剂；离型剂应具有良好的流变性，不易堆积在型腔表面，且残留在型腔表面和铸件上的离型剂沉积物燃烧后发气量应尽可能少，以减少压铸件卷气和回炉料重熔时的油烟量；此外，为减少和防止镁合金与水分接触发生反应，应选择干燥性的添加剂。

离型剂的使用效果还与合金成分、压铸型结构、模具温度、浇注温度、喷涂量、压铸参数等因素相关，因此选择和使用离型剂应权衡各方面因素总体考虑。

5.4　流变成形的发展趋势

在半固态流变成形的发展过程中，一方面要运用液态成形，尤其是液态压铸已有的理论基础、研究成果和成套技术；另一方面还要在理论上更新，在实践中升华。在许多理论工作中，最为重要的内容之一就是引用相关学科的知识，尤其是用流变学的理论来进一步研究半固态金属的微观组织、流变行为、工艺因素以及各种性能等。据有关报道，目前该方向的主要研究热点是：半固态液浆流变行为的影响因素和特点；半固态流变成形过程中工艺因素对微观结构的影响规律；半固态金属的热物理性能和力学性能的测定；决定半固态金属最佳状态的条件；填充过程两阶段流动图谱的研究。在此基础上，加上有电子计算机模拟技术、自动化控制技术以及其他相关学科和技术的支撑，半固态流变成形技术定将不断成熟起来。

6 触变成形

触变成形指坯料制备与成形分离，其具有易实现工业化和自动化的特点，因此受到广泛的关注和重视。目前半固态金属加工大部分为触变成形加工，半固态金属触变压铸（thixo - die casting）和触变锻造（thixoforging）是当今金属半固态成形中主要的工艺方法。成形设备主要是压铸机和锻压机，并配有机械手，用来搬运坯料和抓取毛坯。表 6 - 1 为触变成形工艺与其他加工工艺的比较。

表 6 - 1 半固态触变成形与其他加工工艺的比较

比较项目	触变成形	压铸	压铸（真空）	重力铸造	挤压铸造	锻造
投资成本	高	中高	中高	低	高	中
原材料成本	中高	低	低	中低	中低	高
工具成本	高	中高	高	中低	中低	高
总成本	中	低	低	中低	中	高
生产率	中高	中高	中高	中	中	高
自动化程度	高	高	高	中高	高	中
热处理	需要	不需要	需要	需要	需要	需要
焊接性	高	低	中	中	高	高
阳极氧化性	中低	无	无	中低	中低	高
材料回收再利用	不需要	需要	需要	需要	需要	不需要
零件复杂形状程度	高	高	高	中等	高	中低
壁　厚	薄	薄	薄	厚	中等	中低
近终型程度	高	高	高	中低	中高	中低
力学性能	中高	低	低	中	中高	高
表面光洁度	中高	中	中	中	中高	高
机械加工性能	高	高	高	中高	高	中高
可否用于 MMC 生产	不能	不能	不能	不能	能	不能
结构质量（疏松）	中高	低	中低	中低	中高	高

半固态触变成形工艺的工序主要包括：半固态浆料的制备，二次加热和触变成形。本章将对半固态金属的触变性能、二次加热工艺和设备、触变成形工艺与设备以及触变成形发展趋势逐一进行介绍。

6.1　半固态金属的触变性

6.1.1　半固态金属触变性的概念

半固态金属的黏度除了受切变速率的影响外，还与温度、压力和剪切时间有关。材料的黏度与剪切时间的依赖关系在流变学中称之为物体的触变性或反触变性，它反映的是半固态金属流变性能的依时行为。具有触变性的物体称作触变性物体[296]。

如图 6－1 所示为牛顿体、触变性物体、宾汉体的表观黏度与时间的曲线。

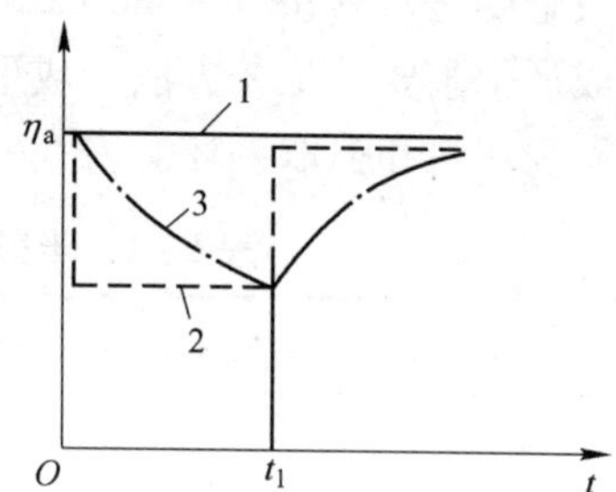

图 6－1　物体的三种表观黏度与时间的关系曲线
1—牛顿体；2—宾汉体；3—触变性物体

对牛顿体而言，只要切变速率小于层流变紊流的极限值，其表观黏度不随时间而变化，表现为一常数。

对宾汉体而言，只要作用的切应力超过屈服极限值，在一定切变速率的情况下，一开始流动（$t=0$），其表观黏度立即下降到一定值，而后不随时间发生变化；在 $t=t_1$ 时，撤去切应力，物体的表观黏度瞬间上升，并呈现固体的流变性能特点，不随时间而变化。可是对触变性的物体而言，如在时间 $t=0$ 时，对它施加一切应力，使产生的切变速率不随时间而变化，则随着时间的推移，表观黏度按一定的规律下降，向某一数值渐近；当 $t=t_1$ 时，撤去切应力，则表观黏度又随着时间的延伸而逐渐提高，向某一数值渐近。

具有触变性的物体，当作用在它上面的切应力一定时，其表观黏度会随着切变时间的延长而降低，表现为切变速率不断增加。当作用在它上面的应变速率一定时，随着切变时间的延长，物体的表观黏度降低，表现为物体的切应力逐步变小。当这种物体在切变一段时间以后，除去外力，变小的物体黏度又会逐渐恢复到原来的数值。

6.1.2　半固态金属触变性的物理解释

物体之所以具有触变性能，也可以用物体具有网络结构的原理予以解释。在分散体系中细微的颗粒有不同的电势，促使其形成三维的网状结构，具有板片状的分散相会形成屋状结构，棒状的分散相则会形成格架状结构，而球状分散相则会形成珠链状网络结构。

含有球形固相颗粒的半固态金属浆料与宾汉体的网状结构理论相同，对应于一定的切变速率，触变性物体的网络结构应具有一定的基团联系形式，但这种一定形式的网络结构在一定切变速率出现时不可能瞬间形成，而是经过一定时间逐步重新安排三维网络结构，才能最后形成对应于一定切变速率的网络结构。这样就使物体表现出在某一切变速率下的表观黏度逐渐下降的特性。如对半固态金属浆料 A356 合金进行剪切停留实验，剪切停留促使初生相发生“团聚”或“合并”，初生相 α 的形态也发生了变化。同样当撤去切应力后，网络结构的横向键力逐渐加强，物体的表观黏度增高，成为时间的函数。

6.1.3 半固态触变成形合金

目前半固态加工技术生产的铝镁合金主要是 A356、A357 和 AZ91 等铸造合金，对于变形合金的半固态加工，人们只是进行了一些试验，还没有进行大规模的实际生产。对于铸造合金进行半固态加工的研究开发工作主要是对加工方法的选择和模具设计的优化。半固态加工所生产的零部件力学性能一般高于传统铸造方法。有些使用场合，人们要求零件具有特殊性能，尤其是对疲劳性能要求较高，这时铸造合金的半固态加工零部件难以满足要求，因此研究工作者将目光投向变形合金。但是，目前这类合金在半固态加工技术中应用的主要困难是：液相分数对温度有较强的依赖性、较低的流动性能（相比含 Si 的铸造合金）和“热裂”现象[297~301]。因此，人们将研究开发适合于半固态加工的新合金提到一个重要的位置，后面将用专门一章进行介绍。

6.1.4 半固态金属触变性的测定及表示方法

半固态金属的触变特性一般可用切变速率逐步增大和接着逐步减小时所连续记录的 $\tau-\gamma$ 滞后环（hysteresis loop）来表示。图 6-2 为 M. C. Flemings 所测的环氧树脂 + 2.95% SiO_2 混合料的滞后环[5,7]。如果这一物体仅具有假塑性体或宾汉体的流变特性，则相应于一定的 $\dot{\gamma}$，有一定的 τ 按虚线 OB 变化。但因触变性物体具有网络结构滞后调整所引起的触变性，所以在一定切变速率 $\dot{\gamma}$ 增大的情况下，$\tau-\dot{\gamma}$ 曲线不按曲线 OB 变化，而是按曲线 OAB 变化。即在 $\dot{\gamma}$ 增大至某一数值（设 $\dot{\gamma}=50s^{-1}$）时，结构的破坏如能瞬间实现，则在黏度计测得的切应力应

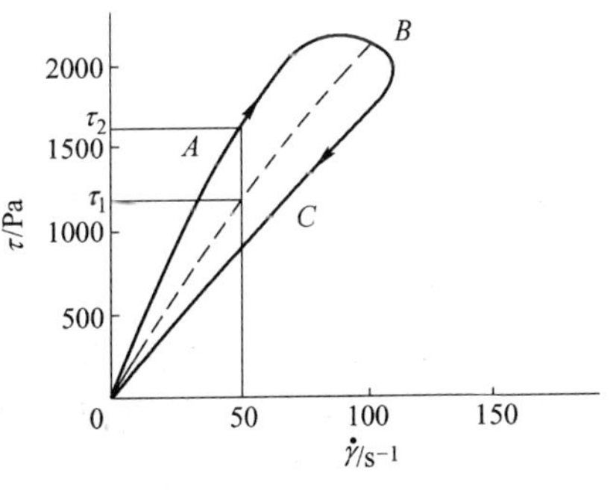

图 6-2 环氧树脂 + 2.95% SiO_2 混合料的 $\tau-\dot{\gamma}$ 滞后环

为 τ 值。但由于触变性物体网络结构的滞后破坏，因而 $\dot{\gamma}=50s^{-1}$ 时所表现的切应力应为较大的 τ_2 值。同理，当 $\dot{\gamma}$ 向零值以一定的速度降低时，得到的应为 BCO 曲线，而不是 BAO 或 BO 虚曲线，因此根据滞后环面积的大小就可以决定这一物体触变性的强弱。

剪切滞后环的测定方法如下：合金以一定的冷却速率和剪切速率搅拌冷却到给定的固相分数，然后等温搅拌一段时间后使半固态合金浆料达到稳态值，剪切速率突然停止，经过一段时间的静置后，剪切速率在递增时间 t_a 内由 0 增加到一定数值，剪切力也由 0 开始连续增加；然后剪切速率从初始值减小至 0，剪切力也由最大值降低到 0，但剪切力的变化并不按原来的曲线变化，在剪切力由 0 到初始值再到 0 这一循环中，剪切力曲线构成一滞后环，滞后环的大小便决定物体触变性的强弱。Joly 测定了 Sn－15% Pb 合金在固相分数为 0.4 时的剪切滞后环，如图 6－3 所示。曲线显示了半固态浆料的触变性，受升速时间和静置时间的影响，升速时间 t_a 越长，剪切滞后环面积越小，浆料的触变性越小，升速时间由 2s 增加到 5s，滞后环面积减小一半以上；当升速时间超过 5s 时，浆料的触变性变得很小。图 6－3*b* 显示静置时间 t_r 越长，滞后环的面积越大，静置时间由 3s 增加到 120s，滞后环的面积不断增大。

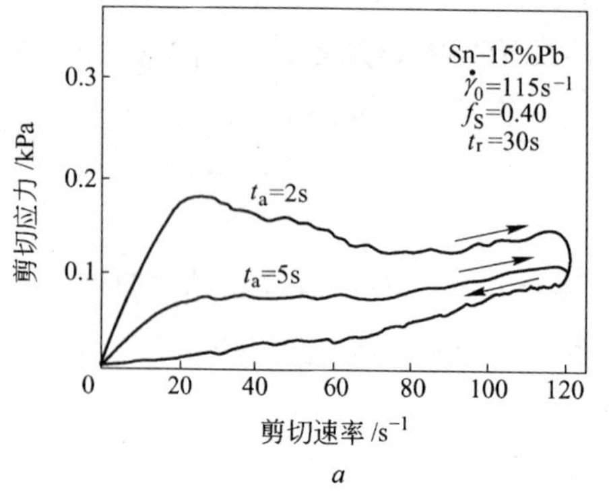

a

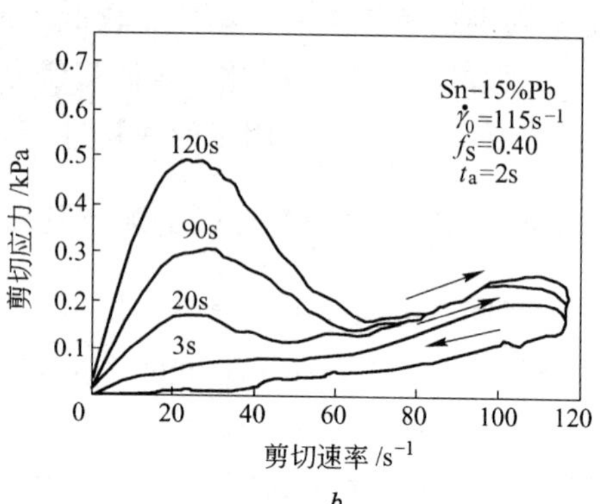

b

图 6－3　半固态金属的滞后环

a—上升时间 t_a 的影响；*b*—静置时间 t_r 的影响

滞后环面积的大小表示半固态金属合金触变性的强弱，滞后环面积越大，表明材料的触变性越强，网状结构越难形成或越易破碎。滞后环面积的大小由以下参数决定：产生滞后环处的固相分数；半固态金属浆液的加工历史，即最初剪切速率 γ_0；半固态金属浆料达到静置状态所需时间，也叫中断时间；半固态金属浆料静置时间；半固态金属浆料剪切速率增长值最大时的时间，即升速时间；最大剪切速率。一般来说，固相分数高于 0.3 的半固态金属浆料具有明显的触变性。如果不考虑静置时间，滞后环面积的大小主要由材料的热加工历史决定。对于固相分数低于0.3的半固态金属浆料，触变性大小是静置时间的函数。总的来说，半固态金属触变规律是：滞后环的面积随着固相分数、静置时间、中断时间、最大剪切速率的增加而增加，随着最初剪切速率和升速时间的增加而减小。

图6-3中，升速时间t_a越长，滞后环的面积越小；静置时间t_r越长，滞后环的面积越大，可以用大结构的建立与破坏来解释。当大结构建立时，表观黏度增加，剪切应力增大；当大结构破坏时，表观黏度减小，剪切应力减小。大结构的建立与破坏是需要时间的。静置时间越长，大结构建立的越充分，相应的剪切应力也就越大，滞后环的面积也越大；上升的时间越长，大结构被破坏的越严重，相应的剪切力也越小，滞后环的面积也小。

6.2 二次加热

6.2.1 二次加热的目的

二次加热是使具有非枝晶组织结构的合金重新处于液固相线温度区间，以便进行半固态成形加工。根据加工零件质量大小精确分割流变铸造获得的具有非枝晶结构的坯料，然后在加热炉中再次加热锭坯，使之重新升到合金的半固态温度，通过控制重熔温度和保温时间制备具有触变性能的料坯，以供后续变形加工。因此二次加热的目的一是为了获得不同工艺所需要的固相体积分数；二是对初始坯料中的非枝晶组织进行结构演化，使之转化为球状结构，从而为触变成形创造有利条件。

在重力的作用下，棒坯在部分重熔过程中会发生液相流失现象，即液相会慢慢向棒坯底部集中，进而形成“象足”。因此，在固相线温度以上进行长时间的加热重熔会使棒坯失去原有的圆柱几何形状，这会对后续的触变成形带来麻烦。为了达到快速均匀加热的目的，同时也为了便于控制，工业上普遍采用中频感应加热的方法对半固态棒坯进行加热重熔。

由于不同合金具有不同的半固态重熔特点，准确掌握合金的重熔温度、保温时间和半固态组织和触变性之间的关系是二次加热技术成功的关键。只有精确控制加热温度和保温时间，同时保证料坯加热温度的均匀性，才能为触变成形生产出组织致密、性能优良的零件提供保障。

6.2.2 二次加热工艺的特点和种类

初始棒坯中往往存在微观偏析，即在初生相形成时，在颗粒周围存在合金元素富集，形成低熔点基体。而在部分重熔过程中，初生相颗粒周围的低熔点基体首先熔化。由于存在液固表面张力，初生相颗粒的边缘会变得比以前更圆滑一些，同时也会长大约1/3，如图6-4所示[111,203,302]。

根据合金成分和触变成形工艺的不同，重熔的程度也不同。如图 6 – 5 所示，A 工艺是重熔到固相体积分数为 35% ~50%，浆料形态类似“黄油”；B 工艺是重熔到固相体积分数为 50% ~70%，浆料形态类似“粥”[11]。

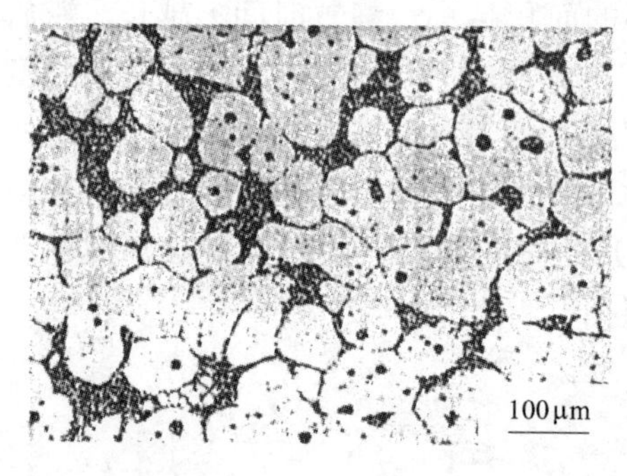

图 6 – 4　部分重熔后 Al – Si 合金半固态组织

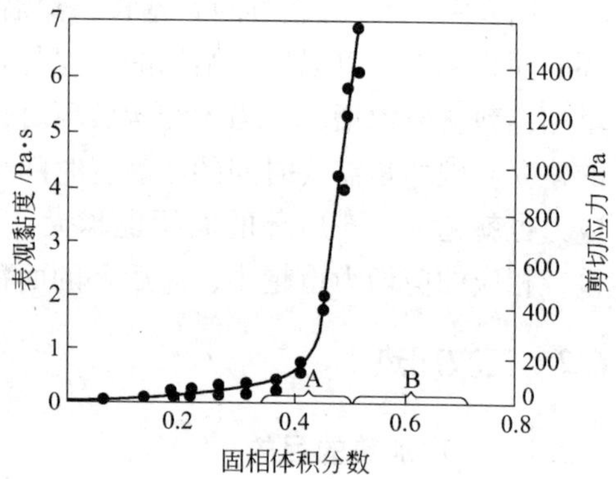

图 6 – 5　半固态金属部分重熔两种工艺

通常，在触变成形前，要保证重熔坯料有一定的强度，以便机械手能将它夹持到压铸机的压铸室。因此，前一种工艺应用较为广泛，其原因是这种工艺的部分重熔坯料可以像固体一样被夹持搬运，简化了送料系统。同时，部分重熔又要保证坯料有足够的流动性，在成形时能将整个模腔充满，即固液混合物在触变成形时表现出良好的触变流动性。能同时满足上述要求的温度区间非常窄，这就要求在对坯料进行部分重熔时要严格控制加热温度和坯料各部分温度的均匀性。

半固态锭坯在部分重熔过程中会发生液相流失的现象，如在重力的作用下，液相逐渐流向坯料的底部，因而不宜长时间地进行加热重熔，温度变化必须严格遵守特有的温度时间曲线。

半固态坯料二次加热的方法有电磁感应加热、电阻炉恒温加热和盐浴炉恒温加热等。为保证二次加热过程坯料的加热精度和速度，防止坯料加热过程中发生坍塌、组织粗大和坯料氧化等缺陷，生产中大多采用连续式电磁感应加热工艺。为克服电磁感应加热能源利用率低的缺点，也有的将合金坯料送入传统的加热炉先加热到一定温度，再将该坯料移入感应加热器中进行最后加热。

根据加热中坯料的放置形式，电磁感应加热可分为垂直式（图 6 – 6）和水平式（图 6 – 7）两种。水平式电磁感应加热时，坯料不易坍塌，允许坯料有较高的液相分数和较长的长度，同时又适用于加热凝固间隔很小的半固态合金坯料，但设备昂贵，占据空间大。垂直式电磁工艺加热设备相对便宜，占地空间较小，可以利用转动圆盘实现坯料的多级加热，但坯料容易坍塌，加热时坯料液相分数不能太高，坯料的高径比要小于 2. 5。

6.2.2.1 二次加热工艺

目前半固态金属加热普遍采用感应加热，它可以根据需要快速调整加热参数以满足不同的工艺要求[303~305]。Buhler公司设计的半固态坯料快速加热系统的能耗约为1kW/(kg·h)。由于铸坯存在微观成分偏析，在部分重熔过程中初生相周围的低熔点基体首先熔化。根据坯料初始制备工艺的不同，重熔的程度也各异。

图6-6 垂直感应二次加热设备

典型的半固态成形工艺采用圆盘回转感应加热系统加热坯料。圆盘加热器由若干个独立的筒形感应线圈组成。当圆盘转换位置时，坯料在陶瓷垫架上从一个线圈转移到另一个线圈，逐步提高温度。以加热铝合金A356/A357坯料为例，第1组线圈将坯料迅速加热到530℃，坯料仍是固体。第2组线圈加热速度很慢，有利于坯料的温度、固相成分在坯料内部进一步均匀分布。当坯料从圆盘移至铸造机时，铝合金A356/A357坯料的温度通常为580℃，液相含量为40%~50%。

图6-7 水平感应二次加热设备

坯料加热所用时间与它们的直径有直接关系。有关资料和数据表明，加热时间可用下面的关系式来表示：

$$t = D^2 \pm 20\% \tag{6-1}$$

式中 t——时间，min；

D——加热坯料的直径，inch（英寸）。譬如，直径为3英寸坯料的最佳加热时间为9min。

二次加热时，为保证加热的均匀性和加热生产效率，一般采用两段式加热法加热锭坯，即先将锭坯快速加热至接近半固态温度，然后慢速保温至所要求的半固态温度。为进一步保证二次加热时坯料温度和组织的均匀性，很多研究者还采用多阶段加热工艺，进一步提高半固态浆料固相颗粒的圆滑度，提高其触变加工性能，多阶段加热的工艺曲线如图6－8所示[11]。目前也有学者采用电脉冲等方法辅助二次加热工艺，从而获得更为理想的半固态组织[306]。

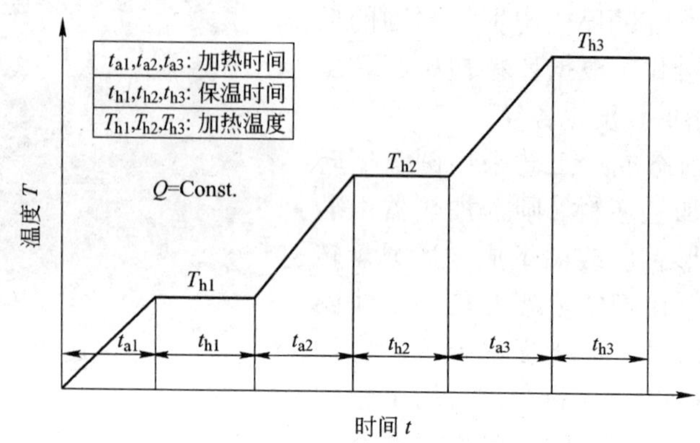

图6－8　多阶段加热工艺示意图

6.2.2.2　二次加热组织演变一般规律和现象

半固态状态下固相组织形貌演化的驱动力来自于固液界面能的减少。此过程完全是扩散控制转变过程，一方面保温时间不能太短以完成枝晶向球状（或蔷薇状）晶转变，同时保温时间又不能太长，防止晶粒过分长大，以免影响触变成形零件的机械性能[43, 227, 307～311]。

坯料在二次加热时，首先在晶界处发生部分重熔，共晶相由固态变为液态。在半固态温度区间的部分重熔和其后的等温（保温）阶段，通过枝晶臂的融合进行晶粒的球化。当同一晶粒的枝晶臂具有相同或相近的晶粒取向时，枝晶融合过程非常迅速，快速的枝晶融合导致液相在枝晶间区域的存在（包裹液相的产生）；在这快速融合阶段后，固相颗粒从高曲率半径区域向低曲率半径区域扩散，引起慢速粗化过程的进行。只要固相颗粒没有完全球化，粗化过程就会不断进行，但晶粒数目保持不变，直到固相完全球化；进一步的粗化过程则会发生由小颗粒的熔解和大颗粒长大，晶粒数目此时随之降低。铸铁在固相分数为0.5时二次加热过程的组织演化如图6－9所示[227]。

因此二次加热时半固态合金的组织演化规律可以总结如下[43]：

（1）晶界处低熔点相首先发生部分重熔；

（2）枝晶臂快速融合引起“包裹”液相；

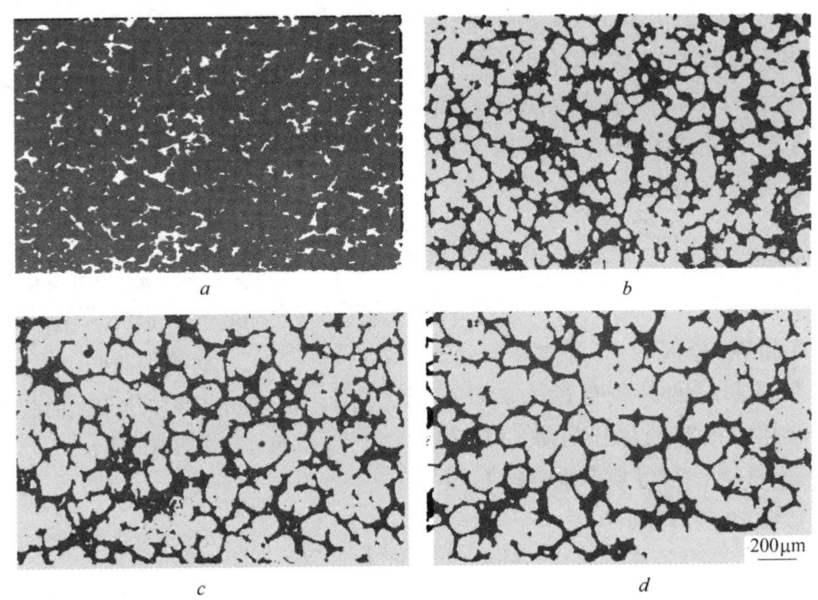

图 6-9 铸铁（2.5% C-0.3% Si-5% Mn）在固相分数 $f_S=0.5$ 时二次加热过程的组织演化

a—加热前；*b*—加热 1min；*c*—加热 10min；*d*—加热 30min

（3）高曲率半径向低曲率半径的原子迁移引起单个固相颗粒的球化；

（4）细小晶粒的熔解和晶粒融合导致固相颗粒的粗化，晶粒密度降低。

以 Al6.5Si2.8CuMg 合金半固态重熔为例，在二次加热初始阶段，初生相颗粒周围富含合金元素的低熔点金属基体会首先熔化，液相按点状、线状和体状方式从少向多转变。重熔温度越高，熔解速度越快。其组织演变分为 3 个步骤：从熔解开始到液相达到理论液相量阶段，该阶段共晶相和小颗粒的 α 初生相的熔解实现液相量的增加，固相颗粒中枝晶臂碰撞合并，实现固相颗粒的球化；最后固相颗粒以溶质原子的体积扩散方式按 Ostwald 模型长大。

二次加热过程中晶粒长大（粗化）动力学符合 LSW 理论，长大速率随固相分数的增加而降低。高固相分数下半固态温度区间晶粒的长大主要依靠聚合熟化(coalescence ripening)，而在低固相分数时晶粒的长大主要依靠 Ostwald 熟化机制，该经验计算公式见式（6-2）。用于描述 Ostwald 熟化现象的 LSW 理论仅适用于粒子无限分离，周围充满液相，无对流的场合，而在半固态温度区间的粗化过程，该理论从严格意义上讲仅在固相分数接近于 0 的情况下有效，见图 6-10。

$$\overline{R^3}(t)-\overline{R^3}(0)=Kt \tag{6-2}$$

式中，$\overline{R}(t)$ 为 t 时刻晶粒平均半径；$\overline{R}(0)$ 为 $t=0$ 时刻体系达到稳态分布时的晶粒平均半径；K 是由 Ostwald 熟化理论在长大相为零体积分数时得到的粗化速率常数；t 为保温时间。Hardy 和 Voorhees 对上式进行修正，得到半固态合金组织演化关系式：

$$D^3 - D_0^3 = \frac{8}{9}\frac{T_0 \Gamma K}{M_L(c_S - c_L)}F_{VF}(t - t_0) \tag{6-3}$$

式中，D 和 D_0 分别为 T_0 温度下经过 t 时间后和最初时的晶粒直径；c_S 和 c_L 为固、液相中的溶质原子分数；M_L 为液相线斜率；K 为溶质扩散系数；Γ 为毛细常数。

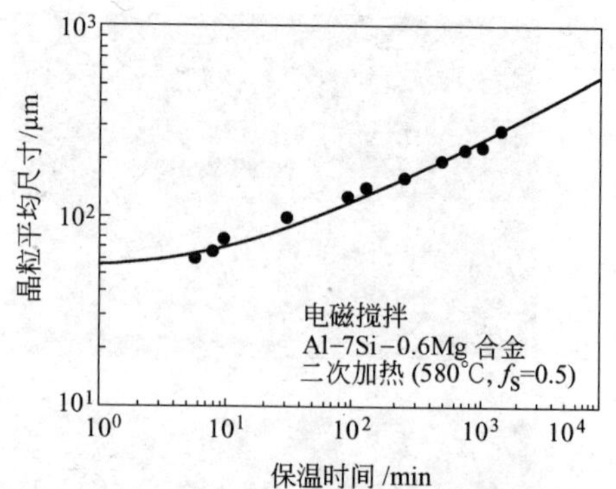

图 6-10　采用 LSW 理论预测的晶粒尺寸与实测值的比较

$$\Gamma = \frac{V_m \gamma}{\Delta H_r} \tag{6-4}$$

$$F_{VF} = \frac{\alpha^3}{1 - f^{\frac{1}{3}}} \tag{6-5}$$

α 是与 f_S 有关的常数。

Seconde 和 Kattamis 等人研究发现，半固态枝晶结构的演化中出现一个结构转变临界时间 t_c，由于初期形成的细小枝晶臂的熔断和熔化及其后来在凝固期间变得不稳定，t_c 由下式决定：

$$t_c = \rho_S \Delta H c_L(1 - k_1) m_L D_P^3 / (\sigma D_L T_L) \tag{6-6}$$

式中　ρ_S——固相密度；

ΔH——熔化潜热；

m_L——液相线的斜率；

c_L——平衡液相中溶质的质量分数；

k_1——平衡分配系数；

D_P——二次枝晶臂间距；

σ——固液相表面能；

D_L——液相中扩散系数；

T_L——平衡液相线温度。

二次加热过程中可以出现另一个现象，即固相颗粒中包裹液相。对应试验研究证明 Ostwald 熟化和固相颗粒的融合作用是决定包裹液相产生的两大因素。Ostwald 熟化时，含有包裹液相的较小固相颗粒熔解，其间的包裹液相与共晶液相合并，导致包裹液相减少；另一方面，形状复杂的固相颗粒在枝晶臂融合连接时会产生包裹液相。

6.2.2.3 二次加热过程组织结构参数的变化规律

从金相照片可以直接观察二次加热半固态坯料的组织变化过程，也可以采用一些参数定量描述这一过程的变化[43, 176, 245, 312]。从图 6－11 中可以看出，二次加热过程中，晶粒尺寸 D 和连接常数 C 随着保温时间的延长逐渐增大，在加热的初期，其值增加较快，随着保温时间的继续，其值增加缓慢。形状因子的变化规律则与其相反，随时间的延长，F_g 显著降低，进一步延长保温时间，则 F_g 趋于接近一固定值，而质量系数 Q_i 则是先降低，后增加。图 6－12 和图 6－13 则是传统铸造和电磁铸造 Al7Si0.6Mg 合金坯料，二次加热 580℃时，单位体积固液界面面积和形状因子 F_g 与保温时间的对比关系[19]。

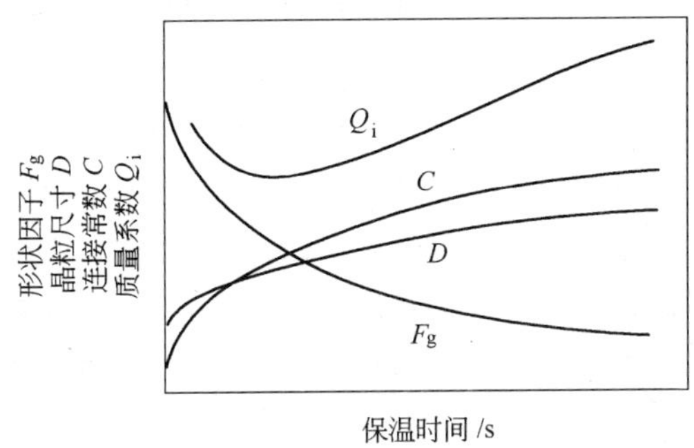

图 6－11 二次加热过程中一些参数变化趋势图

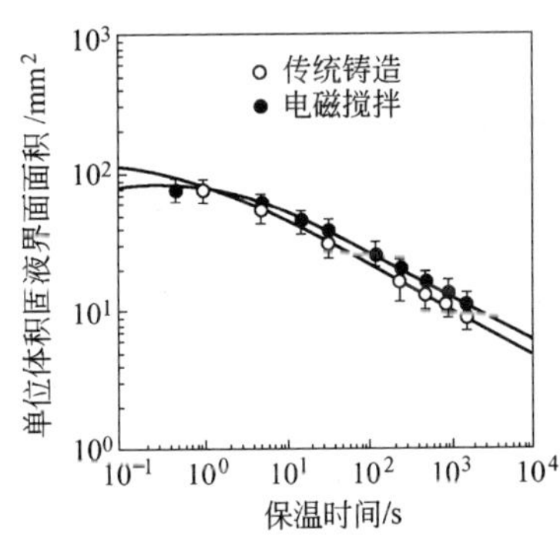

图 6－12 固液界面面积与保温时间的关系

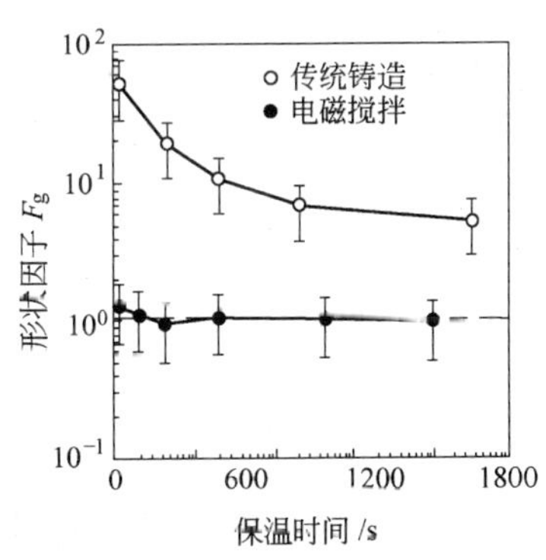

图 6－13 形状因子 F_g 与保温时间的关系

图 6－14 为电磁搅拌生产的 A357 坯料二次加热过程中晶粒密度变化规律，随着保温时间的延长，晶粒逐渐长大，晶粒密度不断降低。

6.2.2.4 二次加热过程中影响组织演化的因素

二次加热过程中影响组织演化的因素有以下几种。

（1）初始组织结构的影响。图 6－15 为坯料初始组织结构（热加工历史）

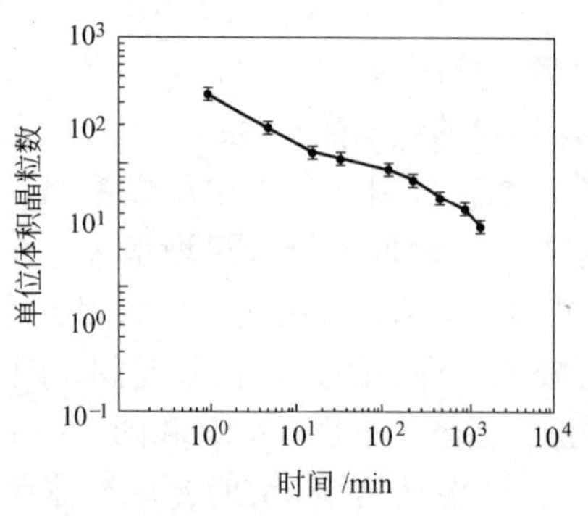

图 6－14　电磁搅拌（MHD）坯料二次加热过程中晶粒密度变化规律

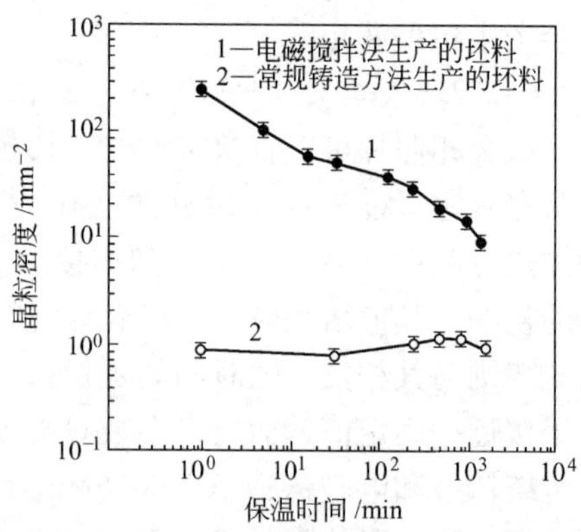

图 6－15　坯料初始组织结构对二次加热过程中组织演变的影响

对二次加热时坯料组织演化过程的影响。采用电磁搅拌法生产的 A357 坯料，微观组织在二次加热前为非枝晶的近球状或蔷薇状，二次加热时，随着保温时间的延长，晶粒长大，虽然晶粒趋于球形，但晶粒密度降低；常规铸造方法生产的坯料，其组织为典型的枝晶结构，二次加热过程中晶粒密度几乎不变。

（2）固相颗粒形状的影响。如图 6－16为固相颗粒形状对二次加热过程组织演变的影响，二次加热过程中，晶粒总是朝着球状演化，但演化过程的动力学却受最初微观组织的影响，初始形状因子越大，球化历程越快，但还是需要更长的保温时间才能使组织转变为球状。

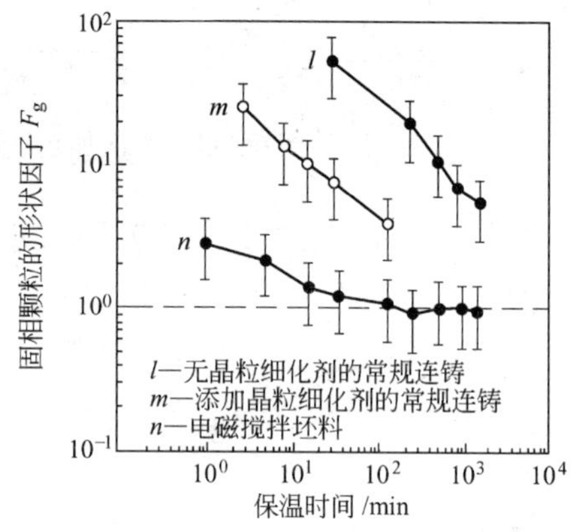

图 6－16　固相颗粒形状对二次加热过程中组织演变的影响（$T=580$℃，$f_S=0.5$）

（3）陶瓷颗粒体积分数的影响。Hong 等人在研究 SiC 增强 Mg 基复合材料时发现，陶瓷颗粒的存在会促进固相朝球状转化，陶瓷颗粒百分数越高，就越容易获得细小、圆整的固相颗粒组织，晶间区域陶瓷颗粒的存在还会降低颗粒聚集。

（4）塑性变形的影响。与 SIMA 法相似，二次加热前的塑性变形也是影响球化动力学的一个重要因素。A356 合金部分重熔前的冷变形一旦超过再结晶临界值，就可以大大加速固相球化进程。Yunhua 等在对 Zn－12% Al 合金的研究时也发现，提高塑性变形率和再结晶温度促进枝晶向非枝晶的蔷薇、球状组织演变，但太高的塑性变形率和再结晶温度则会使晶粒粗大。

（5）半固态坯料制备方法的影响。Tzimas 等在研究 MHD、SIMA 和喷射成形半固态坯料二次加热时发现，由于 SIMA 和喷射成形坯料在中等液相分数情况下，其微观组织是分离的、不连续的等轴晶均匀分布在液相基体中，而 MHD 制备的坯料组织则是由大量不完全球化的晶粒组成的团聚物，将 3 种坯料加热至半固态温度区间保温 5min 后，MHD 法制备的坯料组织球化程度远低于 SIMA 和喷射成形坯料[313, 314]。

6.2.3 重熔程度的测量与控制

6.2.3.1 硬度测量法

理论上，对于二元合金，重熔后的固相体积分数可以根据加热温度由 Scheil 公式计算得出。但在实际应用中，由于合金含有多种元素以及加热速率的影响，由 Scheil 公式得出的结果与实际值有较大的误差。所以 M. C. Flemings 等曾提出硬度检测法，即用一个压头压入部分重熔棒坯的截面，以测加热材料的硬度来判定是否达到了要求的液相体积分数，如图 6－17 所示[7, 312]。但这种方法的缺点是在实际工业化生产中，现场的粉尘会聚集在此探头上改变其几何形状和表面状况，从而导致测量误差；另一方面，在坯料成形前对其打孔或切割会将氧化夹杂或气泡之类的缺陷引入坯料内部，从而影响最终产品的质量。

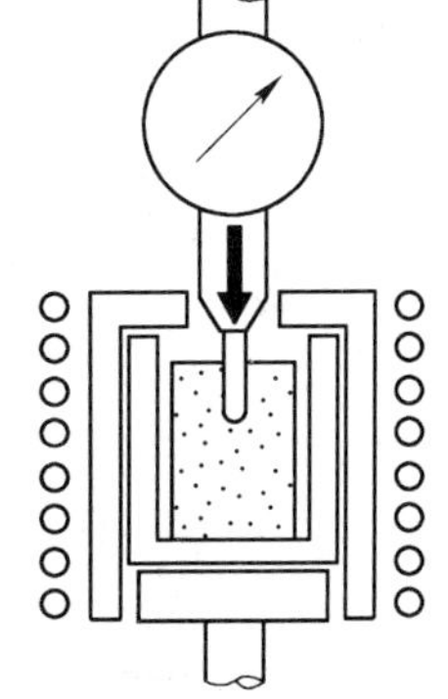

图 6－17 半固态金属部分重熔时的硬度测量装置

6.2.3.2 感应线圈输入能量控制法

对于感应加热，还可以通过计算感应线圈输入能量的大小来控制重熔程度。感应线圈输入的能量与坯料质量、体积呈正比。因此，根据要求的液相体积分数和坯料的精确质量，通过控制感应加热的时间及强度，就可以将坯料加热至所需要的液相体积分数，其关系式为：

$$Pt = AWf_S \tag{6-7}$$

式中 P——输入功率；

t——加热时间；

W——坯料质量；

f_S——固相体积分数；

A——修正系数。

由于能量的转换和传递受到多种环境因素的影响，因此这种控制比较粗糙。为防止在部分重熔过程中出现液相流失现象，一般辅以硬度检测法来检测是否达到了所需要的液相体积分数。

6.2.3.3　感应圈涡电流法

EFU GmbH 公司开发出一种新的二次加热设备，它利用传感器信号来控制感应加热器，从而得到要求的液相体积分数[28]。其工作原理是利用金属由固态转化为液态时，它的导电率明显减小，如铝合金液态的导电率是固态的 40% ~ 50%。同时，坯锭从固态逐步转变为液态，电磁场在加热坯锭上的穿透深度也将变化，这种变化将会引起加热回路的变化。可通过安装在靠近加热坯锭底部的测量线圈测出回路的变化，如图 6－18 所示。比较测量线圈所得信号与标定信号之间的差别，就可计算出坯锭的重熔程度，从而实现控制加热温度，即控制液相体积分数的目的。

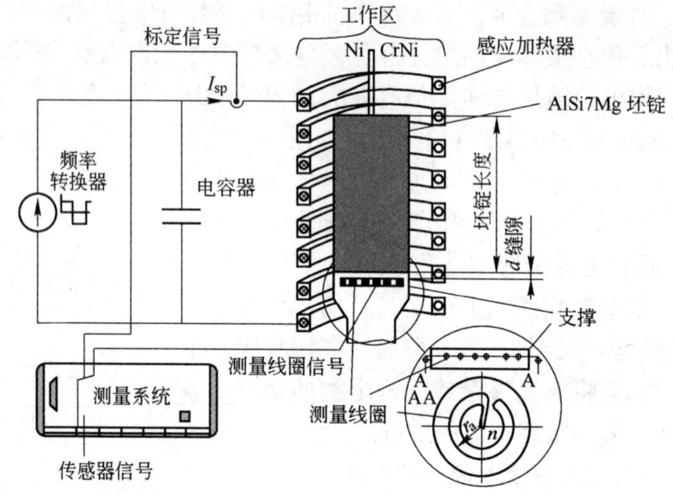

图 6－18　一种新的二次加热装置温控原理图

图 6－19 是几种合金的液相体积分数与温度的关系曲线。从工业生产的观点来看，合金的液相体积分数的精确度应控制在±3%。根据上述曲线可知，对于 AlSi7Mg 合金的加热温度应控制在±3℃，这样 AlSi7Mg 合金的液相体积分数的变化范围能保证在 6% 内。

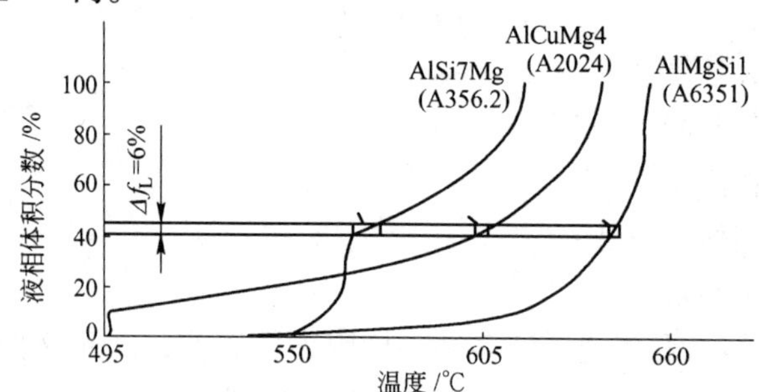

图 6－19　几种合金的液相体积分数与温度的关系曲线

6.2.3.4 通过触变成形机调节充填速度和冲头压力法

M. 加特劳等人在触变成形机上添加相关软件和传感器，将二次加热功率调节到与该材料在填充模具时冲头速度和压力相应的数值，使坯料加热到所需的黏度。此方法避免直接测量坯料的温度或黏度所存在的技术工艺复杂、精度较差、测量失真等缺点[86, 316]。

测量时，计算机首先接收压铸机上传感器的冲头速度和填充压力数值，并与信息库中的设定值比较，以此来控制二次加热加热炉或感应炉的加热功率，使坯料的温度或黏度满足触变成形的需要。

总之，为了得到合格的部分重熔坯料，部分重熔工艺必须满足熔化速度快、熔化程度均匀和固相分数控制精确的要求。为此，部分重熔的一个关键问题就是开发一个两维或三维的感应加热温度场计算模型以及控制模型。此外，也应开发加热过程中坯料几何形状稳定性的一系列检查装置，如图 6－20 所示。由图可见，目标是得到合格的部分重熔坯料，为此采用计算机为控制中心，根据检测数据和控制模型得出控制指令来调节加热工艺。

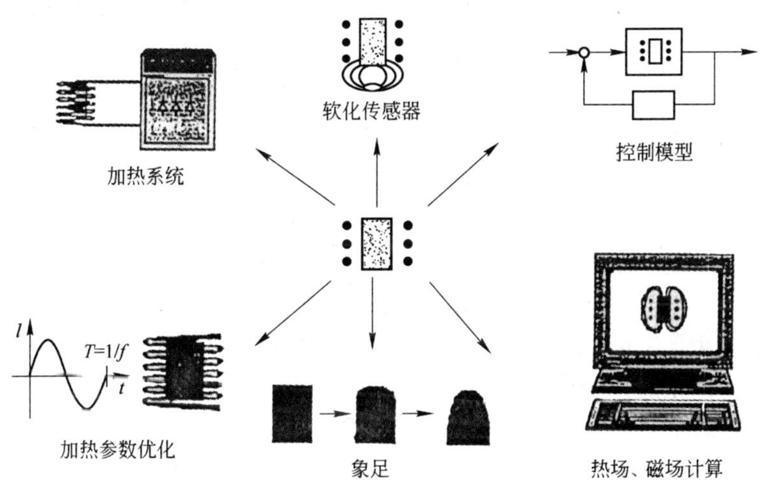

图 6－20 半固态金属部分重熔设备及监控系统

6.2.4 重熔加热时的组织演化举例

研究二次加热组织演变过程时，一般采用快速水淬试样后进行金相观察，由于快速的水淬对试样组织影响较小，这样由液相经水淬转化为的固相与坯料中原已存在的初生固相差别较为明显，很容易分离。但此种方法很难对同一试样的同一位置进行连续、不间断的观察。

近年来很多科研工作者试图采用新的检测方法研究半固态组织演变规律，构建半固态组织转变的二维或三维图像，其中快速 X 射线成像技术尤为突出，它可以连续、不间断地对同一试样、同一位置进行观测[174, 176, 317~325]。

6.2.4.1　组织演化实例一

实验材料为 AlSi7Mg，该合金是目前半固态成形中应用最为广泛的一种合金。其原始非枝晶合金坯料制备过程为：铸型预热温度为 410℃，合金浇注温度为 740℃，坯料尺寸为 ϕ70mm ×130mm；在合金凝固过程中采用电磁搅拌，坯料凝固后期不激冷坯料。其内部微观组织为：初生α相较均匀分布在基体中，共晶硅分布在α相的晶界上，而不出现普通凝固中出现的粗大树枝状组织，如图 6－21 所示[322]。

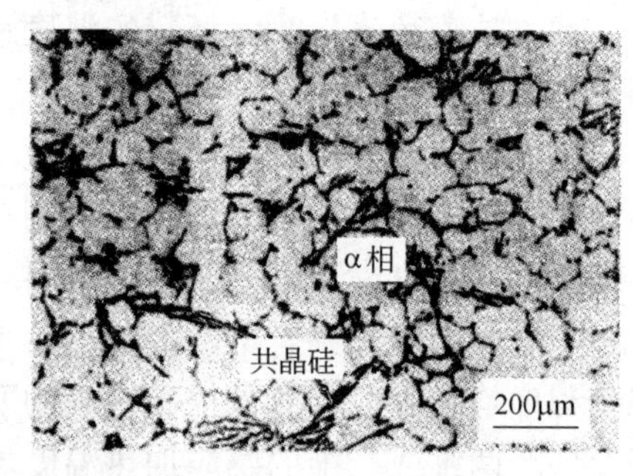

图 6－21　AlSi7Mg 合金试样重熔前的组织

下面将分析不同温度下等温加热时的组织演变。试验选用的加热设备为控温精度为±1℃的管式电阻炉，保温时间为 5～120min，保温到预定时间后立即进行水淬。小试样的尺寸为 ϕ10mm ×10mm。小试样保温温度为 597 ±1℃、589 ±1℃和 578 ±1℃，对应的理论固相分数依次为 30%、40% 和 50%。将淬火小试样用 0.5% HF 水溶液浸蚀，用光学显微镜观察试样的金相组织，其结果如下。

（1）578℃等温加热时的组织。小试样在 578℃保温不同时间的组织：保温 25min 时，只有少部分晶界重熔，即少量共晶相熔解成液相分布在α相晶界上，大部分晶界上的共晶硅只发生粒状化，并长大，同时有部分α相球团化，如图 6－22*a* 所示；保温 60min 时，α相晶界上大部分经历了粒状化长大的共晶硅已熔解成液相，但仍有少量已粒状化的共晶硅尚未熔解，α相则已基本球团化，如图 6－22*b* 所示；保温 120min 时，α相晶界上的共晶硅全部转变成液相，α相也全部球团化并明显长大，得到较理想的非枝晶半固态组织，如图 6－22*c* 所示。由于二元铝硅合金的共晶温度为 575℃，半固态试样在 578℃保温的过热度仅为 3℃，因此使共晶硅转变为液相的驱动力很小，这样试样半固态重熔速度缓慢，并推迟了α相的团球化速度。同样的，当 AlSi7Mg 合金半固态成形时，若坯料加热温度刚刚高于 575℃，则获得适宜的半固态组织所需的时间就很长，初生α相的尺寸也会生长得较粗大。

（2）589℃等温加热时的组织。图 6－23 为小试样在 589℃保温不同时间的组织演变结果。通过与图 6－22 对比可以看出，由于保温温度的提高，小试样半固态重熔组织的演化速度明显加快。589℃保温 10min 时，α相已呈球状颗粒，大部分液相分布于固相颗粒之间形成液相基体，只有小部分被包裹在固相颗粒当中。在液相基体中也存在个别未熔化的共晶硅，如图 6－23*b* 所示，这一过程在保

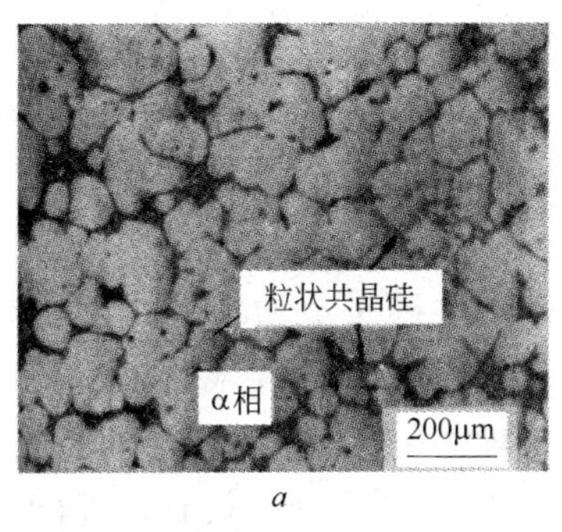

a

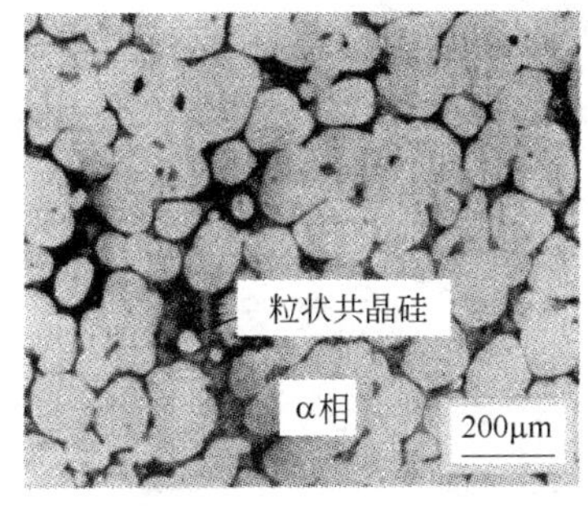

b

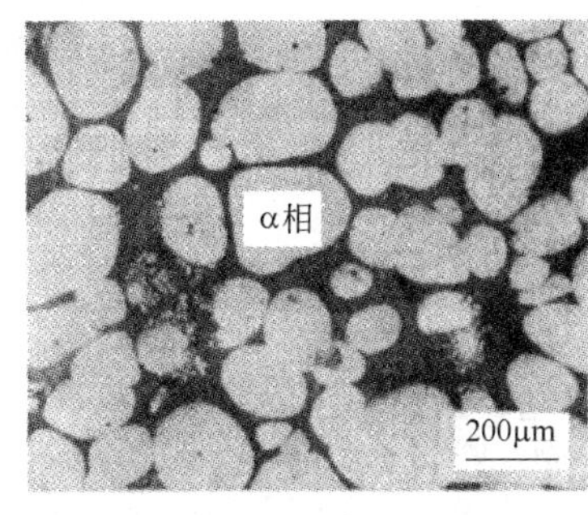

c

图 6-22 非激冷凝固 AlSi7Mg 合金在 578℃±1℃重熔组织的演变过程

a—保温 25min；*b*—保温 60min；*c*—保温 120min

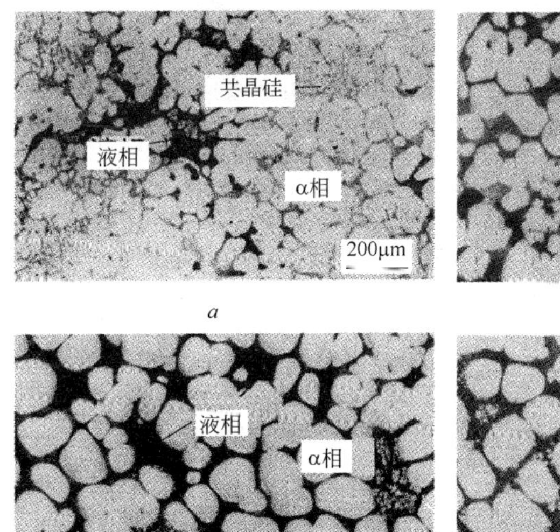

a *c*

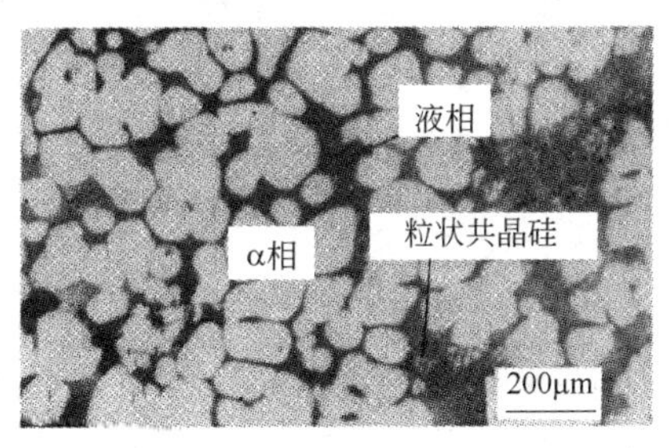

b

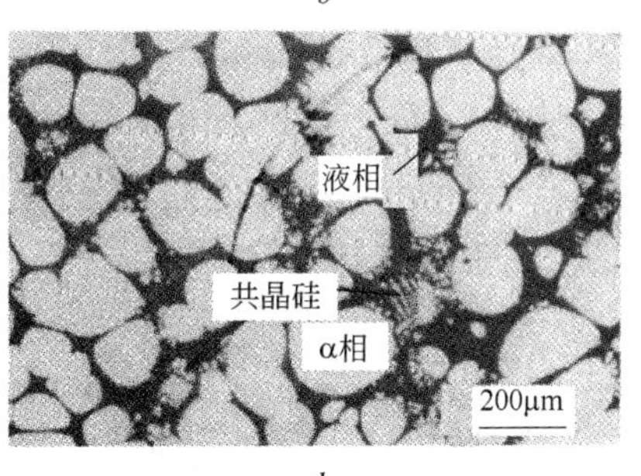

d

图 6-23 非激冷凝固半固态合金在（589±1）℃重熔组织的演变过程

a—保温 5min；*b*—保温 10min；*c*—保温 30min；*d*—保温 60min

温温度为 578℃时，需保温 120min 才能完成；保温 30 ~ 60min 时，α相更加圆整但尺寸缓慢增大，如图 6 - 23*c*、图 6 - 23*d* 所示。由于有部分液相存在，在界面曲率和界面能的作用下，小的α晶粒会逐渐熔化，大的α晶粒则不断长大且变得更加圆整，结果使整个系统的固液界面积减小，系统能量降低。α相颗粒的粗大和球化是以 Al、Si 等原子的长距离扩散为条件，在无对流情况下，原子的扩散是一个缓慢的过程，使得α相晶粒生长速度很慢。

(3) 597℃等温加热时的组织演变。在 597℃保温时，试样半固态重熔和α相球团化速度更快，仅需 5min 即可完成这一过程，如图 6 - 24 所示。当保温时间 $t>5$min 时，试样变形已很严重。可见在实际的半固态成形坯料的二次加热中，重熔温度过高，会因坯料发生严重变形而直接影响到半固态成形工艺的顺利进行。

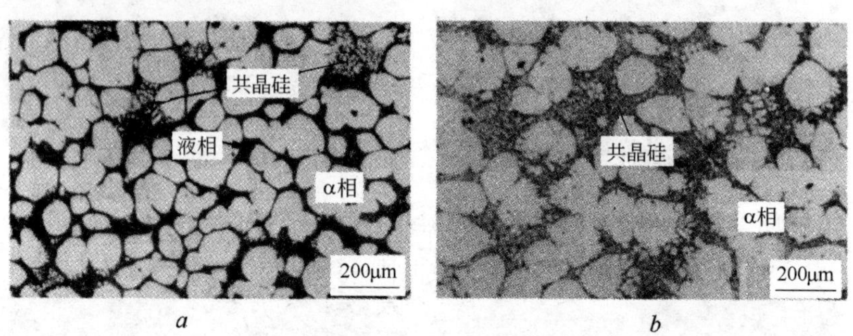

图 6 - 24 非激冷凝固 AlSi7Mg 合金在（597 ±1）℃半固态重熔组织的演变过程

a—保温 5min；*b*—保温 30min

6.2.4.2 组织演化实例二

图 6 - 25 所示是热挤压态的 A2011 合金坯料在不同加热温度下二次重熔时的微观形貌[318]。由图可见 A2011 铝合金的固液温度区间为 541 ~ 645℃。当加热温度接近固相线时，即名义温度在 540 ~ 560℃（固相体积分数为 97% ~ 100%），晶粒的形状和尺寸与原始坯料形状和尺寸没有明显的区别。当温度达到 580℃（固相体积分数 93%）时，在固相晶粒边界液相开始形成。当加热温度达到 620 ~ 630℃时（固相体积分数为 64% ~ 74%）时，形成典型的半固态组织，呈球形的固相颗粒悬浮在液相基体中。

以上实例分析表明，二次加热过程中，不仅温度的选择十分重要，而且重熔的最佳温度范围很窄，因此对加热设备的温控精度要求很高，一般用于半固态触变成形的二次加热设备的温控精度应保证在±1℃。

6.2.4.3 组织演化实例三

图 6 - 26 是半固态 AlSi7Mg 合金铸锭中心部分和表层附近的金相组织，图

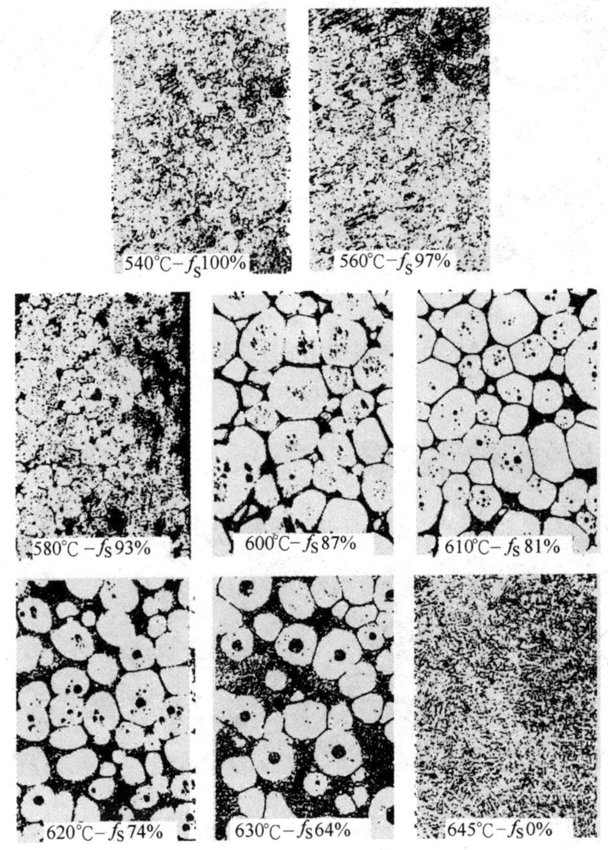

图 6-25 热挤压态的 A2011 合金不同重熔温度下的微观形貌

6-26*a* 中的初生 α 相为近球形颗粒，（α+Si）共晶为较细小的片层组织，图 6-26*b* 的左半部分靠近铸锭中部，初生 α 相呈较粗大的蔷薇花状；右半部分紧邻铸锭表面，初生 α 相呈细小的等轴树枝状[308]。

图 6-27 是铸锭中部组织分别加热到 540℃、568℃、577℃后经水淬的金相组织，当温度达到 540℃以上时，（α+Si）共晶中的 Si 相已向 α 相中急剧地扩散溶解，其形状由片层状变成点链状颗粒；当温度升到 568℃左右时，共晶部分已基本熔化；当温度继续升高到约 577℃时，初生 α 相有长大趋势。

对于蔷薇花状组织，它是初生 α 相颗粒树枝晶发育不完整形成的，共晶部分呈较粗大的片层状，如图 6-28*a* 所示。这类组织是在制备半固态金属时凝固冷速较小的工艺条件下生成的一种非树枝状组织，在试样加热到 540℃时，较粗大的片层状 Si 没有明显变化，如图 6-28*b* 所示。当加热到 568℃时，共晶部分已局部熔化，与熔化部分相邻的蔷薇花瓣开始分离，如图 6-28*c* 所示。随着温度

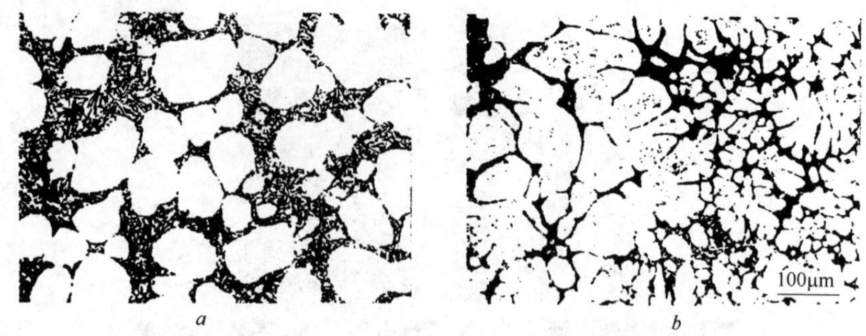

图 6 – 26　电磁搅拌半连续铸锭中的组织

a—中心部分；*b*—表层附近

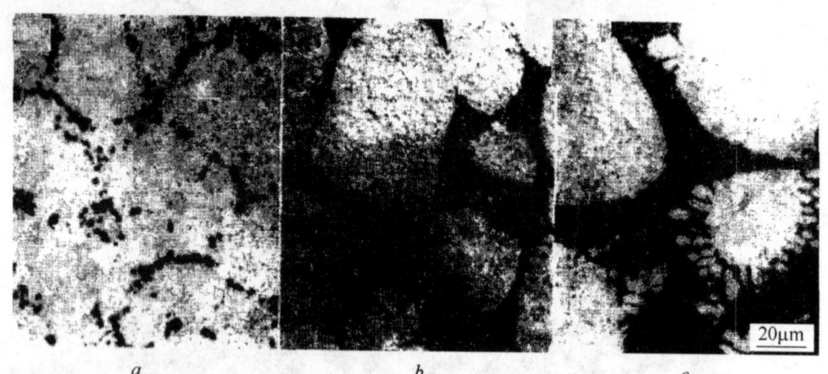

图 6 – 27　Al – 7Si – Mg 合金典型半固态组织演化示意图

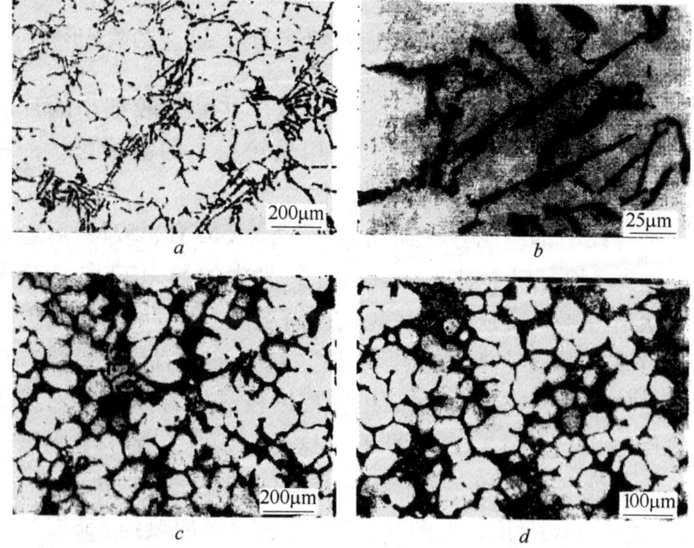

图 6 – 28　Al – 7Si – Mg 合金蔷薇状半固态组织演化示意图

升高，共晶部分继续熔化，蔷薇花状初生 α 相逐渐转变成近球形，当温度达到 577℃时，组织已基本转变，以近球形 α 相均匀分布在共晶熔体中，此时 α 相的尺寸约为蔷薇花状的 1/2～1/4，如图 6－28*d* 所示。

6.2.4.4 半固态组织演变的二维 X 射线连续观察

采用 X 射线成像技术，可以对同一试样、同一位置进行连续不间断的观察，而不需要中间水淬试样等间断过程[176, 317～320]，图 6－29 所示为 X 射线成像原理示意图[325]。试样置于高精度的旋转工作台上，通过射线照射，工作台旋转 180° 即为扫描一次，数码相机记录下多个多角度吸收图像，用于图像重组，构建三维图形，试验时试样的直径为 1mm。

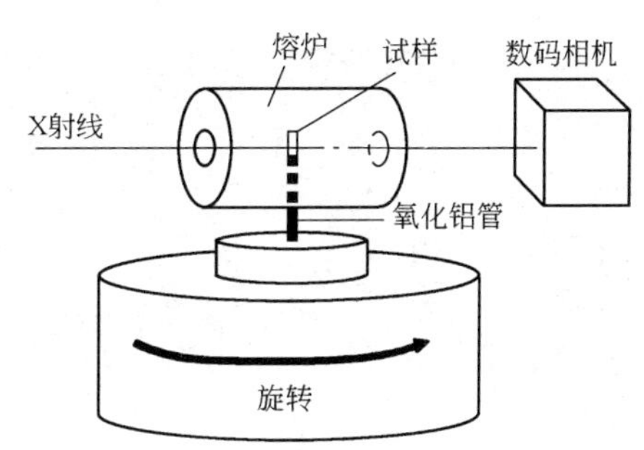

图 6－29 X 射线成像原理图

图 6－30 为 X 射线成像技术观察到的 Al－15.8% Cu 组织演变过程，合金的部分重熔温度为 559℃（共晶温度为 548℃）。从图中可以明显看到随着保温时间的延长，固相颗粒球化的演变过程，在这一过程中固液界面区域缩小，球状晶粒长大。另外比较保温时间 55min X 射线照片图 6－30*g* 和水淬组织照片图 6－30*h*，可以看到水淬后的组织固相分数明显增加，固相的形貌也发生变化，说

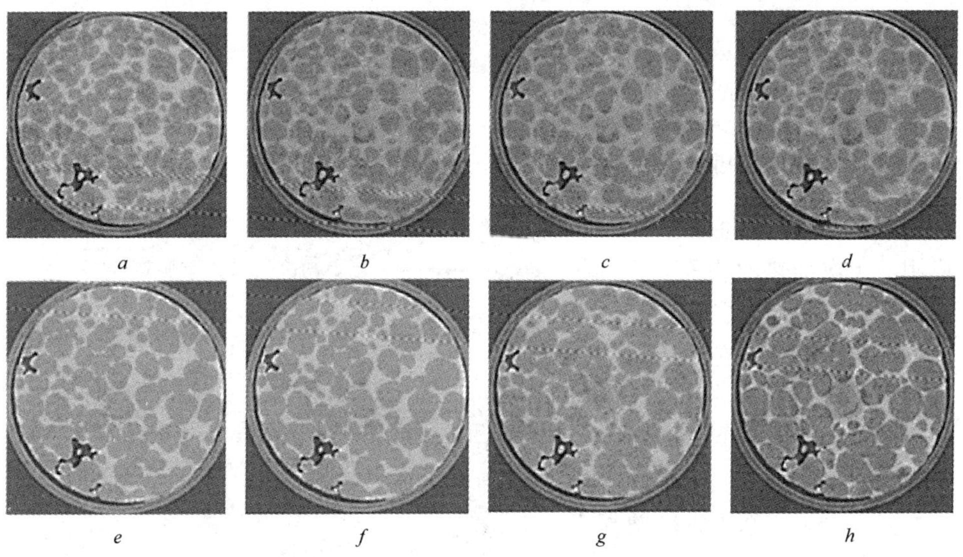

图 6－30 Al－15.8% Cu 合金在 559℃时部分重熔的组织演化过程（直径 1mm）[176]

a—0min；*b*—5min；*c*—12min；*d*—17min；*e*—35min；*f*—45min；*g*—55min；*h*—55min 时水淬

明水淬冷却速度不够快，从559℃冷却到共晶温度548℃时，难以避免液相中的铝沉积到已有的固相颗粒上。

通过二维图像可以重组、构建半固态加热时组织的三维演化图，如图6－31所示，采用三维图像分析技术，可以很容易直观看出固相颗粒形貌、固相连接系数等在二次加热过程中的演变规律[176]。

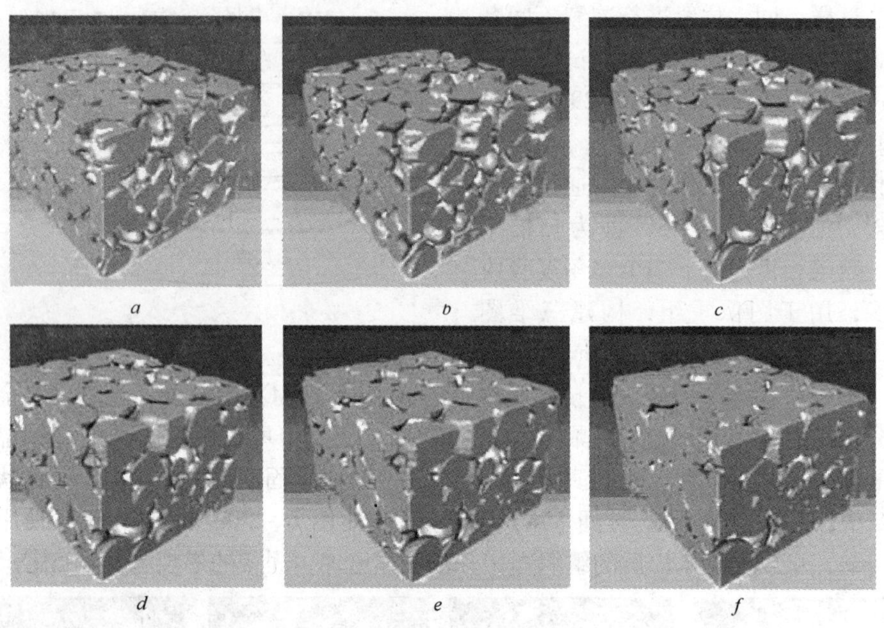

图6－31　Al－15.8%Cu合金在559℃部分重熔时组织演化过程三维图（边长0.6mm）
a—0min；*b*—12min；*c*—24min；*d*—45min；*e*—55min；*f*—55min时水淬

6.2.5　二次加热的装置

图6－32　EFU公司的半固态金属坯锭的加热设备

下面介绍一种在工业生产中应用的二次加热的装置[315]。前面已经提到，部分重熔加热设备一般都由若干个独立的筒形感应加热器组成，图6－32是EFU公司的一台半固态金属坯锭的加热设备外观照片（安全罩移去以后）。它由4个加热线圈和1个转台组成，与1台5.8MN的压力铸造机配套。每个加热线圈相互独立，功率在2～50kW可调。加热设备的总功率为200kW。因此，加热器的调节范围很宽，能满足加热功率变化范围大的需求。该设备的4个线圈可同时加热4个坯锭，坯锭从室温加热到额定温度是在一个感应加热器中完成的，这也增加了加热过程的可靠性和缩短了循环时间。加热坯锭最大直径可达100mm，坯锭最大高度可达250mm。加热电流的频率可调，可从300Hz至550Hz。如连续加热直径75mm、长度180mm的AlSi7Mg坯锭，加热速率为每小时25个锭，耗电量为110kW。图6－33和图6－34为其他公司和实验室所使用的半固态金属锭坯部分重熔加热装置[326, 327]。

图6－33 Stampal公司的垂直式感应加热设备

图6－34 触变成形用18工位感应加热器设备

通过对二次加热过程的数值模拟，Jung等人还对加热时坯料在感应线圈中的间隙和最佳线圈加热长度做了计算，给出的线圈最佳加热长度为：$H = l_W + (25 \sim 75)$ mm，l_W为最小加热长度，推荐的加热线圈与坯料之间的间隙值见表6－2[309]。

表 6-2　二次加热时加热线圈与坯料之间的（单边）间隙值

加热频率/Hz	坯料加热温度/℃	坯料直径/mm		
		0~60	60~125	125~250
50/60	550	12	12	12
	850	12	20	40

6.2.6　二次加热应注意的问题

半固态加工二次加热要求较高，因此在二次加热中需要注意的主要问题如下[328]：

（1）应该采取分步加热的方法。在分步加热的保温阶段，降低加热功率可减少及避免金属液渗出；延长保温时间可提高固相分数和使坯料温度均匀化。

（2）α 相尺寸和形态对触变成形工艺和零件性能影响很大。因此，在保证坯料加热温度均匀的前提下，尽量缩短保温时间，以避免 α 相晶粒过分长大。

（3）加强坯料顶部、底部的绝热和减少热扩散，可以明显改善坯料温度场的均匀性。

（4）为了获得坯料温度均匀化的最小时间，不能一味提高加热功率，而应通过试验和模拟计算找出功率与时间的最佳匹配，同时也可适当增加加热工位的数量。

（5）提高坯料搬运机械手的保温性能与控制精度，优化控制参数，使坯料从加热区域输送到成形机械过程中的热损失最小，以保证整个成形过程的高效率。

（6）半固态成形过程中的缺陷主要表现在氧化皮夹杂、低熔点基体分离和缩孔，而这些缺陷与坯料的组织、二次加热后的组织及流变特性密切相关，其中氧化皮是最不利的工艺缺陷，要绝对防止。防止氧化皮产生的主要措施是控制二次加热的组织转变，防止二次加热生成氧化皮和流股汇合界面处生成氧化皮，此外对模具的型腔结构、排气和浇道系统应进行综合设计，对模温和充型速度要严格控制，夹持和输送坯料的料管保温及二次加热的延伸构件，同样需要专门设计。

从二次加热的发展趋势来看，目前的研究开发主要围绕以下几方面进行：

（1）研究开发二维或三维感应加热温度场数值模拟，减少以试验为手段的工艺优化工作量，为二次加热设备的开发、工艺过程的控制和优化提供保证。

（2）研究二次加热过程半固态坯料组织形成及其对触变成形性的影响，以利于后续触变成形工艺的实施。

（3）开发更精确控制的坯料温度加热控制系统，包括传感器的灵敏度、可靠性以及传感信号与实际控温曲线的定量关系模型。

（4）开发工作稳定性好的检测装置和反馈系统。

（5）开发以计算机为控制中心，根据检测数据和控制模型建立的控制指令来调节二次加热工艺的智能集成控制系统。

6.3 触变成形工艺

触变成形是半固态成形工艺的最后一道工序，它直接决定了成形零件的质量。前面所做的一切工作都是为了保证这一道工序的成功进行。

目前，在工业上较为广泛应用的触变成形方法与“压力铸造”或“模锻成形”相类似，或者说更类似于二者的混合体[9, 329]。其工步示意图如图 6-35 所示。部分重熔后的合金坯料在进入模腔之前，首先要通过一个“环状门”，它的作用是将加热过程中形成的氧化皮去处，另一个重要的作用是促进半固态合金的触变流动性。随后，实际的成形过程才真正开始。在整个成形过程中，要将压力一直保持到合金完全凝固为止。

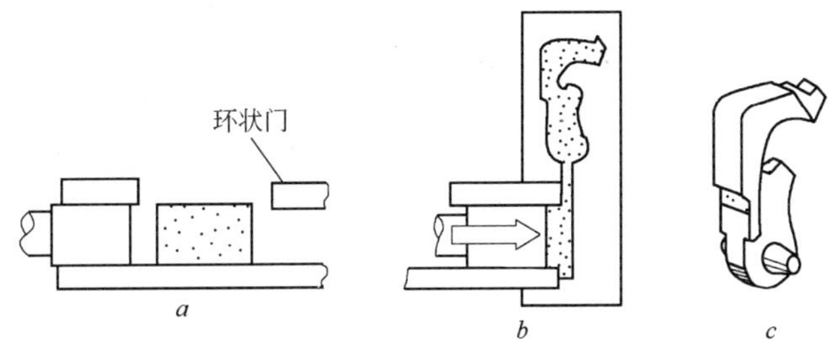

图 6-35 半固态金属的触变成形过程示意图

a—通过环状门；*b*—触变成形；*c*—成形件

6.3.1 触变成形的特点

进入模腔的半固态合金坯料只有低熔点的相（共晶相）被熔化，而初生相颗粒并没有熔化。在触变成形过程中，初生相颗粒不再需经历凝固过程，凝固量的减少阻止了诸如性能不均匀、缩孔和宏观气体凝聚现象的发生[11]。

由于部分重熔的半固态合金坯料具有触变性，只要对它作用一定的变形力（通常很小），它就会像液体一样在模腔中流动，能将形状很复杂的模腔充满。但是需要指出的是，半固态金属的流动方式与压力铸造中金属液的流动方式完全不同。后者的流动主要是以紊流方式进行的，而前者的流动是以层流方式进行的。其优点是十分明显的，层流方式的流动可以避免卷入气体。

6.3.2 影响触变成形的因素

影响成形零件质量的因素很多，包括成形温度、时间、压力、应变速率、应变量、表观黏度、初生相颗粒的形态、固液比、材料的相转变点等[330]。由于半固态金属在成形过程中的流动行为主要受成形工艺参数和坯料流变性的影响，而且整个控制过程具有高度的动态性和很强的非线性，所以整个成形系统（包括送料系统）要求有较高的自动化程度及有精确调整工艺参数的能力。例如，根据坯料尺寸、温度的不同，以及零件的复杂程度的不同，触变成形过程应该在确定的应变速率和变形力下进行。目前，已有的成形系统还不能完全满足要求。尽管，国外已有厂家将半固态成形技术应用于工业化生产。但要想真正将触变成形技术应用在大规模商业生产中，还需要研究开发新的成形技术和生产系统。

Liechti 等人利用阶梯状试样研究了半固态挤压成形 AZ91D 合金组织的缺陷，认为氧化物夹杂是影响最终力学性能的主要因素。低速下挤压成形的试样中缺陷较多，提高挤压速度可以在很大程度上消除缺陷的产生。

6.3.3 几种触变成形工艺

6.3.3.1 触变铸造

触变铸造工艺（thixo - casting）是将半固态金属通过一定截面的内浇孔注入闭合的模具的成形工艺过程[194, 331 ~ 333]。图 6 - 36 为触变铸造工艺过程和流变铸造过程的比较。

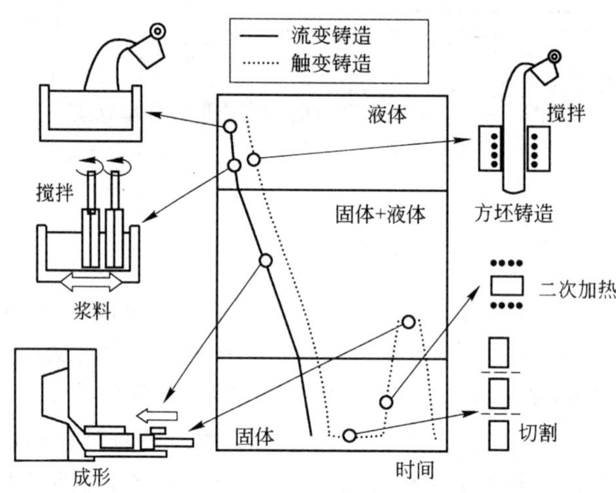

图 6 - 36 触变铸造和流变铸造工艺流程对比图

触变成形主要用来生产压铸铝合金铸件。在西欧比较有代表性的公司是瑞士和德国的 Alusisse、Alusingen，意大利的 Stapal 及法国的 Pechiney。在德国 Singer 的 Alusingen 工厂装备了 9800kN 的压铸机及同时能加热 12 个坯料的加热工段，该生产线于 1996 年投产，主要生产汽车零件。Stampal 公司除用该法大量生产汽车零件外，还生产航空和航天用构件，其典型产品为福特 Zeta 发动机的燃油分配器。美国宾夕法尼亚州 Johnstown 的 Concurrent Technologies Corp.（CTC）用触变压铸成形法生产的 A356 铝合金铸件的力学性能为 $\sigma_b = 315\text{MPa}$、$\sigma_s = 266\text{MPa}$、$\delta = 12\%$。正在进行的一项具有挑战性的新研究项目是生产用于 LPD－17 两栖攻击舰的液压操纵阀。目前用半固态金属压铸法生产的最大构件质量达 6.7kg，是牌号为“欧洲人”汽车的后部悬挂构件，并已于 1995 年投产。触变铸造生产的汽车构件还有主制动器缸体、齿轮齿条传动的操纵壳体、转向横拉杆头、喷油轨、托架等。

触变压铸成形也可在立式压铸机上进行，日本已在这方面取得了专利。图 6－37 所示是一种立式半固态成形设备。它的主要结构包括下横梁 1、上横梁 2、液压顶出装置 3、感应加热圈 4、圆柱冲头 5。

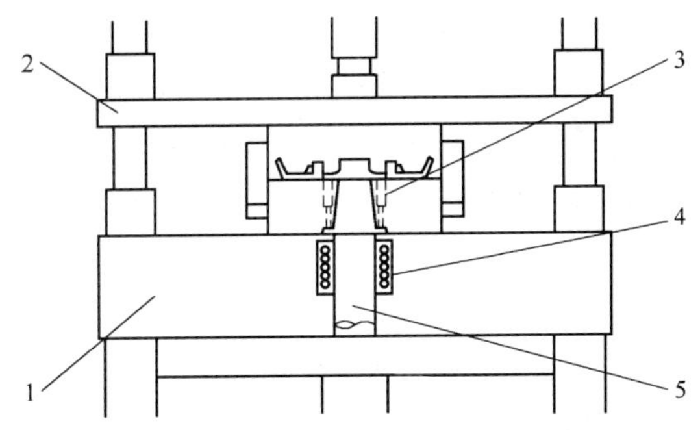

图 6－37 半固态成形系统垂直结构图
1—下横梁；2—上横梁；3—液压顶出装置；4—感应加热圈；5—圆柱冲头

图 6－38 所示为成形工步的顺序示意图。图 6－38*a* 是上模抬起，坯料放入加热圈内加热。图 6－38*b* 是上模下降，上下模合模，模具运动到最终定位处，进行触变成形半固态坯料准备。图6－38*c* 是保持上下模合模，圆柱冲头上顶，半固态坯料通过环状门后，挤入模具型腔成形，并保持压力。图 6－38*d* 是上下模打开，圆柱冲头下撤，液压顶出装置工作，顶出成形件。

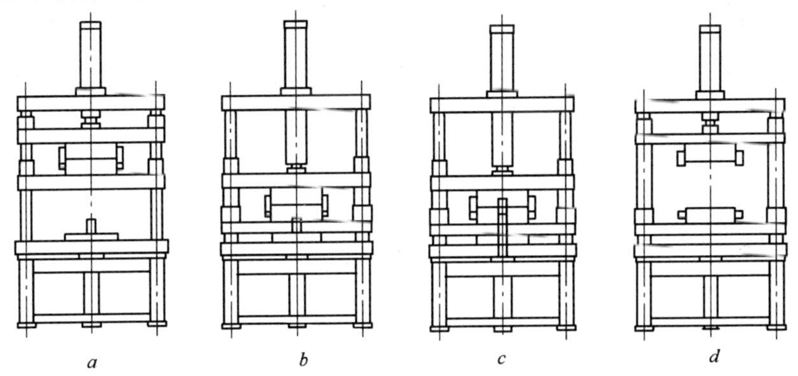

图 6－38 半固态成形工步顺序示意图

6.3.3.2 触变锻造

触变锻造（thixo－forging）工艺则是在上下模没有闭合前，半固态金属移入模具内，然后模具的一部分向另一部分运动[30, 62, 334~341]。同半固态触变铸造一样，两种方法都需要施加一定的压力，以保证金属充满型腔。半固态触变锻造与半固态触变压铸实质上并无明显差别，其主要不同之处在于触变锻造是在锻造设备上加工成形，半固态坯料在锻模中以压缩变形为主，获得所需形状和性能。半固态锻造可以成形变形抗力较大的高固相率的半固态材料，并获得一般锻造难以获得的复杂形状零件坯料，即半固态锻造可以用于制造采用普通锻造难以成形的许多超合金、耐热零件和容易热裂的坯料[341]。半固态锻造可分为开模锻造和闭模锻造，如图 6－39 所示。

图 6－40 为半固态触变锻造成形工序工步示意图[335]。迄今为止，利用半固态锻造已经进行了各种铝合金、铜合金、铸铁、高碳钢，甚至高速钢等材料的锻造加工试验，成形件有联轴节、齿轮等机械零件。

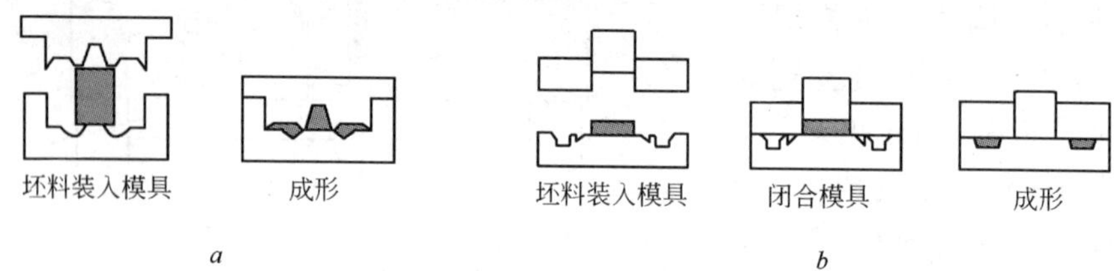

图 6－39　半固态触变锻造工艺示意图

a—闭模锻造；*b*—开模锻造

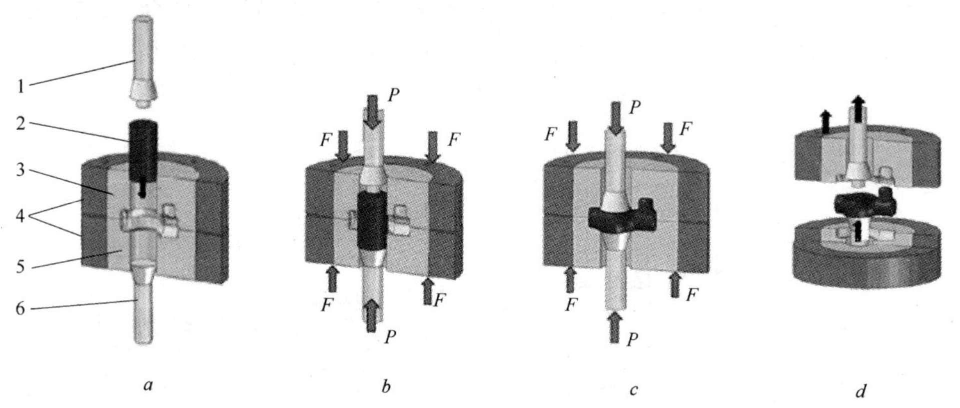

图 6－40　触变锻造工序成形工步示意图

a—装填坯料；*b*—成形开始；*c*—成形结束；*d*—开模弹出零件

1—上锻杆；2—加热坯料；3—上模；4—铠装保护；5—下模；6—下锻杆（弹出杆）

锻造半固态金属可以在较低的压力下进行，这使得一些传统锻造无法成形的形状复杂构件得以成形。在半固态金属锻造领域中，占领先地位的是美国 Alumax公司的子公司 Alumax Engineered Metal Processes（AEMP），位于田纳西州 Jackson 的工厂耗资7500万美元，利用该公司拥有的半固态金属锻造专利技术，每年能生产2.25万吨高质量的汽车零件。该公司最近在阿肯色州的 Bentonville 又建造了一个生产汽车零件的工厂，该厂装备有两条完整的半固态金属锻件生产线，其生产流程为：将铝合金液冷却至半固态温度；用电磁搅拌装置搅拌后，在水平连铸机上铸成坯料，其晶粒直径约为30μm；采用感应加热将切断的坯料加热至半固态（固相率约为0.5）；在立式压力机上锻造，锻造速度每秒几百毫米到一千多毫米，模压从几兆帕到十多兆帕，甚至更高，材料的加热、运送、夹持和锻造均实现了自动化。Alumax 生产的第一个半固态锻件为福特汽车空调压缩机外壳。克莱斯勒公司214匹马力、3.5L、24气门V－6发动机上也首次使用 Alumax 的半固态锻造铝合金摇臂轴支座，由于减少了机械加工，357铝合金半固态锻件支座的单价较球铁的还低13美分。代替铸铁的另一个零件是皮带轮枢轴托架，其重量由铸铁的0.31kg减为0.16kg。采用半固态锻造后衬套与皮带轮安装螺柱可以整体地成形在枢轴托架中，与铸铁件相比，每个半固态锻造的铝件可节约费用2.15美元。

6.3.3.3 横向冲击挤压

横向冲击挤压工艺（Transver Impact Extrusion）[32, 342]与触变锻造工艺相似，如图6－41所示。在充填过程前模具已经闭合，模具上部固定不动，坯料由料腔部位由下压杆挤压进入模具腔体。R. Kopp 等人得出在锻造工件中，压杆的最大冲击载荷为6.3MPa，最大速度为120mm/s；而横向冲击挤压工艺，下部压杆的载荷只有1MPa，压杆的速度为100mm/s。

横向冲击挤压工艺与触变锻造成形工艺相比，在材料分布、速度、压力和偏

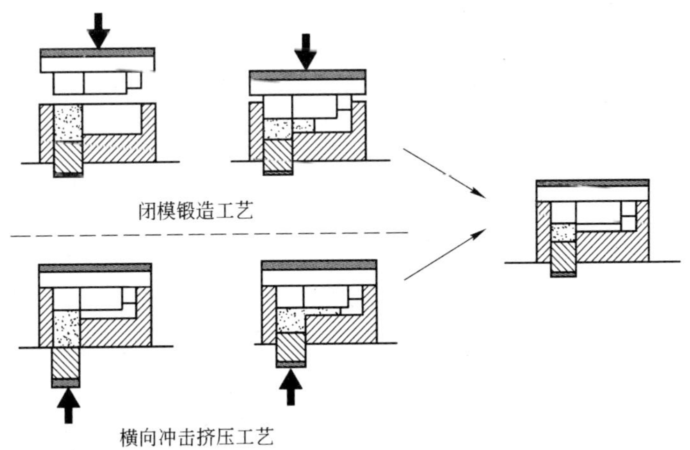

图6－41 闭模锻造与横向冲击挤压工艺比较

析等方面具有自己的特点。材料分布上：触变锻造成形时，底部模具固定，坯料在成形过程中高度连续变化；而在横向冲击挤压成形时，由于上部模具固定不动，坯料高度始终与零件高度一致。零件流动速度上：触变锻造流动速度由于模腔高度的减小而不断上升；横向冲击挤压成形时的流动速度由于零件截面面积一定而保持一固定值。成形压力：横向冲击挤压成形时，压力首先上升至与底部液压缸压力相当，当材料凝固，压力降低至零；而触变锻造时，传感器部位的压力与底部液压缸的压力始终保持一致。在偏析方面：触变锻造时，有少许偏析现象产生；横向冲击挤压工艺与挤压工艺相似，在浇口部位偏析现象较少，而在距浇口较远的部位，零件液相偏析严重。在零件力学性能方面：在其他条件不变的情况下，两种工艺生产的 A356 和 AA6082 零件机械性能相差不大。

6.3.3.4　触变挤压

半固态触变挤压的加工工序和热挤压加工的情况基本相同，即用加热炉将坯料加热到半固态，然后放入挤压模腔，用凸模施加压力，通过凹模口挤出所需制品，如图 6－42 所示[30, 40, 331, 343～347]。半固态的坯料在挤压模腔内处于密闭状态，流动变形的自由度低，内部的固相成分、液相成分不易单独流动。除挤压开始时，若干液相成分有先行流出的倾向外，在进入正常挤压状态后，两者一起从模口挤出，在长度方向上得到稳定均一的制品。半固态挤压和其他半固态成形方法相比，研究得最多的是各种铝合金和铜合金的棒、线、管、型材等制品，制品的内部组织及力学性能容易均匀，也容易操作，应用的前景十分广阔，是难加工材料、颗粒强化金属基复合材料、纤维强化金属基复合材料成形加工的有效方法之一。

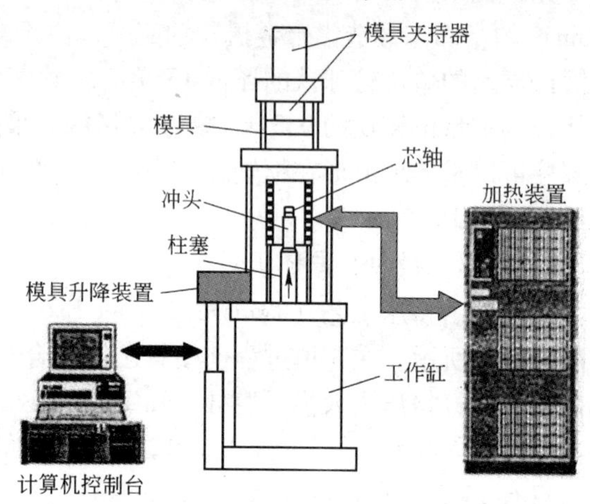

图 6－42　触变挤压成形设备示意图

图 6－43 所示为国内设计人员设计的半固态触变挤压装置示意图[343]，触变挤压装置由挤压筒 1、挤压杆 2、挤压成形模 3、加热保温装置、机架 4 和液压系统组成。挤压筒 1 的后端带有一个进料口 5，挤压筒 1 和进料口 5 周围安装有加热保温装置，加热保温装置由绝缘层 6、加热层 7 和保温层 8 组成。在挤压筒 1 的后端安装有挤压杆 2，而在前端装有挤压成形模 3，挤压筒 1、挤压杆 2、挤压成形模 3 及加热保温装置都安装在机架 4 上，挤压杆 2 由液压系统推动。图中仅画出推动挤压杆 2 的液压缸 9，液压系统的其他部分省略。在挤压杆 2 后端带有

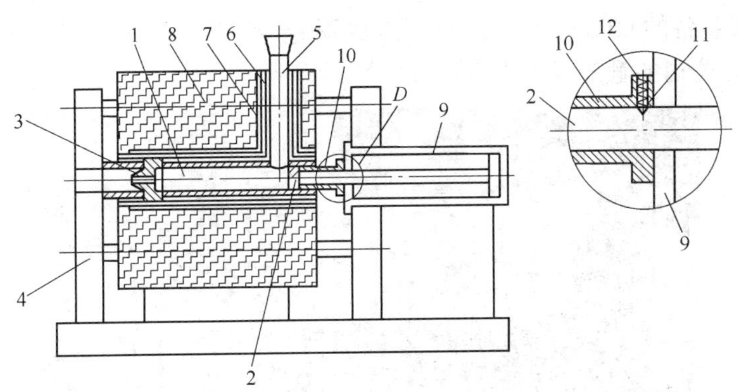

图 6-43 触变挤压装置示意图

1—挤压筒；2—挤压杆；3—挤压成形模；4—机架；5—进料口；6—绝缘层；7—加热层；8—保温层；9—液压缸；10—阀套；11—定位球；12—弹簧

活动阀套 10，活动阀套 10 上有活动定位球 11 和弹簧 12。

触变挤压与常规挤压方法相比，半固态金属材料的变形抗力很低，因而在挤压过程中其挤压抗力很小，因而所需挤压力也很小；又由于半固态金属材料在挤压成形模内冷却、凝固、成形，因而使难以在常规挤压方法下成形的材料，如脆硬或成分偏析严重的材料及金属基复合材料等，得以顺利成形，效率高，加工费用低，由于挤压杆可以断续重叠挤压，因而可以生产长度不受限制的型材。

6.3.3.5 触变轧制

具有非枝晶组织的金属合金材料加热到半固态时，变形抗力很低，这种性质对轧制成形同样十分有利。现在开发的一种半固态轧制工艺是在轧机的入口处设置加热炉，将被轧制材料加热到所要求的半固态温度后，送入轧辊进行轧制，主要是应用于板材的轧制成形[30]。

6.4 触变成形设备

6.4.1 触变成形压力机

由于触变成形工艺已实际应用于工业化生产，相应的生产设备也已经系列化、自动化，目前已经研制出 600 ~3500t 的半固态压铸机。美国的 EPCO、瑞士的 Buhler、意大利的 IDRAUSA、加拿大的 Producer USA、日本的 Toshiba Machine Corp. 等公司均能生产半固态铝合金触变成形专用设备。此类设备能对整个成形过程进行实时控制，从而改善制件品质，降低废品率。据北美压铸协会 1994 年的统计，瑞士 Buhler 公司已经将 10 台 SC 系列压铸机安装在北美用于半固态生产；EPCO 公司使用 4 台压铸机从事半固态商业化生产，制件重量为 1.8 ~ 2.2kg；HPM 公司为 Thixomat 公司提供半固态铸造机器；Prine Machine 公司为生产美国海军装备的 CTC 公司生产半固态成形专用机床。图 6－44 分别为 RWTH 公司和 EFU 公司的触变成形设备照片[348]。

图 6－44　工业应用的触变成形设备
a—RWTH 公司；*b*—EFU 公司

图 6－45 是瑞士在 Winkeln 的 Buhler 工厂的半固态金属成形机，它主要用于生产汽车零件，材料为 A356 和 357 铝合金[349]。

图 6－45　瑞士 Buhler 工厂的半固态金属成形机

6.4.2　触变成形用润滑剂添加设备

如图 6－46 所示为斯图加特大学 IFU（Institute for Metal Forming Technology）使用的润滑剂添加设备[350]，压力缸可以盛装 10L 液体润滑剂，采用独立驱动，最大喂送距离 1000mm，喂送臂最高速度为 800mm/s，喂送臂末端的喷嘴采用压缩空气混合。

6.4.3 机械手

如图 6－47 所示为 IFU 使用的坯料和成形零件夹送机械手设备[350]，机械手最大夹持力为 15kg，坯料夹送机械手装有带弹簧的绝热夹具，调整弹簧可以调整夹具的夹持力，以减小对不同液相分数的坯料夹送时的变形。坯料夹送机械手装有气动多角度夹具，可以完成成形后残渣的清理工作。

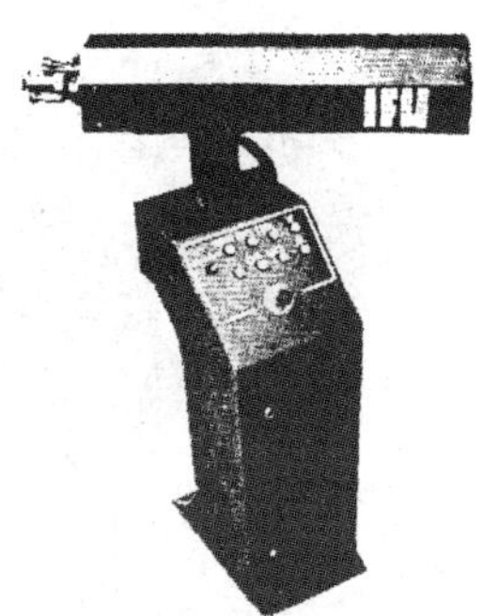

图 6－46 IFU 使用的润滑剂添加设备

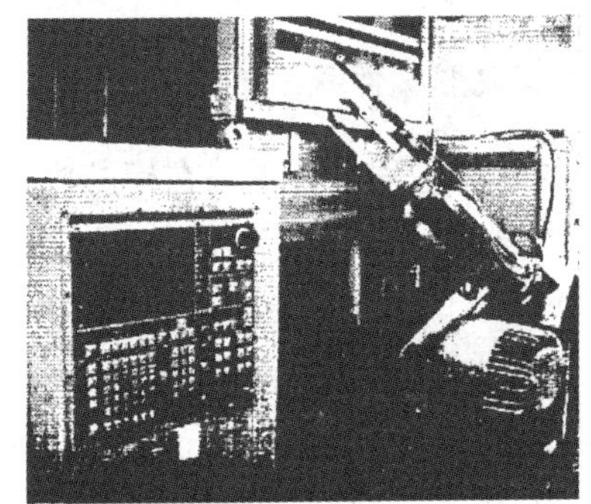

图 6－47 IFU 的触变成形机组所使用的机器人

6.4.4 触变成形用模具

如图 6－48 所示为半固态触变成形用模具示意图[76, 351]，图 6－48*a* 为固定模，图 6－48*b* 为移动模。为避免模具在高温环境下损耗造成失效，可以对模具表面喷涂 AlTiN 或 AlTiNO 等涂层，提高模具在高温时的耐磨性，增加模具寿命，如图 6－49 所示[352]。

a

b

图 6－48 触变成形用模具

a—固定模；*b*—移动模

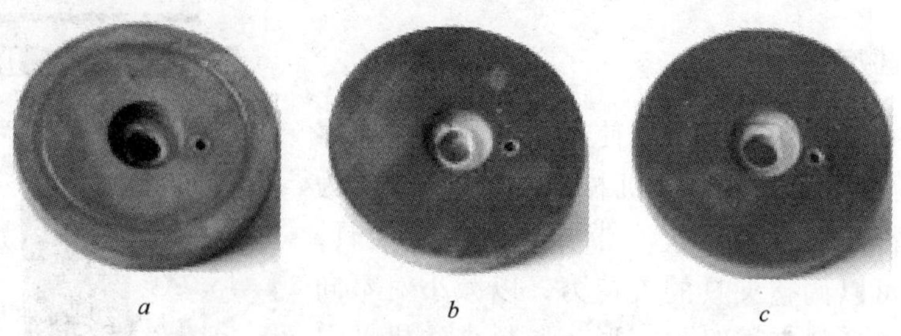

图 6-49　触变成形所用的模具钢在 750℃工作环境下损耗情况

a—没有涂层覆盖；*b*—AlTiN 涂层覆盖；*c*—AlTiNO 涂层覆盖

6.4.5　触变成形零件脱模装置

在触变成形过程中，零件在模腔内完成充填和停留一定时间后，采用自动脱模装置将模具打开，并将零件从模具中分离出来，图 6-50 所示为采用双路(v/p)闭环实时自动控制系统的零件脱模装置设备示意图[302]。

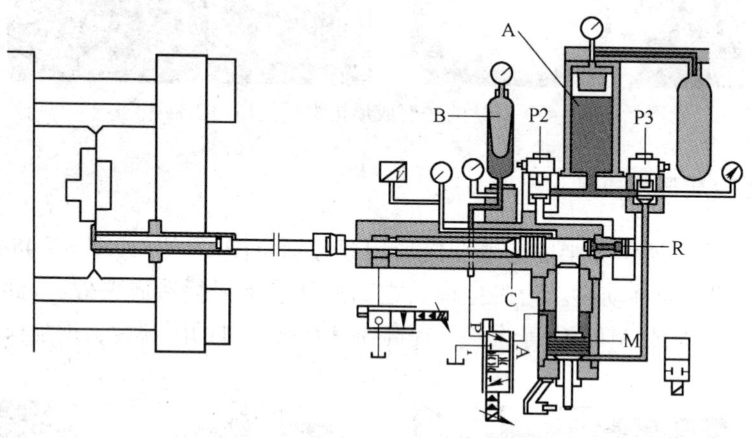

图 6-50　触变成形零件自动脱模装置

如图 6-51 为 Stampal 公司触变成形工艺所用设备图。以触变成形生产 A357 汽车用支架零件为例，感应加热后的坯料经过 ABB 公司生产的机械手臂转移至 Buhler SC 触变成形机中的压室，成形时的温度为 575℃，模具温度 270℃。成形的零件经水淬，为后续的 T5 热处理做准备。零件进行毛刺修剪和磨削后，都要进行 X 射线无损检查，在机床上进行铣面和钻眼。生产效率为 150 件/h，Stampal 公司每天可以生产 8 阀发动机支架 2000 个，或 16 阀发动机支架 1000 个。

a

b

图 6－51 触变成形设备

a—触变成形机 Buhler H－630SC；b—无损探伤用 X 光设备

6.5 触变成形生产的自动化

触变成形工艺的一个显著优点是容易实现生产自动化[350, 353, 354]。图 6－52 是立式半固态成形设备生产现场的平面布置图。在这种半固态成形工艺中，机械手将冷坯料装入位于立式成形机的加热圈内。位于成形机下部平台上的感应加热圈将坯料加热到合适的成形温度。在完成模具润滑以后，两半模下降并锁定在注射口处。在一个液压圆柱冲头作用下，将坯料垂直地压入封闭模具的下半模内。

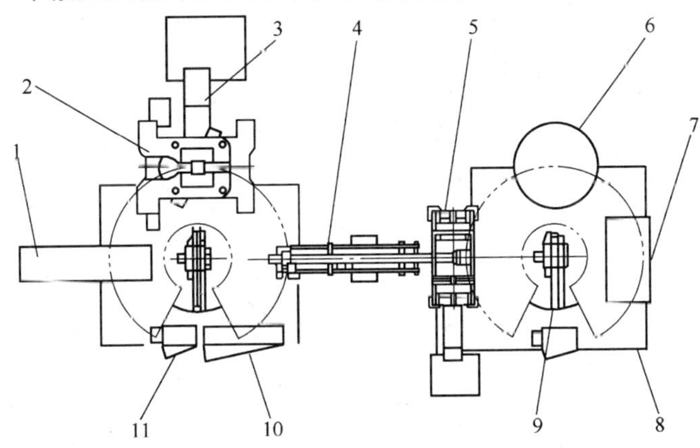

图 6－52 半固态成形生产线的平面布置图

1—送料装置；2—立式半固态成形机；3—残渣清除装置；4—半固态成形件冷却装置；5—去毛刺机；6—后处理系统；7—集装箱包装系统；8—安全护栏；9—工业机器人；10—系统控制柜；11—机械手控制柜

在压入过程中能使坯料在加热时产生的氧化表面从原金属表面剥去。当冲头在垂直方向上运动时，剥去氧化皮的金属被挤入模具型腔外。零件凝固后，两半模分开，移出上次的成形件。但是，成形零件的残渣仍留在下半模内，通过一个自动化系统将这些残渣清除并放入残渣箱内以备回收。连续生产中，再装入另一坯料进行下一零件的生产。

图6－53是安装于斯图加特大学IFU（Institute for Metal Forming Technology）内的触变锻造设备示意图，采用中央控制单元作为主控制器，该主控制器顺序控制锻造机、分别用于坯料和制成品夹取的两个机器人、两个感应加热器、加热器中的坯料顶出装置和润滑剂添加器的操作，触变成形过程完全实现自动化。图6－54为触变成形自动控制单元示意图，主控制单元采用Simens SPS S7－200，采用中央控制这一方案的优点是系统安装分步进行，

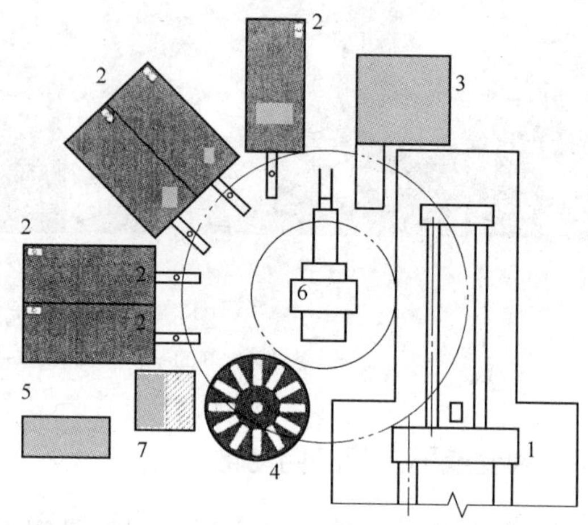

图6－53　触变成形机组平面布置图
1—触变成形机；2—二次加热系统；3—锯切机；4—托架系统；5—操作平台；6—机械手；7—剪切平台

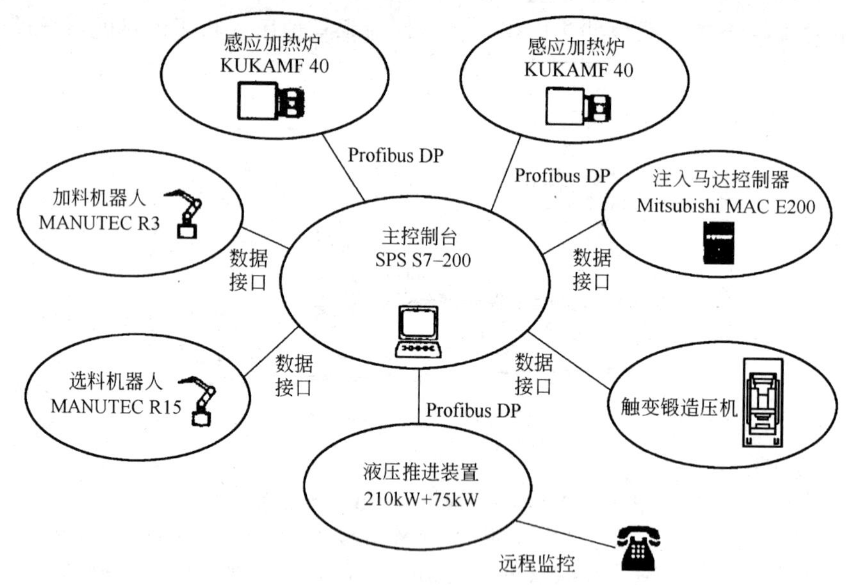

图6－54　IFU内的触变成形机组自动控制系统示意图

程序控制方便灵活，可以为日后程序和程序方案修改提供方便。工作人员可以通过显示器监视控制系统的运行，同时主控制器备有调制解调器，方便远程控制和故障诊断。

如果将触变成形技术同近终成形技术结合起来，那么就能充分发挥半固态金属成形技术制造复杂、精细零件的优点，使得成形零件只需进行极少的机加工就能用于装配，这也是半固态成形技术同其他加工方法相比，具有强大的生命力的原因之一。

6.6 触变成形的零件

1996 年美国已有 10 家生产半固态金属制件的公司，如 Alumax 公司、AMP 公司、CMI 国际公司、伊利诺依斯州联合压铸公司、GM 汽车等。Alumax 公司在 1994 年建立了第一个半固态成形技术生产厂，用于生产半固态合金汽车零部件，1996 年在阿肯色州筹建了第二个半固态技术专业厂，目前该厂能生产从 10g ~ 10kg，直径为 500mm 的零件。据统计 Alumax 公司 1995 年生产出 600 多万件汽车零件，主要有汽车空调箱体、火箭支架底座以及汽车发动机燃料输送系统、摇臂架、刹车等，1997 年生产能力已经达到 5000 万件/年。1992 年 AEMP 公司与 Superior 公司合资在美国阿肯色州建成了全球首家触变成形铝合金轮毂厂。Forcast 公司集中生产半固态合金小零件，重量小于 450g，合金种类有铝、铜合金以及金属基复合材料。瑞士 Buhler 公司用合型力 180t 的压铸机生产出了铝合金汽车悬挂件、自行车零件和汽车转向齿轮等，目前已经规模生产并销往世界各地，Buhler 与世界上 7 个公司组成国际联合体，共同开发汽车轮毂半固态成形技术和其他半固态加工技术。意大利 WEBER 铸造厂选择了汽车喷油系统中的“油道”和其他铝合金零件作为试制产品，利用 1 根 ϕ0.8mm × 32mm、锥度为 0.04 的钢芯，加工出油道盲孔并降低费用 50%。德国的 EFU Gmbh 公司利用半固态压铸的方法制造出铝合金汽车主连杆、具有交叉筋的厚壁件（500mm × 90mm × 2.5mm），以及以 A356 为基体 SiC 颗粒增强的体积分数为 16% 的复合材料圆盘状零件。

图 6 – 55 是触变成形的汽车零件[349]。触变成形工艺对零件平均壁厚的限制为 4mm，但是如果零件设计比较合理，壁厚可降到 2.5mm。当然，至于最终能否形成薄壁、复杂几何形状的零件，还要取决于半固态棒坯质量、加热温度控制和成形工艺的选择。

图 6 – 56 是通过触变铸造获得的汽车发动机涡轮增压叶片。由于其工作时需要在高温高压的环境下高速旋转，所以对材料的力学性能及其微观组织的一致性有较高的要求，以避免零件在工作时因疲劳失效。对 201 铝合金材料进行触变压铸，后 T6 或 T7 热处理得到的产品在力学性能上优于传统铸造的涡轮增压叶片，

图 6 - 57b 表明，零件在紫外线照射下没有明显的缩孔等宏观缺陷，图 6 - 57c 所示的金相照片也显示零件的微观组织细致均匀[355]。

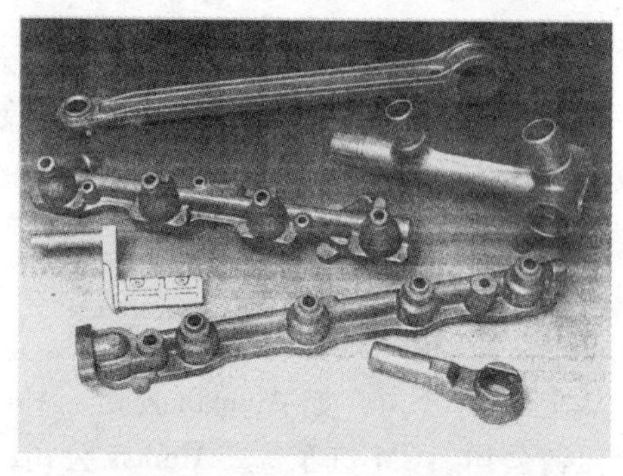

图 6 - 55　半固态成形的铝合金汽车零件

图 6 - 56　触变铸造制造的涡轮增压器叶片

a

b

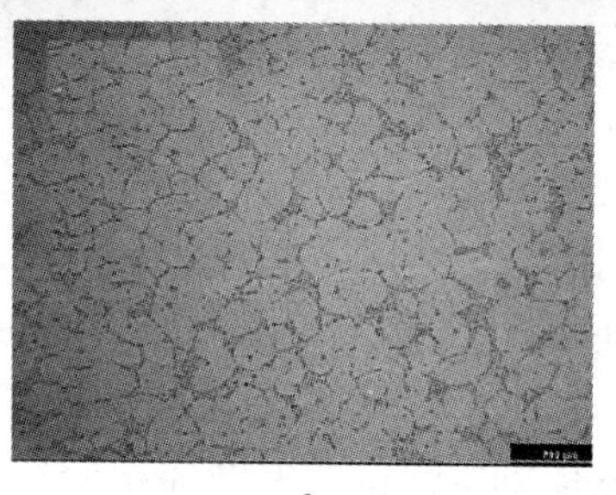

c

图 6 - 57　涡轮增压器叶片中心截面

a—机械加工表面；*b*—紫外线探伤实验照片；*c*—金相试样照片

图 6 - 58 所示为触变成形的汽车燃料杆，材质为 A357，经 T5（压铸后水淬，175℃时效 5h）热处理，年产 400000 件。图 6 - 59 所示为触变成形汽车自动变速器杆，经 T5（压铸后水淬，175℃时效 5h）热处理，年产 2250000 件，产品质量高于 ASTM E505 标准，内部气孔率低[356]。

图 6 - 60 为触变成形 AZ91D 镁合金齿轮前箱，图中 1 为主轴承孔，图 6 - 61 为触变成形的铝合金汽车轮毂。

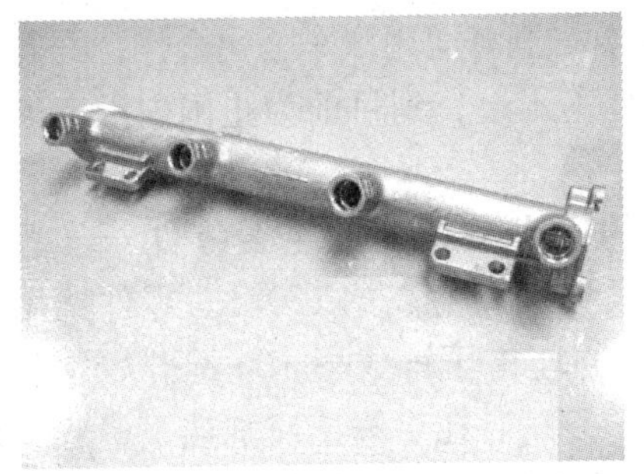

图6－58　触变成形的汽车燃料杆

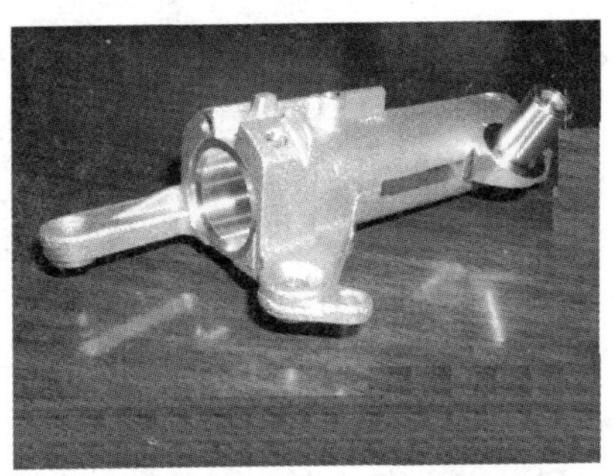

图6－59　触变成形汽车自动变速器杆

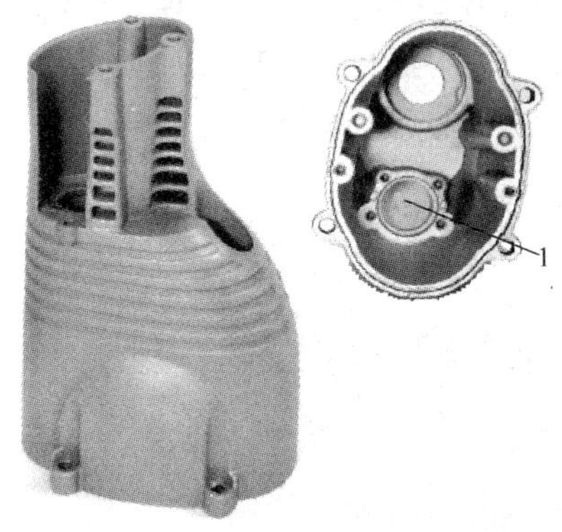

图6－60　触变成形 AZ91D 镁合金齿轮前箱[356]

1—主轴承孔

图6－61　触变成形的铝合金汽车轮毂

表6－3是半固态金属成形技术与压力铸造成形的汽车主制动油缸工艺的对照，根据给出的数据可以看到半固态金属成形技术与压力铸造相比所具有的优越性。

表6－3　两种生产汽车主制动油缸工艺的对照

工艺过程	合金牌号	毛坯质量/g	成品质量/g	机加工量/%	生产率/件·h^{-1}
SSM触变成形	357－T5	450	390	13	150
压力铸造	356－T6	760	450	40	24

目前，日本一些公司的半固态成形技术已经进入工业化阶段，如 Hitachi 公司用630t立式压铸机进行半固态成形铝合金汽车零部件的生产，制件重量达4.9kg；Speed Star Wheel 公司1994年利用半固态技术生产出重约5kg轿车用铝合金轮毂。

国内目前已有多家单位相继开展触变工艺的基础理论和应用开发研究，并取得一定进展。北京有色金属研究总院和东风汽车公司合作，采用半固态触变成形工艺生产汽车涡轮、连杆和水泵盖；清华大学与上海通用汽车公司合作，开发出SGM Buick铝合金从动链轮支架半固态压铸件。不过，到目前为止国内没有形成有一定规模的半固态零件生产厂家。

图6－62是利用半固态加工方法成形的汽车空调器的主要零件——涡型轮[83]。该零件工作在高速重载条件下，有时工作温度高达150℃。零件选用的材料为ALTHIX86S铝合金。采用76mm直径的坯锭压铸成形。坯锭开始是采用低频感应加热，坯锭迅速由室温加热到550℃，然后在中频感应加热下，逐渐地加热到设定温度（570～580℃）。这能保证加热时间短，而且加热温度均匀。模具温度为200～300℃，并采用石墨润滑。产品压铸后进行T6处理。压铸设备为Buhler公司的H－630SC压铸机。压铸压力：重熔温度在570℃时，压铸压力应大于90MPa。重熔温度在580℃时，压铸压力应大于70MPa。

图6－62　半固态加工成形的涡型轮

半固态加工方法能制备出近终成形零件。零件只需进行少量加工或不加工就可用于装配。

据有关资料介绍，汽车重量每减少1%，其耗油量将降低0.6%～1%。以汽车平均寿命为20万公里计算，如齿轮盘、转向节、转向臂、发动机支架、轮毂、后悬挂臂、前悬挂臂7个零件采用半固态加工方法生产，每台汽车将节省汽油600～1000L。而欧洲一年生产汽车1200万辆，如都采用这些半固态加工的铝合金零件，其节约耗油量是非常巨大的。为此，半固态加工方法在汽车工业中受到广泛重视。图6－63是汽车的转向节，采用通常的铸铁制造，重量为3kg。如采用半固态加工的铝合金其重量为1.4kg，减重114%。图6－64*a*是汽车的齿轮盘，采用通常的铸铁制造，重量为4.2kg。如采用半固态加工的铝合金其

图6－63　汽车的转向节

重量为1.7kg，减重247%。图6-64*b*是汽车的发动机支架，采用通常的铝合金制造，重量为5kg。如采用半固态加工的铝合金其重量为2.3kg，减重117%[358]。

a

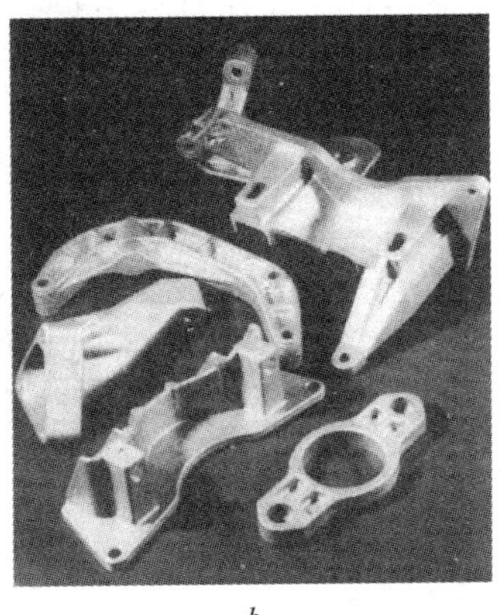

b

图6-64　汽车的齿轮盘和发动机支架

a—汽车的齿轮盘；*b*—汽车的发动机支架

在半固态金属加工中，也会因为零件设计不合理或压铸工艺制定不合理而造成零件未充满的疏松缺陷，如图6-65所示，这是生产铝合金排气管中产生的疏松缺陷[359]。

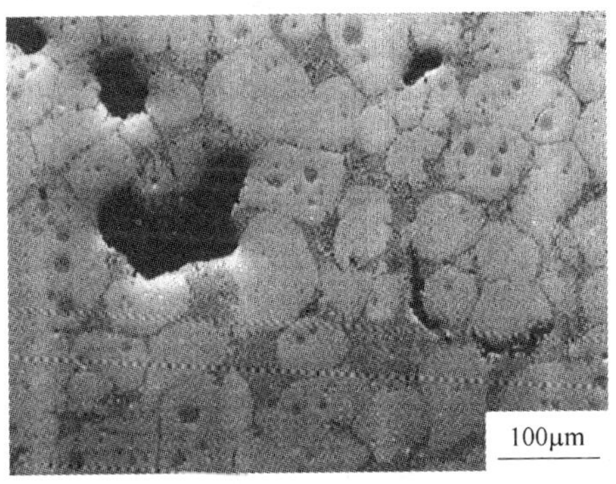

图6-65　铝合金排气管中产生的疏松缺陷

6.7　触变成形零件的力学性能

为了进一步研究触变成形零件的力学性能特点，以一应用比较多、变化范围比较大的零件为研究对象，对触变成形件与锻造件和铸造件进行力学性能对比，如图6-66所示为所选择的对比零件。

触变成形、锻造和铸造试验是在一套实验装置上进行。实验装置安装在一台精度高、调节范围大的液压机上，其结构如图 6 - 67 所示[360]。液压机安装有位移控制系统，最高压下速度为 500mm/s。试样采用高频感应加热和热电偶测温。压机运行由计算机控制。计算机根据开发的软件、设定的参数和测量数据来控制压机工作。变形力、位移和温度的测取和存储采用瞬时值，测取速率为 2MHz。

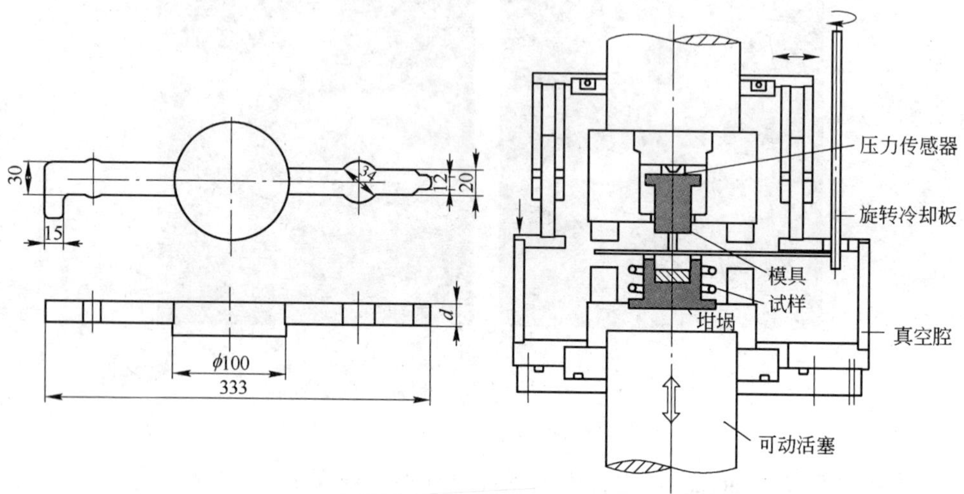

图 6 - 66　试验选用零件的形状和尺寸　　　图 6 - 67　高精度液压试验机的结构图

试验材料为 AlMgSi1 和 357（AlSi7Mg）铝合金，坯锭几何尺寸是：直径为 76mm，长度为 100mm。试验中，上下模的温度保持在 400℃。成形时，液压机的冲头速度大约为 400mm/s。材料凝固时，压力保持在 75MPa，保压时间为 20s。经检测，所有的零件均无缩松、气孔、夹层等缺陷。

图 6 - 68 和图 6 - 69 分别是 AlMgSi1 锻造铝合金和 357（AlSi7Mg）铸造铝合金在触变成形和热处理后的力学性能。由图可见半固态成形后的伸长率都比较高，

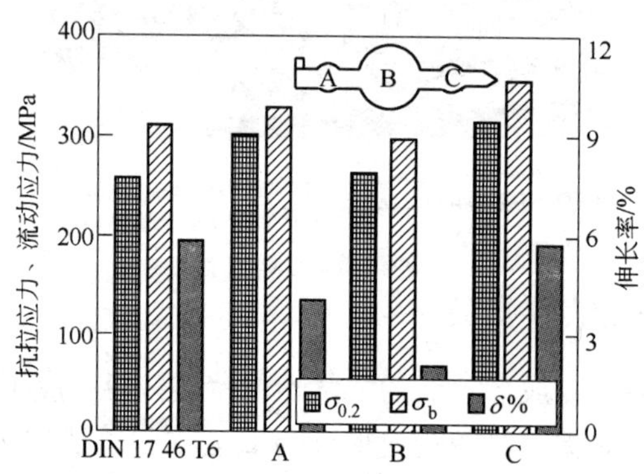

图 6 - 68　AlMgSi1 锻造铝合金在触变成形和热处理后不同位置的力学性能

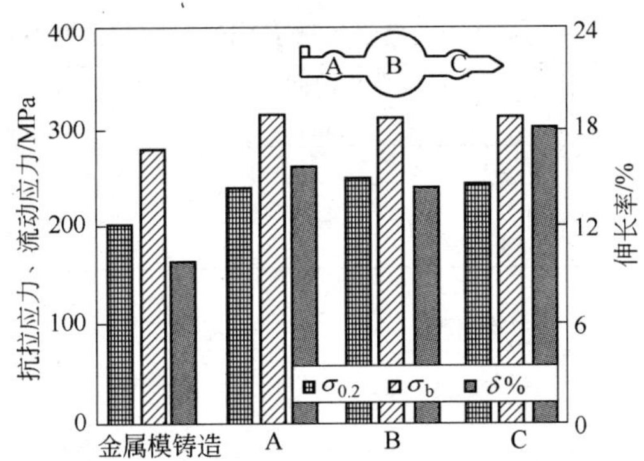

图 6-69 AlSi7Mg 铸造铝合金在触变成形和热处理后不同位置的力学性能

抗拉强度都大于 315MPa。同时还能看出，触变成形零件各部分的力学性能基本上是一致的，这说明触变成形时金属流动是十分均匀的。

6.8 触变成形工艺特点及举例

6.8.1 半固态触变成形工艺的特点

一般在铝合金触变压铸过程中，模具的温度选择在 300℃左右。而触变压力越大，加工出的组织越密实，缩松越小。触变成形过程中，固相分数一般为 0.5～0.6 之间，有时在零件的表面及边部易出现固液相分布不均的现象。触变压铸的零件，由于中心部位的压实现象，其硬度值比周围组织要高。触变成形过程中的溢流孔位置（overflow）应在零件所受载荷应力最低部位处[361]。固相分数固定时，模具中的压杆速度越高，固相分数分布越趋于均匀；模具速度一定时，固相分数越低，网格扭曲程度、有效应力和有效应变分布越均匀；压力对摩擦系数的影响不大[362]。触变锻造过程中，应避免预先的凝固对产品质量的影响，从节能和提高生产率的角度来看，增大坯料充填模具的速度（保持坯料的液相分数）比提高模具预热温度更有效；固相分数低，模具预热温度高，都会增加凝固收缩量。成形件固相分数的分布与初始固相分数、模具预热温度和成形速度有关，但最主要的是成形速度。压力梯度的变化对组织演化和固相分数变化也有影响[363]。

用 3500kN 挤压铸造机进行汽车空压机连杆的半固态成形试验，坯料加热温度 578～580℃，模具温度 250℃，压射速度 1.63m/min，压射比压为 86MPa。在半固态压铸成形时，一般选择较高的压铸速度，以避免因液固相分离导致的组织不均匀性。表 6-4 为国外研究者进行触变成形过程的工艺参数。

表 6－4　国外研究者进行触变成形过程的工艺参数

合金种类	加热温度/℃	固相分数	保温时间/min	模具预热温度/℃	压杆速度/$m \cdot s^{-1}$	压杆压力
A6061	645			200	600	60t
A356	589	0.3	15	350		
Al2024		0.55		350	200	100～150MPa

6.8.2　半固态触变成形工艺举例

6.8.2.1　触变成形工艺举例之一

A　坯料制备及其成分

坯料的制备在自行设计制造的电磁搅拌连铸机上进行，如图 6－70 所示。此装置利用交变旋转的电磁场来处理金属液体，同时实现了制备过程的连续性和对工艺参数的集中、瞬时控制。制备得到的半固态坯料的组织金相照片如图 6－71 所示。所制备的 A357 合金与法国 Pechiney 公司生产的半固态坯料组织的形状和颗粒度等指标相近，ZL108 和 AS9U3 铝合金的半固态组织中初晶固相颗粒较少，共晶组织中出现了降低铸造性能的 CuAl12 相，因此在制备这两种半固态合金时除了要注意细化初晶相外，还应细化共晶组织，以利于后续触变成形。试验材料化学成分见表 6－5[304, 308, 364]。

图 6－70　试验所用的半固态电磁搅拌垂直式半连续铸造设备示意图

表 6－5　试验铝合金的化学成分　（%）

合 金	Si	Mg	Cu	Mn	Fe	Zn	Al
A357	6.5～7.5	0.45～0.60	≤0.05	≤0.03	≤0.15	≤0.05	余量
ZL108	11.0～13.0	0.4～1.0	1.0～2.0	0.3～0.9			余量
AS9U3	8.0～10.0	0.1～0.3	2.7～3.7	≤0.6			余量

B　坯料的二次加热

按照不同零件的毛坯质量将半固态坯料分割成数段小圆锭，准备用于半固态压铸成形。圆锭的二次加热采用多工位感应加热技术，图 6－72 为多工位二次感应加热设备，该设备具有较高的加热效率。

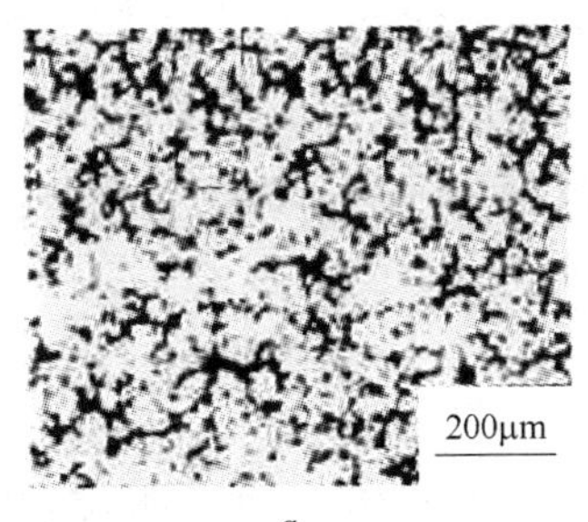

a

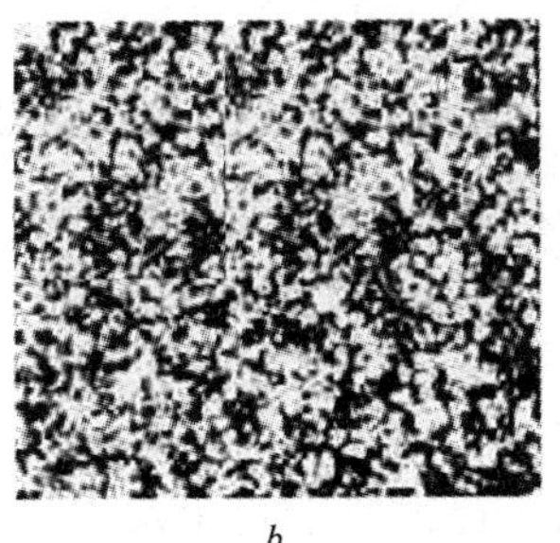
b

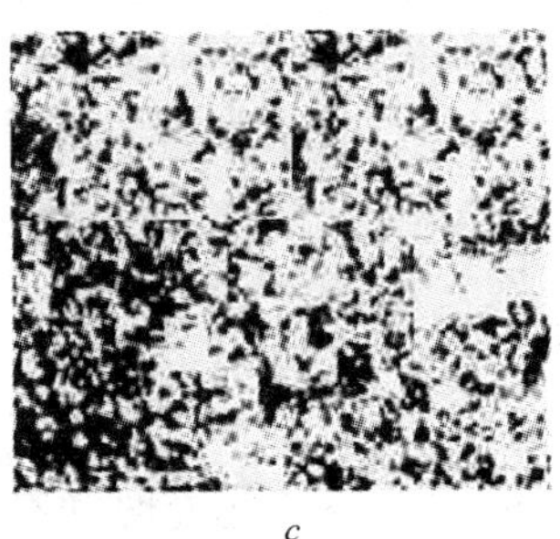
c

图 6－71 半固态坯料组织金相照片

a—A357；*b*—ZL108；*c*—AS9U3

C 半固态压铸工艺试验

半固态压铸成形是在东风化油器有限公司 2500kN 压铸机和 4000kN 液态挤压铸造机上完成的。表 6－6 为半固态触变压铸工艺生产铝合金涡轮、连杆和水泵盖的部分工艺参数[364]。因为半固态金属的表观黏度或流动性与所受的剪切应力大小密切相关，因此，在半固态压铸过程中，保持合理的压射压力是获得高品质半固态制品的主要因素。

图 6－72 多工位二次感应加热设备

表 6－6 采用半固态压铸工艺生产铝合金零件的工艺参数

零件名称	合金牌号	毛坯质量 /kg	设备规格 /kN	坯料温度 /℃	模具温度 /℃	压射比压 /MPa	压射速度 /m · s^{-1}
涡轮	A357	0.95	2500	572～575	280～300	60	
连杆	Zl108	1.20	4000	578～580	250	86	1.63
水泵盖	AS9U3	0.70	2500	575～580	260～300	60	
连杆	AZ91D		2500	570～580	260～300	50～55	1.6～1.7

半固态压铸过程中压射速度变化应该分两步：第一阶段，压射冲头匀速运动，将锭料推堵至浇道口；第二阶段，比压迅速提高，同时冲头以最大速度运动，推动熔融金属突破内浇道处阻力，实现半固态黏滞流体“无喷溅”充满模具型腔。半固态金属充型时这一固有充型方式，避免了液态压铸时出现湍流而卷

入气体造成的缺陷。

为了保证半固态压铸生产的连续进行，模具温度应保持在一定范围内。因此，每一个压铸循环，金属传给模具的热量 $Q_{入}$ 与模具导出的热量应保持平衡：$Q_{入}=Q_{出}$。

因为半固态金属的凝固热量比液态金属小得多，所以模具冷却强度（包括追加冷却、自然散热、喷涂等）要比液态压铸时小。通过试验还证明，提高充型速度，缩短填充时间有利于提高铸件表面品质。半固态压铸的汽车空调器涡轮、空压机连杆和水泵盖体零件，成形性能良好，压铸件的外形轮廓清晰。实验对半固态成形后的制品进行了进一步分析测试，结果表明，所有的半固态压铸件都通过了 X 射线探伤检查。图 6－73 为实验所获得的水泵盖和连杆。

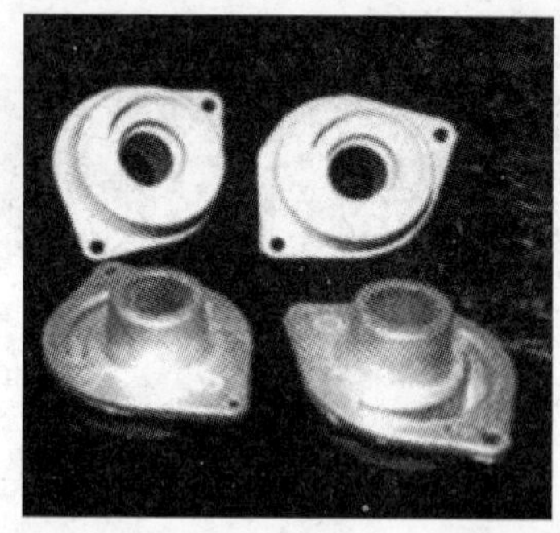

图 6－73　半固态压铸的汽车件零件毛坯

6.8.2.2　触变成形工艺举例之二

实验对上海通用汽车（SGM）有限公司 Buick 轿车中的从动链轮支架进行了半固态压铸工艺研究[349]。

A　坯料制备及其成分

试验采用 Osprey 喷射沉积法制备半固态 A356 铝合金坯料，主要是考虑到其快捷和适于小批量试制的特点。用于制备半固态 A356 铝合金坯料的合金锭料化学成分（质量分数，%）为：7Si，0.45Mg，Fe≤0.2，其余为 Al。喷射沉积半固态 A356 合金坯料的显微组织特征为粒度 10～25μm 的细小球状初生 α 相等轴晶颗粒，其余为深色片状铝硅共晶体，如图 6－74 所示。细小球状显微组织形成原因一方面是由于高压高速氮气流与熔体强烈对流热交换使雾化沉积合金凝固时获得很高的冷却速度（10^3～10^4 K/s）；另一方面是高速气流带动的雾化熔滴在沉积时以很高的速度（50～100m/s）撞击基板或沉积体表面，其冲击动能所产生的剪切应力和剪切速度足以将半固态雾化熔滴中的枝晶打碎，形成非枝晶初生 α－Al 球状颗粒。所形成的半固态合金中初生固相颗粒与共晶液相的相对比例约为 4∶6。圆棒坯料尺寸为 ϕ75mm×260mm，高径比一般不超过 2.5。过长的坯料

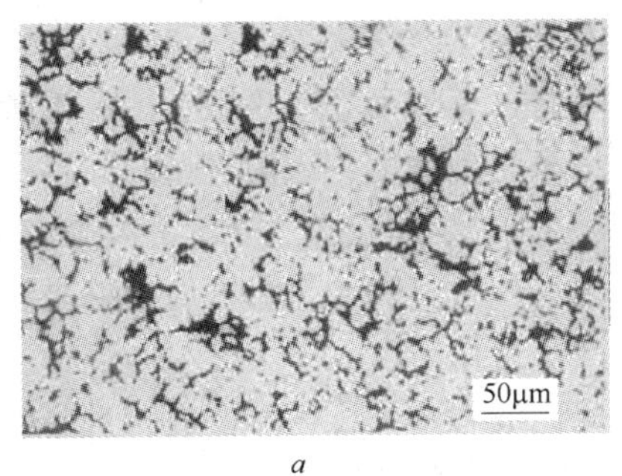

a

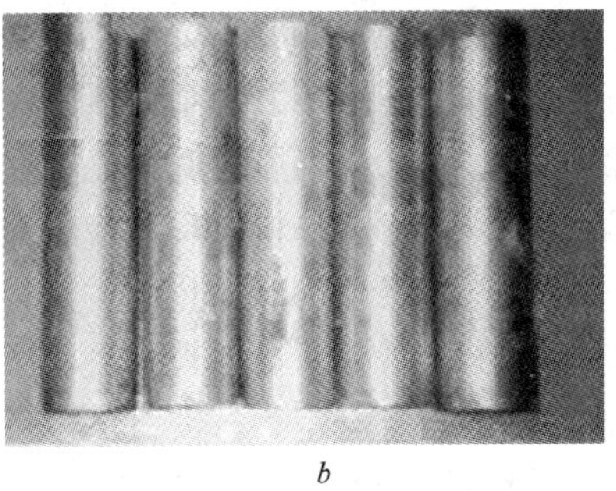

b

图 6－74 试验所用 A356 合金坯料金相组织和锭料

在加热到半固态后会发生变形，使其下部变粗、鼓胀，且表面氧化皮增多。

B 坯料的二次加热

采用自行研制的中频感应穿透加热装置对半固态 A356 合金坯料进行二次加热。中频感应加热时，半固态坯料表面存在集肤效应，根据试验结果，当中频频率为 1400Hz，功率为 10kW 时，坯料心部与表面的温差约为 10℃。用热电偶测温时，测温点一般在坯料中心部位，但在感应线圈中用热电偶和其他方式测温误差较大，在大批量工业生产时更不可能进行连续测温，一般都采用加热功率－时间曲线来保证加热要求，因此建立加热功率－时间－温度关系曲线就非常重要。

图 6－75 为半固态 A356 铝合金坯料二次加热工艺曲线，坯料中共晶组织完全熔化温度为 $T_{en}=575℃$，由于感应加热的集肤效应，半固态坯料表面与芯部之间存在温度梯度。经反复试验，确定半固态坯料二次加热的温度应为：$T_{en}<T<T_{en}+10℃$。优化后的加热程序为：先用 10kW 功率加热 12min 左右至 550℃，再用 5～7kW 功率加热 3min 左右至 575～580℃，然后用 5kW 功率均热 1min 左右。

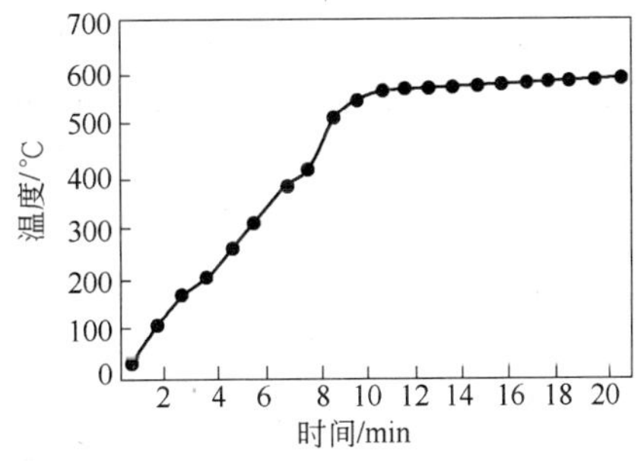

图 6－75 半固态 A356 铝合金坯料二次加热工艺曲线

C 半固态压铸工艺试验

将坯料二次加热至固相分数为 40%～60% 的半固态，随即用工具夹持到压铸机压射室中，压铸成形。其主要工艺参数包括：压射比压、压射速度、压射时间、型温和压射室温度等。压射比压是压射室内半固态坯料所受的静压力，是半固态铝合金压铸最重要的工艺参数之一。由于半固态铝合金压铸时，坯料黏度较大，流动性较液态金属差，为了充分利用半固态铝合金坯料的流变性，其压射比压应较液态金属压铸时要高 20% ~ 30%；压射速度为压射室内压塞的推进速度。半固态金属由于不存在液态金属压射时的喷射、紊流和卷气现象，因此该阶段的压射速度可比液态金属压铸时快，有利于提高充型速度，缩短充型时间，提高铸件表面质量；压铸机进料口尺寸应根据半固态金属的特点，按坯料大小来设计，并考虑半固态坯料经二次加热后的直径膨胀。压射室的预热温度应足够高，保证半固态坯料在压射室内不出现预凝固，并应保持稳定。

半固态铝合金压铸时，铸型的温度也应比液态金属压铸时要高，且要求温度稳定，一般应控制在 280 ~ 350℃。对型内浇注系统的要求与对挤压铸造浇注系统的要求相似，采用开放式浇注系统、浇道流程短、浇道位置不远离铸件。用于夹持二次加热半固态铝合金坯料的夹具应具有对坯料的夹紧、整形、保温、搬运等功能，同时应保证坯料在夹持、搬运过程中的温度降不超过 5℃。

D　压铸零件

上海通用汽车有限公司 Buick 轿车从动链轮支架是该车动力系统的关键铸件，国产化率仅为 1.01%。该铸件毛坯净重 1.85kg，壁厚在厚壁处为 15 ~ 40mm，薄壁处为 5 ~ 7mm，为典型的壁厚不均匀铸件。铸件机械加工后须经气密性试验合格方可使用，零件中心部位的渗漏量为在试验气压下要求小于 500mL/min。目前进口的北美 CKD 铸件，在试验气压下渗漏量要求小于 700mL/min的情况下，合格率为 70% ~ 80%。为了提高合格率，采用半固态成形技术来生产该铸件。图 6 – 76 为试制成功的半固态压铸 Buick 车从动链轮支架，与用普通压铸法生产的铸件相比，抗拉强度由 310 ~ 330MPa 提高到 330 ~ 357MPa，伸长率由小于 3% 提高到 10% 左右，力学性能明显提高，X 射线和荧光探伤及金相组织观察表明，该铸件内部显微组织均匀致密、各向同性，无气孔、缩松等缺陷，由于凝固收缩减小，半固态压铸件外形轮廓清晰，尺寸精度高，表面不存在普通压铸件常有的流纹等缺陷，气密性试验合格。该产品在中试阶段的合格率高达 95%[365]。

图 6 – 76　半固态 A356 铝合金压铸的 SGM Buick 车从动链轮支架铸件

7 半固态注射成形

7.1 引言

世界各国科研工作者在研究新的半固态金属成形工艺时，将塑料的注射成形原理应用于半固态金属加工过程，形成半固态注射成形工艺。注射成形工艺将半固态金属浆料的制备、输送和成形过程融为一体，是一种一步成形生产最终产品的新工艺，它较好地解决了半固态成形过程中金属浆料的保存输送、成形控制困难等问题，为半固态金属成形技术的应用开辟了新的前景，因此有的学者将注射成形技术看做是镁合金结构件生产的最好方法。

半固态注射成形技术首先由美国的 DOW Chemical Co. 公司于 1988 年开发成功。1990 年后，在密执安的 Ann Arbor 成立了独立的 Thixomat Inc. ，从事该项技术的商业性开发。第二代设备于 1991 年 10 月投入使用。而后英国的 Z. Fan 等人又发明了双螺旋注射成形机，扩大了注射成形设备的种类和应用范围，为半固态注射成形技术的应用开辟了更为广泛的前景。

7.2 注射成形工艺路线及特点

目前，镁合金在注射成形工艺中应用较多，其成形工艺过程可分为两种方式：一是直接把熔化的金属液而不是处理后的半固态浆液冷却至适宜的温度，并辅以一定的工艺条件压射进入型腔后成形；另一种工艺是将小块枝状晶合金送入螺旋推进系统，合金被加热推进、压射进入模具型腔后成形。后者是本章需要进行详细讨论的方法。

7.2.1 注射成形工艺过程

图 7 – 1 是注射成形机组的示意图。注射成形机组，除注射成形主机外，还包括加料机、模具温控机、脱模剂稀释和传送装置、真空机、脱模剂喷雾机和产品取出机械手等[140, 366, 367]。

（1）加料机：通常镁合金原料是装在圆筒内。加料机将圆筒内的镁屑送到成形机的原料漏斗内，也可以将原料集中在一个地方，分别向各台成形机送原料。

（2）模具温控机：铝合金压铸成形时金属模具需用水冷却，而镁合金的凝固时间非常短，所以要在金属模具上加热以延长熔融镁合金的流动长度。可用油

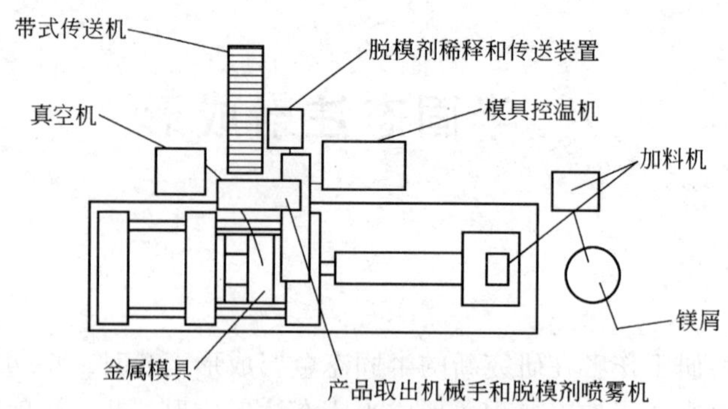

图 7－1　镁合金注射成形辅助设备示意图

或电来加温和保持金属模具在 200℃左右。

（3）脱模剂稀释和传送装置：金属成形时，金属模具与熔融金属会烧结在一起。所以每模成形前在模腔的表面上必须喷射雾状脱模剂。脱模剂原液用水稀释后（一般稀释 60～100 倍）由脱模剂喷雾器或使用手喷枪向模腔喷雾。

（4）真空机：根据产品不同，有时在注射成形的同时，要将模腔内的空气抽出。抽真空能减少产品内的气孔，提高突出部和肋骨部的充填性。

（5）脱模剂喷雾机和产品取出机械手：装有多根脱模剂喷雾嘴的喷雾器和夹住产品的流道产品取出机械手组合一体的装置。有喷雾器和机械手两者分开的装置，也有两者合在一起的装置。

以注射成形 AZ91D 合金零件为例，采用注射成形工艺，消除了外部的熔融金属的处理及传输工序，粒状镁合金在室温下引入机器，由螺旋推进器送入加热区，并在加热区内同时受到机器剪切与加热，加热能量由感应加热线圈和电阻加热元件提供，不采用昂贵且对环境有毒的 SF_6，而用 Ar 作为保护性气体。当材料加热到 580℃的液固两相区时，便成为半固态浆料，将设定量的固相分数为 30%～50%的浆料送入储存区，然后进行注射循环。

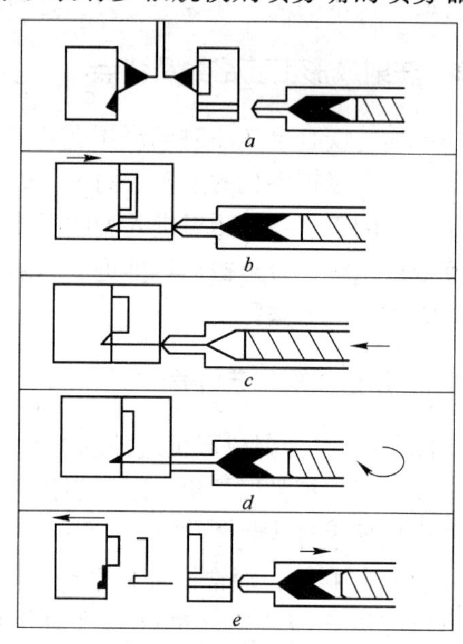

图 7－2　注射成形工艺工序示意图
a—喷分型剂；*b*—合型与注射头合拢；*c*—加锁模力及注射；*d*—保压冷却；*e*—脱模

图 7－2 为注射成形工艺工序示意

图。注射成形时，首先在模具表面喷涂脱模剂，然后合型与注射头靠紧，施加锁模力后注射，保持一定的注射压力，待零件稍冷后脱模并复位，准备下一次注射成形操作。

注射成形好的镁合金零部件还需要进一步处理，即切边（切除流道和溢流槽）、喷砂研磨、打孔和攻丝、去除飞边、表面研磨、金属表面处理（脱脂、清洗、蚀刻、调整、化学处理和烘干等）、喷漆、印刷等工序，才能成为最终产品。

7.2.2　注射成形工艺特点

不同于流变、触变成形，注射成形将浆料制备与零件成形一次完成，工艺过程简单，在推进和压射过程中通过高的剪切速率和强度保证浆料组织中的晶粒球化均匀和细小，改善合金组织形态，从而保证制品较高的力学性能，表 7 - 1 中为注射成形与压铸成形零部件性能对比，可以看出，采用注射成形生产的镁合金零件，在机械性能和气孔率等方面，都较压铸有了较大的提高[295, 367 ~369]。

表 7 - 1　半固态镁合金 AZ91D 压铸和注射零件性能比较

成形方法	σ_s/MPa	σ_b/MPa	δ/%	气孔率/%	
压铸	158	209	3.3	3.2（棒坯）	3.4（变速箱壳体）
注射	161	210	3.9	1.7（棒坯）	1.4（变速箱壳体）

采用注射成形的镁合金零件，由于其工艺的特点，决定所生产的零件有以下的优点：

（1）不需要熔炼炉和外部熔化金属输运的设备，消除镁合金熔化损耗，安全性高且劳动环境好。

（2）注射成形时，虽然流体的雷诺数（$Re > 2300$）较高，流体的流型依然是层流流动，因此降低疏松，改善制品的力学性能，零件可焊接和热处理。

（3）表面质量好，尺寸精确，可注射成形壁厚只有 0.7 ~0.8mm 的轻薄件；铸件收缩量小，其缩松率仅有 1% ~1.7% 之间，远低于传统的模铸。

（4）由于加工温度低，因此显著降低缩松，制品的圆角可大大减小，同时可以阻止裂纹和空洞的形成，低的收缩率降低翘曲发生的可能，降低尺寸公差，减少后续工序的加工。

（5）注射成形时，镁合金零件的加工是在封闭的环境中完成的，因此可以使用价格更为低廉的氮气代替 SF_6，减少对环境的污染和对人身的损害。

相比于压铸，半固态注射成形技术的缺陷有：装备昂贵，维护较困难，机械与控制设备故障率较高，维修费用较高，原料价格和产品成本较高，原材料粒状或粉末状等不规则形状导致氧化物夹杂；另外一个问题是成形零件相对较小，相对于冷室压铸可生产 60kg 铸件，注射成形的零件目前最大只有 7.5kg。铸件生产周期较长，产量较低；由于此技术尚在专利保护期内（美国的 Dow Chemical Co. 所拥有），专利支付费用也较高。

注射成形工艺过程的关键是对不同的合金选择合适和精确控制的半固态加工温度和注射速度，同塑料的注塑成形相似，还应选择合适的螺旋搅拌、注射筒和止回阀等部件的材料，以适应较高的成形温度。表 7 - 2 为半固态注射成形与传统压铸工艺技术比较[295]。

表 7 - 2　半固态注射成形与传统压铸工艺技术比较

比较项目		半固态注射成形	热室压铸	冷室压铸
工艺特点	AZ91 浇注温度/℃	低 590 ~ 600	中 630 ~ 650	高 680 ~ 700
	压射速度/m · s⁻¹	1 ~ 4	1 ~ 4	1 ~ 8
	压射比压/MPa	50 ~ 120	25 ~ 35	40 ~ 70
	增压	无	无	有（厚壁有利）
	铸件投影面积	小	小	大
	成形稳定性	有时不稳定	良好	良好
	给料方式	供料器自动给料	坩埚直接给料	自动浇注机送料
	安全性	非常好	良好	普通（有溢出）
	熔渣	无	普通	多
	压射周期	1（基准）	0.9	1.1
	保护气（SF_6）使用	无	有	有
质量与性能	铸造流痕	普通（低温不利）	良好	良好
	气孔，收缩裂纹	小	中	中
	薄壁件充型流动性	普通（低温不利）	良好	良好（高速充型）
	氧化夹杂	普通	少	多
	气泡缺陷（薄壁）	少	普通	多
	气泡缺陷（厚壁）	因高固相率，可能	不可制造	可能（要改善质量）
	收缩率	(3.8 ~ 4.5)/1000	(5 ~ 5.5)/1000	(7 ~ 8)/1000
	尺寸精度	良	普通	较差
	力学性能	良	普通	良
	耐腐蚀性	普通	良（使用 SF_6）	良（使用 SF_6）
经济性	热效率	良	普通	良
	制品合格率	高	良	普通
	制品/原料量	1（基准）	0.9	1.2
	原材料费	1（基准）	0.85	0.9
	消耗备件费	高（耐热备件）	较高	少
	设备价格	1（基准）	0.8（镁专用机）	0.5（铝压铸机）
	专利费	有	无	无

7.3　注射成形设备

7.3.1　立式注射成形设备

图 7 - 3 为世界上第一台半固态镁合金注射成形机，1993 建于美国 Cornell 大

学（Ithala，New York，USA），其形式是立式[370]。该注射成形机组主要由液态金属熔化及保护装置、单螺旋搅拌器、搅拌筒体、冷却和加热装置、注射成形系统等部件组成。液态金属依靠重力从熔化及保温炉中进入搅拌筒体，然后在单螺旋的搅拌作用下（螺旋没有向下的推进压力），冷却至半固态，经适当冷却、剪切并积累到一定量后，由注射装置注射成形，整个过程在保护气体下进行。该设备存在的主要问题是采用的单螺旋搅拌器搅拌强度不高，产生的剪切速率较低，只有 $200s^{-1}$，并且单螺旋搅拌器没有类似泵的推进作用，故设备必须垂直安装，不便于操作。

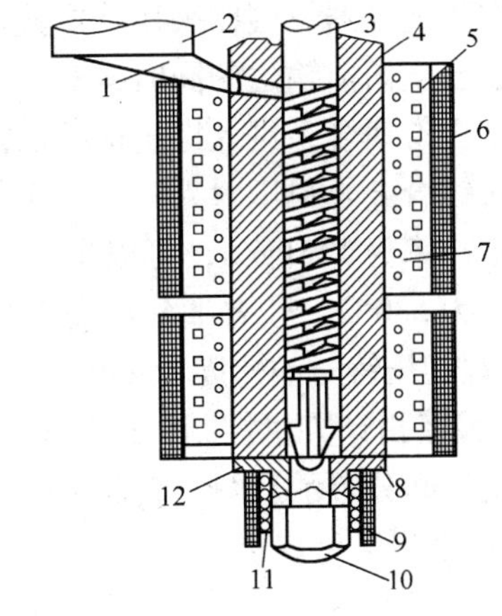

图 7－3 K. K. Wang 的流变注射成形机原理图

1—加料嘴；2—保温炉；3—螺杆；4—筒体；5—冷却管；6—绝热管；7—加热线圈；8—半固态金属贮存区；9—绝热层；10—注射嘴；11—加热线圈；12—控制阀门

7.3.2 几种注射成形机组

7.3.2.1 水平式半固态注射成形机组

图 7－4 为 HPM 公司制造的 3920kN 半固态注射成形设备，主要由模具的锁型机构和带加热装置的螺旋式压射机构组成。颗粒状的 AZ91D 镁合金通过加料器加入到多段控温的圆筒中，加料器处通有氩气以防止氧化，圆筒内装有可前后移动、

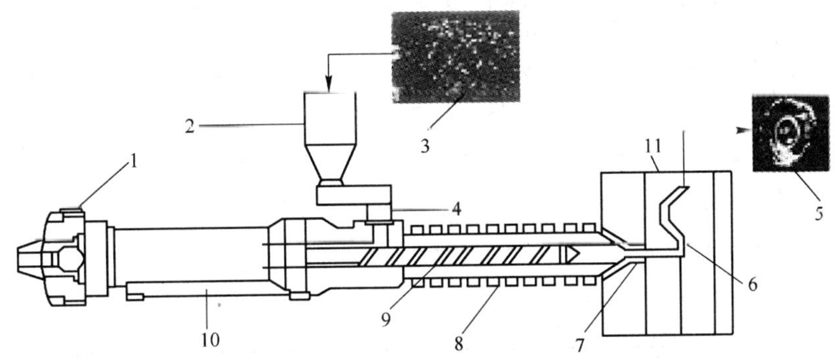

图 7－4 半固态镁合金的注射成形设备结构图

1—旋转驱动装置；2—料斗；3—镁粉；4—供料口；5—产品；6—入口；7—喷口；8—加热器；9—剪切螺旋；10—高速压模装置；11—模具

旋转的螺旋搅拌器，圆筒采用感应或电阻加热，转动的螺旋搅拌器在将加热至半固态的镁合金向前输送的同时，对半固态镁合金起到混合和剪切的作用，当一定数量的半固态镁合金进入螺旋搅拌器前方的储存室后，螺旋搅拌器以预定的速度将半固态镁合金浆料压射入模腔，压射完成时，螺旋搅拌器后退回复到原位。该设备的生产率为123kg/h，可以生产的最大零部件质量为1.5kg，镁合金AZ91D压射温度为580℃，较普通压铸低70～80℃，设备从启动到达到工作温度约需90min，螺旋压铸时的速度为250～380cm/min，半固态镁合金所受的压强为31～55MPa，设备由计算机控制，运行1h的平均能耗为29kW。图7－5为螺旋搅拌器内温度区间分布示意图。表7－3为JSW公司生产的Thixomolding注射成形机组设备参数[371, 373]。

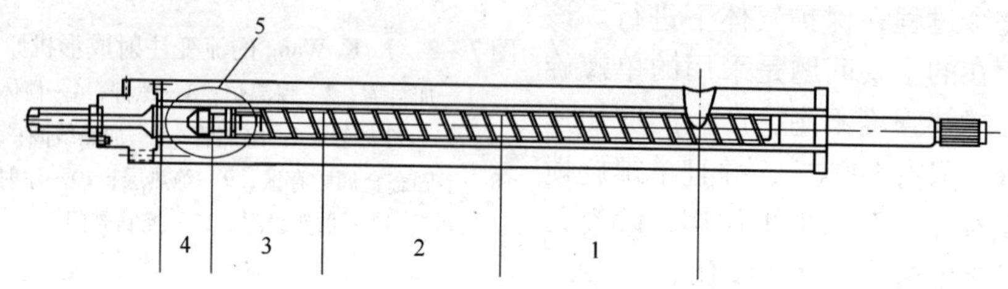

图7－5　半固态镁合金的螺旋推进区分布

1—喂入区；2—压缩区；3—计量区；4—存储区；5—止回阀

表7－3　JSW公司生产的450t Thixomolding注射成形机组设备参数表

	名　称	参　数		名　称	参　数
射出装置	圆筒直径/mm	66	合模装置	合模力/t	450
	射出压力/kg·cm^{-2}	1260～590		开型距离/mm	1550
	理论射出容量/cm^3	1094		压机行程/mm	800
	理论射出率/cm^3·s^{-1}	12990		铸型厚度/mm	380～750
	圆筒转速（高）	155（129）		连杆间距/mm	810×810
	圆筒转速（低）	200（166）		压机尺寸/mm	1175×1175
	喷嘴形状/mm	ϕ10×R25/75		喷嘴外径/mm	150
	喷嘴压紧力/t	16		开合型速度/m·min^{-1}	15.5/13.5
				推挡力/行程	17/100
其他	机器重量/t	25			
	机器尺寸/m	9.13×2.24×(3.77～3.89)			
	驱动油量/L	760			

7.3.2.2　倾斜－水平式注射成形机组

如图7－6所示为倾斜－水平式注射成形机组，该设备申请了中国专利。该机组模具及其夹持机构采用倾斜式，注射单元为水平式，半固态浆料的产生和注射分开进行，克服以往注射成形机组在单一螺杆中制浆和注射同时完成、温度梯

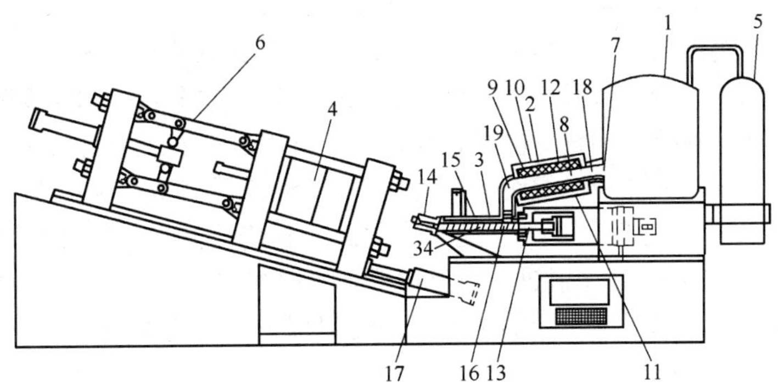

图 7-6 彭喧等人设计的注射成形机组[372]

1—熔炼炉；2—半固态浆料产生器；3—注射器；4—注入模具；5—保护气体罐；6—模具夹持单元；7—过热熔体出口；8—中空管体；9—电磁搅拌装置；10—冷却元件；11—绝缘保温器；12—加热元件；13—中空料管；14—喷嘴；15，16—螺杆；17—驱动装置；18—熔体入口；19—熔体出口

度控制较难、容易互相干扰的缺点。同时倾斜式的模具及其夹持机构和注射嘴，可以避免垂直注射成形机组漏料缺点，适合工业化、大批量生产。生产过程控制简单，产品质量稳定。该装置主要由 6 个部分组成，即气体保护单元、金属熔炼单元、半固态浆料制备单元、注射单元、模具单元和模具夹持单元组成。

图 7-7 是注射成形机组局部放大图[372]。

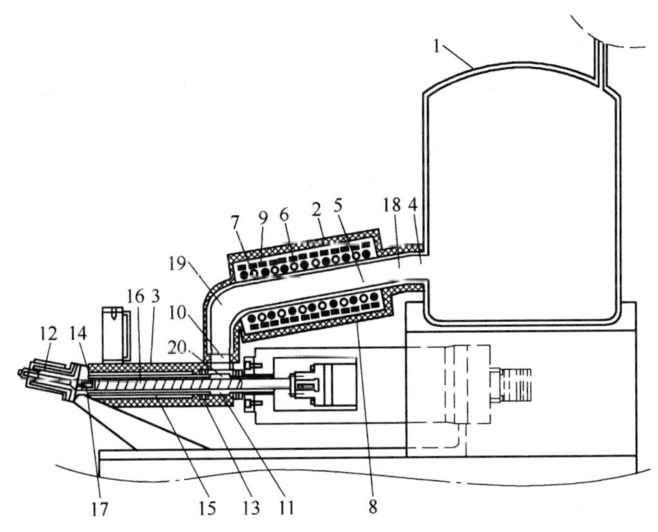

图 7-7 注射成形机组局部放大图

1—熔炼炉；2—半固态浆料产生器；3—注射器；4—过热熔体出口；5—中空管体；6—电磁搅拌装置；7—冷却元件；8—绝缘保温器；9—加热元件；10—开闭阀门；11—中空料管；12—喷嘴；13—加热元件；14—冷却元件；15—温控装置；16—螺杆；17—逆止阀；18—熔体入口；19—熔体出口；20—半固态浆料入口

其生产过程为：在保护气体的保护作用下，熔炼炉 1 内制成过热的金属熔体，通过过热熔体出口 4 和熔体入口 18，金属熔体进入半固态浆料产生器 2，由于其上设有加热、冷却和温度控制装置，可以使过热的金属熔体快速降低到固液温度区间，在电磁搅拌装置 6 的搅拌作用下，凝固过程形成的树枝晶被打碎，获得晶粒细小、均匀的非枝晶组织半固态浆料。然后制备好的半固态浆料通过半固态浆料入口 20 进入注射器 3 内，此时半固态浆料仍受螺杆的剪切作用而继续搅拌、前进，在喷嘴 12 处注射进入模具内成形。喷嘴 12 和模具呈一定角度，防止浆料垂滴或泻出。同时其上的加热元器件可以保证半固态浆料稳定控制的精度，确保加工过程的顺利进行。

在此设备中，半固态浆料的制备和注射分步完成，半固态浆料产生器可以大量产出半固态浆料，注射单元可以作计量和注射，适合大型注射成形零件的批量生产。另外，由于半固态浆料产生器和注射器之间设有一个开闭阀门，他们之间的温度不受对方的干扰，温度控制准确而容易；同时半固态浆料产生器不需承受半固态浆料注射时的高压，管壁厚度可以减薄，有利于实现半固态浆料的快速冷却。

7.3.2.3　第二代水平注射成形机组

如图 7－8 所示为台湾 ITRI（Industrial Technology Research Institute）设计的第二代水平注射成形机组设备示意图，并申请了专利。

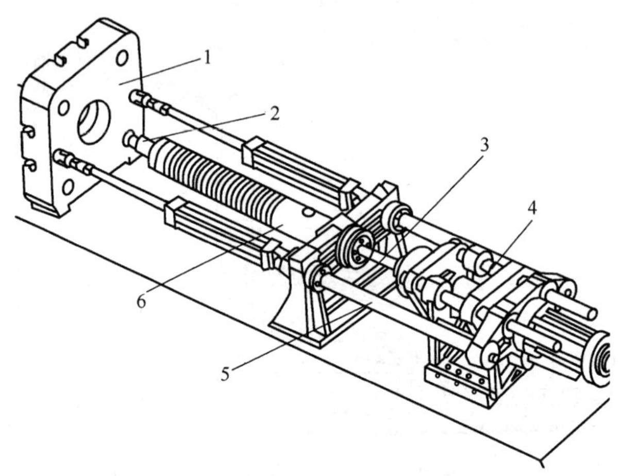

图 7－8　台湾 ITRI 设计的第二代水平注射成形机组设备示意图

1—静止模板；2—注射嘴；3—螺旋搅拌器；4—导位杆；5—连杆；6—筒体

机组内装有带保护气氛的喂入系统和绝热高速注射机构，模具调整单元用于保证模具、注射机构水平同一，同时获得稳定的夹紧力；特别是注射系统，独立的连杆和导位装置保证高温时快速、平稳的注射。设备安装后的最大注射速度为

2m/s，夹紧力为820kg/cm^2。

7.3.2.4　日本Japan Steel Works的注射成形机组

图7-9~图7-12为Japan Steel Works生产的半固态镁合金的注射成形设备[372]。半固态注射成形设备主要由模具的锁型机构和带加热装置的螺旋式压射机构组成。颗粒状的AZ91D镁合金通过加料器加入到多段控温的圆筒中，加料器处通有氩气以防止氧化，圆筒内装有可前后移动、旋转的螺旋搅拌器，圆筒采用感应或电阻加热，转动的螺旋搅拌器在将加热至半固态的镁合金向前输送的同时，对半固态镁合金起到混合和剪切的作用，当一定数量的半固态镁合金进入螺

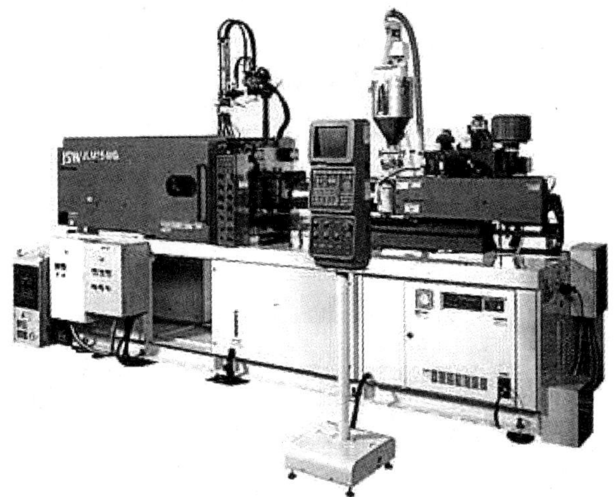

图7-9　JLM75MG

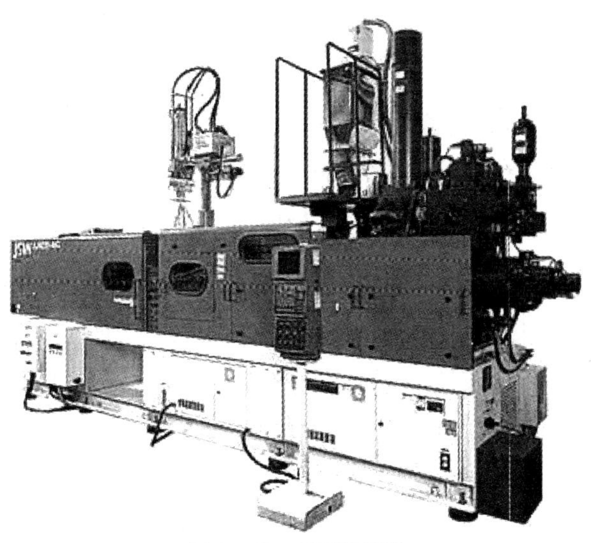

图7-10　JLM220MG

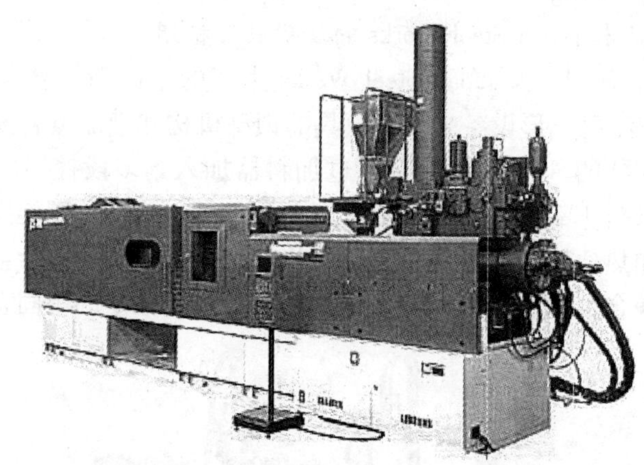

图 7－11　JLM450MG

图 7－12　JLM850MG

旋搅拌器前方的储存室后，螺旋搅拌器以预定的速度将半固态镁合金浆料压射入模腔，压射完成时，螺旋搅拌器后退回复到原位。Japan Steel Works 公司生产的镁合金注射成形机技术参数如表 7－4 所示。

表 7－4　日本（Japan Steel Works）公司生产的镁合金注射成形机技术参数表

机　种		JLM75	JLM150	JLM220	JLM450	JLM650	JLM850	JLM1600
射出装置	螺杆直径/mm	32	40	51	66	92	110	130
	射出压力/MPa	102	92	102	103	80	86	62
	理论容量/cm^3	97	220	459	1100	2130	4470	6240
	注射速率/$cm^3 \cdot s^{-1}$	2240	4780	7760	13000	25300	28600	39900

续表 7-4

机 种		JLM75	JLM150	JLM220	JLM450	JLM650	JLM850	JLM1600
合模装置	合模力/kN	735	1470	2160	4410	6370	8330	15700
	压板间距/mm	650	890	1050	1550	1850	2150	3200
	移模行程/mm	300	440	550	800	950	1100	1700
	最大模厚/mm	180 ~ 350	220 ~ 450	230 ~ 550	380 ~ 750	350 ~ 900	550 ~ 1050	800 ~ 1500
	拉杆内距/mm	360 × 360	510 × 510	580 × 580	810 × 810	950 × 950	1060 × 1060	1530 × 1280
	顶出行程/mm	80	80	80	100	120	150	250
其他	电热功率/kW	31.9	59.5	72.5	108	147	200	237
	重量/t	3.9	10	12.5	31	38.5	54	95
	外形尺寸/m	4.1 × 1.5 × 1.7	5.9 × 1.7 × 2.5	6.9 × 1.7 × 3.3	9.4 × 2.4 × 3.9	10.5 × 2.6 × 4.0	11.9 × 3.1 × 4.2	15.7 × 3.4 × 4.2
	油箱容积/L	160	550	600	920	1150	1360	1700

7.3.2.5 加拿大 Husky Thixosystem 生产的注射成形机组

如图 7-13 为加拿大 Husky 公司生产的注射成形机组 TXH500/M70，最初是在 2003 年第 4 季度由 Thixomat 和 Husky 两家公司赞助的博览会上亮相的。该设备带有一个 70mm 长的螺杆，最大注射压力 550t。目前 Husky 公司产品的最大注射压力可以从 132 ~ 1100t，最大注射速度为 6m/s。

图 7-13 加拿大 Husky 公司生产的注射成形机组

Husky 生产的注射成形机组主要由高速零件输运自动装置系统、模具润滑系统、材料装载系统、部件冷却传输带、过滤系统和模具润滑系统组成。

7.3.2.6　双螺旋注射成形设备

为进一步改善半固态合金搅拌条件，获得理想的非枝晶组织结构，英国Brunel大学的Z. Fan等人又开发出双螺旋半固态金属流变注射机，用于从液态金属直接制备出近终形产品[103]。双螺旋注射成形机由中间包、双螺旋剪切装置和中央控制器等组成，双螺旋剪切装置是由筒体和一对相互紧密啮合的同向旋转螺旋组成，如图7－14所示，螺旋轴的齿形经过特殊设计，能使金属熔体得到较高的剪切速率和较高的湍流强度。在挤压筒外沿着挤压机轴线方向分布着加热单元和冷却单元，形成一组加热－冷却带，温度控制精度可达到±1℃，能准确地控制半固态金属浆料固相体积分数。

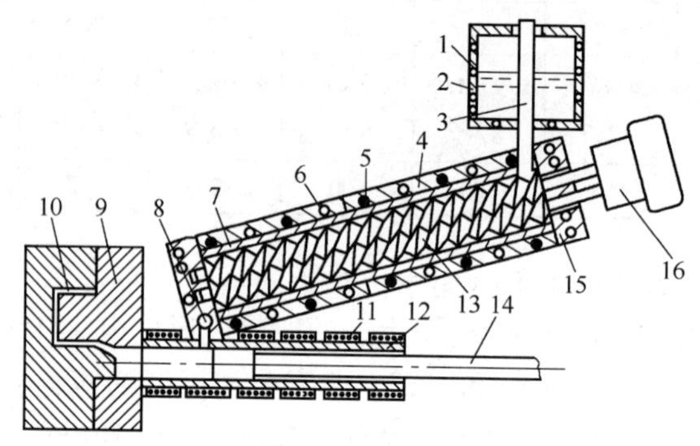

图7－14　双螺旋注射成形机设备示意图

1—加热单元；2—坩埚；3—塞棒；4—筒体；5—加热单元；6—冷却通道；7—筒线；8—转换阀门；9—模具；10—型腔；11—加热单元；12—注射靴；13—双螺旋搅拌器；14—压杆；15—端帽；16—驱动系统

该装置的工作原理是，熔融金属在坩埚中熔炼，达到比液相线温度高出约50℃的预定温度，将熔融金属保温15min，获得均匀的化学成分。当熔融金属为镁合金时，坩埚采用氩气保护。融熔金属以一定的速度进入双螺旋剪切装置，调整其温度，同时受到双螺杆的剪切作用，获得一定固相分数的理想的半固态浆料。用Sn－15%Pb和Mg－30%Zn合金进行试验表明，它比单螺旋的机构能获得更细小、更不容易凝聚在一起的球形晶粒。半固态浆料通过剪切装置下端的出料口流出。

金属在双螺旋剪切装置中的流动非常独特，研究表明金属在螺旋外以“8”字形方式流动，而且金属从一个斜面到达另一个斜面，形成“8”字形螺旋前进，从而推动金属沿螺旋轴向流动，金属从一个螺旋到另一个螺旋，经历了拉伸、折叠和调整的循环过程。另外，由于螺旋和圆筒间隙的周期性变化，造成金属受到周期性变化的剪切，最小剪切速率出现在螺纹根部，最大剪切速率出现在双螺旋的啮合区间。所有金属都要经历剪切速率周期性变化的剪切变形。

采用双螺旋注射成形机，半固态金属可以得到较高的周期性变化的剪切变形和较高的湍流强度。在强制对流条件下，金属充分过冷，即金属熔体在远低于普通凝固的温度下形核。由于剧烈的搅拌作用，分散了潜在的形核的高熔点金属熔体，增大了潜在的形核点，导致形核率增大，同时细化初始晶粒，随着剪切速率和湍流强度的增加，晶粒由蔷薇状晶经过等轴晶形成球状晶，从而获得细小均匀球状晶的半固态组织。尽管有很多措施保护液态镁合金和半固态浆料防止氧化，但由于双螺旋流变注射机的剧烈搅拌和熔融镁具有很强的化学反应能力，一定程度的氧化还是存在的，然而在双螺旋流变注射机的综合作用下，氧化物变得细小，而且均匀分布在合金中，这样产品中的氧化物起着一定的强化作用。表7－5为双螺旋流变成形和注射成形工艺的比较。

表7－5　双螺旋流变成形和注射成形工艺比较

参　数	双螺旋流变成形	双螺旋注射成形
浆料注射温度	高（加热）	低（不加热）
适合的固相分数	低	高
与压铸比较	类似热室压铸	类似冷室压铸
机组大小	小	大
零件特征	小、壁薄的零件	大、复杂的零件
应用领域	家电、汽车、消费品等	汽车、通用件等

7.4　注射成形零件及其性能

7.4.1　注射成形的零件

图7－15半固态注射成形的零件，图7－15*a*为尼康数码照相机；图7－15*b*为佳能数码照相机；图7－15*c*为三洋投影仪；图7－15*d*为胜利MD；图7－15*e*为索尼笔记本电脑；图7－15*f*为笔记本电脑外壳，材质为AZ91D镁合金，不经热处理，近终形零件，内部气孔率低于1%，刚度较好，2004年产量24000000个；图7－15*g*为移动电话外壳，材质为AZ91D镁合金，不经热处理，近终型零件，内部气孔率低，强度高，已经开始替代高分子材料，2004年产量78000000个。图7－16为多系统检查读入器（unisys check reader），材质为AZ91D镁合金，不经热处理，近终型零件，采用整体镁合金零件用于代替55钢、铝、塑料部件。

Thixomat公司采用半固态注射成形方法生产镁合金汽车零件，并选择了3个典型零件：圆片离合器、油泵箱、齿轮箱，并从公差、凝固收缩率以及平面变形度等方面与原来的压铸件比较，结果表明：前者的偏差和收缩率分别为后者的

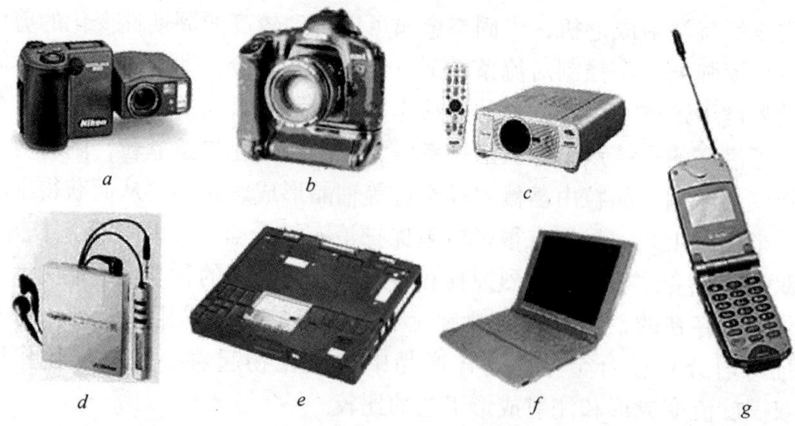

图 7 – 15　半固态注射成形的零件

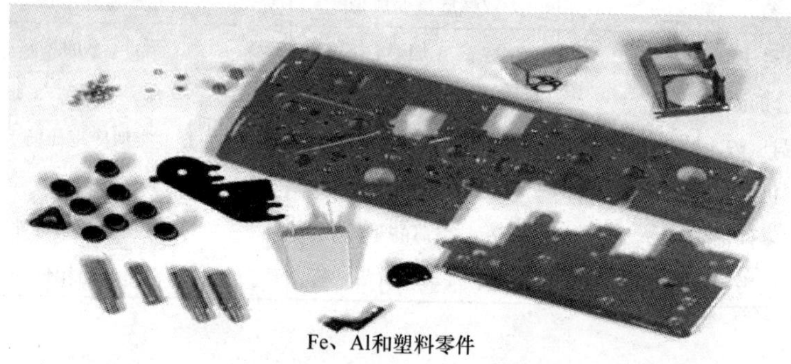

图 7 – 16　注射成形零件示意图

28% 和 56%。

7.4.2　注射成形工艺对成形零件性能的影响

注射成形工艺的主要工艺参数包括：注射速度、加热温度、搅拌时的剪切速率和冷却速度、异质强化颗粒含量等，则且都对成形零件的性能有着较大的影响[367，374~376]。

（1）注射速度对成形零件力学性能的影响。图 7－17 是注射速度与抗拉强度、伸长率关系曲线，由图可见，当注射速度为 1.5m/s（螺旋驱动速度为 28m/s）以上时，抗拉强度（σ_b）及伸长率（δ）急剧上升。

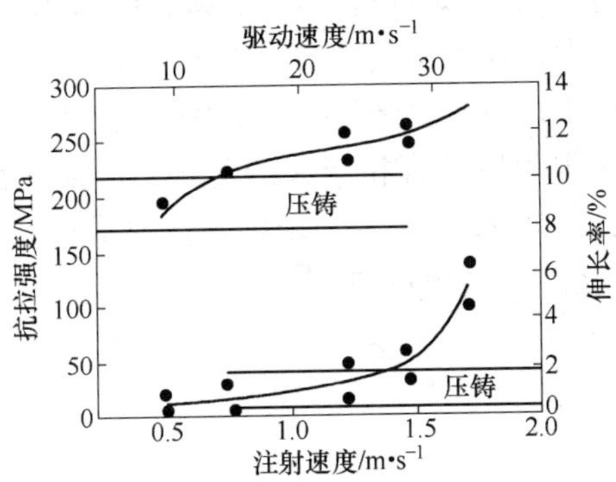

图 7－17 注射速度与抗拉强度、伸长率关系

（2）注射成形零件硬度变化（由表面至中心）。半固态注射成形件愈往里硬度愈低，在中心部位硬度最低。由于冷却速度大，表面层 200～300μm 内形成表面细化层，故硬度较高，超过 200～300μm，由于 α 相粗大化，故硬度下降。

（3）成形过程中的加热温度控制。注射器料筒温度决定半固态浆料的固相率。在实际生产中，料筒温度由几段独立控制温度的加热段组成，分别完成预热、熔化和保温功能。要让原料从进入料筒的初始状态到最后射出时的半固态状态，料筒的各温控区段必须作不同的设定，一般镁合金射出时料温约是 570～610℃，而各区温度控制必须精确至 1～2℃以内。料筒温度的选择一方面应保证可将原材料加热至半固态状态，同时使半固态浆料保持均匀的温度分布。另一方面，应确保半固态浆料充型良好且不卷入过多气体。

喷嘴部分的温度对产品的表观质量有重要影响。喷嘴温度的波动会使产品的质量产生差异，如熔接痕变粗、产品粘模等。若喷嘴处温度过高，在螺杆后退时，喷嘴处熔化镁发生滴流。在下一个工作循环中，由于喷嘴接触不良，熔化镁就会喷出。反之，当喷嘴温度过低时，浆料的排出压力过高，熔体的逆流量增加，造成成形品的不稳定。另外，若逆流量过多，还会导致计量不稳定。

7.5 注射成形技术的发展趋势

注射成形技术具有许多优点，使镁合金代铝、塑和钢等已取得进一步发展，但总量还相对不够。原因之一就是注射成形法所需的镁粒料技术的复杂性和该技术被垄断，给该成形方法的推广应用造成极大的困难，导致镁合金成本较高。故发展的趋势之一是完善和推广原料制备的技术，使镁合金总量进一步提高；另外由于工艺与设备的局限性，注射成形工艺材料的选择范围还较小，常用的只有AZ91D、AM50A 和 AM60B 等少数几种原料，而目前最成功的是 AZ91D，故如何改进工艺与设备，获得最优工艺参数，拓宽适合于注射成形的镁合金范围，成为未来发展的另一个方向。此外降低设备造价、减少维修费用、缩短注射周期业已成为半固态注射成形技术开发的主攻方向。

与日本、美国等相比，虽然我国是世界上最大的产镁国，但我国在镁合金注射成形技术的研究与应用领域还有相当大的差距，国内目前还没有这方面的报到。面对 21 世纪，我国的科技工作者必须加强注射成形技术的材料及设备的研究与应用工作，推进镁合金工业的发展[377]。

8 半固态加工用合金的设计及热力学计算

8.1 引言

材料加工技术的发展与新材料的发展密不可分，正如铸造合金、变形合金一样，半固态成形技术也需要有相应的半固态合金，这一点正在被各国所重视。特别是随着工业化应用的进一步深入，发现传统铸造合金往往限制了半固态触变成形技术优势的发挥，宏观表现是半固态成形零部件的性能价格比与传统液态压铸件相比没有明显优势；在微观上的表现是，形成的非枝晶组织使零部件的塑性明显提高，但围绕非枝晶组织形成的低熔点相往往使强度时有下降，不适应高强度汽车零部件的应用。因此，开发出能发挥半固态成形技术优势的低成本高强度的新型合金材料已成为当今半固态成形技术领域研究发展的重要方向之一[378, 379]。

多年研究和实践表明，适合半固态触变成形的合金，在工艺性上既要具有良好的流变性，以满足半固态坯料的要求，又要具有良好的触变性能，以满足二次加热和触变成形工艺的要求；在微观组织和性能上，初生相与低熔点共晶相应有合理的比例，以形成满足触变成形需要的固相分数，同时两者之间的力学性能不能相差过大，以避免合金性能的降低。因此，要充分发挥半固态成形技术的优势，需要研究开发新的合金成分，既满足半固态加工的特性，又保证材料的最佳力学性能。

研究半固态成形新合金的方法主要分为两类：一类是采用实验方法在现有合金成分基础上，通过微量调整合金成分来改善合金的力学性能和半固态成形性能。实验表明，这种方法很难获得综合性能优异的合金成分，而且研究成本高、周期长。另一类是采用热力学计算与实验研究相结合的方法来优化设计，获得适合半固态成形的新型合金。实践表明，在新合金设计上，热力学计算是一个十分有用的工具，应用热力学计算和扫描热量测量实验可以确定出合金的液相分数与温度曲线，还可以模拟出半固态合金体系关于温度与固相分数变化的规律，为制定半固态成形工艺参数提供依据。此外，这种方法的最大特点是可以从合金的基本性质出发来综合考虑合金的使用性能，并减小合金设计的盲目性、降低研究成本、缩短研究周期。目前采用这种方法研究半固态新合金的报导正逐渐增多[380 ~ 383]。

本章主要介绍利用热力学计算来优化设计半固态成形用铝合金成分的研究进展，并以 Al - Si - Mg 系为例，较全面地阐述热力学计算半固态合金成分的基本原理和方法，为半固态新合金的研究提供理论指导。

8.2　半固态加工用铝合金的研究进展

采用热力学计算方法研究半固态用新合金时，首先需要根据半固态成形技术的特点建立起热力学平衡条件下，新合金成分与材料性能的关系，为热力学计算提供合理的判据。Tzimas 和 Zavaliangos[384]最早总结了影响半固态成形的因素，这些因素包括固相体积分数、固相晶粒形貌、液相空间分布及“残留在固相晶粒内的液相”、液相黏度和固相连通性，并由此提出半固态范围内可加工性的重要判据是固相体积分数对温度的敏感性。固相体积分数对温度的敏感性是指在二次加热温度区间内，温度的变化对固相分数的影响。图 8－1 中[384]固相体积分数对温度的敏感性是指液相分数是温度的一次导数或是液相分数曲线的斜率 $d((1-f_L)/dT=df_S/dT)$。这是半固态成形中非常重要的一个参量，它在很大程度上决定了半固态金属的流变行为和显微组织特征。同时，这个参数不仅对于基础理论研究，而且对于半固态成形的过程控制都十分重要，因为对每一个合金来说，在平衡条件和确定的温度下，合金的固相体积分数是唯一的。

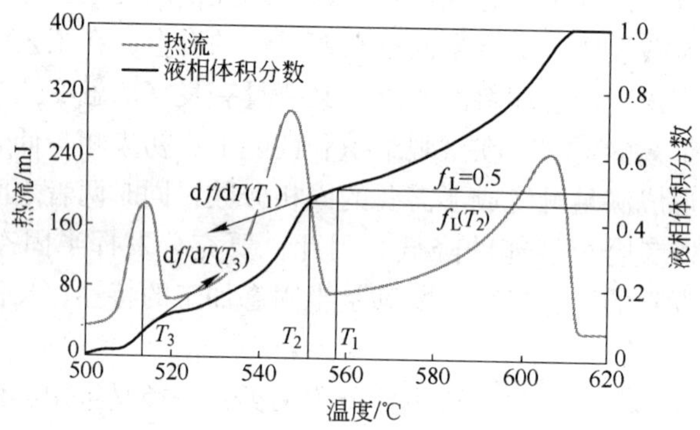

图 8－1　Al－5Si－5Cu 合金 DSC 曲线表示的触变成形重要参数

俄国 Kazakov[385]通过研究 AlSi5Cu5 合金和 A357 合金后，提出了设计半固态合金的基本判据：（1）含 50% 液相浆料的温度必须低于 585℃，以防止钢制工模具与液态铝合金焊合；（2）在 50% 液相时，温度－液相分数（$T-f_L$）曲线的斜率，即图 8－1 中的 df/dT（T_1）应尽可能平坦，以允许半固态坯料在二次加热时可以过热；（3）初生 α 固相的开始熔化温度决定着二次加热期间枝晶球化的动力学；（4）在凝固完成的区域内，$T-f_L$ 曲线的斜率 df/dT（T_3）应当相对平坦，以避免热裂出现。Kazakov 根据上述原则，利用热力学模型计算出 Al－Si系合金的液相分数与温度的关系曲线，初步确定出 Al－(5～7)% Si 为可供优先选择的半固态合金，在此基础上进一步选择第三组元和第四组元，以便与 Al 形成共晶合金，提高合金的性能。通过依次添加 Si、Cu、Mg、Li、Zn 来改变共晶点的位置，优选出 Al－(5～7)％Si－(3～4)％Cu－(0～1)％Mg 四元合金系作为研究对象，同时，对靠近新合金成分的一些工业合金也做了计算。研究表明，308、319 和 343 商用铝合金可用于半固态成形实验，其中 308 和 319 两种合金所具有的液相分数与温度曲线参数比 A356 和 357 铝合金更适合半固态成形。

美国橡树岭国家实验室金属与陶瓷部的 Han 等人[5]以目前半固态零件最常用的 A357 铝合金为参照系，利用热力学计算来选择更适合半固态成形的亚共晶 Al－Si 合金，并特别研究了 Mg、Si 含量对加工温度范围的影响。在分析 A357 铝合金基础上，他们认为选择半固态合金成分的关键是能够通过调整合金成分来减小半固态成形温度范围内固相分数对温度的敏感性以及获得较大的加工温度范围。对于亚共晶铝硅合金，他们提出了对应最小的固相分数变化下的最低半固态成形温度的判据公式：

$$T_{p,\min} = T_{eu} + \Delta T_p \tag{8-1}$$

式中，$T_{p,\min}$ 和 ΔT_p 是加工参数；T_{eu}是合金的共晶温度，它取决于合金成分。对于不同合金，固相分数变化最小时的加工温度 $T_{p,\min}$可以通过上式获得。从图 8－2可以看出，对于 A357 合金，$T_{p,\min}$应当高于 577℃，以避免固相分数随温度急剧升高[382]。

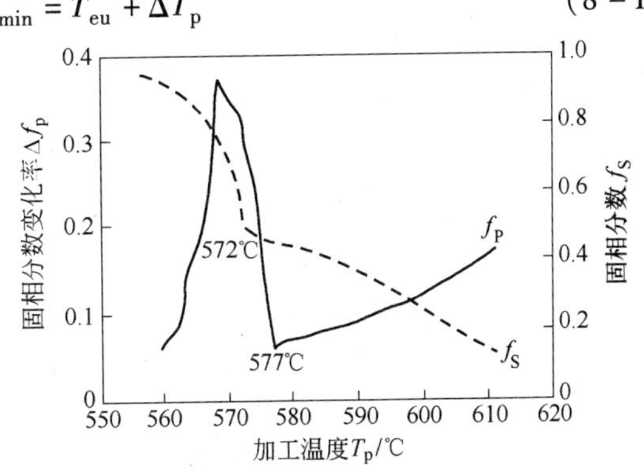

图 8－2　A357 合金固相分数变化与加工温度的关系

在上述工作基础上，Han 等人还研究了 357 合金中 Si 和 Mg 含量变化对共晶温度的影响。图 8－3 分别是 Si 和 Mg 的浓度与共晶开始温度 T_{eu}、固相分数之间的关系。可以看出，Si 含量的变化有可能在半固态成形时改变固相分数，特别是较低的 Si 含量允许半固态成形使用较高的固相分数，但 Si 浓度不会对共晶温度产生较大的影响。另一方面，改变 Mg 的浓度有可能改变共晶温度，但几乎不改变固相分数。这一分析结果表明，以半固态成形为目的的亚共晶 Al－Si 合金，可以通过改变 Si 和 Mg 的浓度来选择合金的固相分数和共晶温度。在给定加工温度和温度变化范围下，固相分数变化率 Δf_p 随 Si 含量的减少而减小。因此，减少合金中的 Si 含量将减小半固态成形中固相分数的变化率，这将更有利于半固态成形。所以，现有合金（357 合金，7％Si）仅可以在固相分数约 0.4 的情况下加工，而 Si 含量为6％的合金可以允许在固相分数超过 0.5 的情况下进行半固态成形。低 Si 含量适合在高固相分数下加工，而高 Si 含量只能在低固相分数下加工。

英国布鲁乃尔大学的 Liu 和 Fan 等人[386]利用热力学计算选择适合半固态成

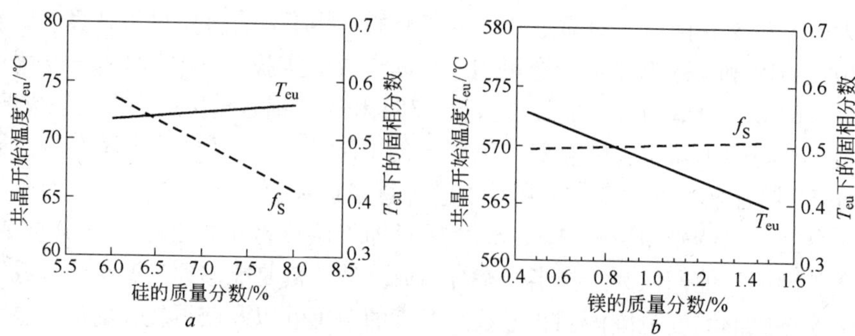

图 8-3　硅和镁含量对 A357 合金共晶开始温度和固相分数的影响

a—硅含量的影响；*b*—镁含量的影响

形用铝合金成分，并应用热力学方法分析了 6000 系列锻造铝合金，结果表明，该系列合金既不适合触变成形，也不适合流变成形，因为只有当固相率超过 70% 时，才能保证固相分数对温度的敏感性较小。他们也得到与 Han 等相类似的结果，A356、A357 合金也只适合低固相分数半固态成形，不适合高固相分数的触变成形。

对高性能锻造铝合金的触变成形研究一直是半固态成形的一个重点，通常这类合金需要经过一系列复杂的塑性变形和热处理脱溶时效后才能获得高强度。但这类合金在触变成形时存在一些固有的困难，如凝固范围较窄、液相分数与温度的曲线比标准 Al-Si 铸造合金陡等。为了有效地评判现有合金或开发新合金，英国谢菲尔德大学[298, 381, 387]利用热力学模型定量化评估了 Al-Zn-Mg-Cu 系和 Al-Si-Cu-Mg 系的可触变成形性。对于 7000 系列锻造铝合金的半固态合金成分选择，Camacho 等人认为在液相分数 $f_L = 40\%$ 时的 df_L/dT 参数最重要，这个参数越小，合金的液相分数随温度变化的敏感性就越低，合金越容易实现半固态成形。在 7000 系锻造铝合金中，具有中等强度的可焊合金中虽然含有少量的 Cu 或不含 Cu，但影响合金参数 $|df_L/dT|$ 的主要因素是 Zn/Mg 比例和 Zn + Mg 总量。分析结果表明，敏感性等于 0.009 和 0.011 摩尔分数/℃ 的 7001 和 7010 合金是最有前途的半固态成形用候选合金。而敏感性数值（0.019 摩尔分数/℃）较高的 7005 合金不适合作为半固态成形用候选合金。对于 Al-Si-Cu-Mg 系合金，Si + Cu 和 Si/Cu 同样对合金的触变成形性能有重要影响[387]。

总之，近年来利用热力学模型方法对 2000、6000 和 7000 系铝合金的触变成形性能进行评估和分析的结果表明，在触变成形条件下，6000 系铝合金的温度敏感性太高[388]，2000 系铝合金的热裂倾向严重[389]，7000 系铝合金的抗应力腐蚀能力下降[381]。因此，在现有锻造铝合金中很难选择出适合半固态触变成形用的铝合金。尽管如此，上述工作已经表明采用热力学模型预测半固态用新合金是一种行之有效的方法，可以为研制新型半固态合金提供优选的合金成分范围，再经过实验验证和修正后，将有可能生产性能优异的半固态成形用合金。

8.3 热力学设计半固态新合金的基本原理与方法

8.3.1 计算相图与热力学模型

经过几十年的发展，计算相图（Calculation of Phase Diagrams）技术在新合金设计方面的作用正在日益提高，这一方面是由于多年研究和积累，使各种元素、合金的热力学数据库得到了极大的丰富，另一方面则缘于计算机技术的迅速发展，使快速、精确处理大量繁冗热力学数据成为可能。CALPHAD 方法最早是 VanLaar 于 1908 年提出的，当时的想法是将吉布斯自由能的概念引入相平衡中去，但由于缺少必要的数据而未能实现。此后的很长时间，尽管实验数据积累不断增加，但这个领域的进展仍然很慢，一个重要的原因就是大量的热力学数据处理需要手工计算完成。随着计算机的出现及其快速发展，使得计算更为复杂的计算模型成为可能，并且提高了计算相图的准确性和可靠性[14]，从而使这项技术真正进入了合金设计的实用化阶段[391]。

相图计算的基本方法是根据相平衡原理，建立能全面表述体系中各种相及组分的温度、压强及成分为变量的热力学模型，再应用由大量实验数据建立起来的数据库数据进行相平衡计算。因此，建立热力学模型是计算相图理论基础。到目前为止，进入实用化的模型主要运用了“平衡相间各组元化学势相等原则”或“体系吉布斯自由能最小化原理”。其基本方法表示如下：

（1）平衡相间各组元化学势相等。在二元系中，当 α 和 β 两相在某温度下达到平衡时，有关系式：

$$\mu_i^{\alpha} = \mu_i^{\beta}(i = 1, 2, \cdots, n) \tag{8-2}$$

当固定了压力之后，上式为：

$$\mu_i^{\alpha}(X_1, X_2, \cdots, X_n, T) = \mu_i^{\beta}(X_1, X_2, \cdots, X_n, T) \tag{8-3}$$

以 T 为参变量，可列出含有 n 个等式的联立方程组，解此方程组就可求出各平衡相的组元成分。

（2）体系吉布斯自由能最小化。以温度、压力、相平衡成分和各相的热力学特征函数为参量，通过体系自由能总量构造目标函数。以三元合金系 A－B－C 为例，按照规则溶体模型，体系中 φ 相的摩尔吉布斯自由能可表示为[16]：

$$\begin{aligned} G_m^{\varphi} = {}& {}^0G_A^{\varphi}X_A^{\varphi} + {}^0G_B^{\varphi}X_B^{\varphi} + {}^0G_C^{\varphi}X_C^{\varphi} + \\ & RT(X_A^{\varphi}\ln X_A^{\varphi} + X_B^{\varphi}\ln X_B^{\varphi} + X_C^{\varphi}\ln X_C^{\varphi}) + \\ & L_{AB}^{\varphi}X_A^{\varphi}X_B^{\varphi} + L_{BC}^{\varphi}X_B^{\varphi}X_C^{\varphi} + L_{AC}^{\varphi}X_A^{\varphi}X_C^{\varphi} + L_{ABC}^{\varphi}X_A^{\varphi}X_B^{\varphi}X_C^{\varphi} \end{aligned} \tag{8-4}$$

式中　X_i^{φ}——组元 i 在 φ 相中的摩尔分数；

$^0G_i^{\varphi}$——纯组元 i 呈 φ 相结构时的吉布斯自由能；

L_{ij}，L_{ijk}——二元反应能和三元反应能。

合金体系总的摩尔吉布斯自由能可表示为：

$$G_m = \sum \gamma_{\varphi} \sum G_i^{\varphi} X_i^{\varphi} \tag{8-5}$$

式中　γ_{φ}——φ 相的相对摩尔含量；

G_i^{φ}——组元 i 在 φ 相中的偏摩尔吉布斯自由能。

根据热力学原理，在平衡条件下，体系的总摩尔吉布斯自由能 G_m 最小。求解约束平衡条件下公式（8－5）的最小值，即可得到体系平衡时各相的成分和各相的相对量。

经过多年努力，已经有多个热力学计算软件相继问世，例如：FACT（Thompson 等，1988），Thermo－Calc（Sundman 等，1981），MTDATA（Daries 等，1991）等。其中应用较多的是由瑞典皇家技术学院物理冶金处研究开发的 Thermo－Calc 实用热力学计算软件系统。自 1981 年问世以来，经过不断的改进，已广泛应用于化学、冶金、材料科学、地质化学、半导体学科等专业领域。结合不同合金体系的热力学数据库，可以进行多元复相平衡计算、热力学特征参数优化评估、相转变及过程控制的计算机辅助模拟等分析研究工作。

8.3.2　Thermo－Calc 软件

Thermo－Calc 软件应用吉布斯自由能最小化原理，系统本身有 600 多个子程序，可以分成若干个功能模块。模块之间通过规定的界面接口进行协作。它以数据库和模型作为信息来源和计算基础，通过几个有各自不同功能的模块进行相应的计算或操作[393, 394]。

热力学计算离不开热力学数据，而精确的数据均是通过试验获得的。目前 Thermo－Calc 软件中常用的数据库包括：纯组元数据库、物质库、溶体库、Fe 基库、Ni 基库、Al 基库、Ti 基库、地质化学库、水溶液库、核材料库等。其中的数据都是从试验测得的结果，并经过评估获得的。专业数据库的共同特点是包括多个组元、多种相态的热力学数据，可用于复杂平衡的热力学计算，为材料设计和过程控制提供可靠的理论依据。

Thermo－Calc 软件以数据库和模型作为信息来源和计算基础，通过几个功能各异的模块进行相应的计算。目前软件中包括的模块有：数据库/数据文件管理模块、热力学特征参数管理模块、多元复相平衡计算模块、图形绘制模块、参数列表模块、热力学参数优化评估模块等。其中 Poly－1 模块可以用于定义使用者想要计算的相平衡或相图的条件，如组分、温度及活度等，并列出计算所得的每一相的成分；该模块可用来计算单个相平衡，也可绘制一至三维的相图或投影图。而 Scheil 模块主要用于模拟非平衡凝固行为。

Thermo - Calc 软件提供了多种灵活方便的热力学和相平衡信息的表达方式，不仅可以给出传统的相平衡信息，如液相线及固相线温度、各相的成分和比例、温度 - 压力图、温度 - 组成图、等温截面图、等成分截面图等，还可以根据多元合金制备的工艺特点给出各种特定条件的相平衡关系，如高温合金体系各相的相对量随温度的变化关系等。还可以将热力学数据制成表格、计算化学反应的热变化及其驱动力、评价化学系统的相平衡及相转换，并且通过自动绘图程序绘制各种多元相图。目前，许多外国材料工作者在材料设计和成分优化研究中都利用 Thermo - Calc 来进行热力学计算，并已经成为新材料发展领域中不可缺少的计算工具。我国的北京科技大学、中科院物理所、中南大学、北京有色金属研究总院等单位在相图计算方面也进行了大量研究工作，还有不少单位已经开始应用 Thermo - Calc 进行材料分析研究，热力学计算正在材料科学研究中发挥越来越重要的作用。

8.3.3 半固态新合金热力学计算依据

尽管半固态加工技术的研究已经有 30 多年的历史，但是应用热力学计算方法进行半固态新合金设计还只有几年时间，一方面原因是对开发半固态专用合金的重要性有一个逐渐认识的过程，另一方面是热力学计算获得的是合金平衡态时的信息，而合金的半固态成形是一个非平衡凝固过程，建立起两者之间的关系需要有一定试验数据的积累。因此，在利用热力学设计半固态合金时，首先需要根据半固态成形的特点建立起合金的热力学性质与半固态成形工艺性能之间的关系，为热力学计算提供依据[390, 395]。

以 Al - Si - Mg 系合金为例，借助二元共晶合金相图，可以建立热力学计算半固态新合金时所需要的基本条件，如图 8 -4所示。图中 T_m 是元素 A 的熔点，T_E 是共晶温度，T_{SS} 是半固态成形温度，T_A 是时效温度，T_L 和 T_S 分别是液相线和固相线温度，Δc 是 T_{SS} 和 T_A 之间 B 元素在α相中的溶解度偏差。

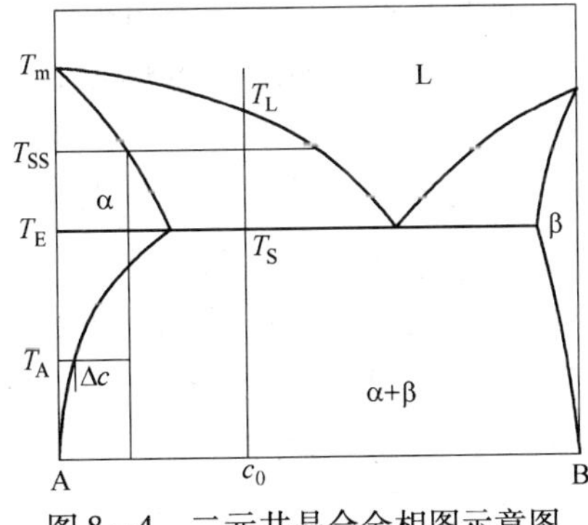

图 8 -4 二元共晶合金相图示意图

8.3.3.1 液固相线温度区间

固相线与液相线之间的温度区间 ΔT_{S-L} 通常指合金的凝固范围，主要由合金成分决定并受工艺条件如冷却速度的影响。在半固态用合金设计中，凝固范围是一个重要因素。由于纯金属没有一个凝固温度区间，其铸造性能往往很差；而一个凝固温度区间很宽的合金在铸造中又易于产生热裂并使后凝固的液态合金的流动性变坏[4]。因此，参考常用铸造和锻造铝合金固相线与液相线数据[396]，在合金设计时，设定 30℃ ≤ΔT_{S-L}≤150℃，可以保证合金具有适当的凝固区间，以防止合金的热裂。

8.3.3.2　固相分数对温度的敏感性

固相分数用f_S表示，其数值可以从相图中利用杠杆定理求出。在平衡条件下，成分为c_0的半固态浆料的固相分数（f_S）由半固态成形的温度（T_{SS}）决定。在$T_S \sim T_L$温度区间内，随温度的降低，固相分数会增加，因此，固相分数（f_S）对温度的敏感性可以由$f_S - T$曲线的斜率确定，即df_S/dT。df_S/dT通常为负值，一般取其绝对值$|df_S/dT|$代表固相分数对温度的敏感性。为了获得稳定的可重复的加工条件，固相分数应严格控制。如果固相分数对温度的敏感性太高，温度的微小波动都会引起固相分数较大的变化，这将会使加工过程难于控制，并导致最终产品的质量不稳定。为此，在合金设计中设定固相分数随温度的变化率$|df_S/dT|$小于 0.015[386]。

8.3.3.3　时效硬化潜力

对于 Al-Si-Mg 系合金，在 α 中的脱溶强化相是 Mg_2Si 相。因此，在合金设计时应考虑 Mg_2Si 相在 α 中的过饱和度 Δc_{Mg_2Si}，而 Δc_{Mg_2Si}不仅与 Mg 和 Si 元素在 α 中的过饱和度有关，而且与 Mg/Si 比有关。根据经验可以设定如果 Δc_{Mg_2Si} ≤0.5%，合金将没有可热处理强化性。以此为判据，在初生 α 相的体积分数 $f_\alpha^p \geq 0.6$ 时，通过计算 Δc_{Mg}、Δc_{Si}以及 Δc_{Mg_2Si}的质量分数来判定合金的可热处理强化性。

8.3.3.4　铸造性能

在触变压铸成形中，半固态浆料的充型性主要取决于液相金属的流动性，而流动性的好坏又与浆料中低熔点共晶相的数量有关。在保证初生 α 相的体积分数满足触变成形要求的前提下，共晶相数量越多，合金的铸造性能越好。由于在 Al-Si-Mg 合金系中，有可能出现的初生相包括 α、Mg_2Si 和 Si 相，因此可以通过计算初生相的体积分数，进而获得低熔点共晶相的数量。同时，考虑到初生 Mg_2Si 和 Si 相，特别是 Mg_2Si 相会导致合金的力学性能变坏，在合金设计时应控制初生 Mg_2Si 和 Si 相的数量，为此设定f_{Si}或$f_{Mg_2Si} \leq 1.5\%$。

8.3.3.5　其他因素

以上是半固态用合金设计时从热力学计算方面应考虑的 4 个基本判据，利用这些基本判据，可以在热力学计算中有效分析合金元素在平衡凝固过程中对液相线、凝固区间、平衡态的相转变、相分数及过饱和度等的影响。但是，由于半固态金属触变成形是一个非平衡凝固过程，在合金设计中还需要考虑固相形貌、流变性能以及可二次加热性等动力学因素，这些因素从微观角度来说也与合金的热力学性质有关。例如，半固态浆料中的固相形貌主要受合金搅拌凝固和二次加热等非平衡过程的影响，但主要合金元素的变化会影响合金的固液相线的走势及其凝固区间，从而影响固相分数的可控性；又如，微量元素（Ti、Zr、Sr、B 等）会影响固液界面前沿的成分过冷和抑制固相颗粒的长大，进而影响固相形貌和颗粒的尺寸大小，进而影响到半固态浆料的流变性能。然而，在目前的条件下，还无法从热力学来计算微量元素对半固态合金的影响作用，这些还需要通过实验研究加以确定。尽管如此，在研究开发新合金初期，采用热力学分析这一有力工具，可以减少实验研究的盲目性，缩短新合金的研究周期。

8.3.4 半固态新合金成分范围选择

在用热力学设计新合金前，对现有合金进行基本分析，将有助于理论预测的准确性。到目前为止，在半固态加工技术中应用最多的铸造铝合金是 A356/A357 合金，而研究较多的变形铝合金是 6061 合金。表 8－1 是 A357 和 6061 合金的成分表，可以看出，两种合金均属于 Al－Si－Mg 系合金，但两者在 Mg 和 Si 含量上很大差异，使得 A357 合金属于铸造合金而 6061 合金属于变形铝合金。A357 合金具有适合半固态成形的许多特点，例如，有明显的两相区，较高的 Si 含量使该合金具有良好的流动性，添加的 Mg 可使合金中形成一定数量 Mg_2Si 脱溶相，使合金具有可热处理性，因此该合金是目前半固态成形研究和应用最多的合金。但是，多年研究表明，半固态成形并不能使该合金的强度得到明显改善，主要原因之一是该合金凝固过程中会形成一些初生 Si 相，使合金的性能下降[21]。6061 合金也有明显的两相区，符合半固态加工的基本要求，Mg 含量的提高和 0.3% Cu 及 0.2% Cr 的加入，使该合金具有较高的强度，但是，由于 Si 含量的减少，使该合金的铸造性能变坏，半固态试验研究表明[388, 398]，这种合金经半固态成形后塑性反而下降。因此，多年来，人们一直希望能够开发出一种兼顾 A356/A357 和 6061 合金优点的新型半固态合金，以满足半固态加工的需要。基于以上分析，在用热力学方法设计半固态新合金时首先选择了 Al－Si－Mg 三元体系。

表 8－1 A357 和 6061 合金的成分表 （%）

合 金	化学成分						
	Si	Fe	Cu	Mn	Mg	Cr	Zn
A357	6.5～7.5	0.20	0.20	0.10	0.4～0.7	—	0.10
6061	0.4～0.8	0.7	0.15～0.4	0.15	0.8～1.2	0.04～0.35	0.25

图8－5是Al－Si－Mg三元系富铝一角的三元相图示意图。由图可见，当合金元素Si和Mg的含量都较低时，初生相是α相；随着Si含量的增加，初生相转变为Si相；而随Mg的含量增加，初生相将会是Mg_2Si相。当成分为Al－13.63Si－4.85Mg的液相在557.2℃经三元共晶反应后，将分解为α、Si和Mg_2Si相，这时α、Mg_2Si和Si相的成分分别是83.12%α、6.82%Mg_2Si和10.02%Si。由于液相中析出过多的Mg_2Si和Si相会给合金的力学性能带来不利影响，因此，目前采用热力学计算Al－Si－Mg系半固态合金成分的重点应集中在初生相为α相的成分范围内。

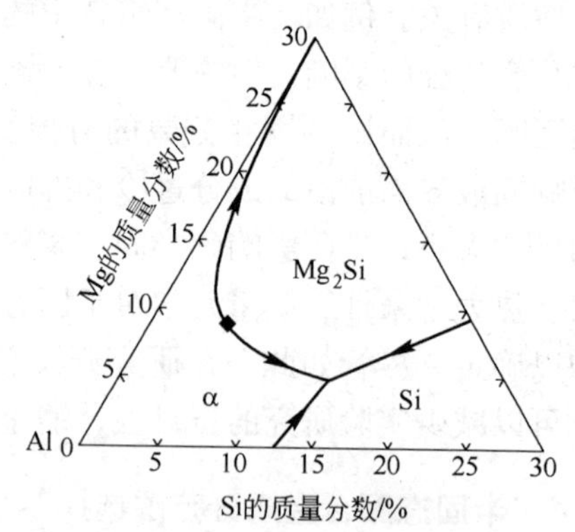

图8－5　Al－Si－Mg系三元合金相图示意图

8.4　半固态Al－Si－Mg新合金的热力学分析

8.4.1　合金成分对液相线温度的影响

液相线温度T_L是制定铸造工艺时的一个重要参量。图8－6是计算出的Al－Si－Mg系的液相线T_L与合金成分的关系图，图中标注的数字是Mg的质量分数（本节所述物质含量均为质量分数）。可以看出，合金成分对T_L具有强烈的影响，随Mg含量的增加，合金的液相线温度下降；在Mg含量不大于5%的情况下，T_L随Si含量的增加而降低；当Mg含量增加到6%以上时，$T_L-w(Si)$曲线出现最低点，并且随Mg含量的增加，最低点向Si含量低的方向移动。所以当Mg含量超过5%时，$T_L-w(Si)$曲线出现转折点，该点实际上是发生L→L＋α＋Mg_2Si二元共晶反应的共晶点。

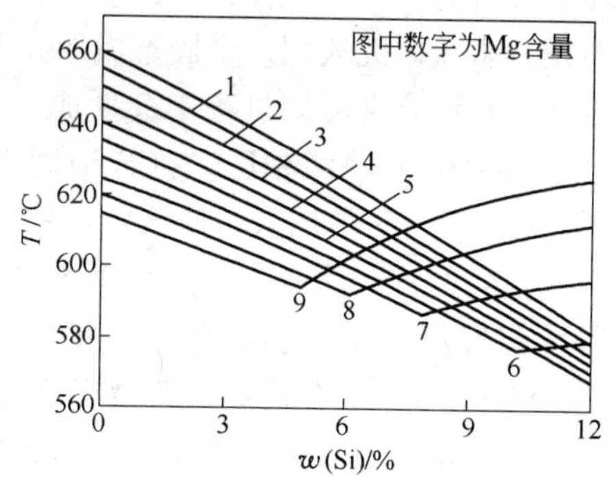

图8－6　计算出的Al－Si－Mg系液相线温度T_L与合金成分的关系曲线

图8－7是Mg含量固定在2%和7%情况下，计算得到的Al－Si－Mg系垂直截面图。从图8－7中可以看出，在Mg含量为2%时，共晶点温度为569℃，Si含量为13%；在Mg含量为7%时，共晶点温度为586℃，Si含量为8%。这表

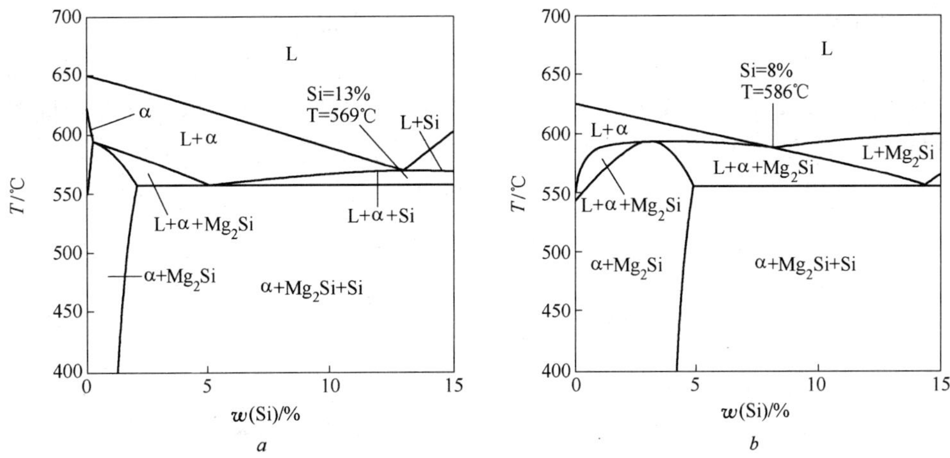

图 8 - 7 计算出的 Al - Si - Mg 系垂直截面相图

a—2% Mg；*b*—7% Mg

明，Mg 含量对合金的二元共晶温度也具有强烈影响，特别当 Mg 含量超过 5% 后，随 Mg 含量的增加，共晶温度升高，共晶点处的 Si 含量减少。同时还可以看出，当 Mg 含量超过 5% 以后，将会伴有初生 Mg_2Si 相形成，这会使合金的力学性能严重下降。因此在选择新合金成分时，镁含量应控制在 5% 以下。

8.4.2 合金成分对凝固温度区间的影响

固相线与液相线之间的温度区间主要由合金成分决定，并受工艺条件如冷却速度的影响。在合金设计中，凝固范围是一个重要因素，是确定合金流动性的主要参量，而流动性将影响合金的铸造性和金属浆料在压铸成形时的充填性。对于半固态触变成形，还需要考虑二次加热时坯料中有一个合理的固相分数，固相分数过高，合金的流动性和充填性不好；固相分数过低，不仅能耗大而且坯料会出现液相流淌。

研究和应用的结果表明，触变成形时的固相分数一般控制在 0.5 ~ 0.7 范围为宜。这也成为确定一个合金是否适合半固态触变成形的一个判据。在计算 ΔT_{S-SS}时，取固相分数 0.5 ~ 0.7 的中值 $f_S = 0.6$。图 8 - 8 是不同合金成分变化下计算得到的 ΔT_{S-L}结果。从图 8 - 8 可以看出，在 Si≤8%、Mg≤5% 范围内，合金的液固相线温度区间 ΔT_{S-L}均大于 30℃（点划线以上），满足合金设计 30℃ ≤ΔT_{S-L}≤150℃ 的基本条件；但也看出，Mg 含量增加使液固温度区间 ΔT_{S-L}减小；当 Mg 含量为 1% ~ 3% 时，随 Si 含量增加，ΔT_{S-L}先升后降，其峰值对应的是三元共晶点，参见图 8 - 7*a*；当 Mg 含量为 4% ~ 5% 时，ΔT_{S-L} - *w*(Si) 曲线呈现两处拐点，这主要是受初生 Mg_2Si 相的影响所致，参见图 8 - 7*b*。

因此，Mg 含量为 4% ~5% 的合金不适宜作为半固态成形用合金。

在图 8－8 基础上可以进一步计算出固相分数 $f_S=0.6$ 时，合金的半固态加工温度范围 ΔT_{S-SS}，如图 8－9 所示，图中的点划线的温度为 10℃。根据半固态触变成形的经验，ΔT_{S-SS} 至少要大于 10℃ 才能满足工艺要求。比较图 8－8 与图 8－9 可以看出，满足半固态触变成形要求的合金成分范围将进一步缩小。

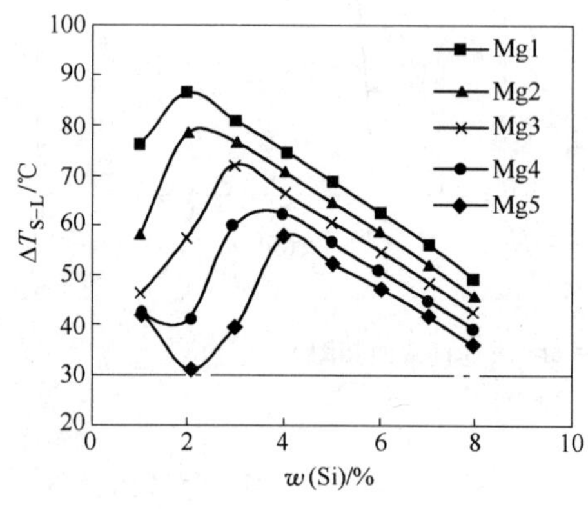

图 8－8　不同 Mg 含量下固液温度区间 ΔT_{S-L} 与 Si 含量的关系曲线

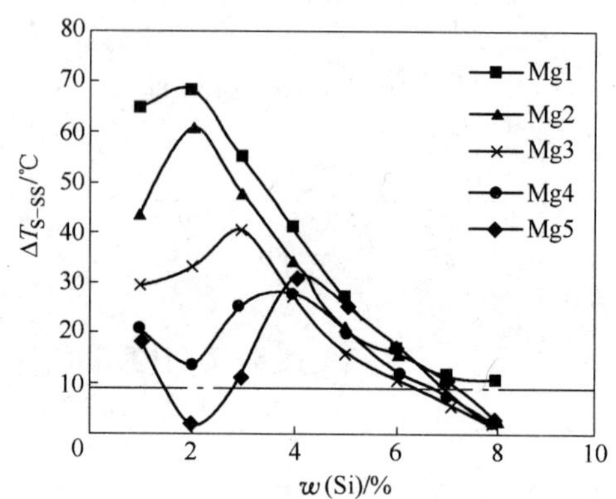

图 8－9　不同 Mg 含量下半固态加工温度范围 ΔT_{S-SS}

此外，在相同条件下计算了 A357 和 6061 的 ΔT_{S-SS}，结果发现 A357 合金的 $\Delta T_{S-SS}=15.8$℃，因而在这样窄的温度区间内是很难实现半固态成形的。而 6061 合金的 $\Delta T_{S-SS}=51.8$℃，似乎更适合半固态成形。实际上，A357 合金在半固态成形时的固相分数为 0.4 ~0.5[5]。参考 A357 和 6061 合金的情况，可以选择 Mg 在 1% ~3%、Si 在 3% ~7% 范围内的合金成分，将会使合金的凝固温度区间和半固态成形温度区间有一个合理配合。

8.4.3　合金成分对固相分数敏感性的影响

在半固态触变成形过程中，固相分数敏感性是控制显微组织和工艺稳定性的一个非常重要的参量，因此，能够在一定温度下准确控制固相体积分数已成为近年来研究的热点之一[5,8,9]。$|df_S/dT|$ 是合金成分和固相分数的函数。对于半固态触变成形用合金，选择固相分数 $f_S=0.6$ 的条件下来研究合金成分对 $|df_S/dT|$ 的影响。

图 8－10 是不同 Si 含量下，Mg 含量由 1% 变化到 3% 时，计算的合金固相分数随温度变化的 f_S-T 曲线，图中的虚线区域为 $f_S=0.5\sim0.7$。由图 8－10*d* 可以看出，当 Si 含量为 7% 时，初生α相的固相分数基本在 0.6 以下。这类合金很难满足半固态触变成形的要求，因此，基本可以排除在外。

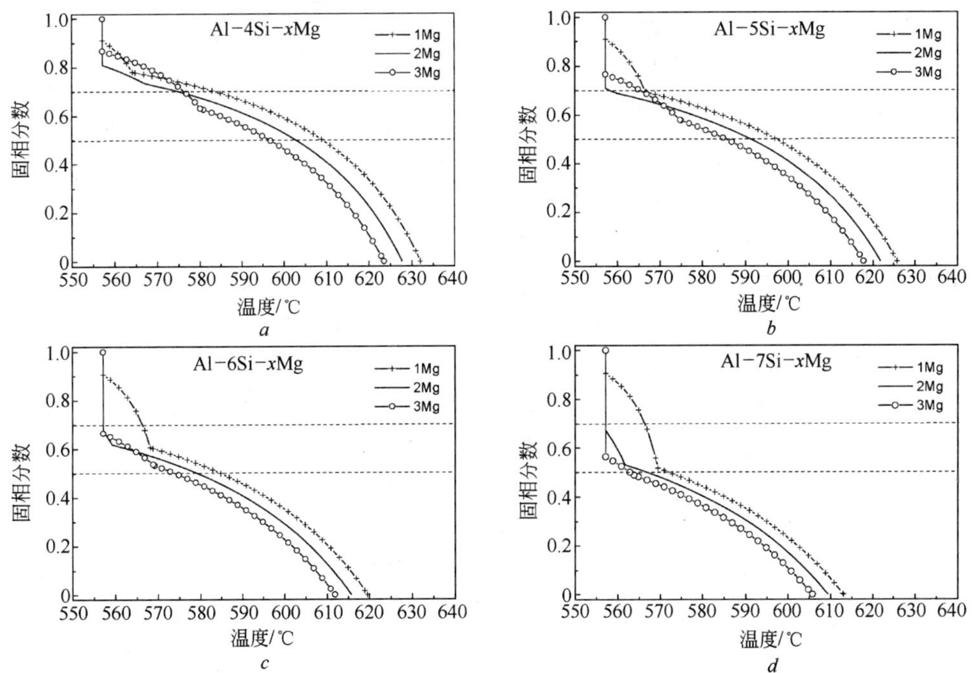

图 8-10 一定 Si 含量不同 Mg 含量下固相分数与温度的关系

进一步分析可以看出，随温度由高向低变化，f_S-T 均会出现第一个拐点，从上面的分析可知，该点表示初生相析出发生了变化，在初生α相后又发生了α+(Si)或α+Mg_2Si 二元共晶反应。温度继续降到固相线温度时，曲线出现第二个拐点，这时，二元共晶反应结束，三元共晶反应开始，f_S达到 1。

从图中还可以看出，随 Mg 含量增加，液相线温度降低，并不同程度地减少初生α相析出量，使曲线斜率$|df_S/dT|$增加，固相分数对温度的敏感性增加；当 Mg 含量一定时，Si 含量的降低会强烈降低初生相的体积分数，但同时也降低了 f_S-T 曲线的斜率$|df_S/dT|$，使固相分数对温度的敏感性减小。曲线在第一个拐点出现后，新的析出相使曲线变得陡峭，曲线斜率$|df_S/dT|$增加，使固相分数对温度的敏感性增加。

此外，Si 和 Mg 含量都会不同程度地影响 f_S-T 曲线的走势，进而影响固相分数对温度的敏感性 $|df_S/dT|$ 。特别在 f_S-T 曲线出现拐点时，初生相析出发生了变化，相应地固相分数对温度的敏感性 $|df_S/dT|$ 在拐点处会急剧增加，这将会对半固态成形工艺的控制带来很大的困难。因此，在选择合金成分时，合金的 f_S-T 曲线的走势应尽量平坦，以使 $|df_S/dT|$ 变化较小；初生 Si 相或 Mg_2Si 相的析出量尽可能小，以避免因 $|df_S/dT|$ 急剧变化给触变成形二次加热工艺控制带来不利影响。

图 8－11 是 $f_S=0.6$ 时，Mg 含量分别为 0、3%、5% 下计算出的 $|df_S/dT|-w(Si)$ 曲线，图中的点划线为 $|df_S/dT|=0.015$。可以看出，当 Si 含量在 2%～6% 范围内，添加 3% Mg，可使 $|df_S/dT|\leqslant 0.015$，合金的固相分数对温度的敏感性可以满足半固态成形的要求；而在相同 Si 含量的范围内，Mg 含量为 5% 时，$|df_S/dT|$ 均大于 0.015，其中最大值达到了 0.18，因此，这类合金是不适合半固态成形的。

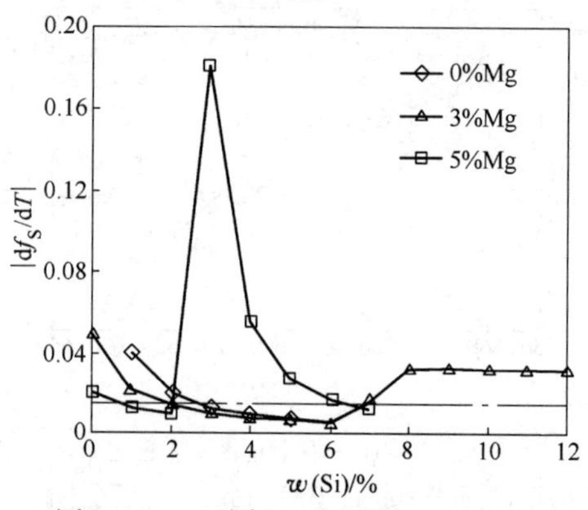

图 8－11　不同 Mg 含量在 $f_S=0.6$ 时计算出的 $|df_S/dT|-w(Si)$ 曲线

在分析已知合金的可加工性时，应同时考虑给定温度下的 f_S 和随温度微小变化而变化的 Δf_S。图 8－12 是 AlSi6Mg2 合金固相分数 f_S 与温度及温度变化 $|df_S/dT|$ 的曲线关系图。由图可知，在拐点处，固相分数与温度变化 $|df_S/dT|$ 出现突变，从 0.0035 增加到 0.06，增加了 17 倍，这种变化会给半固态成形带来十分不利的影响，因此，在保证固相分数的前提下，合金应尽量避免在拐点以下的温度进行半固态成形，以保证成形过程的稳定性。

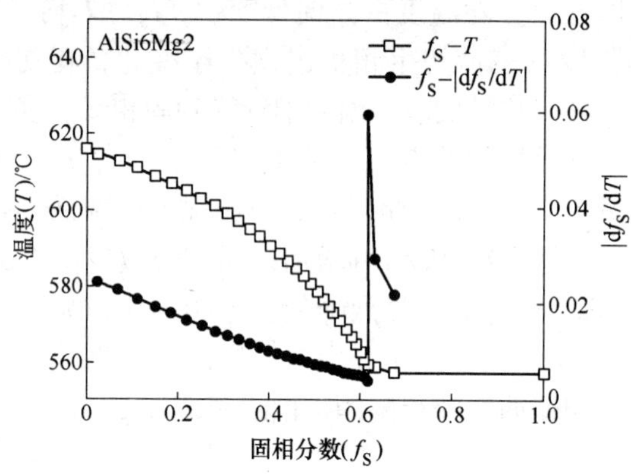

图 8－12　AlSi6Mg2 合金 f_S-T 与 $f_S-|df_S/dT|$ 曲线的关系图

8.4.4　合金成分对初生相种类和数量的影响

实验表明，适合半固态触变成形工艺的固相分数一般在 60% 左右，因在这样的固液相比例下合金才会具有良好的触变成形性。然而，这里只是基于半固态成形工艺的考虑，实际上合金的使用性能及热处理强化潜力与固相中存在的相种类及其数量密切相关，而这些又受到合金成分的强烈影响。一个理想的半固态铝合金，其初生相应为 α 相，并且 α 相的固相分数应在 60% 左右，这样的合金在二次加热中可以保持以 α 相为主的固相分数在 60% 左右，便于触变成形；同时，保存下来的 α 相在随后的时效强化中可以有较多的 Mg_2Si 相二次析出，以提高合金的强化效果，若 α 相在合金中的总量较小，则强化效果会不明显。

通过热力学相平衡计算来分析合金的凝固路径，从而可以获得固相中存在的相种类及其数量的信息。对于富铝的 Al－Si－Mg 合金，当初生相是 α 相时，合金的凝固路径可以有以下三种情况：

$$L \rightarrow L+\alpha \rightarrow L+\alpha+Mg_2Si \xrightarrow{\text{共晶反应}} \alpha+Mg_2Si+Si \tag{8-6}$$

$$L \rightarrow L+\alpha \xrightarrow{\text{共晶反应}} \alpha+Mg_2Si+Si \tag{8-7}$$

$$L \rightarrow L+\alpha \rightarrow L+\alpha+Si \xrightarrow{\text{共晶反应}} \alpha+Mg_2Si+Si \tag{8-8}$$

在反应式（8－6）中，合金的初生相有 α 相和 Mg_2Si 相，初生 Mg_2Si 相是脆性相，会降低合金的力学性能，因此，在合金设计中应尽量避免有初生的 Mg_2Si 相存在；反应式（8－7）是由 L＋α 两相区直接进入共晶反应的凝固路径，这是一种理想状态，在二元合金中是一个固定的成分点，在三元合金中是一条三维空间曲线，在实际配制合金中很难实现；反应式（8－8）中初生相包括 α 相和 Si 相，初生的 Si 相尽管也会降低合金的力学性能，但初生 Si 相可以改善合金的流动性，因此，在合金设计中保留少量的初生 Si 相，不仅有助于合金半固态性能的提高，而且在实际应用中容易实现。根据上述分析，可以在已经选定的合金范围内，按照式（8－7）的凝固路径，计算出相应的合金成分。将该成分左方会出现初生 Mg_2Si 相的成分排除，就可以进一步缩小所需合金的成分范围，并在此基础上对初生 α 相和初生 Si 相的体积分数进行计算，为进一步优化设计合金成分提供依据。

图 8－13 是 Mg 的质量分数分别为 1%、2%、3%、4% 下计算出的 Al－Si－Mg 系三元合金的垂直截面相图。可以定性地看出，当 Mg 含量为 4% 时，即图 8－13*d*，在三元共晶成分点左侧范围内，由 L＋α 两相区进入 L＋α＋Mg_2Si 三相区后，都不可避免出现初生 Mg_2Si 相，因此，可以排除 Mg 含量超过 4% 的情况。

表 8－2 给出了不同的 Mg 和 Si 含量下，计算得到的初生α相以及初生 Si 或者 Mg_2Si 相的固相分数。半固态触变成形要求初生α相的固相分数在 50%～70% 比较合适，因此，初生α固相分数过高或者过低的合金将被排除在设计范围之外。在初生α相的固相分数满足 50%～70% 的条件下，从合金的铸造性能和力学性能考虑，初生 Si 或者 Mg_2Si 相的固相分数应尽可能地小。由表中数据可以看出，合金成分为 Al－(4～6)Si－2Mg 及 Al－6Si－3Mg 的合金可以满足 f_{Si} 或 $f_{Mg_2Si} \leqslant 1.5\%$ 的基本条件。

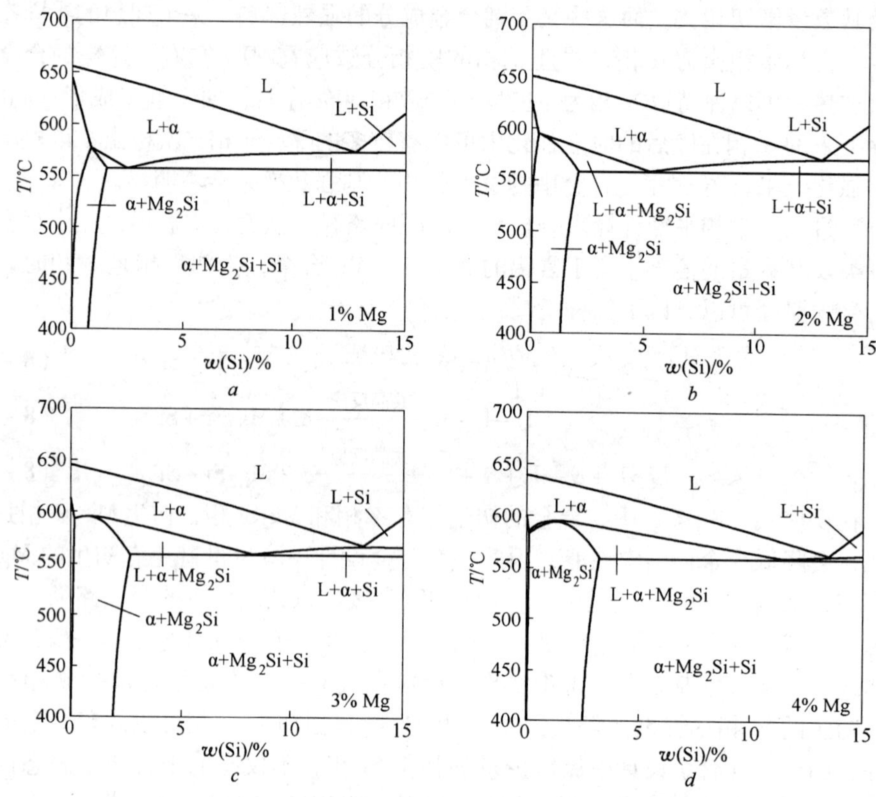

图 8 - 13　不同 Mg 含量下 Al - Si - Mg 系的垂直截面相图

表 8 - 2　不同 Mg 和 Si 含量下初生α相和初生 Si 或 Mg_2Si 相的固相分数　　（%）

Mg \ Si		2Si	3Si	4Si	5Si	6Si	7Si	8Si	9Si
1Mg	α相	93.3	86.5	78.1	69.4	60.6	51.7	42.7	33.8
	Si 或 Mg_2Si 相	(0.28)	0.59	1.58	2.58	3.57	4.67	5.56	6.56
2Mg	α相	84.5	78.5	73.4	69.0	61.8	53.1	44.3	35.4
	Si 或 Mg_2Si 相	(2.1)	(1.58)	(0.90)	(0.22)	0.67	1.66	2.66	3.65
3Mg	α相	76.2	69.0	63.1	57.9	53.2	48.9	44.8	37.2
	Si 或 Mg_2Si 相	(3.19)	(3.55)	(2.87)	(2.20)	(1.50)	(0.84)	(0.17)	0.75

注：括号内数字为初生 Si 或 Mg_2Si 的体积分数。

8.4.5　合金元素对脱溶强化能力的影响

合金具有时效强化的基本要求是随温度的降低，一种或多种合金元素在固相中的溶解度不断减少。这种合金能够从固溶温度淬火保留下来，形成过饱和固溶体，并在随后的时效处理中脱溶出来。时效强化能力就是不同合金化元素在淬火温度和时效温度下的溶解度之差。由于 Al－Si－Mg 系合金中的主要强化相是 Mg_2Si 相，因此，为了使设计出的半固态触变成形合金具有良好的脱溶强化能力，需要考虑两个条件，一是具有足够多的初生α相，二是在α相中 Mg 和 Si 的溶解度较大，以形成较多的 Mg_2Si 析出相。

在初步选定的合金成分范围内，合金的强化能力主要取决于 Mg_2Si 相在α中的脱溶析出能力，这不仅与 Mg 和 Si 在α相中的溶解度有关，而且与 Mg/Si 比有关。已知 Mg 和 Si 在 Mg_2Si 相中的质量比为 Mg: Si＝1.73: 1，因此，从热力学角度考虑，在 Si 含量一定的情况下，适当增加 Mg 含量，将会增加 Mg_2Si 在α中脱溶析出数量，提高合金的脱溶强化潜力。

尽管合金设计的主成分与α相中溶解的 Si、Mg 含量没有直接的关系，但是可以通过计算不同合金中 Si 和 Mg 在初生α相中的最大溶解度来分析 Si、Mg 元素对脱溶能力可能造成的影响。

表 8－3 是在固相分数 $f_S=0.6$ 的条件下计算的不同成分的 Al－Si－Mg 合金中 Si、Mg 在α相中的溶解度。可以看出，合金主成分变化对 Si、Mg 在α相中的溶解度有明显的影响规律。当固定 Mg 含量为 2% 时，随 Si 含量增加，Si 在α相中的溶解度增加，Mg 在α相中的溶解度减小；而当固定 Si 含量为 6% 时，随 Mg 含量增加，Si 在α相中的溶解度减小，Mg 在α相中的溶解度增加。显然，Si、Mg 在α相中的溶解度与主成分中 Si 和 Mg 的配比有关。由于，Mg_2Si 在α相中脱溶析出数量与 Mg/Si 比有关，因此，在表 8－3 所列合金中，Mg_2Si 的脱溶析出量 Δc_{Mg_2Si} 主要取决于 Mg 在α相中的溶解度。

表 8－3 不同成分的 Al－Si－Mg 合金中 Si 和 Mg 在α相中的溶解度

合　金	Si 在 α 相中的溶解度	Mg 在 α 相中的溶解度	Δc_{Mg_2Si}
Al－3Si－2Mg	0.613	0.816	1.29
Al－4Si－2Mg	0.844	0.729	1.15
Al－5Si－2Mg	1.090	0.645	1.02
Al－6Si－2Mg	1.353	0.567	0.89
Al－6Si－3Mg	1.212	0.705	1.11
Al－6Si－4Mg	1.071	0.806	1.27
6061	0.131	0.494	0.36

比较表 8－3 中的数据还可以看出，在成分为 Al－6Si－2Mg 的合金中，Mg 在α相中的溶解度最小，Δc_{Mg_2Si} 最小、脱溶强化潜力最小。但依然符合 $\Delta c_{Mg_2Si}>0.5\%$ 的基本判据，并且比 6061 合金的脱溶强化潜力高 2 倍以上。综上所述，合金成分在 Al－(4～6)Si－(2～3)Mg 范围内的合金均可满足脱溶强化的基本条件。

8.5　Al – Si – Mg 系半固态合金成分的确定

综合以上热力学计算和分析结果，在热力学考虑的范围内，选择出了 Al – Si – Mg 系中有可能成为半固态触变成形用合金的 4 个主成分点。图 8 – 14是 $|df_S/dT|$ 值小于 0.015、f_S = 0.6 时的成分范围预测结果，表 8 – 4 是具体数据。表中还列出了 A357 和 6061 两种商用合金的计算结果及实测值。

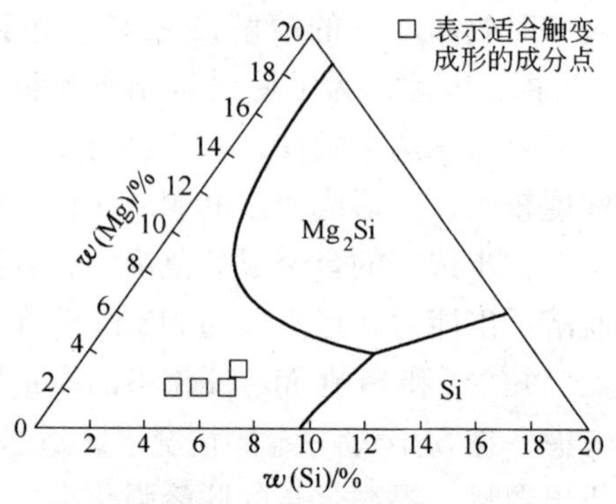

图 8 – 14　设计出的 Al – Si – Mg 系半固态合金成分点

可以看出，用热力学计算方法选择出的合金成分与相同合金体系的传统合金相比，液相线温度、液固相线温度区间与两种商用合金的相当，同时具有较高的初生α相的体积分数，较低的固相分数对温度的敏感性；合金元素在α相中的最大溶解度也明显高于6061 合金，这些都将会有利于提高合金的半固态触变加工性能和成形件的力学性能。

分别对比 A357 和 6061 合金的两组计算和实测数据可以看出，热力学计算出的液相线温度和液固相线温度区间与实测值十分相符。其他数据因缺乏实测数据而无法比较，其中，由于 A357 合金中的初生α相的体积分数小于 60%，因此没有计算合金元素在α相中的最大溶解度。尽管如此，基本验证了热力学方法是可行的。

表 8 – 4　4 种合金成分及其主要参数的计算结果（f_S = 0.6）

合　金	液相线温度/℃	液固相线温度区间/℃	$f_S - T$ 的敏感性 $\|df_S/dT\|$	初生相α体积分数/%	合金元素在α相中的最大溶解度/%		
					Si	Mg	Δc_{Mg_2Si}
Al – 4Si – 2Mg	627.7	70.5	0.004	81	0.844	0.729	1.15
Al – 5Si – 2Mg	621.8	64.6	0.005	71	1.090	0.645	1.02
Al – 6Si – 2Mg	615.7	58.5	0.005	63	1.353	0.567	0.89
Al – 6Si – 3Mg	611.9	54.7	0.008	66	1.212	0.705	1.11
商用铝合金							
A357	614.9	54.2	0.16	57	—	—	—
A357[18]	613.0	56.0	—	—	—	—	—
6061	652.1	61.6	0.033	61	0.131	0.494	0.35
6061[18]	652.0	70.0	—	—	—	—	—

8.6 小结

本章主要介绍了采用热力学计算进行合金设计的基本原理和方法，并针对Al－Si－Mg三元系合金结合半固态触变成形的基本特点，优化设计出几种可能成为半固态专用的合金成分。从热力学分析结果来看，这几种合金比相同体系的传统铝合金更适合半固态触变成形。但是，在实际应用中，除主要合金元素外，添加其他微量元素对提高合金的力学性能和加工性能也会产生重要影响。因此，在设计半固态新合金时，还需要考虑添加适量的微量元素，以提高合金的综合使用性能。

一般来说，添加微量元素对基本合金的热力学性质影响很小，用热力学方法很难分析出微量元素对合金的组织和性能的影响。这就需要根据一些元素固有的性质和对其他元素的影响，采用实验的方法来逐步确定添加的种类和数量。近年的一些研究表明[399, 400]，添加Na、Sr和Sb等微量元素，可以细化Si颗粒，明显改善铝硅合金中共晶Si的形态，Sc等微量元素加入铝合金材料能有效细化α－Al初生晶[401, 402]，从而改善合金的最终力学性能，获得具有实用价值的半固态成形用合金。

9　非枝晶组织坯料的塑性变形

非枝晶组织合金坯料一般采用搅拌等方法在一定冷却条件下制备，它比普通铸造得到的锭坯具有更好的力学性能，其力学性能的提高与其组织结构有密切的联系。

非枝晶组织合金的最重要特点就是具有球形或蔷薇状的初生相微粒。对其进行的部分重熔，只是熔化了熔点较低的共晶相，而球形的初生相仍然保持为固相颗粒。因此，非枝晶组织合金在半固态温度下进行变形有自己独特的性质。它既不同于液态金属的流动，也不同于固态合金的高温塑性变形。在实际应用中，也主要是利用这一特性来成形零件。为了进一步促进它的应用，本章着重分析目前应用较为广泛的半固态铝合金和镁合金的变形特点及规律。

9.1　半固态金属变形机制

9.1.1　半固态金属变形机理描述

当非枝晶组织合金坯料固相体积分数较低，在压铸充填时，仅利用流变学行为对半固态加工进行描述或许可行，但对于高固相体积分数（>60%）的坯料，半固态加工仅用流变学行为进行理论描述是远远不够的，对其塑性流动的研究，愈来愈受到人们关注，并取得了一定进展。

非枝晶组织合金坯料的塑性变形随着固相分数、变形速率和变形程度等因素的不同，其变形机制也发生变化。在固相体积分数较高的情况下，由于固相骨架的形成，其固态特性表现为由于颗粒聚集，颗粒之间的机械连接，施加于半固态体的宏观应力由固相和液相同时承担，应力的偏应力部分仅由固相承担，静水压力分别由固相和液相承担，液体承担的压力是由多孔固体骨架的体积变化引起的液体流动的阻力发展而来的[1, 2]。

Chen 等采用Ⅰ－LF（液相流动）、Ⅱ－FLS（伴随固相颗粒的液相流动）、Ⅲ－SS（固相颗粒之间的滑动）和Ⅳ－PDS（固相颗粒的塑性变形）4 种变形机制来解释非枝晶组织坯料不同条件下变形时的变形本质[2]。当液相被固相包围时，LF 和 FLS 机制起主要作用，固相粒子接触时，则 SS 和 PDS 机制起主要作用，如图 9－1*a* 所示，变形区域由正方形变为长方形，固相粒子被液相包围，变形主要通过液相流动完成，变形时液相向横向流动以完成材料的变形，固相粒子只在垂直方向移动，固相粒子之间没有横向移动，横向形状扩展仅靠液相的流动，其结果导致液相的偏析，因此 LF 机制所需的变形力较小。图 9-1*b* 所示为 FLS 变形机制，变形依靠液、固相相互协调运动获得，变形时固相粒子沿着液相流动方向不只是 LF 机制中的垂直方向，而且还有侧向移动，其结果是 FLS 机制所需的变形抗力大于 LF 机制，因为固相粒子也被包含在侧向运动中。图 9-1*c* 为 SS 变形机制，变形通过粒子间的滑动获得，所需的变形抗力是由固相粒子间克服摩擦力和其周围液相限制的固相粒子运动，因此 SS 机制所需的变形抗力大于 FLS 机制；图 9-1*d* 为 PDS 变形机制，变形依靠固相粒子的塑性变形，变形抗力主要用于克服屈服强度和随后产生的固相粒子应变硬化，在所有 4 种变形机制中，PDS 所需的变形抗力最大，同时固相粒子间的滑动需要与 PDS 机制相协调[379]。

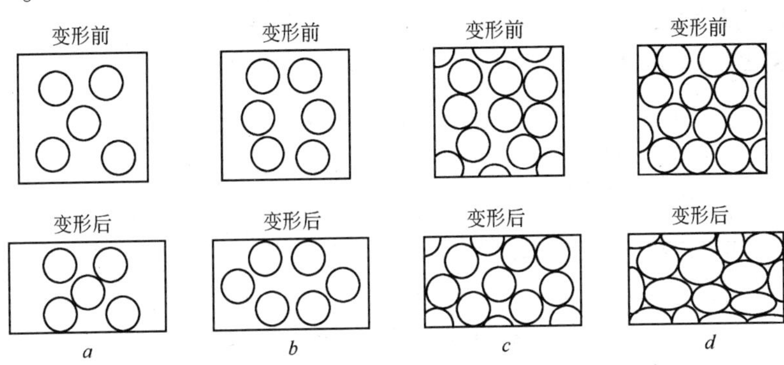

图 9-1 半固态金属的四种变形机制图

LF 机制起作用时，液相需要时间和周围的流动以完成变形，因此 LF 只在较低的应变速率下完成，LFS 因需要液相的协调运动，故应变速率也应较低，PDS 机制则无需响应时间，对液、固向均不需要明显的运动，因此较高应变速率的条件下，PDS 机制起主要作用，见图 9-2[379]。

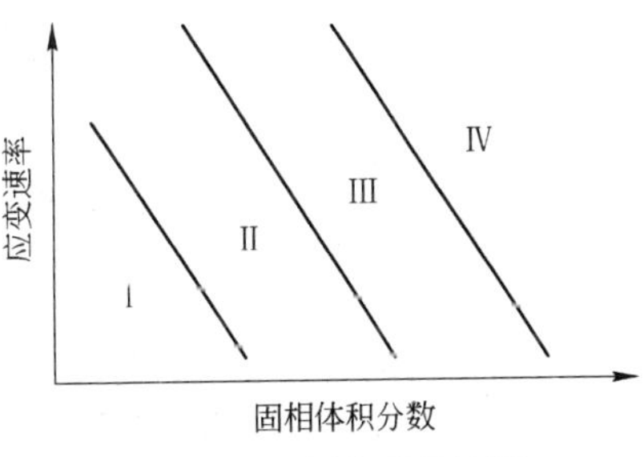

图 9-2 不同变形条件下，四种变形机制所起的作用

9.1.2 半固态金属塑性加工力学的物理描述

金属半固态塑性成形工艺是一种较新且大有发展前途的工艺，目前许多研究者除了进行相关的实验研究以外、还对金属在半固态的变形行为进行理论分析。一般来说、用于描述金属在半固态下变形的模型都使用两个理论为基础。用连续多孔体本构方程来描述固体骨架的变形行为，用达西定律来描述液体的流动，并且将二者相互耦合[73, 403, 405~407]。

早期的模型主要利用等效应力和静水压力相结合的对称椭球屈服应力或塑性势描述固相粒子的流动，采用达西定律描述液相，采用体积应变相容一致性（volumetric strain compatibility）耦合固相和液相的流动。但由于半固态浆料所表现的黏性行为，在拉伸或压缩试验时静水压力是非对称的，于是在3轴试验基础上提出非对称的椭球模型，并对流变性能作出解释。上述模型都引入液相相对于液相的流动，忽略固相压力的阻碍，此时也就忽略压力对黏度的影响，因此上述模型只对高固相分数的半固态浆料有效。半固态合金的微观组织及受力状态见图9－3，常见的几种双相模型见图9－4[405]。

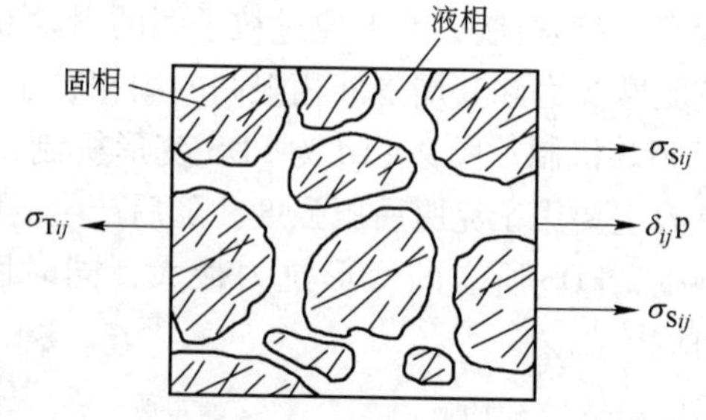

图9－3　半固态合金微观组织及受力状态图

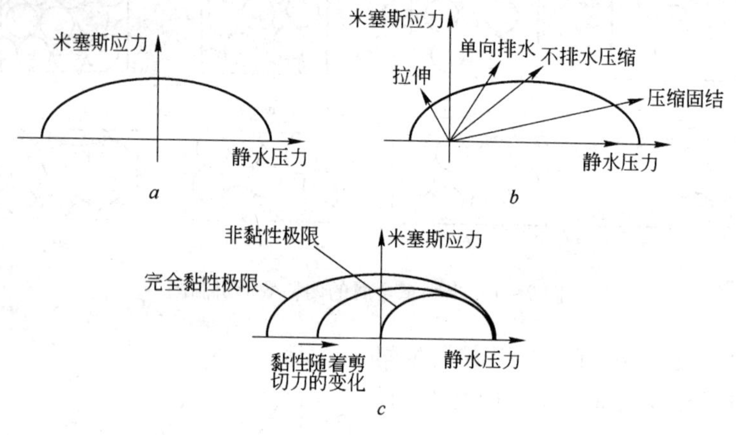

图9－4　双相模型

a—对称椭圆模型；*b*—非对称椭圆模型；*c*—触变非对称椭圆模型

与枝晶结构的合金相比，球形固相组成的固体骨架的渗透性较低，变形较均匀。渗透性与固相结构有关，可用 Carman－Kozeny 模型描述，该模型说明各向同性材料的渗透性依赖于固相晶粒的尺寸。当应变速率低时，在毛细（气孔）压力梯度的推动下，液体渗出自由表面，产生的气孔压力比宏观总压力小得多（排液变形）；在另一个极端，如果变形很快，液体没有足够的时间迁移到低压力区，导致气孔压力的聚集，这种情况的变形为不排液。在不排液的变形中、增加的气孔压力减小了等效应力的压力分量，导致三向等效应力的减少，因为黏结力的减少直接与作用应力的偏应力部分相关。在不排液的情况下，固体骨架被破坏，容易引起变形集中，但人们很少认识到多孔固相的内部变形行为对液相偏析行为的重要影响。事实上半固态金属在变形过程中不可避免地会出现宏观偏析现象，自从 Flemimgs 和其助手们发表了如何计算宏观偏析的文章后，大量的理论和实验工作用于计算由于自然对流和凝固收缩引起的宏观偏析。相比之下，由于液体充满固体骨架的变形引起的宏观偏析很少受到理论的关注。半固态流变学的完全描述需要说明固液相及其相互作用的热力学行为的模型，这个模型若考虑温度变化的影响则更为理想。将液体流动引起的应力简单地模拟为晶间压力，即将液体隐含地假设为无黏性的，然后液体采用达西定律来描述。这里固相被认为是弹性或弹塑性的。

在液相没有发展成明显的晶间压力的特定变形情况下（与宏观的或测量的应力相比），通过考虑单个多孔黏塑性介质来说明固相的本构行为。M. C. Flemings 等人利用多孔体介质力学与达西定律分别来描述半固态金属中的固体骨架与液态金属，但忽略了液态金属压力对整个变形过程的影响，并使用了上限元法计算了变形力。1985 年，KJ. A. Ialli 也使用类似的模型将液固混合物的总应力张量定义为固相应力张量部分及与液体晶间压力成比例的部分，并考虑了液相金属压力对整个变形过程的影响，对固液混合体的变形过程进行了简单的计算。Nguyen 等人提出了基于混合理论的等温模型，用黏塑性势明确地定义了固相的本构行为，黏塑性势是由高温下粉末的等效应力表达式中导出的（由 Abouaf 1986 年最初提出的），对金属半固态成形过程进行了具体的分析，取得了与实验基本一致的计算结果。最近，I. L. Martin 等人从理论与实验角度出发，细致地分析了金属在半固态下成形的整个过程，并引用了塑性势的概念对其进行描述，提出金属半固态下拉压变形行为的不对称性，并用排液压缩实验、不排液压缩实验及剪切实验验证了其模型的正确性。

这些工作的共同点是尽管在模型中可表达晶间液体压力对宏观行为的影响，并进行了实验验证，但忽略了液体压力对固体骨架的影响，认为固体骨架的变形与不存在液体时的一样。尤其是，在忽略液体压力的条件下，确定并证明了屈服准则中出现的特征函数或黏塑性势。Eharmyron 通过简单的压缩和过滤实验说明了 Sn - Pb 合金在半固态下的流变学，实验表明液体压力分布是可忽略的，类似地，Nguyen 等用过滤、压缩和三维排液压缩实验说明并证明了半固态下 A356 和 Sn - Pb 合金的黏塑性势能公式。这样，在不忽略液体压力的条件下，无论是从理论上还是实验上都缺乏对充满液体的多孔介质的黏塑性金属的行为方面的认识，因为这些关系不单是理论方面的，工艺过程如连续铸造和半固态铸造很可能产生很大的液体压力，这些过程的精确模拟需要液固混合物的本构方程，需要精确地描述液体对混合物变形机理的贡献。此外，颗粒型金属基复合材料与普通合金相比，主要不同之处在于后者中存在陶瓷颗粒。而一般情况下，陶瓷颗粒又都聚集于晶界处。当颗粒型金属基复合材料被加热到半固态温区时，首先在晶界处熔化，使得大部分陶瓷颗粒被包裹于液态金属中。因此，上述现象必须分两种情况来考虑：一是液态金属包裹全部陶瓷颗粒；二是液相金属没有包裹全部陶瓷颗粒。使用与普通合金基本相同的理论基础，并假定固体骨架为黏性且可压缩，液态金属的流动为层流。进行了金属基复合材料半固态单向等温轴对称压缩数值模拟，取得了与实验基本一致的结果。

到目前为止，半固态塑性加工理论的研究还仅仅是初步的，尤其是在晶粒周围存在液相的情况下、对液相作用的数学描述，而在外力作用下，考虑液相作用下的本构方程，微观机制特征及其演变过程等也有待深入研究。

9.1.3　非枝晶合金坯料在半固态温度下塑性变形试验研究

9.1.3.1　非枝晶合金坯料在半固态温度下塑性变形试验

为了研究非枝晶组织坯料和常规铸造坯料在半固态温度下塑性变形规律的不同，我们选用的材料包括半固态 Al - 6.6% Si 合金和常规铸造 Al - 6.6% Si 合金。半固态 Al - 6.6% Si 合金是采用电磁搅拌方法制备的。基于进行对比的目的，常规铸造 Al - 6.6% Si 合金也在相同条件下凝固。并将两种材料加工成尺寸为 $\phi 12 \times 11$ 的圆柱形试样[203]。

A　实验设备和方法

在 GLEEBLE 1500 热模拟机上进行实验，这是一种卧式实验机，水平夹持试样。该设备采用电阻法加热试样，能够满足半固态合金部分重熔所需的加热速度快、加热温度分布较均匀和温度控制较严格的要求。试样的实际温度由焊在试样表面的热电偶测量，并反馈回加热控制系统。实验完成后，立即将试样进行水冷，以保持其内部组织。

为了降低试样与夹头之间的摩擦力，在夹头与试样端面之间加垫了石墨片，以便尽量减小摩擦力对真实应力计算结果的影响，如图 9 - 5所示。

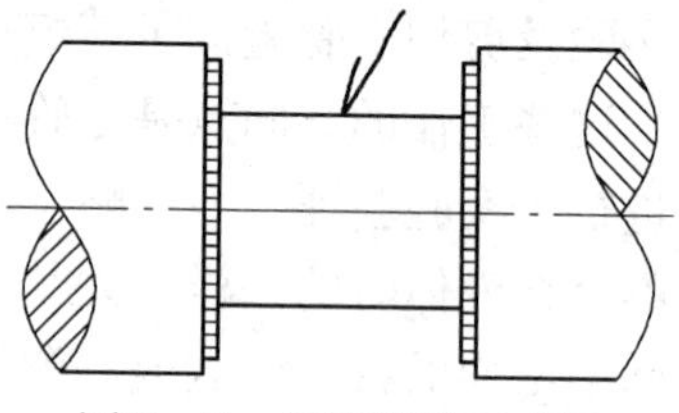

图 9 - 5　压缩实验示意图

B　实验参数的确定

一般地，压缩变形参数包括变形温度、加热速度、保温时间、应变速率和总应变。变形温度是根据 Al - Si 合金相图图 2 - 2 确定的。Al - 6.6% Si 合金的共晶温度为 576.5℃，液相线温度为 616℃。Al - 6.6% Si 合金在半固态时的变形温度应该在 576.5 ~ 616℃之间。但是，如果变形温度高出共晶温度较多，合金的固相体积分数太低，那么在加载之前，试样的自重就会使其发生很大的变形，这样实验就无法进行下去。相反，如果变形温度与共晶温度差别很小，由于热模拟机控温系统本身的温度误差，以及试样温度分布不均匀的温度误差，有可能使试样局部的实际温度在共晶温度之下，即试样局部共晶相并没有熔化，使得半固态压缩实验成了高温压缩实验。考虑这两方面的因素，将半固态 Al - 6.6% Si 合金的变形温度定为579℃。为了进行比较，还进行了变形温度为560℃的高温压缩实验。

加热速度为10℃/s。但是在加热到接近预定变形温度时，由于加热系统的惯性，这样高的加热速度会使得试样的实际温度猛然超出预定变形温度很多，如果预定变形温度已经是在共晶温度之上了，试样会发生严重的变形。因此，在实际的实验过程中，当试样的温度达到560℃时，加热速度应降为3℃/s。为了使试样温度分布均匀，在加热到预定变形温度之后，再保温10s。

为了分析应变速率与半固态合金的变形行为之间的关系，在应变速率分别为$1s^{-1}$、$0.3s^{-1}$和$0.06s^{-1}$，分别进行了等应变速率的半固态压缩实验。实验中，试样的总应变约为0.7。

C 半固态铝硅合金局部重熔

Al－6.6% Si合金是一种亚共晶合金，其初生相微粒是α固溶体，基体是含Si量为12.5%的共晶组织。由于初生相微粒与基体的溶质含量不同，所以它们的熔点也不同，初生相微粒的熔点相对要高一些。对半固态铝硅合金进行部分重熔，其目的就是要将熔点较低的基体熔化，而熔点较高的初生相微粒仍然保持为固态。

在这里，部分重熔后的Al－6.6% Si合金的温度$T=578$℃。此外，根据Al－Si合金相图（图2－2）可以得出其他参数的值：纯溶剂Al的熔点$T_M=660.4$℃，合金液相线的温度$T_L=616\sim620$℃，平衡分配比值$k=0.132$。

经相关公式可以计算出半固态Al－6.6% Si合金被加热到578℃时的固相体积分数：$f_S=0.51\sim0.56$。

半固态Al－6.6% Si合金在部分重熔之后马上进行水冷，得到的组织如图9－6*b*所示。图9－6*a*是与之对应的部分重熔之前的原始组织。从图9－6*b*可以看到，半固态合金在部分重熔后，其初生相微粒明显长大了，但是其形态仍然是球形，而且边缘会变得比以前更圆滑一些。这是因为在基体熔化以后，由于存在液固相表面张力的制约作用，初生相微粒只会向四周均匀地长大。

前面已经计算得出，半固态Al－6.6% Si合金试样被加热到578℃时，其固相体积分数约为0.51～0.56。根据文献中给出的数据，在流变铸造过程中，如果半固态合金具有这样低的固相体积分数，它是不可能被水平夹持住的，试样应该像稀饭一样从夹头中流淌下去。然而事实上，被水平夹持的试样仍然很好地保持着原有的几何形状。其原因是：在流变铸造过程中，合金从液态凝固成固态，一直被剧烈搅拌着，而在局部重熔过程中，半固态合金是被静止放置的。它们的热机械历史不同，因此，两者的流变性能也有较大的差异，表现为静止放置的部分重熔半固态合金仍然有一定的承载能力，而被剧烈搅拌的半固态合金则不仅没有承载能力，就连承载自重的能力都有限。

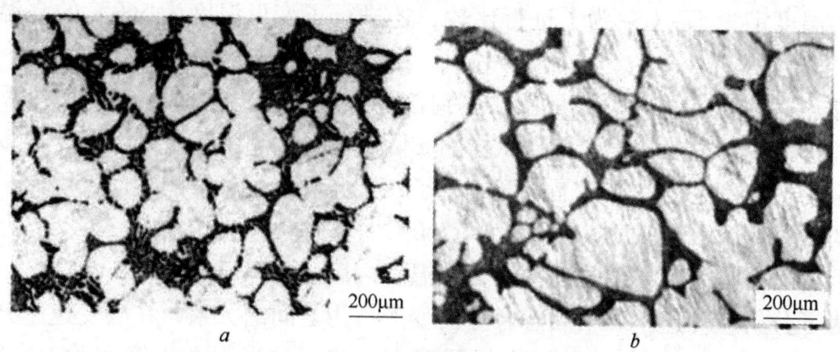

图 9－6　非枝晶组织的 Al－6.6% Si 合金原始组织与部分重熔组织的比较

a—原始组织；b—部分重熔后的组织

D　半固态铝硅合金压缩变形的应力应变关系

在半固态试样的等应变速率压缩实验中，直接得到的数据是压力 p 和夹头位移 Δh 的关系。如果试样的高为 h_0，半径为 r_0，那么根据每一时刻夹头的位移量，可以计算出瞬时试样的平均横截面积 S：

$$S = \frac{\pi r_0^2 h_0}{h_0 - \Delta h} \tag{9-1}$$

瞬时的真应力为：

$$\sigma = \frac{p}{S} \tag{9-2}$$

瞬时的真应变为：

$$\varepsilon = \ln\left(\frac{h_0 - \Delta h}{h_0}\right) \tag{9-3}$$

对压力和位移经过上述变换，得到的真应力－真应变曲线如图 9－7 所示。为了表达方便，图中所标的真应变值是其绝对值。

从图 9－7 可以得到，在压缩变形刚开始的时候，即应变值从 0 增加到约 0.01 左右时，随着应变的增加，应力是急剧增加的，并上升到峰值，这一阶段可称为半固态合金在液固两相区变形的应力激增阶段。应力达到峰值以后，随着应变的增加，应力会在峰值水平维持一段时间，这一阶段可称为应力峰值平台阶段。应力峰值平台过后，应力随即开始缓慢地下降，这一阶段称为半固态合金的均匀变形阶段。

非枝晶组织的铝合金处于液固两相区时，液相流动所需的压力要比固相微粒的变形抗力小许多，因此，固相微粒可以被看做是被液相的共晶组织包裹着的刚性小球。当固相体积分数比较小的时候，单个小球或球团悬浮在液相中，此时半固态合金的流动主要克服的是液相的流动阻力。当固相体积分数大到一定程度的

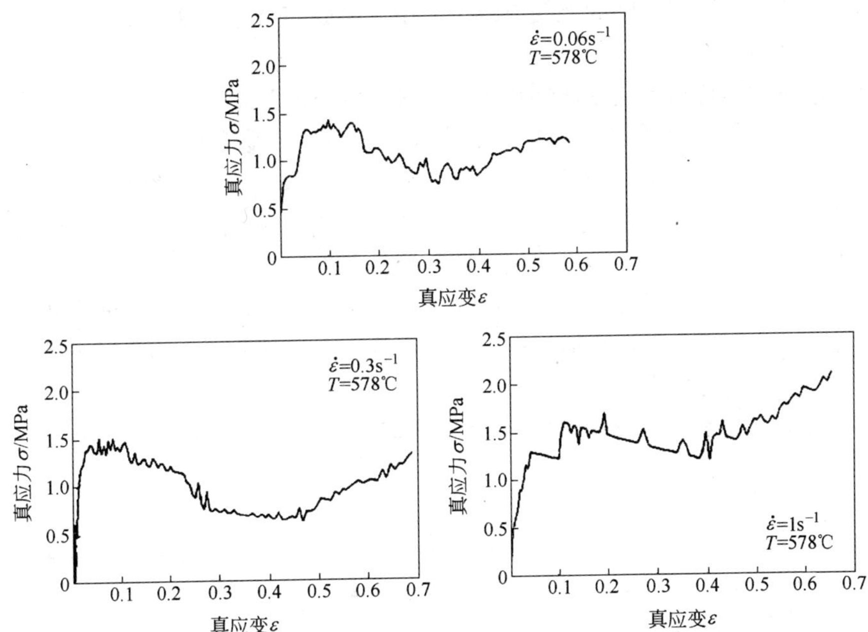

图 9-7 非枝晶组织的 Al-6.6%Si 合金在液固两相区压缩变形的真应力-真应变曲线

时候，小球或球团相互结成了网络，它们之间有静电力、范德华力作用，处于各自的平衡位置上。当半固态合金试样开始被压缩的时候，网格发生了轻微的畸变，小球或球团偏移了各自的平衡位置。由于小球或球团之间有吸引力，此时如果卸去载荷，它们仍然会回到原来的平衡位置。因此，从整体上看，此时试样发生的是弹性变形。但是小球或小球团之间的吸引力是与它们的距离有关的，当距离增大到某一个阈值以后，它们之间的吸引力将迅速减小为零。也就是说，如果网格的变形达到一定的程度，小球或小球团离开各自的平衡位置太远，那么网格的变形就不可恢复了，从整体上看，此时试样开始发生塑性变形。

从上述分析中可以得到，半固态合金在液固两相区变形的应力激增阶段和应力峰值平台阶段共同构成了半固态合金在液固两相区的触变流动初始化阶段。在触变流动初始化阶段，由固相颗粒搭成的结构框架在压力的作用下，逐渐被扭曲变形，直至被彻底击破，从而使半固态合金进入后续的稳定触变流动过程。因此，在设计具体的半固态合金触变成形工艺时，可以使半固态合金坯料在进入模具腔体之前，先经历一个触变流动的初始化过程，这样就可以使半固态合金坯料更加容易地在模具腔体内流动，同时，流动过程也更加稳定，有利于半固态合金填充模腔中空间窄小的部位。

半固态合金在液固两相区的压缩变形经过应力平台阶段以后，开始进入稳定的触变流动过程。在这一过程中，半固态合金试样的真应力尽管有一定的波动，但是在逐渐下降。在实际的触变成形工艺中，半固态合金的这一变形特点对于充型是非常有利的。

值得注意的是，当应变达到0.4左右时，应力值开始回升。这并不是由于半固态合金的流变应力增加造成的，而是由于试样的压缩变形量太大，出现了侧翻，夹头与试样的接触面积迅速增加，进而造成夹头与试样的摩擦力迅速增加，改变了试样内部的应力状态，表现为真应力的回升，如图9-7所示。同时，太大的变形量也使得部分液相与固相分离，液相并被挤到试样外表面，使得试样的固相体积分数增加，相应的应力也增加了。但是，后续真应力上升的主要原因是夹头与试样的摩擦力迅速增加，事实上，尽管应变在继续增加，此时半固态合金的流变应力仍然维持在比较低的水平。

由图9-7中的3种不同的应变速率可以看到，随着应变速率的增加，应力峰值也在增加，见表9-1。

表9-1　应变速率及其对应的应力峰值

$\dot{\varepsilon}/s^{-1}$	0.06	0.30	1.00
σ/MPa	1.36	1.40	1.51

图9-8是常规铸造Al-6.6%Si合金在液固两相区的压缩变形真应力-真应变曲线。它与半固态Al-6.6%Si合金的压缩曲线有明显的差别。

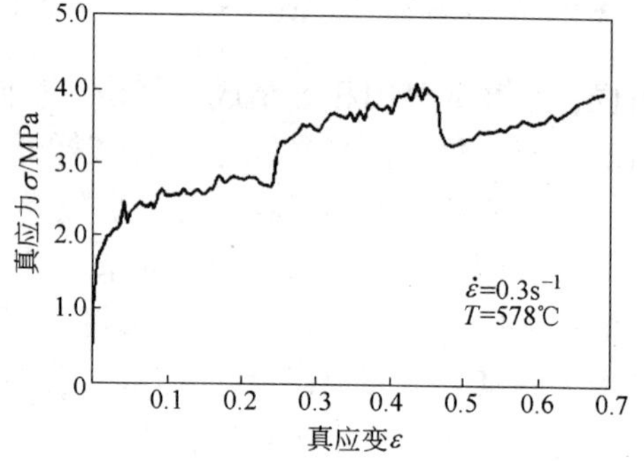

图9-8　常规铸造Al-6.6%Si合金在液固两相区压缩变形的真应力-真应变曲线

首先，它的整体应力水平比半固态Al-6.6%Si合金的要高一倍多。这是由于常规铸造合金在液固两相区的压缩变形，不但有枝晶之间的相互滑动，而且有枝晶本身的变形与破碎。而固相枝晶的变形力要比晶粒之间的摩擦力要大许多倍。这样就造成常规铸造合金在液固两相区的应力值比半固态合金的应力值大许多。

其次，随着变形量的增加，液相不断被挤出，固相枝晶相互缠结在一起，相互滑动变得困难起来，这时变形要越来越多地依靠枝晶的变形与破碎来完成。因此常规铸造合金在液固两相区的变形应力随变形量增加逐渐增加。但是，由于部分枝晶发生了破碎，这样又使得变形趋于容易，因此应力值的增加是有限的。而对于具有触变性的半固态合金，其固相颗粒是球形的，在压力的作用下，球形颗粒能够随液相一起流动，变形力主要用来克服固相颗粒之间的摩擦力。它的应力值是随着变形量的增加在减小。

图 9－9 是半固态 Al－6.6% Si 合金在 550℃时的高温压缩变形真应力－真应变曲线。它与非枝晶组织的 Al－6.6% Si 合金在液固两相区的压缩曲线也有明显的差别。显然，它的屈服应力是在液固两相区变形时的 10 倍。合金进入塑性变形后，真应力值也基本保持不变。但是，当应变值达到约 0.4 以后，真应力值开始缓慢增加，这是由于试样出现了侧翻，摩擦力增加，导致了真应力的增加。

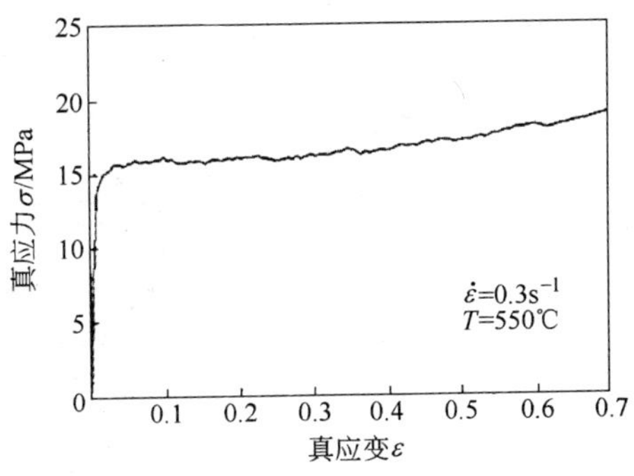

图 9－9 非枝晶组织 Al－6.6% Si 合金在 550℃时的高温压缩变形真应力－真应变曲线

9.1.3.2 非枝晶合金坯料在半固态温度下塑性变形特点

A 液相偏析现象

无论是常规铸造合金，还是半固态合金，在液固两相区发生塑性变形，都会有液固分离的现象产生。不同的是，两者液固分离的程度不同。常规铸造合金在液固两相区发生塑性变形时，枝晶是相互牵扯的，单个枝晶随液相移动非常困难。因此，随着变形过程的继续，枝晶互相缠结在一起，而液相则被挤了出来。宏观上，在压缩变形过程中，常规铸造合金试样可以看到有“流汤”的现象发生，但开裂的倾向小[193，408～411]。

非枝晶组织合金试样则不同，当变形量较大的时候，它的边缘会像“泥块”一样开裂。但是看不到“流汤”的现象。这是由于固相颗粒是包裹在液相中随液相移动的，而液体几乎没有什么抗拉强度，因此位于试样的边缘在表面拉应力的作用下彼此分开，造成试样边缘开裂。实际的触变成形工艺是在封闭的模腔中进行的，主要受到三向压应力作用，因此，非枝晶组织合金的这种开裂现象不会发生，即不会对零件质量造成影响。

在固相体积分数较高的情况下，由于固相骨架的形成，固相粒子通过粒子重排或固相粒子相互接触产生轻微变形对宏观静水压力产生影响，间隙体积的减少进一步促进液相静水压力的发展。液相静水压力梯度的存在导致液相偏析现象的发生。图 9－10 为非枝晶组织试样在半固态压缩时流动行为及微观组织照片。试样边部出现液相增多的现象，而由于接触表面的摩擦作用，可以在靠近接触表面部位发现拉长的晶粒。

具有触变性的非枝晶组织合金材料，由于其特殊的微观组织结构（非枝晶球形固相颗粒＋中间液相），非枝晶组织合金坯料在触变成形和塑性变形过程中，由于（液相和固相之间）不均匀变形的存在，固相颗粒与液相发生分离现象，坯料出现液相偏析现象，引起坯料组织的缩松和力学性能的不均匀性，严重

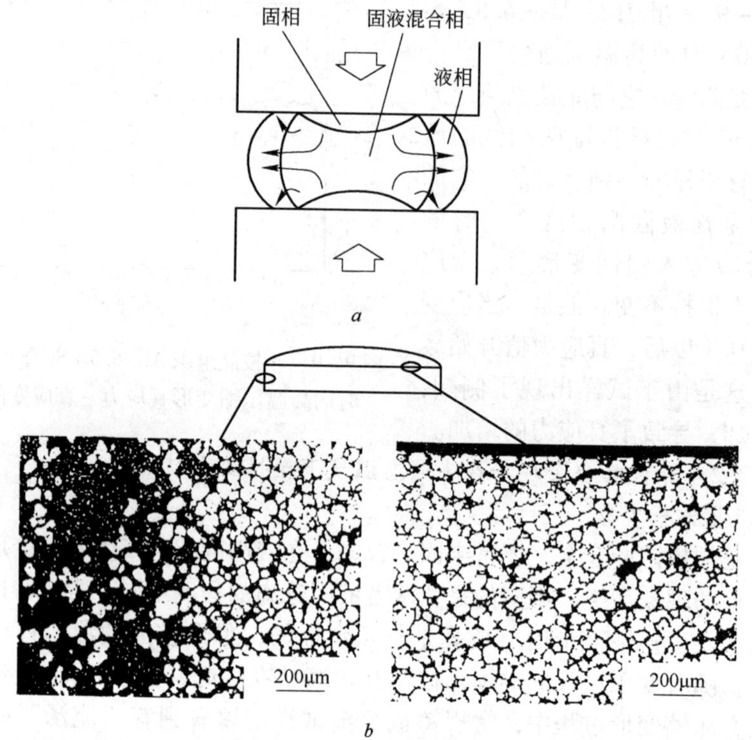

图 9 – 10　非枝晶组织试样在半固态压缩时的流动行为及微观组织

a—流动行为；*b*—微观组织照片

影响零件的组织和力学性能。为减轻液相偏析现象对组织和性能的影响，在成形和塑性变形过程中，根据坯料的尺寸、形状和成形设备，选择合适的变形速度和固相分数，对于压铸和挤压加工过程，即选择合适的压杆速度。

影响液相偏析现象的主要因素有：

（1）应变速率（变形速率或模具充填速率）：变形速率的影响因素最为明显，大量的研究成果表明，提高应变速率有助于减轻液相偏析现象。单向压缩过程中，坯料与压板之间的摩擦系数越大，不均匀变形现象越明显，液相偏析现象越严重。

（2）压力梯度：较高的压力梯度，即充填时窄小且长的浇道，偏析现象明显。

（3）固相分数：固相分数越高，半固态浆料变形时偏析现象越明显。

（4）固相颗粒形状：固相颗粒尺寸越大，球形化形状越不明显，偏析现象越明显，具有枝晶组织的合金明显地比具有等轴晶组织的合金所产生的液相偏析严重。

（5）坯料形状：圆柱形坯料，在应变速率一定时（$\dot{\varepsilon}=25s^{-1}$），宏观表面裂纹和缩松所占面积和百分数，随 h_0/Φ_0 的减小而减小，而在压杆速度一定的情况下时，宏观表面裂纹和缩松所占面积和百分数随 h_0/Φ_0 的增加而增加，但由于应变速率降低的缘故，流动应力却随 h_0/Φ_0 的增加而减小。

（6）半固态加工方法：对于具体的加工过程——挤压来说，半模角和端面收缩率越大，液相偏析越严重，这是由于坯料与模具之间较大的接触应力使得液相向自由表面的流动现象加剧。

B　非枝晶组织合金半固态变形后的组织特点

我们以非枝晶组织 Al－6.6% Si 合金在液固两相区的单向压缩为例来说明合金半固态变形的现象和特点。坯料进行压缩变形以后，立即水冷，得到图 9－11 所示的组织[203, 412～415]。从中可以看到，虽然非枝晶组织合金在液固两相区的压缩变形量达到了 45% 以上，但是，初生相微粒仍然球形的。这说明初生相微粒本身没有发生变形。

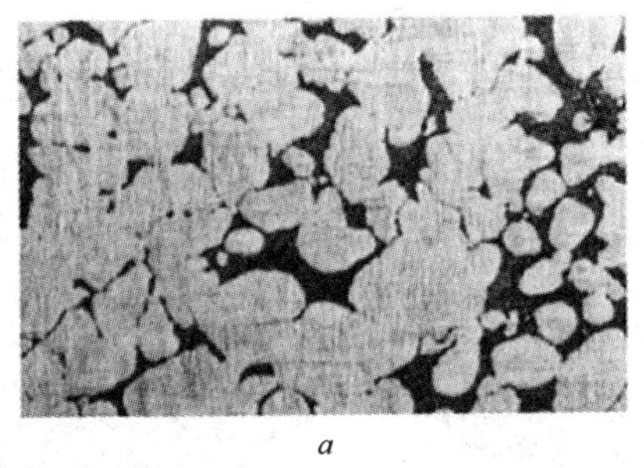

a

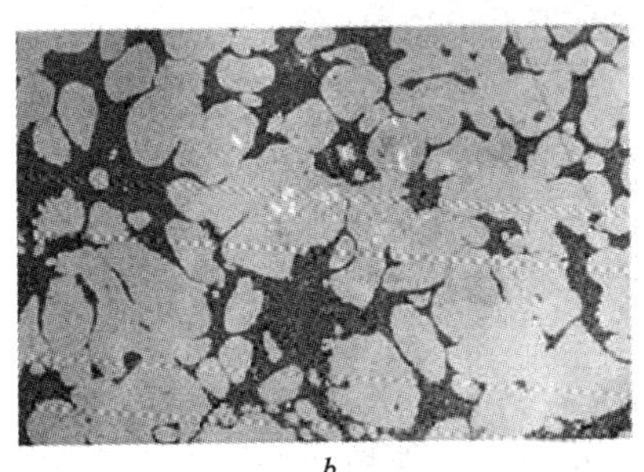

b

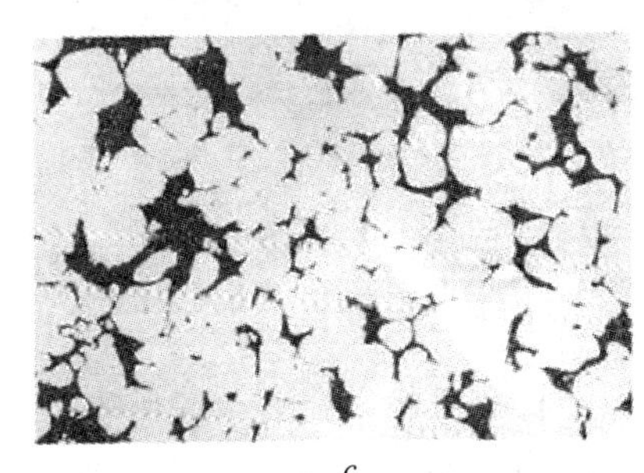

c

图 9－11　非枝晶组织 Al－6.6% Si 合金在液固两相区压缩变形后的组织（×50）

a—$\varepsilon=0.06$；*b*—$\varepsilon=0.30$；*c*—$\varepsilon=1.0$

非枝晶组织铝合金处于液固两相区发生的塑性变形与高温塑性变形完全不同。非枝晶组织铝合金试样在液固两相区发生的塑性变形是依靠固相球形颗粒的相互转动和滑动完成的，加在试样上的载荷也主要用来克服液相的流动阻力以及固相球形颗粒的摩擦阻力。图 9－12 是非枝晶组织铝合金在高温（550℃）压缩变形后的组织。图 9 - 12*a* 是与夹头接触的试样端部（黏滞区）的组织，图 9 - 12*b* 是试样中心（大变形区）的组织，图 9 - 12*c* 是试样边缘（自由变形区）的组织。很明显原先的球形颗粒被压扁了，共晶相也发生了变形。而且在不同区域其变形程度也不同，试样端部和边缘的组织的变形程度要比试样中心组织的变形程度小。而非枝晶组织 Al 合金在液固两相区的变形却没有相似的组织形态，首先球形颗粒没有变形，其次试样各个部位的变形均匀，变形程度没有差别。这就充分说明非枝晶组织合金在液固两相区的变形是基于固相颗粒的相互转动和滑动的。

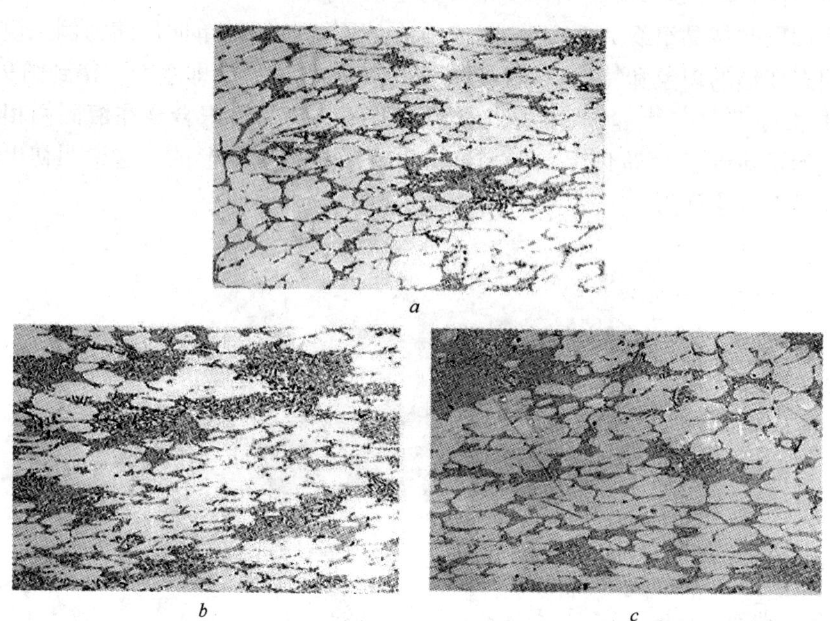

图 9 - 12　非枝晶组织 Al - 6.6% Si 合金在（550℃）压缩变形后不同部位的组织（×50）
a—黏滞区；*b*—大变形区；*c*—自由变形区

C　非枝晶组织铝合金与常规铸造铝合金在液固两相变形的比较

非枝晶组织合金在液固两相区发生的塑性变形与常规铸造合金在液固两相区发生的塑性变形也是不同的。图 9 - 13 是常规铸造 Al 合金在液固两相区发生塑性变形后的组织。从图中可以看出，试样中的枝晶被扭曲、破碎了，而且相互缠结在一起。这说明，常规铸造合金在液固两相区发生塑性变形时，枝晶之间存在着相互转动和滑动，同时枝晶的移动是互相牵扯的，所以主要是枝晶本身的变形和破碎。因此，加在试样上的载荷主要用来克服固态枝晶的变形力，在同样的变形条件下，常规铸造 Al 合金在液固两相区的变形力比非枝晶组织合金的变形力要大得多。

D 非枝晶组织合金在塑性变形中的初生相微粒簇

图9－14是非枝晶组织合金在液固两相区压缩变形后保留下来的初生相微粒簇。由于在初生相微粒簇内部缺乏低熔点的共晶相，所以部分重熔并不能使其分离开。合金变形开始后，初生相微粒簇是作为一个整体移动的，这无疑会使合金的变形变得更困难，使非枝晶组织合金的流动性变坏。而且，即使是变形，也很难将其分开。因此，在生产非枝晶组织合金铸锭的时候，就应尽量减小初生相微粒的簇集。前面已经论述过，减小初生相微粒的簇集，可以通过加大搅拌力的方法解决。

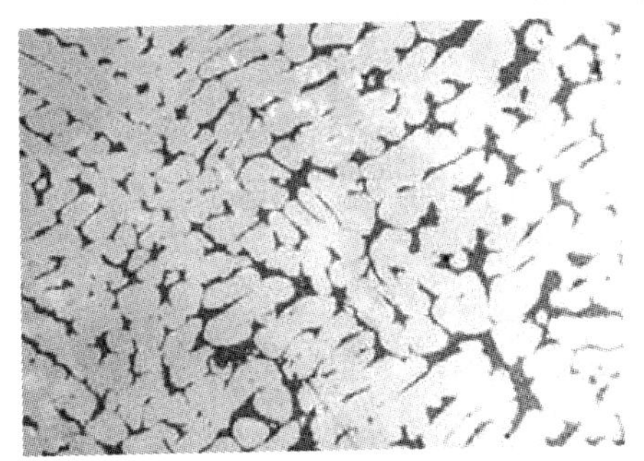

图9－13 常规铸造 Al－6.6%Si 合金在液固两相区发生塑性变形后的组织（×50）

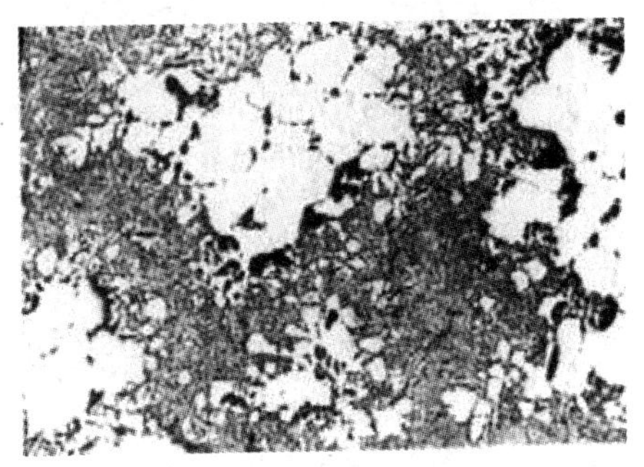

图9－14 非枝晶组织 Al－6.6%Si 合金在液固两相区塑性变形后的微粒簇（×50）

9.2 半固态金属塑性加工的力学模型

对于半固态合金中的固相粒子，假设其为刚－黏塑性变形，固液面积上应力平均分布，这样力平衡方程可以写作[222, 362, 363, 410, 416~421]：

$$\frac{\partial}{\partial x_i}(\sigma_{ij}+\delta_{ij}f_{\mathrm{L}}p)=0 \tag{9-4}$$

式中，σ_{ij}是主应力（apparent stress）；f_{L} 为液相分数；p 为液相压力。

液相的控制方程采用连续方程和 Darcy 流动准则，表示为如下：

$$\frac{\partial U_{\mathrm{S}i}}{\partial x_i}+\frac{\partial f_{\mathrm{L}}U_{\mathrm{R}i}}{\partial x_i}=0 \tag{9-5}$$

$$U_{\mathrm{R}i}f_{\mathrm{L}}=\frac{\kappa}{\mu_{\mathrm{L}}}\frac{\partial p}{\partial x_i} \tag{9-6}$$

式中，$U_{\mathrm{S}i}$为固相速度；$U_{\mathrm{R}i}$为液相相对于固相的速度；κ 为渗透率；μ_{L} 为液相黏度。由上两式可以得到液相流动控制方程：

$$\frac{\partial U_{\mathrm{S}i}}{\partial x_i}+\frac{\partial}{\partial x_i}\left(\frac{\kappa}{\mu_{\mathrm{L}}}\frac{\partial p}{\partial x_i}\right)=0 \tag{9-7}$$

对上式进行有限元离散，可得其矩阵表达式：

$$\begin{bmatrix} K_{\mathrm{S}} & K_{\mathrm{L}} \\ L_{\mathrm{S}} & L_{\mathrm{L}} \end{bmatrix}\begin{bmatrix} \Delta U_{\mathrm{S}} \\ \Delta p \end{bmatrix}=\begin{bmatrix} F_{\mathrm{S}} \\ Q_{\mathrm{L}} \end{bmatrix} \tag{9-8}$$

借助于多孔材料的研究成果，Kiuchi、Yanagimoto 和 Yokobayashi 建立了半固态合金的屈服条件（K－Y－Y），基于 K－Y－Y 模型的屈服面以及 f_3 对剪切屈服应力的影响参见图 9－15[420]。

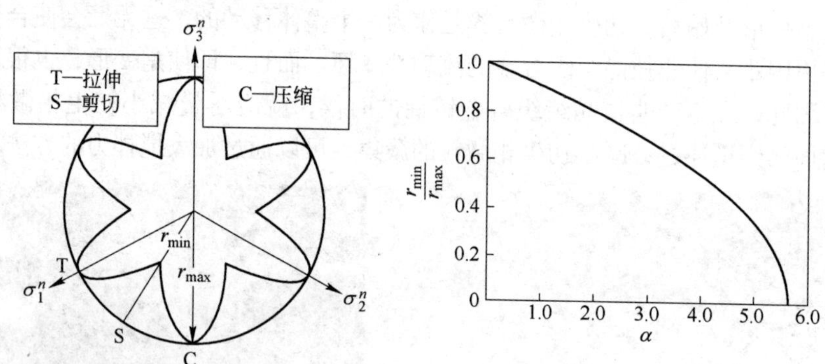

图 9－15　基于 K－Y－Y 模型的屈服面以及 f_3 对剪切屈服应力的影响

$$\left[\frac{1}{f_0}\right]\cdot\left[f_2\cdot\left(3\cdot J_2-f_3\cdot\sqrt[3]{J_3^2}\right)+\left(\frac{\sigma_m}{f_1}\right)^2\right]^{\frac{1}{2}}=Y_0 \tag{9-9}$$

$$f_1=a\cdot(1-f_S)^m \tag{9-10}$$

$$f_0=f_S^n \tag{9-11}$$

$$0<f_3<(9\sqrt[3]{2}/2) \tag{9-12}$$

$$f_2=[1-f_3\cdot(2/9\sqrt[3]{2})]^{-1} \tag{9-13}$$

式中，f_S 为半固态合金固相分数；$f_0=T_{ij}/ij$，T_{ij} 为作用在半固态合金上的平均（表观）应力，ij 为作用在固相网络上的有效应力；Y_0 为网络固相部分的垂直屈服应力；m 为名义垂直应力（静水压力）；J_2、J_3 为偏差应力张量第 2、3 次不变量；a、m、n 为材料的常数；f_1、f_2、f_3 为有效常数。

从以上的屈服条件可以导出 K－Y－Y 的半固态本构方程：

$$\dot{\varepsilon}_{ij}=\dot{\lambda}\left\{\sigma'_{ij}+\frac{2\cdot\sigma_m\cdot\delta_{ij}}{9\cdot f_1^2\cdot f_2}-\frac{2}{9}\cdot\frac{f_3}{\sqrt[3]{J_3}}\cdot\left(\sigma'_{ik}\cdot\sigma'_{kj}-\frac{2}{3}\cdot J_2\cdot\delta_{ij}\right)\right\} \tag{9-14}$$

此时

$$\dot{\lambda}=[3\cdot f_2\cdot f_S/2\,(f_0)^2](\dot{\bar{\varepsilon}}/\bar{\sigma}) \tag{9-15}$$

$$\sigma_m=\sum\sigma_{ij}/3 \tag{9-16}$$

球形结构的非枝晶组织金属在塑性变形时，考虑固相粒子的变形和形状，应力与应变之间的关系在锻造过程可以用下式表示[421]：

（1）$\varepsilon<\bar{\varepsilon}_{cr}$，$\varepsilon<\bar{\varepsilon}_{crl}$：

$$\bar{\sigma}=K\exp(S)\varepsilon^m\exp\left(\frac{Q}{RT}\right)[1-\beta f_L]^{2/3} \tag{9-17}$$

（2） $\bar{\varepsilon}_{cr} < \varepsilon < \bar{\varepsilon}_{crl}$

$$\sigma = K\exp(1-S)\varepsilon^m \exp\left(\frac{Q}{RT}\right)[1-\beta f_L]^{2/3} \tag{9-18}$$

式中，K 为材料常数；Q 为激活能；R 为气体常数；T 为半固态合金的温度；β 为几何形状系数；m 为速率敏感系数；S 为粒子外围轮廓间距。

Shima 和 Oyane's 可压缩材料的屈服条件[17]为：

$$F = [3(AJ_1^2 + B'J'_2)]^{1/2} = C\bar{\sigma}_0 \tag{9-19}$$

式中，$A = 1/27f^2$；$B' = 1$；$C = f' = (f_S)^k$；$f = \dfrac{1}{2.49(1-f_S)^{0.514}}$；$k = 2.5$。以有效应力 σ 代替 $\bar{\sigma}$，考虑可压缩材料的加工硬化特性，式（9-19）可以变为：

$$f_S = -f_S\,\dot{\varepsilon}_{kk} \tag{9-20}$$

$$\dot{\varepsilon}_v = 3\sigma_m(1-2v)\bar{\varepsilon}/\bar{\sigma} \tag{9-21}$$

单位体积的塑性功：$\dot{W} = f_S\,\bar{\sigma}\bar{\varepsilon}$，其本构关系式为：

$$\sigma_{ij} = f_S^{2k-1}\bar{\sigma}\left[\frac{2}{3}\dot{\varepsilon}_{ij} + \delta_{ij}\left(f^2 - \frac{2}{9}\right)\dot{\varepsilon}_{ij}\right]/\bar{\varepsilon} \tag{9-22}$$

这样就可以得到具体的二维应力与应变之间的关系式，G 为塑性势：

$$\sigma_x = f_S^{2k-1}\bar{\sigma}\left[\frac{2}{3}\dot{\varepsilon}_x + \left(f^2 - \frac{2}{9}\right)\dot{\varepsilon}_v\right]/\bar{\varepsilon} \tag{9-23}$$

$$\sigma_y = f_S^{2k-1}\bar{\sigma}\left[\frac{2}{3}\dot{\varepsilon}_y + \left(f^2 - \frac{2}{9}\right)\dot{\varepsilon}_v\right]/\bar{\varepsilon} \tag{9-24}$$

$$\tau_{xy} = f_S^{2k-1}\bar{\sigma}\dot{\gamma}_{xy}/(3\,\dot{\bar{\varepsilon}}),\quad \dot{\varepsilon}_v = \frac{2}{3}\frac{\sigma_m\dot{\lambda}}{f^2} \tag{9-25}$$

9.3 非枝晶组织金属的塑性变形试验研究

与半固态成形过程密切相关，人们对浆料在较高固相分数下的变形行为进行大量的试验和理论研究，但相比于“类液”浆料所做的工作，还是较少。平板压缩试验是最为常用的研究方法之一，但剪切速率较小，一般在 $1s^{-1}$ 以内。因此近年来快速压缩流变仪（rapid compression rheometers）得到迅速发展，最高剪切速率可以达到 $1500s^{-1}$。Loue 等利用反向挤压技术研究半固态铝合金的变形行为时，剪切速率达到 $1000s^{-1}$。

对于高固相分数的半固态金属合金流变规律，人们从简单的压痕、单向压缩、挤压、拉伸或渗透试验，来研究其变形时的变形力学关系和其间的组织演化规律。

9.3.1 压痕试验

由于压痕试验时坯料组织流动较为复杂，因此压痕试验只是提供定性的说明，不能给出剪切速率与表观黏度的定量关系，并且试验结果受试验条件影响较大[420～422]。

图 9－16 为压痕试验示意图[400]，拉伸试验机通过压杆对试样施加应力，得到应力与穿透深度而不是通常所得到的穿透时间与深度的曲线，穿透力与深度通过仪器精确控制。在较低的变形速率和常数下，半固态合金流动行为虽然是“伪塑性”（pseudoplastic），仍可借用弹性理论计算此时试验条件下试样的黏度。由 Srteicher 方程，圆柱形压痕棒压缩半无限平板的弹性变形为：

$$\varepsilon = \frac{m[(1-\nu^2)F]}{\pi^{\frac{1}{2}}ER} \tag{9-26}$$

式中，R 为压痕棒的半径，F 为试验时施加的载荷，E 为杨氏模量，ν 为 Poisson 系数，m 为常数，其值大小等于 $16/3\pi^{3/2}$。以变形速率 $\mathrm{d}\varepsilon/\mathrm{d}t$ 和黏度 η 代替上式中的变形率 ε 和刚度模量 G：

$$E = 2G(1+\nu) = 2\eta(1+\nu) \tag{9-27}$$

这样就可得到：

$$\eta = \frac{m[(1-\nu^2)F]}{2\pi^{\frac{1}{2}}RV} \tag{9-28}$$

$$V = \mathrm{d}\varepsilon/\mathrm{d}t \tag{9-29}$$

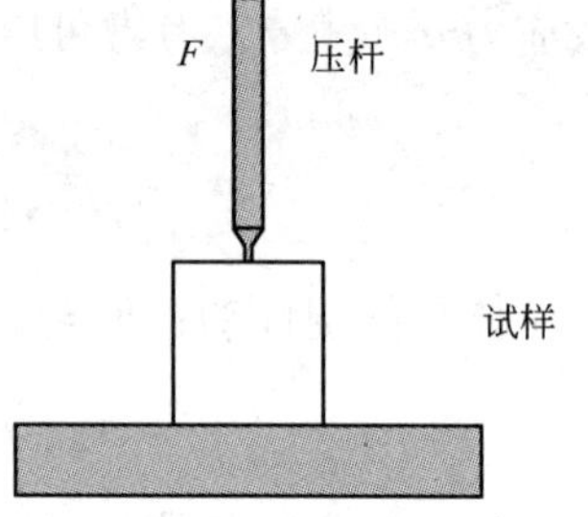

图 9－16　半固态非枝晶坯料压痕试验示意图

图 9－17 为压痕试验所得到的压痕力与深度的关系曲线，M. Ferrante 等人通过此试验研究了变形速率、固相分数和半固态合金组织对试验的影响。通过压痕试验可以看出：最大压痕力与半固态合金的固相分数有密切关系，相比于固相分数为 0.96 和 0.99 的坯料，固相分数为 0.92 的坯料试样几乎没有最大压痕力；随着变形速率的升高，最大和稳态的压痕力均上升，最大压痕力出现在压痕深度为 1mm 处，表明此时半固态合金中固态连续网架结构的破裂。

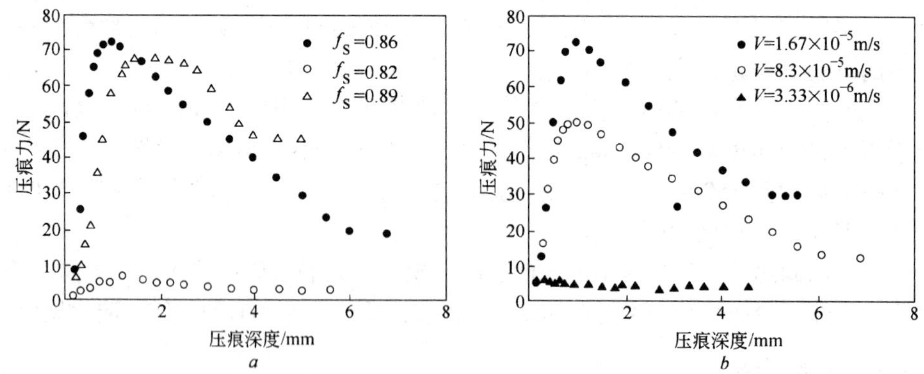

图 9－17　压痕试验时不同固相分数和压下速度的压痕力与深度关系曲线

a—不同固相分数的关系；*b*—不同压下速度的关系

9.3.2 单向（平板）压缩试验

A 真应力与应变的计算

如图 9－18 所示为平板压缩实验示意图。一般的，在平板压缩试验中由于有不均匀变形的存在，液相发生偏析，因此不能通过试验装置直接得到试验所需的真应力－应变关系，只能得到压力 p 和夹头位移 Δh 的关系[409, 423～427]。如果试样的原始高度为 h_0，半径为 r_0，根据每一时刻夹头的位移量和体积不变原理，试样的瞬时平均横截面积为：

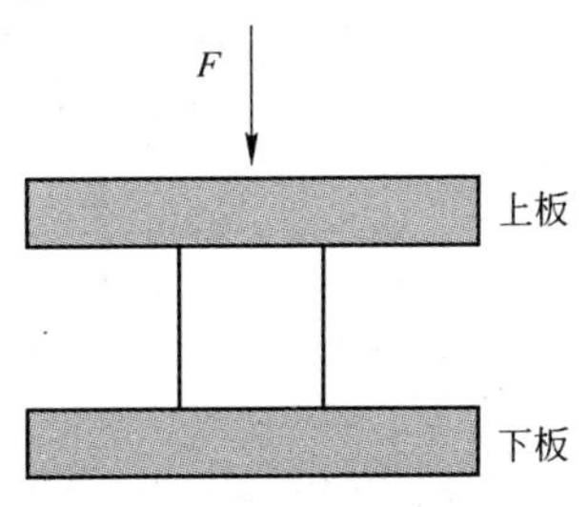

图 9－18 平板压缩实验示意图

$$S = \frac{\pi r_0^2 h_0}{h_0 - \Delta h} \tag{9-30}$$

瞬时的真应力为：

$$\sigma = \frac{p}{S} \tag{9-31}$$

瞬时的真应变为：

$$\varepsilon = \ln\left(\frac{h_0 - \Delta h}{h_0}\right) \tag{9-32}$$

由此就可以得到真应力－应变曲线。非枝晶的半固态坯料在平板压缩时，如果试样的变形量较小（$\varepsilon < 0.2$ 之前），没有液相挤出，真应力－应变满足上述关系式。但变形量逐渐增大时，有液相挤出，夹头和试样之间的接触面积并不发生改变，因此在变形量超过 $\varepsilon = 0.2$ 时，把 $\varepsilon = 0.2$ 时的接触面积作为常数，即可算出随后的瞬时真应力，得到真应力－应变曲线。

B 压缩时的应力－应变曲线

等应变速率压缩实验中，直接得到的数据是力和夹头位移的关系，经过转换，得到其真应力－真应变曲线如图 9－19 所示。从图 9－19 可以看出，在压变形刚开始的时候，即应变值从 0 增加到 0.01 时，随着应变增加，应力急剧增加，并上升到峰值。力达到峰值以后，随着应变的增加，应力在峰值持续一段时间，可以称作触变流动初始化阶段。应力峰值平台过后，随着应变的增加，应力开始缓慢地下降、这一阶段称为稳定触变流动阶段。在触变流动初始化阶段。由固相颗粒搭成的结构框架在压力的作用下，逐渐被扭曲变形，直至被彻底击破，从而进入后续的稳定触变流动过程。因此，在设计具体的半固态合金触变成形工艺时，可以使半固态合金坯料在进入模具腔体之前，先经历一个触变流动的初始化过程，这样就可以使坯料更容易地在模具腔体内流动，同时，流动过程也更加稳

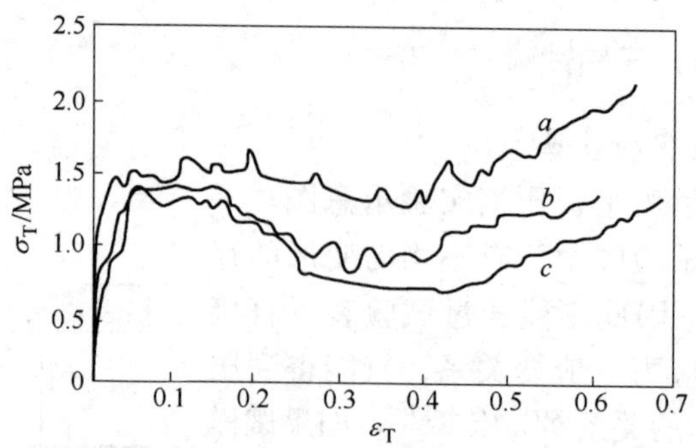

图 9 – 19　Al – 6.6% Si 合金在液固两相区压缩变形的真应力 – 真应变曲线
a—0.30s^{-1}；b—0.06s^{-1}；c—1.00s^{-1}

定，有利于半固态合金填充模腔中空间狭小的部位。进入稳定触变流动阶段以后，尽管真应力有一定程度的波动，但总的说来在逐渐下降。这一特点对实际成形工艺中的金属充型是非常有利的。

从应力 – 应变曲线还可以看到，当应变达到 0.4 以后，应力又开始缓慢回升。这主要是由于大变形使试样出现侧翻，夹头与试样的接触面积增加而使摩擦力增加。

图 9 – 20 为不同温度下，AZ91 合金单向压缩试验得到的应力 – 应变关系曲线，从图中可以看出，较低液相分数压缩时，压缩应力都能出现一个最大值，随后急剧下降，这与试样裂纹的迅速扩展有关；相反的，在较高的温度 590℃压缩时，试验过程中应力的值基本保持不变，则反映试样在压缩过程中，由于液相的大量存在，试验呈现出或多或少的均匀流动[409]。

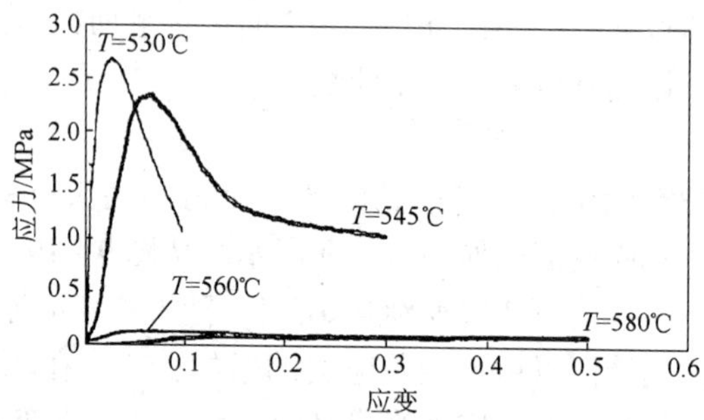

图 9 – 20　AZ91 合金在不同温度下单向压缩试验得到的应力 – 应变关系曲线

半固态压缩试验时，应变速率越高，组织越均匀；液相流动，固、液相边界出现宏观偏析，中心部位的组织出现密实化（densification）现象，向表面方向的疏松减小，应变在 0.1 左右，变形速率变化时应力连续增加，应变和应变速率没有直接的联系。对 A356 合金进行压缩试验，得到的应力应变关系见表 9 – 2。

表 9－2　A356 合金的应力应变关系（压缩试验）

应力应变关系	固相分数	k	m	应变速率/s^{-1}
$\sigma = k\dot{\varepsilon}^m$	0.5	1.01	0.32	<5
$\sigma = k\dot{\varepsilon}^m$	0.5	0.3	0.71	>5
$\sigma = k\dot{\varepsilon}^m$	0.7	12.61	0.29	
$\sigma = k\dot{\varepsilon}^m$	0.5	1.41	0.20	0.13～2.2

半固态压缩变形试验后期，相比较径向速度，轴向速度已不重要，由于摩擦的出现，试验时的应力－应变非常不均匀，因此应特别注意试样的尺寸差别；另外应注意的是实验时很难获得真正意义上的稳态程度，通过压缩试验还可以测出屈服应力和最初组织结构的影响，试验应在较高的固相分数条件下进行，否则试样会在自身的重量下坍塌。

C　单向压缩时的表观黏度的计算[425]

Stefan 基于牛顿流体建立了应变（初始高度 h_0 到变形后的高度 h_ε）、表观黏度和压力之间的关系式，也被 Laxmanan 和 Flemings 所采用：

$$\eta_{app} = \frac{2\pi h_\varepsilon^4}{3V^2\dot{\varepsilon}}F_\varepsilon \tag{9-33}$$

式中，V 是试验的体积，平均剪切速率由下式确定：

$$\dot{\gamma}_{av} = \frac{1}{2}\sqrt{\frac{V}{\pi h_\varepsilon^3}}\dot{\varepsilon} \tag{9-34}$$

D　非枝晶坯料单向压缩时的本构关系

从单向压缩试验得到的适合于高固相分数的半固态合金变形应力－应变关系式[30]：

$$\dot{\varepsilon} = X'A'[\sinh(a\sigma_p X')]^n \exp\left(-\frac{Q}{RT}\right) \tag{9-35}$$

式中，a、A'、n 为材料常数；Q 为变形激活能；$X' = [(A/3)+B]^{1/2}$，$A = 3/f_S^\varphi$，$B = \beta(1/f_S^\phi - 1)$，其中 ϕ、β、φ 是与微观组织结构有关的结构参数，这里所指为枝晶和非枝晶的球形颗粒，此时 $\varphi = 0.47$，$\beta = 0.009$，$\phi = 6.94$。对于 2014 合金的变形温度区间为 300～500℃时，Ferry 等人测得的参数值为：$\alpha = 9.22 \times 10^{-3}$MPa，$n = 6.03$，$A' = 3.15 \times 10^{17} s^{-1}$，$Q = 194 kJ \cdot mol^{-1}$。

9.3.3　挤压试验

研究较高剪切速率下固相分数、剪切速率与黏度之间的关系的另一种实验方法是反向挤压试验。试验时坯料的固相分数一般大于 0.6，具有细小的非枝晶结构的试样首先加热至合适的半固态温度区间，然后进行反向挤压[229, 410, 430]。由反向挤压试验的几何尺寸可以得到：

$$\eta_{\mathrm{app}} = \frac{R_{\mathrm{c}}^2 - R_{\mathrm{p}}^2}{2\pi R^2 C_1 v_{\mathrm{r}}} \frac{\mathrm{d}F}{\mathrm{d}t} \tag{9-36}$$

式中，η_{app}为表观黏度；v_{r}为挤压杆速度；F 为挤压力；t 为时间；R_{p}和 R_{c}分别为挤压杆（piston）和挤压筒（cup）的半径，常数由式（9－37）确定：

$$c_1 = \ln\left(\frac{R_{\mathrm{p}}}{R_{\mathrm{c}}}\right)^{-1} \cdot \left[c_2(R_{\mathrm{c}}^2 - R_{\mathrm{p}}^2) - v_{\mathrm{r}}\right] \tag{9-37}$$

$$c_2 = \frac{v_{\mathrm{r}}}{\left[\dfrac{64}{9}\dfrac{T_0 \Gamma D}{M_{\mathrm{L}}(c_{\mathrm{S}} - c_{\mathrm{L}})} f(f_{\mathrm{S}}) + R_{\mathrm{p}}^2\right] \ln \dfrac{R_{\mathrm{c}}}{R_{\mathrm{p}}}} \tag{9-38}$$

从上式可知挤压杆与挤压筒之间的半固态合金名义剪切速率（mean shear rate）为：

$$\dot{\gamma} = \frac{c_1\left[\ln\left(\dfrac{-c_1}{2c_2 R_{\mathrm{c}} R_{\mathrm{p}}}\right) - 1\right] - c_2(R_{\mathrm{c}}^2 + R_{\mathrm{p}}^2)}{R_{\mathrm{c}} - R_{\mathrm{p}}} \tag{9-39}$$

挤压试验时，表面和内部能产生晶粒粗大现象，大部分是在表面发生，原因是表面有较低的变形率。

反向挤压时挤压杆（头）位移和挤压负荷关系如图 9－21 所示[431]。完全固态时，试验的结果为典型的热加工流动曲线，初始阶段（弹性区域）挤压应力显著上升，随着塑性变形的进行进入稳定的平台期。液相分数为 10%、20%、30% 时也呈现相似的趋势，这一液相分数范围内，固相骨架之间黏聚（cohesion）现象明显，他们之间的黏聚很难被打破且发生塑性变形。当液相分数大于 30% 时，材料变形时抗力的增加不明显，这应归功于固相粒子之间黏聚作用较弱，在所施加的应力场下容易打破，挤压时容易发生均匀的塑性变形。

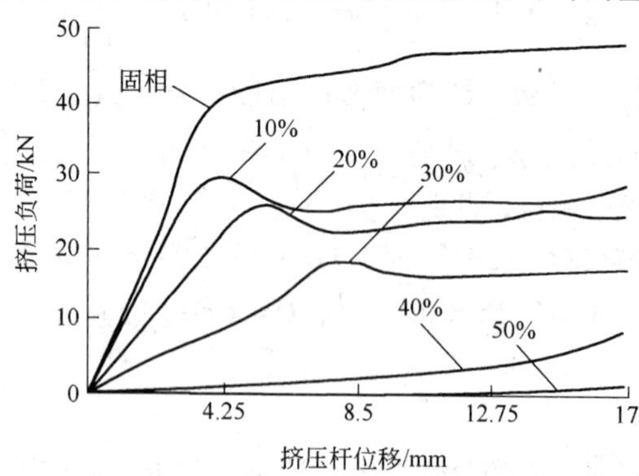

图 9－21　反向挤压时，不同固相分数下挤压杆（头）位移和挤压负荷关系[431]

如图 9－22 为反向挤压 AZ91 合金不同剪切速率下的表观黏度，将单向压缩（低剪切速率）和反向挤压（高剪切速率）试验得到的黏度值合并，就可以得到较宽剪切速率变化范围内的黏度值[425]。

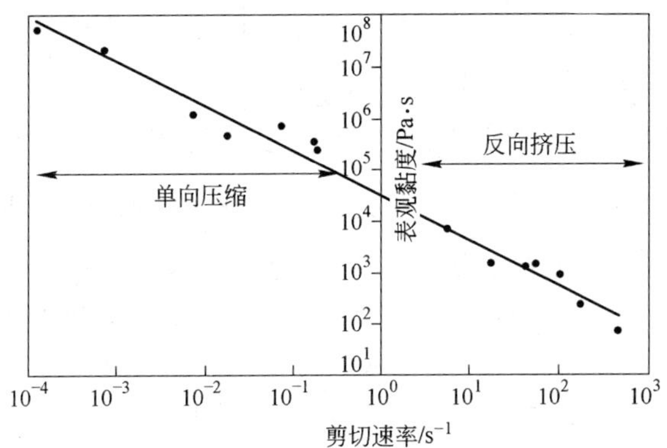

图 9－22 590℃时低剪切速率和高剪切速率的剪切速率与表观黏度曲线

9.3.4 拉伸强度试验

图 9－23 为典型的 AZ91 合金在应变速率为 $5\times10^{-3}s^{-1}$、不同温度下拉伸实验得到的应力－应变曲线。拉伸应力随变形温度的升高而降低，在较小的应变下试样也会发生断裂失稳，应力随之急剧降低，在此之前应力会保持比较稳定的状态。另外应变速率对应力的影响也做了研究，将应变速率从 $10^{-3}s^{-1}$ 提高到 $5\times10^{-3}s^{-1}$，应力随之增加，继续将应力提高到 $2.5\times10^{-2}s^{-1}$ 时，应力则降低。这一降低现象对应的则是应变速率增加较快时材料的脆性行为。表 9－3 为不同实验温度和应变速率下的拉伸失稳实验所测得的拉伸应力[234,432]。

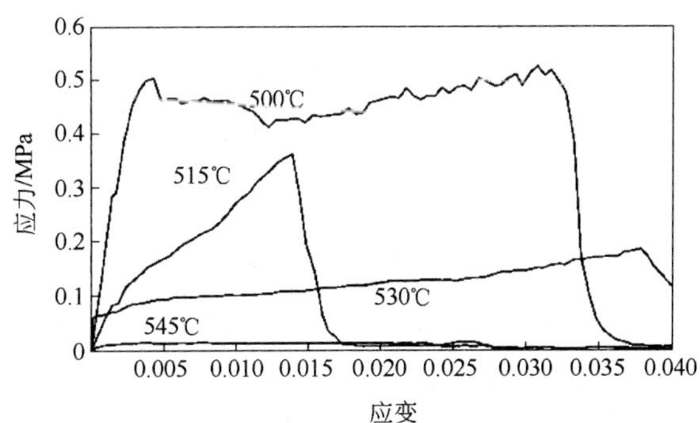

图 9－23 AZ91 合金在应变速率为 $5\times10^{-3}s^{-1}$ 时的应力－应变曲线

表9-3 不同实验温度和应变速率下的拉伸失稳时的拉伸应力

温度	$0.001\mathrm{s}^{-1}$		$0.005\mathrm{s}^{-1}$		$0.025\mathrm{s}^{-1}$	
	ε	σ/MPa	ε	σ/MPa	ε	σ/MPa
500℃	0.03	0.44	0.03	0.5	0.01	0.35
515℃	0.04	0.05	0.015	0.37	0.019	0.1
530℃	0.023	0.027	0.039	0.12	0.01	0.04
545℃	0.01	0.0055	0.027	0.012	0.032	0.015

对较高固相分数的半固态合金坯料进行拉伸变形试验，拉伸强度的解释可用固态合金的蠕变理论为基础，数学方程式为：$\dot{\varepsilon}=A\sigma^n\exp^{-\frac{Q}{RT}}$，其中，$\varepsilon$ 为塑性应变率，A 为常数，σ 为真应力，n 为应力指数，Q 为表观蠕变激活能，R 为气体常数，T 为温度。非枝晶组织合金塑性变形时，液相不承受载荷，而由固相网络承担。Drezet 提出假设并引入 f_S 来表示液固两相区具有较高的表观激活能现象，但这一改进并不能解释试验中温度超过固相线后拉伸强度急剧下降的现象，作为改进引入液相所占晶粒边界面积分数 f_{LGB}，数学方程式变为：

$$\dot{\varepsilon}=A\frac{\sigma}{1-f_{LGB}}\exp^{-\frac{Q}{RT}} \tag{9-40}$$

Spittle 在固相线附近作 A2024 铝合金拉伸强度试验时，将拉伸时的温度区间延伸至半固态温度区间，所测得的最大拉伸强度由 10MPa 降至 1MPa，断裂前的伸长率由 60% 降至 2%，在液相分数升至 $f_L=0.35$ 时，最大拉伸强度迅速降低到 0[403]。

考虑材料拉伸时热力学性能，固态材料所用的蠕变理论是：

$$\dot{\varepsilon}=A\sigma^n\exp\left(-\frac{Q}{RT}\right) \tag{9-41}$$

而半固态材料的蠕变则为：

$$\dot{\varepsilon}=A\left(\frac{\sigma}{f_S}\right)^n\exp\left(-\frac{Q}{RT}\right) \tag{9-42}$$

由于液相所承受的应力并不与液相体积分数成比例，低熔点的相大部分聚集在晶界上，考虑这一分布（$1-f_{LGB}$，f_{LGB} 为被液相覆盖的晶界区域），此时蠕变理论认为是：

$$\dot{\varepsilon}=A\left(\frac{\sigma}{1-f_{LGB}}\right)^n\exp\left(-\frac{Q}{RT}\right) \tag{9-43}$$

对于含有液相的半固态合金来说，有两种解释用于半固态的蠕变行为：液相充当润滑剂，固相比较容易发生滑动；液相充当扩散的通道（途径），所以扩散容易发生。对于含有连续液相的半固态合金来说，变形机制不是因为液相的高扩散率，而是液相充当的润滑剂。

假设固相有序排列平面和液相先行连续，剪切速率：

$$\dot{\gamma}=A\left(\frac{W}{W+d}\right)\frac{\tau}{\eta} \tag{9-44}$$

式中　W——液相程的厚度；

d——固相尺寸；

η——液相的黏度；

A——几何参数（没有空隙为1）。

从式中可以看出应变速率取决于液相层厚度和固相尺寸。通过剪切扭转试验，剪切应变速率和温度的分数关系图，考虑液相层厚度和固相颗粒尺寸，半固态A356合金黏度的激活能非常接近熔融铝的激活能，从而证实变形机制很可能是蠕变化流动机制。

9.3.5　影响塑性变形的主要因素

半固态试样变形的影响因素很多[432]，主要有固相分数、变形速率、合金组织和非枝晶合金组织制备方法等。一般的，变形量和变形温度对半固态坯料变形后组织有直接的影响。压缩变形时，当变形量超过“临界变形量”时晶粒才开始减小。随着变形量的增加，变形机理也在变化，固液相的偏析现象越来越明显。低的变形速率对中心部位晶粒大小影响不明显；但变形速率小时，在试样的边部会出现所谓的“大结构”。压缩变形时由于变形不均匀现象的存在，需进一步探索最佳变形工艺。

9.3.5.1　固相分数

图9-24为半固态合金坯料不同加热温度下（固相分数）的屈服应力曲线[430]，对于A356合金，当加热温度低于565℃时，合金组织为全固态，半固态坯料属于高温塑性变形，其他条件不变时，屈服应力为一定值，在此温度范围，随着加热温度的升高，屈服应力缓慢下降。当加热温度超过573℃时，合金坯料的屈服应力显著下降，此时晶粒间的低熔点共晶组织开始熔化，随着加热温度的进一步升高，大部分共晶组织熔解，此时坯料的屈服应力显著降低，屈服应力保持在较低的水平上，其值大约在$10^2\sim10^3$Pa[433,434]。

9.3.5.2　变形速率

如图9-25所示为不同应变速率下，试样半固态拉伸实验时的应力-应变曲线[433,436,437]。从图中可以看出，随着应变速率的提高，试样的最大拉伸应力也显著提高，实验的现象和结果与固态时材料的拉伸曲线相似，非枝晶组织的试样在变形速率逐渐提高的过程中，由于液相和固相的相互作用，变形协调响应时间的减少，也是引起变形抗力升高的原因之一。

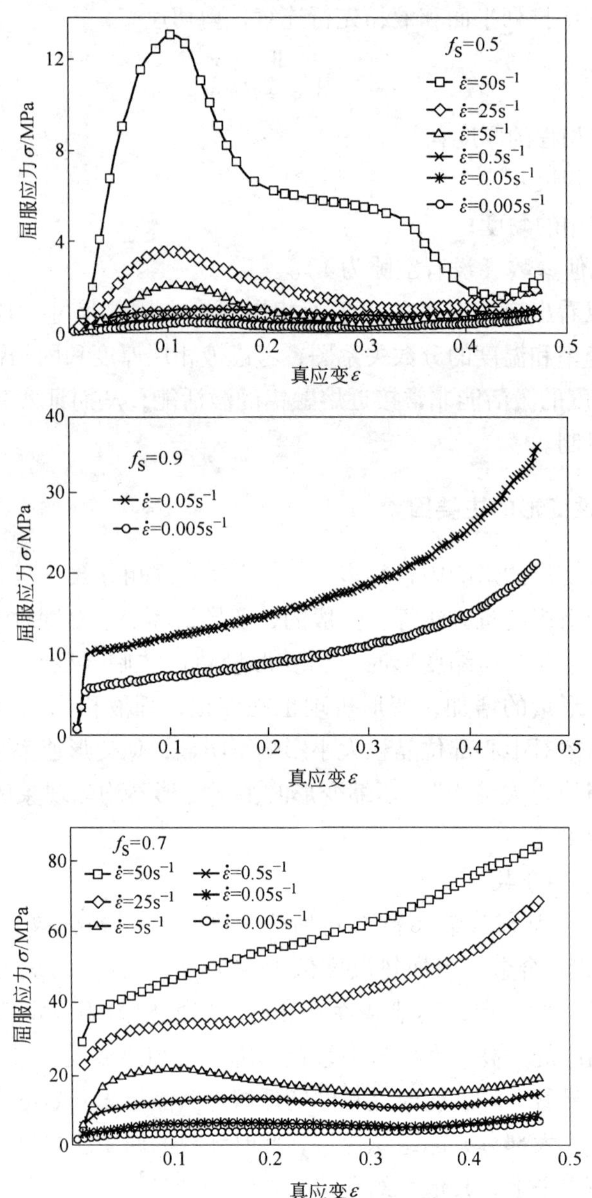

图 9－24　不同固相分数和变形速率下单向压缩应力－应变关系图

9.3.5.3　非枝晶金属合金组织[423]

图 9－26*b* 所示是常规铸造 Al－6.6% Si 合金在液固两相区的压缩变形真应力－真应变曲线，它与图 9－26*a* 中半固态 Al－6.6% Si 合金的压缩曲线有明显区别。首先，它的整体应力水平比半固态 Al－6.6% Si 合金的要高 1 倍多，这是

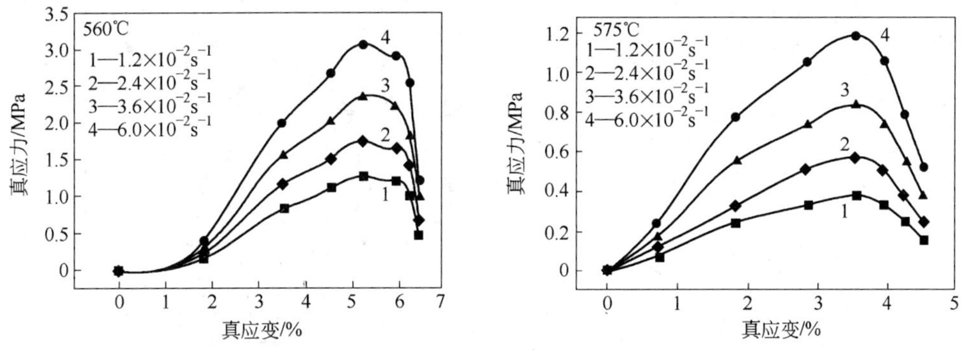

图 9-25 拉伸试验时不同应变速率下的真应力-应变曲线

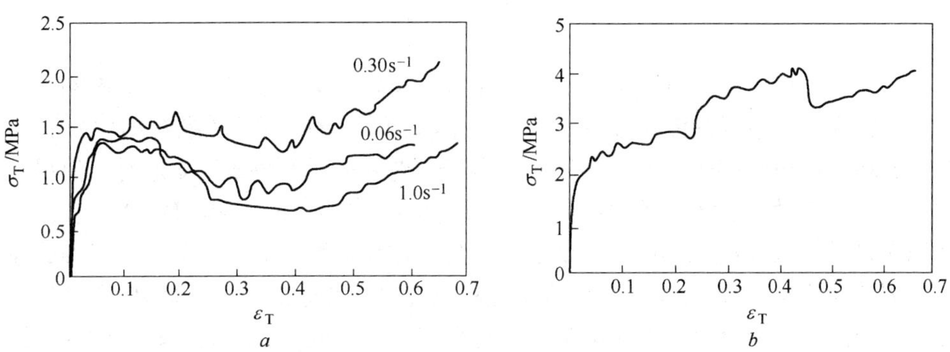

图 9-26 Al-6.6%Si 合金在半固态温度区间压缩的真应力与真应变关系

a—电磁搅拌的非枝晶组织坯料；*b*—常规铸造坯料

由于常规铸造合金在液固两相区的压缩变形，不但有枝晶之间的相互滑动，而且有枝晶本身的变形与破碎，而固相枝晶的变形力要比晶粒之间的摩擦力大许多倍。其次，在常规合金中，随着变形量的增加，液相不断被挤出，固相枝晶相互缠结在一起，相互滑动变得困难起来，这时变形要越来越多地依靠枝晶的变形和破碎来完成。因此，常规铸造合金在液固两相区的变形应力随变形量的增加而逐渐增加。

9.3.5.4 制备方法对性能的影响

不同加工方法所获得的非枝晶组织合金坯料，在塑性变形时的区别主要表现在屈服应力稍有不同[42]。二次加热过程中，晶界部位的低熔点共晶组织首先熔化，含有“包裹”（entrapped）液相的初生相球化，晶界熔解屈服应力显著降低。屈服应力急剧降低则是在大部分共晶组织熔解之后，一旦共晶组织熔解完毕，屈服应力保持在较低的水平上，其值大约在 $10^2 \sim 10^3$ Pa。非枝晶组织合金单向压缩试验时屈服应力与固相分数之间关系见图 9-27[435]。

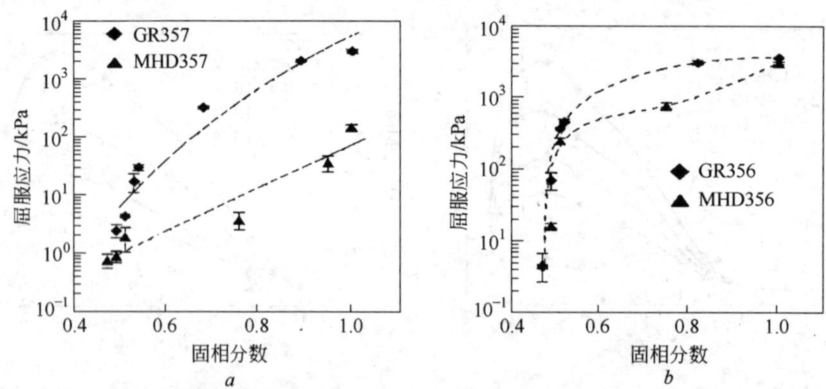

图 9 - 27 不同制备方法的合金单向压缩试验时的屈服应力与固相分数之间关系图

a—A357 合金；*b*—A356 合金

从组织结构角度来看，不同加工方法对非枝晶组织合金组织坯料的影响主要表现在初生相中包裹的液相数量和初生相形状两个方面。GR（晶粒细化）方法获得的坯料组织含有较多的包裹液相，由于包裹液相不参与塑性变形时，使得参加变形的“有效”液相数量减少，导致屈服应力的上升。另外 MHD（电磁搅拌）生产的非枝晶组织坯料二次加热时初生相球化速度远大于 GR 方法获得的坯料，因此 MHD 比 GR 方法生产的合金坯料具有更好的球形结构，MHD 合金粒子液相之间的流动具有更小的流动阻力，有助于变形协调，因此具有较小的变形抗力。通过对 7A09 铝合金进行超塑性实验也表明，MHD 生产的合金比 SIMA 法获得的合金坯料有更大的伸长率[438]，图 9 - 28 所示为变形试样不同区域微观组织照片。

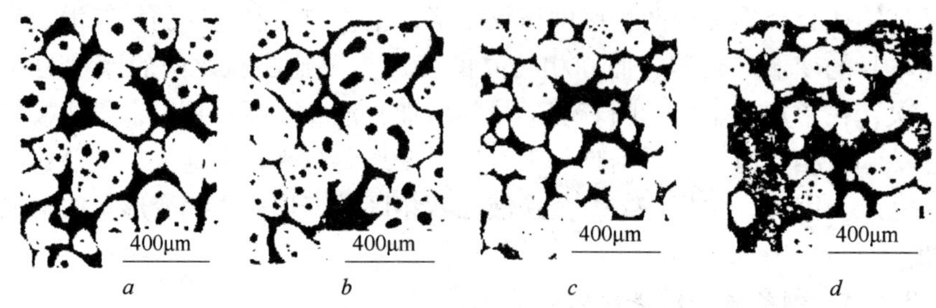

图 9 - 28 变形试样不同区域微观组织照片

a—GR356，中心部位；*b*—GR356，边部；*c*—MHD356，中心部位；*d*—MHD356，边部

9.4 半固态金属塑性加工力学的发展趋势

虽然人们对非枝晶半固态合金坯料的塑性变形行为进行了大量研究，但迄今为止对变形的现象、本质还没有形成完整、系统、深入的定性、定量解释，主要

表现在[439]：

（1）与包括黏塑性晶间材料或高温下金属粉末混合物相比，在部分凝固合金中，压缩性、膨胀性、第三不变量和偏应力部分对致密化速率的影响还没有研究。

（2）由于非枝晶组织合金的特殊性，较高温度和液相的出现，使实验技术受到限制。Al－Si 合金要在温度高于 590℃时获得半固态，这就使实验复杂程度增加。

（3）对黑色金属半固态的排液压缩实验很难进行，至今仍没达到对这些合金的流变形行为的精确测量。

（4）如果对某一特定结构感兴趣的话、液相的出现限制了实验的持续时间。液相提供了快速的浸渗路径，但同时也促进了固体颗粒的粗化，这样改变了固相的结构。

（5）由于固相分数取决于温度，所以对温度梯度和温度变化随时间的精确测量和控制是很重要的，但实际上很难达到。

（6）非枝晶组织材料的偏应力与静水应力特性间的复杂耦合的描述仍然不完善。对于充满液体的黏塑性金属材料来说，目前的研究没有考虑相关的流动准则和第三不变量可能造成的影响，对该原理的阐述仍缺乏材料基础行为方面的理论支持。

10 数值模拟在金属半固态加工中的应用

10.1 引言

前几章已经较详细讨论了半固态的流变铸造、触变成形和注射成形等过程。本章主要讨论数值模拟技术在半固态金属加工技术中的应用[29,441,442,481~492]。

伴随着计算机技术和基础学科（计算传热学、计算流体动力学、计算学）的进步，数值模拟技术已经越来越广泛成为科学研究的手段，应用于研究和分析半固态金属加工过程。新的计算方法和商用软件层出不穷，并广泛获得应用。合理选择和应用商业软件，人们可以对半固态加工过程的流场、应力场、温度场、电磁场及其他们之间的耦合问题进行模拟，预测金属半固态加工过程的特点和可能出现的缺陷，如铸造过程的缩孔、疏松、裂纹等缺陷的产生、位置与程度，实现半固态成形零件显微组织和缺陷的预测，这对加工过程的工艺设计具有一定指导作用。半固态组织的特点决定了其模拟问题的特殊性，即半固态金属加工是在液固两相区进行的。半固态金属成形与固体塑性变形不同，其特点主要有：半固态金属成形中，既有液相的流动又有固相颗粒的迁移和塑性变形；半固态浆料具有流变性；二次加热到半固态温度的坯料具有触变性；材料的流变性能不仅与固相体积分数和剪切速率因素有关，还与时间有密切关系。通常，在固相体积分数较低的情况下，采用表观黏度来描述其本构关系（constitutive equation）。因此，数值模拟模型的选择，必须能跟踪流体流动、变形的历程。

半固态加工包括：半固态浆料的制备或具有非枝晶组织结构半固态坯料的制备；半固态金属的成形。通常，半固态金属成形还是以固相颗粒的塑性变形为主，伴随有少量的液态熔体流动，同时半固态金属变形体具有非枝晶结构，因此其本构关系的描述与通常的固态金属的本构关系有较大的差别。半固态形成过程的组织模拟是以热场为主线，同时应该考虑与其相关的工艺条件。国内外不少学者对半固态金属加工过程（触变成形、流变成形和注射成形）的模拟进行了大量研究工作。

对于半固态金属成形过程的数值模拟，在较低的固相体积分数时，主要从流体角度出发，建立其温度场和速度场，模拟过程需要满足连续方程、动量方程、能量守恒方程、初始条件和边界条件。对于具体的成形过程，由于不同合金的特性不同，采用的处理方法也不同，他们的主要差异在于黏度特性的模型建立有所不同。

通常，半固态流变铸造（成形）过程的浆料充填采用上述方法进行数值模拟。问题的实质是求解一组非稳态的流体流动控制方程组，当系统具有电磁搅拌时，模拟过程中应耦合电磁搅拌场的作用。模拟流变半连续铸造过程可从两方面考虑，一是合金完全凝固前的搅拌过程，二是流变铸造过程的温度场。根据采用的控制方程组的不同，又分为能量平衡法和动量平衡法。能量平衡法是建立在伯努利方程组基础上，主要用于计算流动方向已由系统形状确定的流动速度；动量平衡法则是在联立的连续方程、动量方程和能量方程的基础上，在结合求解标志的方程或求解流体单元体积分数的方程，从而求解出整个流场的分布及自由表面的变化情况。能量平衡法简单，求解方便，但无法获得完整的流场分布；动量平衡法模型相对复杂，求解困难，但能得到整个流场的整体分布情况以及自由表面的变化情况等大量信息，因此应用较多。

在固相体积分数较高的情况下，半固态合金的流变、触变成形过程模拟可以采用一般的塑性成形数值模拟方法来进行求解，但成形材料的本构关系建立成为数值模拟的关键，通常都采用黏塑性本构关系，对于不同的合金，其本构模型是不同的，必须通过实验建立该合金的应力与应变速率之间的关系。

10.2 半固态合金的特性及数学描述

前面已讨论过半固态合金的表观黏度和它们所具有的假塑性、流变性和触变性，这里将进一步讨论并建立它们的函数关系。文献中提出了各种不同模型，可以分为以下两大类：等温稳态流变模型、连续冷却流变模型，分别介绍如下。

10.2.1 等温稳态流变模型的数学模型

根据不同的情况，等温稳态流变模型又可以分为4种：简单等温稳态流变模型、不考虑晶格或微观结构的复杂等温稳态流变模型、考虑晶格或微观结构的复杂等温稳态流变模型，考虑屈服应力的复杂等温稳态流变模型。

10.2.1.1 简单等温稳态流变模型

对于Sn－15%Pb合金半固态浆料，在等温稳态搅拌过程中的流变行为，Joly和Mehrabian采用简单的指数定律描述[219,443]。他们在Sn－15%Pb的等温稳态搅拌过程中，观察到的剪切后熔体黏度下降现象，即“剪切稀化”现象，剪切应力和剪切速率之间服从幂指数规律，也就是：

$$\tau = k\dot{\gamma}^{n} \tag{10-1}$$

如用表观黏度表示，即黏度与剪切速率的关系，则为：

$$\eta_a = k\dot{\gamma}^{n-1} \tag{10-2}$$

也有的学者表示如下：

$$\eta_a = k\dot{\gamma}^{m} \tag{10-3}$$

式中，τ 为剪切应力；η_a 为表观黏度；$\dot{\gamma}$ 为剪切速率；k 为材料相关系数；n 为表观黏度指数，$m=n-1$。

多数情况下，$m>-1$，但在很低剪切速率下也可出现 $m<-1$。表 10－1 为多名学者试验时测得的半固态 Sn－15%Pb 稳态时表观黏度指数值。

表 10－1 稳态试验时不同条件下测得的表观黏度指数值

实验者	合金种类	剪切速率范围/s^{-1}	表观黏度指数	固相分数
Joly	Sn－15%Pb	10～400	$n=0.18\sim0.70$	0.4～0.5
Flemings	Sn－15%Pb	$10^{-5}\sim10^{-1}$	$n=0.14\sim0.68$	0.3～0.6
Turng	Sn－15%Pb	200～800	等效指数 0.07	0.17～0.57
McLelland	Sn－15%Pb	100～200	$m=-0.2\sim-0.4$	0.2～0.5
Quaak	Al 合金和 Al/SiCp 复合材料		$m=-0.06\sim-0.9$	

10.2.1.2 不考虑晶格或微观结构的复杂等温稳态流变模型

不同研究者提出了几种这类模型，分别介绍如下[220,219,444～449]。

A Kattamis 和 Piccone 的模型

不考虑微观组织结构的影响作用，同时说明固相粒子的黏塑性变形，Kattamis 和 Piccone 又提出一个更为复杂的模型：

$$\eta=\eta_L\left(1+\frac{\bar{d}S_v}{\bar{d_0}S_{v0}\left(\frac{1}{f_S}-\frac{1}{f_S^*}\right)}\right)+2.033\times10^4 f_S(\dot{\gamma})^{-0.727} \tag{10-4}$$

式中，η_L 为液相的表观黏度；$\bar{d}$、S_v 分别为平均固相颗粒的等效直径和其表面面积与体积之比；f_S^* 为与剪切速率和冷却速率有关的临界固相分数；$\bar{d}_0S_{v0}$ 的乘积是与剪切速率和冷却速率有关的相关系数。

在稳态流变铸造过程中，合金熔体的黏度 η 与搅拌剪切速率 $\dot{\gamma}$ 和固相分数 f_S 也存在一定的对应关系。建立这种半固态浆料黏度与固相分数和剪切速率间的对应关系是更有效地进行二次加热和成形过程数值模拟、参数优化和过程控制的关键。这一模型是第一次考虑微观结构参数的影响，已应用于 Al－4.5Cu－1.5Mg 合金的模拟。

B Nan 等人提出的模型

Nan 等人又提出了考虑固相黏塑性能量耗散的复杂等温稳态流变模型，如式（10－5）所示。

$$\eta=n_L\left(1+c_1\frac{\left(\frac{f_S}{f_S^*}\right)^{1/3}}{1-\left(\frac{f_S}{f_S^*}\right)^{1/3}}+c_2\frac{\Delta\bar{\sigma}f_S^2\dot{\gamma}^{m-1}}{R_0\dot{\gamma}_c^m}\right) \tag{10-5}$$

式中，c_1、c_2、$\Delta\bar{\sigma}$、R_0、$\dot{\gamma}_c$ 是几何参数。同方程（10－4）一样，方程（10－5）说明当固态颗粒在悬浮液中发生塑变（流体动力学消耗，括号中第二项）时以及发生黏塑性聚合变形（括号中第三项）时，将消耗能量。

C Turng 和 Wang 提出的模型

Turng 和 Wang 在研究 Sn－15% Pb 合金流变性能时，针对所观测到的表观黏度渐近值（稳定值，asymptotic）又提出一个稳态流变模型：

$$\eta = \eta_{\infty}(f_S)\left(1 + \left[\frac{\dot{\gamma}^*(f_S)}{\dot{\gamma}}\right]^a\right)^{n/a} \tag{10-6}$$

式中，$\eta_{\infty}(f_S) = A_1\exp(B_1 f_S)$；$\dot{\gamma}^*(f_S) = A_2\exp(B_2 f_S)$；$a$、$n$、$A_1$、$A_2$、$B_1$ 和 B_2 都是模型参数，通常为经验系数。

方程（10－6）与方程（10－5）、（10－4）有所不同，它表明当剪切速率超过一定的临界值时，表观黏度将接近于一个渐近（定）值，这与实际情况相符。

上述稳态流变复杂模型都是由指数规律演化过来的，这些模型都是经验公式，没有从微观结构的角度阐述假塑性和触变性产生的原因，但可以应用于半固态加工过程的数值模拟过程。

10.2.1.3 考虑晶格或微观结构的复杂等温稳态流变模型

复杂等温稳态流变模型则引入晶格（lattice model）参数，用于解释和说明剪切作用下浆料内部固相粒子团聚（agglomeration）和分散（deagglomeration）现象。当达到稳态状态时，就可以计算包裹的（entrapped）液相分数，估计半固态浆料的表观黏度[450～454]。

A Chen 和 Fan 的模型

在此模型中，"类液"半固态浆料被看成悬浊液，固相粒子之间相互作用较弱，并分散在液相基体中。在一简单剪切流动场中，固相粒子之间的动态作用导致团聚，受黏性力（viscous forces）影响。团聚过程中的碰撞导致新的更大尺寸固相颗粒的出现，同时大颗粒的固相粒子又会破裂。某一特定时间，团聚状态可以采用结构参数 n——团聚颗粒中的固相颗粒数来描述，基于以上假设，随时间改变的结构参数 $n(t)$ 的表达式为：

$$\frac{1}{n(t)} = \frac{1}{n_e} + \left(\frac{1}{n_0} - \frac{1}{n_e}\right)e^{-\lambda t} \tag{10-7}$$

式中，$n_0 = n(0)$，为 $t=0$ 时刻团聚体平均尺寸；n_e 为 $t=\infty$（稳态）时的团聚体平均尺寸，并且：

$$n_e = \frac{\pi d^3 K_d + 12\alpha_1 \Phi^2 K_a}{\pi d^3 K_d - 6\alpha_2 \Phi K_a} \tag{10-8}$$

$$\lambda = \frac{6\alpha_1 \Phi^2 K_a}{\pi d^3} + \frac{1}{2}K_d \tag{10-9}$$

式中，d 为颗粒尺寸；K_a、K_d 分别为团聚和分散速率；Φ 为固相分数；α_1、α_2 分别为模型参数。采用有效固相分数，黏度和剪切应力可以表示为结构参数 n 的函数：

$$\eta = \eta_0 (1 - \Phi_{eff})^{-5/2} \tag{10-10}$$

$$\Phi_{eff} = \left(1 + \frac{n-1}{n} A\right) \Phi \tag{10-11}$$

$$\tau = \eta(n, \dot{\gamma}) \dot{\gamma} \tag{10-12}$$

$$\frac{dn}{dt} = g(n, \dot{\gamma}) \tag{10-13}$$

式中，A 是与堆垛模式（packing mode）相关的模型参数，随着堆垛密度的增加，A 值减少。有效固相分数受实际固相分数、团聚物尺寸和团聚时堆垛方式的影响。从上述公式中可以看到，半固态浆料的黏度是液相基体和有效固相分数的函数，流动条件通过改变有效固相分数，间接影响黏度，采用此模型预测的黏度等参数可以与 Ito 等人的试验结果很好地吻合，参见图 10－1。

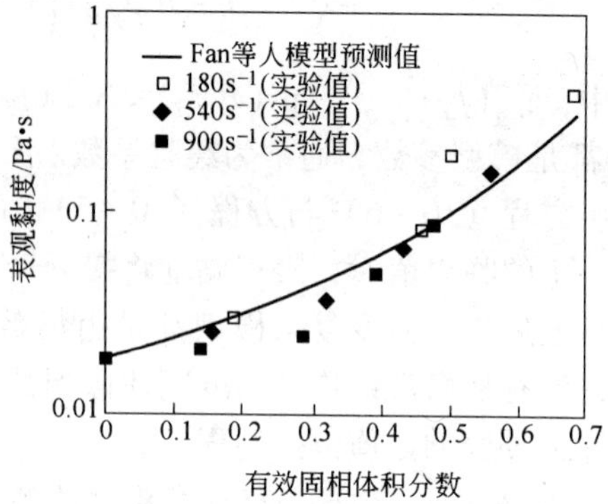

图 10－1　采用 Fan 等人模型预测的黏度与 Ito 等人的试验值对比

B　Mada 和 Ajersch 的模型

考虑稳态时半固态合金组织内固相粒子“分散”和“团聚”现象的动态平衡，Mada 和 Ajersch 建立了保温时间与表观黏度之间关系的模型：

$$\eta = \lambda \eta_0 = \eta_e + (\eta_0 - \eta_e) \exp(-K_D t) \tag{10-14}$$

式中，λ 为结构常数；η_e 为稳态黏度；η_0 为试验开始时合金组织的起始黏度；K_D 为动态分散常数。

以上模型中的常数和参数都可以采用试验方法确定，虽然为经验公式，但它同样解释了半固态浆料简单流动条件下微观组织结构和流变特征。在团聚和分散达到动态平衡时，半固态浆料的微观组织结构特点可以用球状晶粒形貌、平均粒子尺寸、稳态团聚物平均尺寸和稳态有效固相分数表示。剪切速率通过改变固相粒子之间包裹的液相数量影响半固态浆料的黏度，同时改变有效固相分数。采用模型预测的半固态浆料黏度值与试验值吻合良好，如图 10－2 所

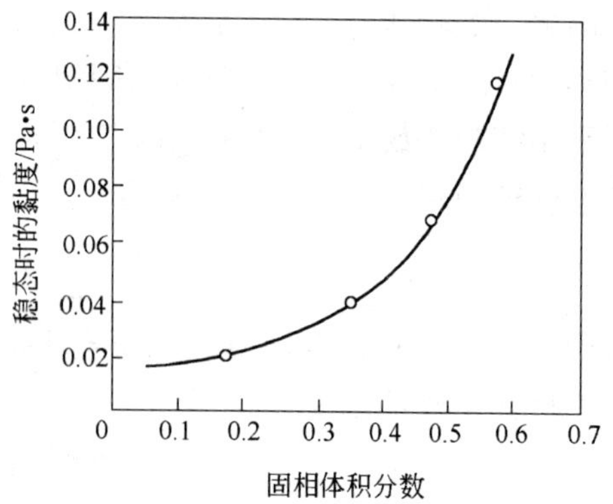

图 10－2　Mada 和 Ajersch 模型预测的表观黏度值与试验值比较

示。稳态时的黏度只与固相体积分数有关，此时没有粒子的团聚。

10.2.1.4 考虑屈服应力的复杂等温稳态流变模型

不同研究者建立了不同的此类模型，具体如下[5,219,455]。

A Herschel－Bulkley 模型

考虑到半固态浆料出现的屈服现象，也有的模型将其处理成 Bingham 流体，Herschel－Bulkley 模型用于描述半固态浆料的变形特性。其稳态流动公式由下式给出：

$$\tau = \tau_a + k_1 \dot{\gamma}^n \tag{10-15}$$

式中，τ_a 为表观屈服应力；k_1、n 均为模型参数。对于剪切速率指数 n，不同的研究学者即使对同一种合金进行试验，其结果也有所不同，对于固相分数为 0.45 的半固态 Sn－15% Pb 合金，Peng 和 Wang 所测为 0.83，Kobe 和 Modigell 所测为 1.29，McLelland 为 －0.31。由于半固态合金浆料屈服应力的出现，建立稳态流变模型时必须考虑这一有限屈服应力的影响，尤其是在高固相体积分数和低剪切速率的情况。

B Sisko 模型

Sisko 建立了稳态剪切应力与剪切速率之间的 Sisko 模型，其数学表达式为：

$$\eta_a = \eta_i + k \cdot \dot{\gamma}^m \tag{10-16}$$

式中，m 为负指数；η_i 为较高剪切速率下的稳态（asymtotic）黏度值。对于 Pb－15% Sn 合金，$m = -1.3$，$\eta_i = 0.05Pa \cdot s$，$k = 100Pa \cdot s^{m+1}$，即数学表达式为：$\tau = \dot{\gamma}(0.05 + 100\dot{\gamma}^{-1.3})$。这样就可以在较宽的剪切速率范围中计算剪切应力值，并与试验结果吻合良好。从图 10－3 中可以看出，随着剪切速率升至 200s^{-1}，剪切应力起初下降（反常的流动行为——剪切“稀化”），紧接着随着剪切速率的进一步升高，剪切应力也随之升高（正常的流动行为——剪切“稠化”），而剪切速率在 50～500s^{-1}之间时，剪切应力的值比较稳定，大约在 30Pa 左右。对于 A356 半固态金属合金，$\dot{\gamma} > 10^6 s^{-1}$，属于胀流体，当$\dot{\gamma} < 10^5 s^{-1}$时，具有“伪塑性”的特征。

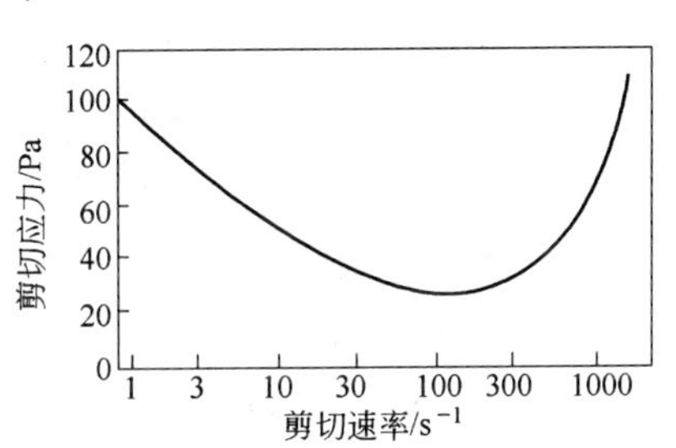

图 10－3 稳态剪切应力与剪切速率之间的关系图

10.2.2 连续冷却流变模型

10.2.2.1 简单连续冷却流变模型

采用悬浮体系的标准模型，Joly 和 Mehrabian 提出能解释连续冷却时固相体

积分数 f_S 和表观黏度 η 之间关系的经验表达式[220,243,456,457]：

$$\eta = A\exp(Bf_S) \tag{10-17}$$

式中，A、B 是与剪切速率相关的系数。上式对 Sn－15% Pb、Bi－17% Sn、Zn－27% Al－2% Cu（ZA－27）等合金的试验数据（如剪切后熔体黏度下降等）均能作出很好的解释。

10.2.2.2 复杂连续冷却流变模型

Turng 和 Wang 研究 Sn－15% Pb 半固态合金连续冷却模型时，考虑剪切速率的影响，提出一个更为复杂的模型[224,458,461]：

$$\eta = \left(1 - \frac{f_S}{f_S^*}\right)^{-m(\dot{\gamma})} \eta_\infty(f_S)\left(1 + \left[\frac{\dot{\gamma}^*(f_S)}{\dot{\gamma}}\right]^a\right)^{n/a} \tag{10-18}$$

式中，f_S^* 为临界固相分数；$m(\dot{\gamma})$、$\eta_\infty(f_S)$、$\dot{\gamma}^*(f_S)$、a 和 n 为试验拟合参数。

Hirai 等基于早期悬浊体系模型，提出下列表观黏度计算公式：

$$\eta = \eta_L\left[1 + \frac{\bar{d}S_v}{2\left(\frac{1}{f_S} - \frac{1}{f_S^*}\right)}\right] \tag{10-19}$$

式中，η_L 是液态合金的表观黏度，考虑了因搅拌可能产生的泰勒涡流效应的影响；$\bar{d}$ 和 S_v 分别是固相晶粒的等效直径及其表面积与体积之比，$\bar{d}$ 和 S_v 与冷却速率和剪切速率有关；f_S^* 是由冷却速率和剪切速率决定的临界固相体积分数。方程（10－19）第一次尝试在搅拌的半固态合金表面黏度的表述中引入显微结构（$\bar{d}$ 和 S_v）特征。该式已用于 Al－10% Cu 合金的连续冷却研究中。

由于固相颗粒形状及尺寸对半固态浆料的流动行为有着强烈影响，也有学者采用特定表面面积（specific surface area）或简单形状因子（simple shape factor）等与固相粒子形貌有关的参数建立连续冷却流变模型，试图解释流变试验和半固态加工等过程中固相粒子形貌演化规律。Qin 和 Fan 采用固相颗粒形状参数定量说明固相颗粒形状特点，并且推导出等效固相体积分数 Φ 与 D 和实际固相体积分数之间的关系式：

$$\Phi = k(3)k(D)^{\frac{3}{D}}\left(\frac{N}{Q}\right)^{\frac{3-D}{D}} f_S^{\frac{3}{D}} \tag{10-20}$$

式中，D 为固相颗粒形状参数（fractal dimension），用于定量说明固相粒子形貌；N/Q 为无量纲因子。在试验条件范围内，D 主要受固相体积分数或局部（部分）凝固时间的影响，剪切速率和冷却速率对他的影响较小，参见图 10－4。该模型已经用于非球状半固态合金连续冷却及其后序等温过程的表观黏度预测。

10.2.3 瞬态流变模型

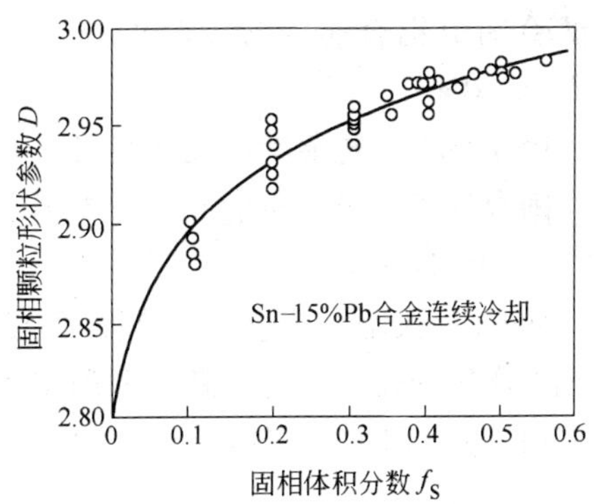

图 10-4 连续冷却时不同固相体积分数下的 D 值

半固态合金浆料的触变模型和瞬态模型的建立主要基于内部变化骨架（网格）模型和交叉（cross）模型，一般采用结构参数 s 表征半固态浆料内部“团聚”程度，其值在 0 ~ 1 间变化，完全“团聚”时 $s=1$，而对于完全“分散”达到稳态时 $s=0$。半固态浆料的团聚程度，即结构参数 s 的大小与瞬态研究（试验）时的变形历史和所选的剪切速率有关，如：初始稳态和最终稳态其值就会有所不同，尽管很难将结构参数 s 和采用金相技术所测的微观结构参数联系起来，不易对剪切过程半固态浆料结构演化的动力学作出解释，但作为瞬态流变模型建立的一个重要结构参数，依然起着十分重要的作用[455,462~464]。

10.2.3.1 简单的瞬态流变模型

简单瞬态模型的建立可以基于稳态（常）结构假设，认为剪切速率突然递增或递减变化时，半固态合金组织内部没有足够的时间发生改变，其结构与剪切速率变化前一致，采用这一假设，就可以建立表观黏度与剪切速率的模型。模型与 Herschel - Bulkley 流动模型很好地吻合，此时的瞬态模型由宾汉体和指数定律两部分组成，宾汉体模型部分反映半固态浆料的屈服极限，指数定律部分反映半固态浆料的“稠化”现象，其公式为：

$$\tau = k(f_S, s)\dot{\gamma}^{n(s,\gamma)} + \tau_0(f_S, s) \tag{10-21}$$

式中，$\dot{\gamma}$为剪切速率；k 为材料相关系数（consistence index）；τ 为剪切应力；τ_0 为屈服应力；s 表示固相粒子的聚集状态；f_S 为固相分数；n 为流动指数，剪切“稀化”时 $n<1$，剪切“稠化”时 $n>1$。考虑触变性时，相关指数为依时性，一个简单的近似表达式是引入结构参数 κ：

$$\tau = \tau_0 \cdot \kappa + k \cdot \kappa \cdot \dot{\gamma}^m \tag{10-22}$$

$$\frac{d\kappa}{dt} = c \cdot (\kappa - \kappa_e) \tag{10-23}$$

式中，c 为动态常数；κ_e 为稳态时的平衡结构参数（稳态球聚固相粒子的分数），其值与当时的剪切速率有关，结构参数的变化从 0 ~ 1，它描述的是固相粒子在半固态浆料中的聚集状态。较低剪切速率下，屈服应力变得较为重要；高固相分数下半固态合金材料均表现出一定的屈服应力，即 Bingham 材料。通过试验知道铝合金密度 2700kg/m^3，高 $H=0.1$m 的坯料屈服应力约等于 $\tau_0=\rho gH=2.7$kPa。

10.2.3.2　复杂瞬态流变模型

国内外研究者提出的几种此类模型具体内容如下[209,223,224,246,462,465,466]。

A　Mada 等人的模型

Mada 等人用一个总框架来模拟 A356 合金的触变行为和 SiC 颗粒的影响。他们把工作集中在剪切速率跃变和静态下凝聚过程的变化，可得出半固态浆料开始受剪切力后 t 时刻，剪切应力 $\tau(t)$ 和剪切速率间的关系式：

$$\tau(t)=\tau_{\mathrm{e}}+(\tau_0-\tau_{\mathrm{e}})\exp\left(-\frac{\dot{\gamma}_{\mathrm{f}}}{a_1+b_1\dot{\gamma}_{\mathrm{f}}}t\right) \tag{10-24}$$

式中，τ_0 和 τ_{e} 分别是等结构剪切应力（刚跃变后）和稳态剪切应力（跃变很长一段时间以后）；a_1、b_1 是常数。

当半固态浆料不再承受剪切应力作用，结构发生重新凝聚后，此浆料又继续受剪切作用时的剪切应力表达式为：

$$\tau(t_{\mathrm{r}})=\tau_\infty-(\tau_\infty-\tau_{\mathrm{e}})\exp\left(-\frac{\dot{\gamma}_0}{a_2+b_2\dot{\gamma}_0}t_{\mathrm{r}}\right) \tag{10-25}$$

式中，t_{r}为停止时间；τ_∞、τ_{e} 分别是完全凝聚状态的剪切应力和剪切速率下降后的剪切应力（下降前的最初剪切应力）；a_2、b_2 是常数。

B　Quaak 等人的改进模型

Quaak 等人进一步改进，使表达式更精确，提出可采用双指数表达式描述 A356 和 A356/SiC 合金剪切速率跃变后的剪切应力变化情况：

$$\tau(t)=\tau_{\mathrm{e}}+(\tau_0-\tau_{\mathrm{e}})\left[\alpha\exp\left(-\frac{t}{\lambda_1}\right)+(1-\alpha)\exp\left(-\frac{t}{\lambda_2}\right)\right] \tag{10-26}$$

式中，λ_1、λ_2 是拟合特征因子，由最初剪切应力和最终剪切应力以及固相分数值决定。

C　Brown 等人的模型

Brown 及其同事采用内部变量模型的总框架，同时基于微观机构的考虑，提出了流动方程：

$$\tau=A(s)\frac{(c/c^*)^{1/3}}{1-(c/c^*)^{1/3}}\eta_{\mathrm{L}}\dot{\gamma}+(n+1)C(T)sf_{\mathrm{S}}\eta_{\mathrm{L}}^{n+1}\dot{\gamma}^n \tag{10-27}$$

进一步改进为结构参数 s 的方程：

$$\frac{\mathrm{d}s}{\mathrm{d}t}=H(T,f_{\mathrm{S}})(1-s)-R(T,f_{\mathrm{S}})s\dot{\gamma}^n \tag{10-28}$$

式中，$c=f_{\mathrm{S}}(1+0.1s)$，考虑了凝聚过程中夹杂有液体；$c^*=0.625-0.1s$ 是临界固相分数值；$A(s)$ 是流体动力学因子；$C(T)$ 是 Arrhenius 形式的与温度有关的参数；$n\approx4$。方程（10－27）中的第一项说明流体动力学消耗，第二项说明在凝聚颗粒之间结合部分的黏塑性消耗。$H(T,f_S)$ 和 $R(T,f_S)$ 分别是定义凝聚和分化的动力学参数。令 $ds/dt=0$，可以推出稳态塑变方程：

$$s=s_{st}=\frac{1}{1+(R/H)\dot{\gamma}^n} \tag{10-29}$$

关于部分凝固合金特性的数学描述虽然已取得了一些成果，但还有许多工作需要进一步深入研究。

D　Chen 和 Fan 的模型

Chen 和 Fan 采用微观结构模型研究不同变形条件（等温剪切、等温间歇、等结构剪切、瞬态剪切速率和循环剪切）下半固态合金的瞬态流变行为，不同循环变形条件下“迟滞环”的理论预测揭示触变性的实质就是“分散”（deagglomeration）动力学过程远快于“团聚”（agglomeration）动力学过程，等结构变形条件下的变形表现为表观黏度，不显示剪切“稠化”现象。在其所建立的模型中，引入“团聚”特征时间和“分散”特征时间：

$$t_D=\frac{2\pi d^3(n_e-n_0)}{6n_0(\alpha_2\Phi n_0+2\alpha_1\Phi^2)K_a-\pi d^3n_0(n_0-1)K_d} \tag{10-30}$$

$$t_A=\frac{2\pi d^3(n_e-n_0)}{6n_0(\alpha_2\Phi n_e^2+2\alpha_1\Phi^2n_e)K_a-\pi d^3n_e(n_e-1)K_d} \tag{10-31}$$

对于球形晶粒的半固态浆料，“分散”时间只在几秒这一数量级，而“团聚”时间则会在几千秒这一数量级上，因此“分散”过程远比“团聚”快得多。

E　唐靖林等人提出的模型

唐靖林等人提出的瞬态模型，该模型建立在对试验曲线进行回归，可以得到剪切应力 τ 与剪切时间的经验关系式：

$$\tau-\tau_s=\tau_{\Delta p}e^{-kt} \tag{10-32}$$

式中，τ_s 为与初始剪应力对应的稳态剪切应力；$\tau_{\Delta p}$ 和 k 均为拟合参数；$\tau_{\Delta p}$ 的意义是剪切速率阶梯变化所引起的瞬时峰值应力与稳态应力之差；k 反映峰值应力回复到稳态的快慢程度，其值越大则回复越快。实验表明，$\dot{\gamma}_0/\dot{\gamma}_1$ 越大，$\tau_{\Delta p}$ 值越大，而 k 值则随之减小，说明剪切速率阶梯变化的幅度越大，则由此而引起的瞬时峰值剪切应力越大，而且其恢复到稳态的时间也增长，这种情况亦适用于出现瞬时谷值剪切应力的情况。由表 10－2 亦可知，随形貌参数 F_c 值的增大，$\tau_{\Delta p}$ 值显著减小，而 k 值有较明显的增大。因此可以看出：随着发达枝晶初生 α 相逐渐退化，剪切速率阶梯变化使半固态合金产生的瞬时峰值的切应力显著降低，并且能够很快得以恢复。同理，这种情况也适用于出现瞬时谷值剪切应力的情况。根据表的实验结果，还可以得到剪切应力、剪切速率和初生 α 相形貌参数之间的关系。

表 10－2 剪切速率变化剪切应力－时间拟合方程参数

$\dot{\gamma}_n/s^{-1}$	$F_c=0.09$ $\tau_s=436.1Pa$			$F_c=0.36$ $\tau_s=206.8Pa$			$F_c=0.45$ $\tau_s=140.5Pa$			$F_c=0.86$ $\tau_s=110.0Pa$		
	$\tau_{\Delta p}/Pa$	K/s^{-1}	R^2	$\tau_{\Delta p}/Pa$	K/s^{-1}	R^2	$\tau_{\Delta p}/Pa$	K/s^{-1}	R^2	$\tau_{\Delta p}/Pa$	K/s^{-1}	R^2
195.3	52.3	0.099	0.90	26.0	0.146	0.89	10.5	0.155	0.88	3.61	0.22	0.86
141.8	92.3	0.090	0.91	43.0	0.115	0.89	17.0	0.130	0.90	5.46	0.20	0.84
118.6	118.0	0.079	0.89	51.0	0.104	0.93	19.5	0.117	0.87	6.33	0.19	0.92
83.7	187.0	0.070	0.89	72.0	0.081	0.90	26.4	0.094	0.86	7.98	0.16	0.90
50.2	312.0	0.062	0.94	112.0	0.065	0.93	—	—	—	10.20	0.15	0.83

表 10－2 中通过计算得到的 R^2 值接近 1，说明拟合关系式可以比较理想地描述不同初生 α 相形态半固态 A356 合金剪切速率阶梯变化的瞬态流变行为。

10.3 流变成形过程的数值模拟

流变成形的目的是获得具有非枝晶结构的组织。由于合金结晶温度范围一般不宽，在实际操作中要获得均匀的非枝晶组织是不容易的。因此，利用建立的流体（熔体）黏度与固相分数、剪切速率间的关系模型，模拟搅拌过程、流变铸造的温度场和材料的组织变化是十分必要的。半固态连铸过程不仅包含常规连铸时金属由液态逐渐凝固成固态的动态过程，而且金属液在电磁场或其他动力作用下发生强烈的运动（搅拌），同时伴有枝晶的折断和部分重熔[467～469]。该过程的主要特点如下：

（1）整个过程是一个散热过程，同时又有热量产生的复杂温度场问题。

（2）对于连续铸造过程，铸坯相对结晶器按一定规律向前运动，即系统中有载热质点的流动。

（3）金属由液态凝固成固态，伴随有结晶潜热的释放。

（4）由于制备接近球形初生相的半固态组织，需进行搅拌。搅拌中存在能量的转化导致熔体的温升问题。

（5）具有复杂的散热边界条件，特别是结晶器出口处存在的喷水冷却区，温度在这个区域变化梯度非常大。

（6）由于搅拌作用，固液之间的结晶区明显加宽，同时黏度的变化与固相体积分数和剪切速率间的关系密切，其变化规律目前还不能很好地准确描述。

10.3.1 流变成形数值模拟的理论基础

10.3.1.1 基本方程

合金流动和传热所遵循的基本规律就是物理学三大守恒定律，即质量守恒定律、动量守恒定律和能量守恒定律。这三大定律的数学描述就是热流体流动过程的基本方程组[489]。要使这个方程组封闭，还需加上辅助的热物性参数关系，如密度、热容、黏性系数和导热系数随温度和压力的变化等。

A　质量守恒方程（连续性方程）

质量守恒方程是物质不灭定律在流动场中的具体应用，因此任何流动问题都必须满足质量守恒定律。该定律可表述为：单位时间内流体微元体中质量的增加，等于同一时间间隔内该微元体的净质量。按照这一定律，可以得出质量守恒方程在直角坐标系下的表达式为：

$$\frac{\partial\rho}{\partial t}+\frac{\partial(\rho u)}{\partial x}+\frac{\partial(\rho v)}{\partial y}+\frac{\partial(\rho w)}{\partial z}=0 \tag{10-33}$$

式（10－33）给出的是瞬态三维可压流体的质量守恒方程，若流体不可压，密度 ρ 为常数，则式（10－33）可变为：

$$\frac{\partial u}{\partial x}+\frac{\partial v}{\partial y}+\frac{\partial w}{\partial z}=0 \tag{10-34}$$

若流动处于稳态，则密度 ρ 不随时间变化，则式（10－33）变为：

$$\frac{\partial(\rho u)}{\partial x}+\frac{\partial(\rho v)}{\partial y}+\frac{\partial(\rho w)}{\partial z}=0 \tag{10-35}$$

式中　ρ——密度；

u，v，w——速度矢量在 x、y、z 方向上的分量；

x，y，z——笛卡儿全局坐标。

B　动量守恒方程（纳维－斯托克斯方程）

动量守恒定律也是任何流动系统都必须满足的基本定律。该定律可表述为：微元体中流体的动量对时间的变化率等于外界作用在该微元体上的各种力之和。该定律实际上是牛顿第二定律。按照这一定律，可导出 x、y 和 z 三个方向的动量守恒方程：

$$\frac{\partial(\rho u)}{\partial t}+\frac{\partial(\rho uu)}{\partial x}+\frac{\partial(\rho uv)}{\partial y}+\frac{\partial(\rho uw)}{\partial z}$$

$$=\frac{\partial}{\partial x}\left(\mu\frac{\partial u}{\partial x}\right)+\frac{\partial}{\partial y}\left(\mu\frac{\partial u}{\partial y}\right)+\frac{\partial}{\partial z}\left(\mu\frac{\partial u}{\partial z}\right)+\rho g_x-\frac{\partial p}{\partial x}+S_x \tag{10-36}$$

$$\frac{\partial(\rho v)}{\partial t}+\frac{\partial(\rho vu)}{\partial x}+\frac{\partial(\rho vv)}{\partial y}+\frac{\partial(\rho vw)}{\partial z}$$

$$=\frac{\partial}{\partial x}\left(\mu\frac{\partial v}{\partial x}\right)+\frac{\partial}{\partial y}\left(\mu\frac{\partial v}{\partial y}\right)+\frac{\partial}{\partial z}\left(\mu\frac{\partial v}{\partial z}\right)+\rho g_y-\frac{\partial p}{\partial y}+S_y \tag{10-37}$$

$$\frac{\partial(\rho w)}{\partial t}+\frac{\partial(\rho wu)}{\partial x}+\frac{\partial(\rho wv)}{\partial y}+\frac{\partial(\rho ww)}{\partial z}$$
$$=\frac{\partial}{\partial x}\left(\mu\frac{\partial w}{\partial x}\right)+\frac{\partial}{\partial y}\left(\mu\frac{\partial w}{\partial y}\right)+\frac{\partial}{\partial z}\left(\mu\frac{\partial w}{\partial z}\right)+\rho g_z-\frac{\partial p}{\partial z}+S_z \qquad (10-38)$$

式中　μ——动力黏度；

p——时均压力；

g_x，g_y，g_z——x、y、z 方向的重力加速度分量；

S_x，S_y，S_z——黏滞损失项，其表达式如下：

$$S_x=\frac{\partial}{\partial x}\left(\mu\frac{\partial u}{\partial x}\right)+\frac{\partial}{\partial y}\left(\mu\frac{\partial u}{\partial y}\right)+\frac{\partial}{\partial z}\left(\mu\frac{\partial u}{\partial z}\right) \qquad (10-39)$$

$$S_y=\frac{\partial}{\partial x}\left(\mu\frac{\partial v}{\partial x}\right)+\frac{\partial}{\partial y}\left(\mu\frac{\partial v}{\partial y}\right)+\frac{\partial}{\partial z}\left(\mu\frac{\partial v}{\partial z}\right) \qquad (10-40)$$

$$S_z=\frac{\partial}{\partial x}\left(\mu\frac{\partial w}{\partial x}\right)+\frac{\partial}{\partial y}\left(\mu\frac{\partial w}{\partial y}\right)+\frac{\partial}{\partial z}\left(\mu\frac{\partial w}{\partial z}\right) \qquad (10-41)$$

C　能量守恒方程

在半固态金属浆料制备过程中，合金熔体由液态经冷却变为半固态，这个过程始终伴随着热量的交换。能量守恒定律是包括有热交换的流动系统必须满足的基本定律。该定律可表述为：微元体中能量的增加率等于进入微元体的净热流量加上体力与面力对微元体所做的功。该定律实际是热力学第一定律。

$$\frac{\partial(\rho T)}{\partial t}+\frac{\partial(\rho uT)}{\partial x}+\frac{\partial(\rho vT)}{\partial y}+\frac{\partial(\rho wT)}{\partial z}=\frac{\partial}{\partial x}\left(\frac{K_{\text{eff}}}{c_p}\frac{\partial T}{\partial x}\right)+\frac{\partial}{\partial y}\left(\frac{K_{\text{eff}}}{c_p}\frac{\partial T}{\partial y}\right)+\frac{\partial}{\partial z}\left(\frac{K_{\text{eff}}}{c_p}\frac{\partial T}{\partial z}\right)+S_T \qquad (10-42)$$

式中　K_{eff}——有效导热系数，其表达式为：

$$K_{\text{eff}}=K_0+K_{\text{t}};\ K_{\text{t}}=c_p\mu_{\text{t}}/Pr$$

c_p——比热；

S_T——热源项，无内热源时其值为零；

T——温度；

K_0——分子导热系数；

K_{t}——湍流导热系数；

μ_{t}——湍流黏度系数；

Pr——湍流 Prandtl 数。

D　体积函数方程（自由表面控制方程）

体积函数法是由 C. W. Hirt 和 B. D. Nichols 提出的一种确定自由表面的方法，它用来描述自由表面的方程为：

$$\frac{\partial F}{\partial t}+u\frac{\partial F}{\partial x}+v\frac{\partial F}{\partial y}+w\frac{\partial F}{\partial z}=0 \qquad (10-43)$$

式中 F——液相体积分数。

E 热传导微分方程组

流变铸造三维热传导直角坐标 Fourier 方程为：

$$\rho c_p \frac{\partial T}{\partial t} = \lambda\left(\frac{\partial^2 T}{\partial x^2} + \frac{\partial^2 T}{\partial y^2} + \frac{\partial^2 T}{\partial z^2}\right) + \rho L \frac{\partial f_S}{\partial t} \tag{10-44}$$

式中，T 为温度；t 为时间；x、y、z 为空间坐标；ρ 为密度；c_p为比热；λ 为导热系数；L 为潜热；f_S为固相率。

实际生产过程中的半固态流变半连续铸造实际上主要是制备圆柱形坯锭，这是一个轴对称问题，因此可以得到以下的轴对称有源热场计算公式：

$$\frac{\partial}{\partial r}\left(r\lambda_r \frac{\partial T}{\partial r}\right) + \frac{\partial}{\partial z}\left(r\lambda_z \frac{\partial T}{\partial z}\right) + r\omega - c\rho r \frac{\partial T}{\partial t} = 0 \tag{10-45}$$

式中，λ_r、λ_z分别为 r、z 方向的导热系数；ω 为内热源，它与结晶潜热释放、载热质点的运动和搅拌热效应有关，即 $\omega = \omega_1 + \omega_2 + \omega_3$。

（1）边界条件。

对第一类边界条件有：

$$T = T_0(r,z) \tag{10-46}$$

对第二类边界条件有：

$$\lambda_r r \frac{\partial T}{\partial r} l_r + \lambda_z r \frac{\partial T}{\partial z} l_z + r\beta(T - T_C) = 0 \quad \text{（在 C 边界上）} \tag{10-47}$$

式中，β 为表面换热系数。

（2）凝固过程中的结晶潜热释放 ω_1。假设单位时间内固相分数的增加率为 $\frac{\partial f_S}{\partial t}$，则由于结晶潜热释放而引起的发热量为：

$$\omega_1 = \rho L \frac{\partial f_S}{\partial t} \tag{10-48}$$

（3）连铸中伴随载热质点的运动的热量变化 ω_2。质点的运动的热量变化应有：

$$\omega_2 = cU \frac{\partial T}{\partial z} \tag{10-49}$$

式中，U 为质点轴向位移。

（4）搅拌力的热效应 ω_3。铸造过程中合金熔体在电磁搅拌作用下产生的热量为：

$$\omega_3 = \alpha \cdot f(B) \tag{10-50}$$

式中，α 为能量转换系数，α 是熔体黏度的函数；$f(B)$ 为与磁场强度 B 有关的功耗函数，$f(B)$ 大小与电磁搅拌过程中的频率、电流、搅拌力大小和方式、质点在磁场中的位置等因素有关。

由以上分析，连续铸造半固态圆柱锭坯的热场问题求解微分方程可写成如下形式。

$$\frac{\partial}{\partial r}\left(r\lambda_r \frac{\partial T}{\partial r}\right) + \frac{\partial}{\partial z}\left(r\lambda_z \frac{\partial T}{\partial z}\right) + r\rho L \frac{\partial f_S}{\partial t} - c_p r U \frac{\partial T}{\partial z} + \alpha r f(B) - c\rho r \frac{\partial T}{\partial t} = 0 \tag{10-51}$$

应用有限元法分析或差分法都可求解上述微分方程。

10.3.1.2 自由表面的处理[470]

充填过程中，流动过程的数值模拟涉及大变形自由表面的计算方法。在计算流体力学领域，根据计算所求解的控制方程形式分为拉格朗日方法（Lagramge）和欧拉方法两大类（Euler）。在拉格朗日方法中，坐标系是建立在流体质团上的网格跟随质团一起运动，因而其计算方式简单、自由表面的确定比较方便；但是，另一方面，质团的流动和变形必然会引起网格扭曲、畸变，以致互相扭结甚至可能出现网格相交，使得计算不能进行下去。为此，需要不断地进行网格重新划分，所以其计算量很大，目前使用者较少。法国的 Muttin 等人曾采用这种方法对简单型腔的充填过程进行了模拟。

在欧拉方法中对流场的计算是在固定的网格上进行的，自由表面的变化是通过标志粒子或流体体积函数的变化来反映的。相对于拉格朗日方法而言，这种方法的计算量较小，因而在充填过程数值模拟中得到了广泛的应用。在实际计算中，对自由表面变化的表示方法主要有两大类：一是通过标志粒子（Marker）来追踪自由表面的变化，这类算法主要有 MAC（Marker and Cell）法、SMAC（Simplified Marker and Cell）法；另一类是通过流体单元体积函数的变化来反映的，主要有 SOLA－VOF（Solution Algorithm－Volume of Fluid）法。

（1）SIMPLE 法。SIMPLE（Semi－Implicit Method for Pressure Linked Equations）法是由美国明尼苏达州 S. V. Patankar 教授提出的，又称压力连续方程的半隐式方法。可以用来计算非定域、不稳定速度场，计算结果能满足连续性方程、动量方程的要求。但是，该方法采用压力场和速度场同时迭代，计算处理速度较慢，此外对带有自由表面流动的处理不太方便。

（2）MAC 及 SMAC 方法。MAC 方法是由美国 Los Alamos 国家实验室于1965 年提出来的，这种方法的诞生使求解类似于铸件充型过程这种黏性不可压缩非稳态带有自由表面的流动成为可能。MAC 方法主要求解思路是：基于有限差分网格，将动量守恒方程和连续性方程进行离散，并将二者合并成一个与压力有关的泊松方程，通过动量守恒方程和泊松方程的迭代，求解出流动的速度场和压力场。

MAC 方法另一个主要特征就是设置随流体流动的标识粒子（Marker Particles），它并不参与计算，只是作为一种描述手段，以跟踪、描述任意时刻流体自由边界的移动。

可见，MAC 法在求解动量守恒和连续性方程时采用的是速度和压力两场迭代，另一方面由于采用粒子跟踪法，在处理自由表面时需要大量的内存和时间，因此 MAC 法求解流动问题速度太慢以致影响其广泛应用。于是就产生了简化的 MAC 法，即 SMAC 法。该方法在处理速度场时，在离散后的差分方程的迭代中没有压力项计算，通常校正压力项由校正势函数来取代，并用来校正速度场，校正后的速度场如不能满足质量守恒方程，则反复迭代势函数，修改速度场，直至满足质量守恒方程。该方法的特点在于势函数一场迭代，计算速度得到很大程度的提高。

（3）SOLA－MAC 方法。SOLA－MAC 方法集 MAC 和 SOLA－VOF 两种方法所长，在求解流动问题时，利用 SOLA 方法计算速度场和压力场，利用 MAC 方法中的标识粒子显示流动范围的变化，跟踪自由表面的位置。这种方法有两个特点：一是处理形态较复杂的铸件充型过程流动问题较快；二是对流动过程模拟结果的表示比较丰富、生动。借助该法可以得到速度分布图、流线图、环流的位置、对铸型材料的冲击和剧烈流动的范围等结果。

数值计算方法还有有限体积法（Finite Volume Method）、Fan 法（Flow Analysis Network Method）以及格子气流体动力学法。这些方法的采用为铸件充型过程流场与温度场耦合的计算分析奠定了理论基础和实现的可能性。

进入 20 世纪 90 年代后，开发了一种新的数学模型，适用于凝固区、固液两相区和液相区，是一个连续（统一）模型（Continuum Model），该模型为动量守恒方程、能量守恒方程和质量守恒方程提供了一个统一的计算方法，使得在计算动量传输的同时还可以计算热量和质量传输，使计算更加全面、准确。

总之，半固态铸造充型数值模拟在近几年的发展历程中，渐趋成熟，逐渐走向实用化，为铸造生产提供越来越重要的指导作用。

10.3.2 应用实例

10.3.2.1 应用实例一

法国 Pichiney 公司采用三相电机定子制成立式电磁搅拌器，制备了 Al6Si3Mg 合金半固态铸坯，并对该过程进行了数值模拟，合金熔体在电磁力作用下的流动速度场和电磁力场模拟结果如图 10－5 所示。模拟结果表明，树枝状初生相之所以在电磁搅拌时转变成蔷薇状或球形结构，主要是由于这些树枝晶在电磁力作用下流动到搅拌腔的高温区后，部分枝晶发生重新熔断所致[471, 472]。

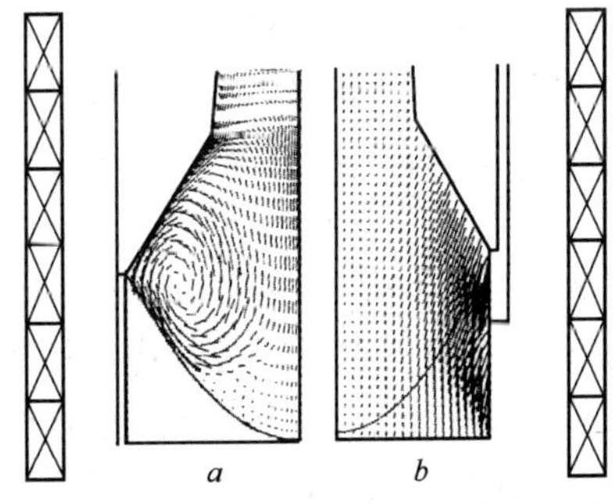

图 10－5 Al6Si3Mg 合金熔体模拟电磁搅拌速度场和电磁力场
a—速度场；b—电磁力场

10.3.2.2 应用实例二

Dantzig 和 Roplekar 提出了一个用于模拟电磁搅拌作用下半固态金属半连续流变铸造过程的三维数学模型，采用有限元法进行了流变铸造时的电磁场、流场和热传导的模拟，三维速度场和流场的模拟结果如图 10 - 6 所示。图中表明，熔体径向流动速度比轴向铸造速度要大很多；在速度场中电磁场呈高斯分布，并在定子的中间面上达到最大值，参见图 10 - 6*a*。所有凝固颗粒的等效流动轨迹长度随铸造的进行而增加，固相颗粒在凝固区的驻留时间也存在明显差异，搅拌时一些固相颗粒在中心环流区域需运动数圈后才完全凝固，而边部的其他颗粒在凝固区的停留时间则相对较短，参见图 10 - 6*b*。此外，由于旋转电磁场的作用，熔体的速度场在轴向也存在明显差异。径向流动使熔体中质点受离心力作用而从搅拌腔中心向外层流动，这有利于获得较为粗大和理想的微观组织。

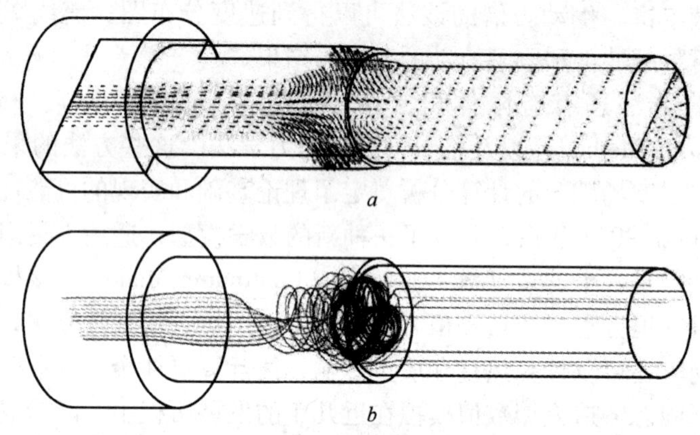

图 10 - 6　电磁搅拌半连续流变铸造过程三维速度场和流场模拟

10.3.2.3　应用实例三

有研究者提出了一种制备半固态浆料的新工艺——阻尼冷管法（DCT）。并利用 FLOW3D 软件对 AZ91D 镁合金熔体在阻尼冷管中的流动过程进行三维数值模拟，获得了制备半固态浆料过程中的金属熔体流动规律，得出了压头高度、楔形形状及缝隙大小对合金熔体流动及制备出的半固态浆料均匀程度的影响规律。从而，为制备半固态浆料新工艺的参数优化提供了有效的理论指导[80, 497, 499, 501, 513]。

A　阻尼冷管法的基本原理和特点

该方法的基本原理为：将液相线温度以上几度的合金熔体在自重作用下通过一个阻尼冷管，阻尼冷管形式是在管中有一截面形状为菱形的楔块，其与管壁有一定的间隙，在该间隙的阻尼作用下，合金熔体被搅拌。同时，阻尼冷管周围设有冷却系统和加热系统，能有效地调节合金熔体的冷却速度。合金熔体在管壁的冷却下，形成许多细小的晶粒，晶粒形成后，将迅速长大。由于金属熔体流的冲刷，使长大到一定尺寸的晶粒从管壁上脱落，随金属熔体流入下面的容器。进一步冷却合金熔体至给定固相体积分数，就能获得需要的半固态浆料。带分流楔的扁管式阻尼冷管法原理图如图 10－7 所示。

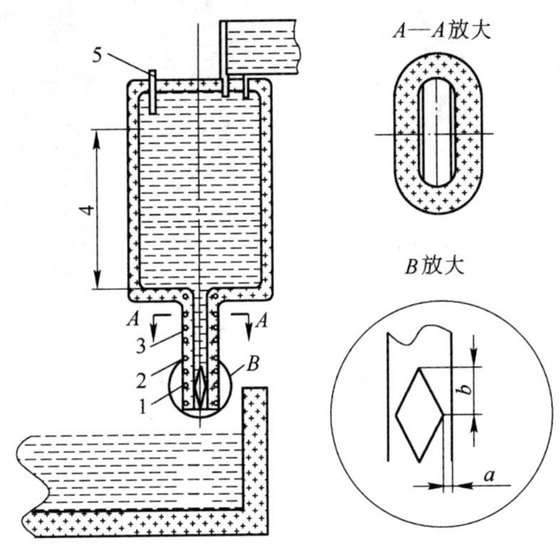

图 10－7　带分流楔的扁管式阻尼冷管原理图

1—楔形杆；2—加热线圈；3—冷却设备；4—压头高度；5—注入保护气体

B　计算模型及软件

根据对称性取其 1/4，采用 SolidWorks2004 进行实体造型，模拟计算选择 FLOW3D 商业软件，使用 Carreau 模型来描述非牛顿流体，应用 FAVOR 技术进行模拟。

C　模拟的主要结果及分析

模拟研究了影响合金熔体流动及搅拌的主要因素：楔形块的位置、楔形块的高度 b、楔形块与冷管的缝隙 a 及压头高度 h 等。

图 10-8a 给出了当楔形块位于阻尼冷管中部时冷管中温度场、剪切速率场及固相体积分数的分布。可以看出，合金熔体经过缝隙后其温度显著降低，从 880K 降至约 861K，剪切速率从 0 增至 1840s^{-1}，固相体积分数从 0 增加至 5% 左右。图 10－8b 所示是将楔形块置于冷管出口处获得的温度、剪切速率及固相体积分数分布。此时出口处附近的剪切速率分布及固相体积分数分布较为均匀，剪切速率的最大值出现在缝隙处，约为 1860s^{-1}，说明楔形块起到了较好的搅拌作用，浆料混合比较均匀。

10.3.2.4　应用实例四

研究半固态镁合金连续铸轧工艺过程的特点，首先建立二维不可压缩非牛顿流体流动与传热的耦合计算模型，并使用流体分析软件 FLOW3D 对连续性方程、纳维－斯托克斯方程及能量方程进行稳态求解。考虑到辊间半固态金属浆料流动特点及双辊的布置方式有利于保持熔池内的层流流动，选取层流模型来进行描

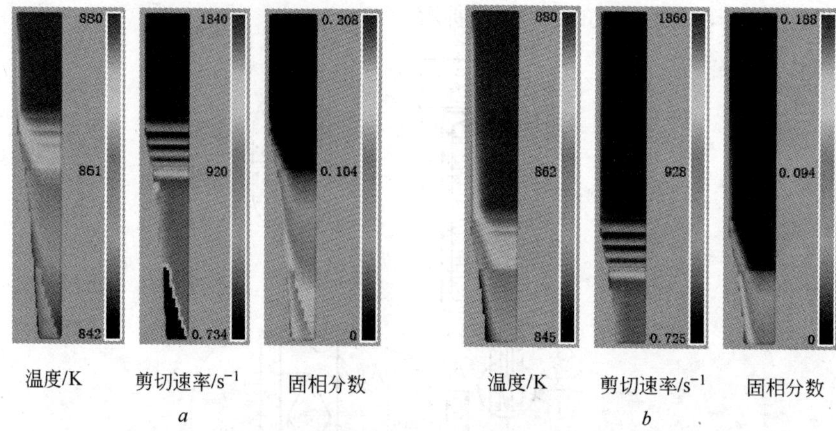

图 10－8　楔形块不同位置的温度场、剪切速率场及固相体积分数分布图

a—位于冷管中间；*b*—位于冷管出口处

述。最终获得了连续铸轧工艺过程的流场、温度场和固相体积分数的分布以及入口浆料温度、铸轧速度等工艺参数对铸轧过程的影响规律。模拟结果可以很好地对工艺参数进行优化[80, 494, 508]。

使用流体分析软件 FLOW3D 对半固态 AZ91D 镁合金连续铸轧工艺的凝固过程进行数值模拟，分别研究入口浆料温度、铸轧速度等工艺参数对金属流动及凝固特性的影响，所得结果可以更好的优化工艺参数，从而为双辊薄带半固态镁合金的铸轧工业化生产提供基础数据。

图 10－9 所示是铸轧速度对铸轧区位置的影响，铸轧速度指的是轧辊对合金

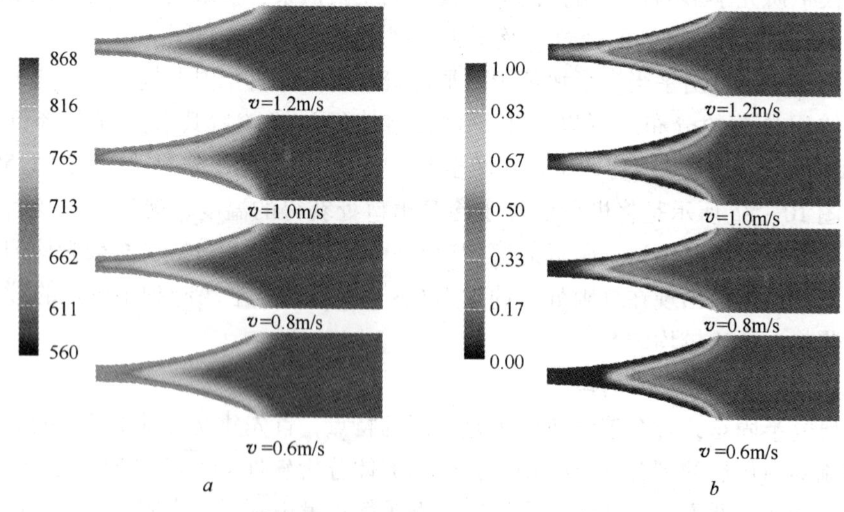

图 10－9　不同铸轧速度对连铸区温度场及铸轧区位置的影响

a—温度场分布；*b*—固相体积分数分布

熔体的连续冷却时间，即对熔体的冷却程度。由图中可以看出，不同铸轧速度对铸轧区的位置及温度分布有很大影响，铸轧速度越小，则铸轧区位置越长，这也与实际实验情况是一致的。

10.4 触变成形过程的数值模拟

通常，触变成形是将具有非枝晶组织的合金坯料二次加热到该合金的半固态温度区间，再进行成形的过程，参见第1章中的图1－3[296, 469, 473]。

在触变成形过程中，半固态坯料在压力作用下具有良好的流变性和填充性。但是，根据合金成分和触变成形工艺的不同，重熔的程度也不同，合金的变形和成形过程也不同，情况是非常复杂的。如第6章中的图6－5所示：A工艺是重熔到固相体积百分比35%～50%，浆料形态类似“黄油”；B工艺是重熔到固相体积百分比50%～60%，浆料形态类似“粥”。

目前对触变成形过程的模拟研究大多也是在一些商业有限元或有限差分软件平台上进行。为了模拟和简化半固态合金的触变成形过程，一般会作出以下假设：

（1）模拟过程中半固态金属视为连续、不可压缩的金属流体/固体，当视为流体时其流动特性由表观黏度表征；

（2）半固态金属固相分数一定，固相颗粒直径较小(<100μm)，固、液两相密度相近，因此模拟过程中将其视为均匀的单相介质（双相模型除外）；

（3）触变成形过程很短，浆料温度变化很小，将半固态触变成形过程视为等温过程；

（4）对于大多数半固态触变成形过程来说，合金浆料的流动属于层流流动。

10.4.1 触变成形数值模拟的理论基础

对触变成形过程的模拟采用的方法有3种考虑方式：对于B工艺过程的模拟，因浆料形态类似“粥”状，通常采用流体力学的基本理论进行模拟，分析方法与流变成形相同。对于A工艺过程的模拟，因浆料形态类似“黄油”状，通常采用固态力学的基本理论进行模拟，材料的本构关系采用黏塑性关系，模拟的关键之一是在黏塑性本构关系的处理上。当半固态浆料介于“粥”状和“黄油”状之间时，也有学者提出新的处理方法进行模拟，将变形考虑为两部分，分别应用流体力学和固体力学的思路进行处理[362, 421, 474～477]。

10.4.1.1 *基于流体力学理论的基本方程*

当二次重熔温度较高时，将成形过程考虑为流体充型，即采用流体力学的理论进行研究和分析。这时，合金浆料的处理就与流变成形相类似，合金流动和传热所遵循的基本规律就是物理学三大守恒定律，即质量守恒定律、动量守恒定律和能量守恒定律。同流变成形过程的模拟一样，触变成形过程中半固态合金的流动特点，可以采用微分方程组描述充型过程中流场及自由表面的变化情况。

10.4.1.2 基于固态力学理论的基本方程

在二次加热获得合金坯料的固相体积分数较高时，采用固体力学的基本理论来求解，通常假设成形材料为黏塑性材料，由于变形量很大，弹性变形相对很小，忽略弹性变形部分，即数值模拟时采用刚黏塑性有限元法。刚黏塑性有限元法的基本假设是：忽略材料的弹性变形，不计质量力和惯性力；材料均质，且各向同性；材料体积不变。

A 刚黏塑性有限元法的基本方程

（1）微分平衡方程或运动方程：

$$\sigma_{ij,j}=0 \tag{10-52}$$

（2）速度和应变速率关系（协调方程）：

$$\dot{\varepsilon}_{ij}=\frac{1}{2}(u_{i,j}+u_{j,i}) \tag{10-53}$$

（3）应力－应变速率关系：

$$\sigma'_{ij}=\frac{2}{3}\frac{\bar{\sigma}}{\dot{\bar{\varepsilon}}}\dot{\varepsilon}_{ij} \tag{10-54}$$

（4）屈服准则：

$$\bar{\sigma}=\sqrt{\frac{3}{2}}\ (\sigma'_{ij}\sigma'_{ij})^{1/2}=\bar{\sigma}(T,\ \varepsilon,\ \dot{\varepsilon}) \tag{10-55}$$

（5）体积不可压缩条件：

$$\dot{\varepsilon}_{v}=\dot{\varepsilon}_{ij}\delta_{ij}=\dot{\varepsilon}_{ii}=0 \tag{10-56}$$

（6）边界条件：

$$\sigma_{ij}n_{ij}=F_i \quad （在力面\ S_F\ 上） \tag{10-57}$$

$$v_i=\bar{v}_i \quad （在速度面\ S_v\ 上） \tag{10-58}$$

B 刚黏塑性材料的变分原理

刚黏塑性有限元法的基础是刚黏塑性材料的变分原理。刚黏塑性材料变形的边值问题可以描述如下：设在准静态变形的某一阶段，物体的形状（体积为 V，表面积为 S)、温度、材料性能参数的瞬时值已经确定，在物体表面 S_V 上给定速度 $\bar{v}_i$，另一部分表面 S_F 上给定表面力 F_i，则在满足平衡方程、协调方程、体积不可压缩条件和速度边界条件的应力场和速度场中，使泛函

$$\pi=\int_V\bar{\sigma}\dot{\bar{\varepsilon}}\mathrm{d}V-\int_{S_F}F_iv_i\mathrm{d}S \tag{10-59}$$

式中 $\bar{\sigma}$——等效应力；

$\dot{\bar{\varepsilon}}$——等效应变速率。

取驻值为问题的真实解。对式（10-57）的泛函取变分，并令其等于零，则有：

$$\delta\pi = \int_V \bar{\sigma}\delta\dot{\bar{\varepsilon}}\mathrm{d}V - \int_{S_F} F_i \delta v_i \mathrm{d}S = 0 \tag{10-60}$$

在预选速度场时，容易满足几何条件和速度边界条件，而要同时满足体积不可压缩条件则比较困难，因此在求解金属塑性成形问题时，一般对体积不可压缩条件进行约束处理。对不可压缩条件约束处理的方法有 Lagrange 乘子法、罚函数法和体积可压缩法。Lagrange 乘子法是通过附加的 Lagrange 乘子 λ，将体积不可压缩条件引入式（10-57）中，使其成为无约束泛函。

10.4.2 触变成形过程分析

10.4.2.1 触变成形过程的坯料充型流动行为

半固态金属在触变成形过程中，半固态金属具有很好的流动性和充型性。研究半固态金属流动性时，应用相似理论引入无量纲参数来简化说明各种参数对流动过程的影响。在常见的几个参数中：韦伯（Weber）数是惯性与表面力的比值，层流充填过程可以忽略；弗鲁德（Froude）则是惯性力与重力的比值，高速流体运动是可以忽略；对于几何形状已知的半固态金属充填过程，雷诺数（Reynolds）给出的是惯性力与黏度的比值，通常用以描述流体的动力学状态；宾汉数（Bingham）则表明塑性材料的屈服应力与黏度力的比值[32, 478, 479]。

$$Re = \frac{\rho u_0^{2-n} d^n}{k},\ Bi = \frac{\tau_0 d_n}{k u_0^n},\ \overline{Re} = \frac{\rho u_0^{2-n} d^n}{k\kappa_0},\ K_c = \frac{c \cdot d}{u_0} \tag{10-61}$$

对于半固态合金浆料充型行为，可以采用无量纲的几个参数大概了解其充型过程的类型，圆柱形模具的等温充填过程中，如图 10-10 所示。采用 *Bi*（Bingham）和 *Re*（Reynolds）准数为标准，将坯料的充型流动行为分为：层流（laminar）、紊流（turbulent）和中间态（transient）充填 3 种流动方式。*Bi* 和 *Re* 的表达式为：

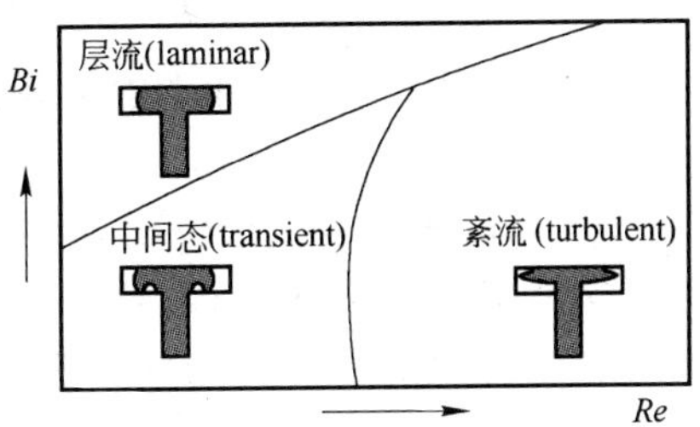

图 10-10 非牛顿流体不同宾汉数 *Bi* 和雷诺数 *Re* 准数下流体的流型

$$Re = \frac{\rho \cdot v^{2-n} \cdot D^n}{\kappa \cdot k},\ Bi = \frac{\tau_0 \cdot D^n}{k \cdot v^n} \tag{10-62}$$

式中，κ 为固相粒子聚集的分数；v 为挤压杆的速度；ρ 为密度；D 为入口截面直径；τ_0 为初始剪切屈服应力。

对于充填时，高 Re 数和低 Bi 数时，浆料的流动为壳形充填，当流体前端达到模腔的底部时，会在模腔壁形成一薄层；对于很低的 Re 数和高的 Bi 数时，流体的充填行为是束带形；介于两者之间的充填行为则属于模型充填。

触变成形过程时，基于流变学的观点来说，应避免充型时浆料的紊流充模，因此在加工过程中，应选择合适的加工工艺参数，避免紊流现象的发生，以避免诸如偏析、凝固和缩孔等缺陷的产生。

10.4.2.2　触变成形过程的特点[480~482]

由于触变成形过程持续时间很短，流变成形过程中用于描述合金熔体黏度变化行为的本构关系式并不完全适用于触变成形过程。在具体的触变成形过程模拟中，半固态合金材料应满足两个方程，状态方程和动力学方程：

A　状态方程

状态方程表明了剪切力与剪切速度和内部组织之间的关系：

$$\tau = \tau(\gamma,\ \lambda) \tag{10-63}$$

式中，τ 为剪切力；γ 为剪切速率；λ 为一个状态变量。这种简单的状态模型被称为 Moore 模型，此时状态方程的具体形式为：

$$\tau = (\eta_\infty + c\lambda) \tag{10-64}$$

式中，c 是常量；η_∞ 为表观黏度的极大值。

当 γ 很大时，半固态合金组织完全破坏，并且 $\lambda \to 0$ 时，$\eta \to \eta_{min}$；相反 $\gamma \to 0$ 时，半固态合金组织慢慢形成，并且 $\lambda \to 1$ 时，$\eta \to \eta_{max}$。

B　动力学方程

动力学方程是描述了半固态组织的变化速率。

$$\mathrm{d}\lambda/\mathrm{d}t = g(\gamma,\ \lambda) \tag{10-65}$$

如果半固态组织破坏的速率与剪切速率和当时的结构成比例，组织形成速率将被修正为：

$$\mathrm{d}\lambda/\mathrm{d}t = a(1-\lambda) - b\lambda\gamma \tag{10-66}$$

式中，a、b 为动力学常数。当 $\mathrm{d}\lambda/\mathrm{d}t = 0$ 时，即半固态浆料处于稳态时，可以推导出：

$$\tau = [\eta_\infty + c/(1 + b\gamma/a)]\gamma \tag{10-67}$$

此模型包含 4 个参量，表观黏度 $\eta = [\eta_\infty + c/(1 + b\gamma/a)]$ 并不是 γ 的简单幂函数。触变成形时，半固态合金组织结构变化的动态方程是：

$$\frac{\mathrm{d}\lambda}{\mathrm{d}t} = a(1-\lambda) - b\dot{\gamma}^m\lambda \tag{10-68}$$

式中，右侧的第一项代表建立结构联系和未建立结构联系的比率以及速度常数 a；第二项中包含结构破坏常数 b，存在结构常数程度的 λ，剪切速率和指数 m。

同理，也有学者建立包含双标量的方程用于描述半固态浆料黏度逐渐变化的模型：

$$\tau = \eta(\dot{\gamma},\ s)\dot{\gamma} \tag{10-69}$$

式中，τ 为剪切应力；s 为结构参数，与流动条件和组织结构有关。

$$\frac{ds}{dt} = g(\dot{\gamma},\ s) \tag{10-70}$$

函数 $\eta(\dot{\gamma},\ s)$ 和 $g(\dot{\gamma},\ s)$ 必须满足被模拟材料的触变特性，结构参数 s 是半固态材料聚合状态下的一个标量，其值在 0 ~ 1 之间变化，完全凝聚状态下 $s=1$，完全不凝聚状态下 $s=0$。从式（10－70）可以看出，等温稳态流变行为可以看作式（10－70）在 $\frac{ds}{dt}=0$（稳态）的特例来看待。

10.4.2.3　几种模拟触变成形的模型

A　Kumar 等人的模型

Kumar 等人建立的模型将触变变形关系分为两个部分：在给定 s 的条件下其方程为：

$$\tau = A(s)\frac{(c/c_{\max})^{1/3}}{1-(c/c_{\max})^{1/3}}\mu_f\gamma + (n+1)\mu_f^{n+1}c(T)sf_S\gamma^n \tag{10-71}$$

式中　$A(s)$——固相颗粒相貌上的流体动力学相关系数；

c——固相间被围金属的有效固相分数；

$c_{\max}$——固相颗粒间随机堆垛所得的最大部分；$c(T)-c_0\exp(nQ/RT)$，其中 c_0 为初始参量，n 为强度因子，R 为热力学常数，Q 为热激活能；

μ_f——液态金属相的黏度；

s——状态变量。

另外一个方程则表明了状态变量 s 的变化：

$$ds/dt = G(H,\ f_S)(1-s) - R(T,\ f_S)s\gamma^n \tag{10-72}$$

式中　$G(H,\ f_S)$——团聚函数，代表了固相颗粒的团聚；

$R(T,\ f_S)$——破碎函数，代表了固相颗粒的破碎。

B　Barkhudarov 等人的模型

Barkhudarov 等人建立的半固态坯料触变性的本构关系数学模型如下[448]：

$$\frac{d\sigma}{d\dot{\gamma}} = \frac{d}{d\dot{\gamma}}(\mu\dot{\gamma}) = \mu + \dot{\gamma}\frac{d\mu}{d\dot{\gamma}} = \mu + \frac{\dot{\gamma}}{\tau\frac{d\dot{\gamma}}{dt}}(\mu_0-\mu) \tag{10-73}$$

该模型考虑了浆料变形时黏度、剪切速率及迟滞时间 τ 对剪应力的影响。迟滞时间为：

$$\tau = \frac{\dot{\gamma}\,(\mu_0 - \mu)}{\dfrac{\mathrm{d}\dot{\gamma}}{\mathrm{d}t}\left(\dfrac{\mathrm{d}\sigma}{\mathrm{d}\dot{\gamma}} - \mu\right)} \tag{10-74}$$

应力滞回曲线面积为：

$$\oint \sigma \mathrm{d}\dot{\gamma} = \int_0^T \mu \dot{\gamma} \frac{\mathrm{d}\dot{\gamma}}{\mathrm{d}t}\mathrm{d}t \tag{10-75}$$

式中，μ、μ_0分别为瞬态动力学黏度和在一定剪切速率与固相体积分数下的稳态黏度。

采用 FLOW3D 软件对 Sn－15% Pb 合金的触变挤压成形行为进行了模拟，发现剪切应力与迟滞时间密切相关，后者在剪切速率低于 100s^{-1}时变化幅度很大。剪切速率 $\dot{\gamma}$ 和加速度（$\mathrm{d}\dot{\gamma}/\mathrm{d}t$）越大，应力滞回曲线面积越大；剪切周期前的停滞时间 t_r 增大，导致初始黏度加大，滞回环面积也增大，图 10－11 所示为 Sn－15% Pb 合金在不同停滞时间条件下的剪切应力和表观黏度模拟计算结果，这与实验值基本相符。

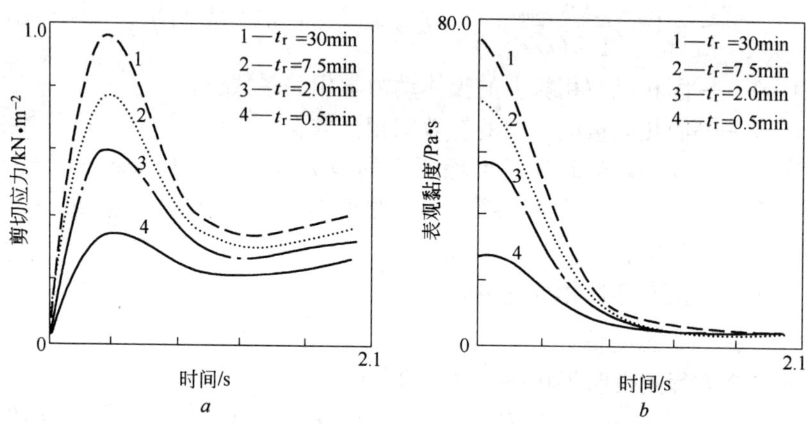

图 10－11　剪切应力和表观黏度模拟计算结果（迟滞时间 τ＝0.5s，t_r 为停滞时间）

a—剪应力；*b*—表观黏度

C　杨茆生模型

杨茆生采用的表观黏度方程是[476]：

$$\eta = \eta_1 + \eta_2(\dot{\gamma})^{-m},\ \dot{\gamma} = \sqrt{\left(\frac{\partial v_i}{\partial x_j}\right)^2 + \left(\frac{\partial v_j}{\partial x_i}\right)^2} \tag{10-76}$$

D Kang 等人的模型

Kang 等人假设 A356 合金为牛顿流体，采用 Hirai 所提出的表观黏度关系式，考虑黏度的依时性：

$$\eta_{\mathrm{a}}=\eta_{\mathrm{La}}\left\{1+\frac{\alpha\varphi_m c^{1/3}\dot{\gamma}^{-4/3}}{2[1/f_{\mathrm{S}}-1/(0.72-\beta c^{1/3}\dot{\gamma}^{-1/3})]}\right\} \tag{10-77}$$

E Zener – Hollomon 模型

Zener – Hollomon 模型可以很好地描述金属热加工过程的塑性模型[217,477]，因此 Aren Wahlen 将其引入半固态金属加工过程，导出流动应力为如下的关系式：

$$\sigma_{\mathrm{Zener-Hollomon}}=c\cdot[\dot{\varepsilon}\cdot\exp(Q/rt)]^m \tag{10-78}$$

$$\sigma_{\mathrm{thixo}}=\sigma_{\mathrm{Zener-Hollomon}}\cdot\left[1-\left(\frac{3}{2}\times\frac{f_{\mathrm{L}}^*}{1+\exp[-a(T-T_{\mathrm{c}})]}\right)^{2/3}\right] \tag{10-79}$$

$$T_{\mathrm{c}}=\frac{T_{\mathrm{L}}-T_{\mathrm{S}}}{2} \tag{10-80}$$

式中，c 为修正数或是应变速率的函数；Q 为热变形激活能；f_{L}^* 为固相线温度时共晶数量（例如 A356 合金其值大约为 40%）；a 为常数，描述的是熔体内在的黏度性质；T_{L}、T_{S} 分别为该合金的液、固相线温度。

比热 c_p 的处理：通过 DTA（差热分析）可以得到合金的比热容，对于得到的 DTA 曲线，可以采用洛仑兹（Lorentz）方程进行近似：

$$c_p=c_p^*+\sum_i^n\frac{a_i}{k_i+(T-T_i)^2} \tag{10-81}$$

式中，c_p^* 为试验合金室温比热；n 为 DTA 曲线峰值的数量；a_i 为相对峰值的最大值；k_i 为峰值形状参数；T_i 为峰值所对应的参数。

确定合金的比热后，对合金的比热进行积分，可以很容易得到液相分数：

$$f_{\mathrm{L}}(T)=\int_{T_{\mathrm{S}}}^{T}(c_p-c_p^*)\cdot\mathrm{d}\vartheta\Big/\int_{T_{\mathrm{S}}}^{T_{\mathrm{L}}}(c_p-c_p^*)\cdot\mathrm{d}\vartheta \tag{10-82}$$

导热系数 λ 为：

$$\lambda=\lambda_{\mathrm{L}}+(\lambda_{\mathrm{S}}+\lambda_{\mathrm{L}})\cdot\left\{1-\frac{1}{1+\exp[-b(T-T_{\mathrm{c}})]}\right\} \tag{10-83}$$

式中，λ_{S}、λ_{L} 分别为合金液态和固态时的导热系数；b 为 σ 常数。

F J – H Yoon 等人的处理方法

J – H Yoon 等人采用刚黏塑性有限元方法，借用临界应变、稳态应变、破坏比例和固相分数来描述非枝晶 A2024 的变形行为，具体的表达式见表10 – 3[363]。

表 10 - 3 考虑枝晶破坏和固相分数的流动应力表达式

流动应力 σ	系数 K
$\varepsilon < \varepsilon_{cr}$，$\sigma = K\varepsilon^n \exp(b)\dot{\varepsilon}^m$	$f > f_{cr}$，$K = K_0 \exp[4.2(f_S - f_{cr})]$
$\varepsilon > \varepsilon_{cr}$，$\sigma = K\varepsilon^n \exp\left(b\dfrac{\varepsilon - \dot{\varepsilon}_{st}}{\varepsilon_{cr} - \dot{\varepsilon}_{st}}\right)\dot{\varepsilon}^m$	$f < f_{cr}$，$K = K_0 \exp[4.2(f_S - f_{cr})]$

此时稳态应变定义为枝晶臂破裂时的应变，临界应变定义为破裂完成时的应变，无量纲的破坏比例表示的是枝晶臂破坏的程度，其值在 0 ~ 1 之间，采用线性关系表示破坏比例与应变之间的关系：

$$s = 2.85(1 - s_0)\frac{\varepsilon - \varepsilon_{st}}{\varepsilon_{cr} - \varepsilon_{st}} \tag{10-84}$$

全部为枝晶结构时，s 的值是 0，全部为球形非枝晶结构时，$s = 1$，临界变形率选择在 0.5。强度系数（K_0）和应力敏感系数（m）则由反向挤压试验和外推法获得，具体结果为：

$T < 625$℃时，

$$m = \sqrt{\frac{T - 428.5}{14535}} + 0.167,\quad K_0 = 61.8\exp(-5.16 \times 10^{-3} T)$$

$T > 625$℃时，

$$m = -343.9 + 1.072T - 8.33 \times 10^{-4} T^2,\quad K_0 = -287.7 + 0.984T - 8.33 \times 10^{-4} T^2$$

G Kang 与 Yoon 等人的处理方法

Kang 与 Yoon 等人在对触变成形过程的模拟时，考虑液相偏析和边界条件，触变成形过程中采用的应力 - 应变关系如下[421]：

（1）$\varepsilon < \bar{\varepsilon}_{cr}$，$\varepsilon < \bar{\varepsilon}_{cr1}$

$$\bar{\sigma} = K\exp(s)\dot{\varepsilon}^m \exp\left(\frac{Q}{RT}\right)[1 - \beta f_L]^{2/3} \tag{10-85}$$

（2）$\bar{\varepsilon}_{cr} < \varepsilon < \bar{\varepsilon}_{cr1}$

$$\bar{\sigma} = K\exp(1 - s)\dot{\varepsilon}^m \exp\left(\frac{Q}{RT}\right)[1 - \beta f_L]^{2/3} \tag{10-86}$$

式中，$\bar{\varepsilon}_{cr}$、$\bar{\varepsilon}_{cr1}$、K、Q、R、T、β、m 和 s 分别为临界应变 1、临界应变 2、材料常数、激活能、气体常数、半固态坯料温度、几何系数、速率敏感系数和粒子间距。

在计算中采用 Chen 和 Kobayashi 提出的摩擦模型：

$$f_{fric} = -m_f k\left[\frac{2}{\pi}\tan^{-1}\left(\frac{|v_r|}{a}\right)\right]\frac{v_r}{|v_r|} \tag{10-87}$$

式中，v_r 为模具与坯料之间的相对速度；m_f 为摩擦系数；a 为有限元计算中经常使用的系数；k 为剪切屈服应力，其值随温度而变化。

H Wang 等人的处理方法

Wang 等人采用满足 Navier - Stokes 方程和能量方程并考虑惯性的牛顿流体的模型对半固态材料在复杂薄壁型腔中的填充和凝固行为进行了模拟。将流动材料前沿与空气间的材料不连续性处理为连续，其方法是视界面前沿气体为具有低密度和动力学黏度但其运动学黏度与液体相同的“伪”气体。其二维基本控制方程为：

液体：

$$\nabla \cdot (h_e v_a) = 0 \tag{10-88}$$

$$\rho h_e \frac{\partial v_a}{\partial t} + 1.2\rho h_e (v_a \cdot \nabla) v_a = -h_0 \nabla p - \frac{3\mu}{h_e} v_a \tag{10-89}$$

伪气体：

$$p_{air} = p_0 \tag{10-90}$$

$$\rho h_e \frac{\partial v_a}{\partial t} + 1.2\rho h_e (v_a \cdot \nabla) v_a = -\frac{3\mu}{h_e} v_a \tag{10-91}$$

液相和气体的边界条件分别为：液相：$p_{liquid} = p_{air}$；τ（剪切应力）$=0$；气相：$v_{a,air} = v_{a,liquid}$。式中，v_a 为平均速度矢量；p 为压力；ρ 为密度；μ 为动力学黏度；h_e 和 h_0 分别为等效和原始半间隙厚度；t 为时间。三维能量平衡方程为：

$$\rho \frac{\partial H}{\partial t} + k \frac{\partial^2 T}{\partial z^2} = -\rho (v \cdot \nabla) H \tag{10-92}$$

式中，k 为导热系数；H 为热焓。

对半固态薄壁件的触变压铸过程来讲，上述各式可简化为：

连续性方程：

$$h_e \nabla \cdot v_a = 0 \tag{10-93}$$

动量方程：

$$\rho h_e \frac{\partial v_a}{\partial t} + 1.2\rho h_e (v_a \cdot \nabla) v_a = -h_0 \nabla p - \frac{3\mu}{h_e} v_a \tag{10-94}$$

能量方程：

$$\rho \frac{\partial H}{\partial t} - \rho (v_a \cdot \nabla H) = -k \frac{\partial^2 T}{\partial z^2} \tag{10-95}$$

将上述模型应用于 Sn - 15% Pb 合金，并在不同的压铸温度、模具温度、黏度和雷诺数条件下进行了压铸模拟和试验，模拟结果和试验结果间吻合得相当好，而且能很好地解释压铸件表面流线形成规律和固液相偏析行为。

10.4.3 触变成形过程模拟实例

A 模拟实例一

Zavaliangos 和 Lawley 采用有限元法（ABAQUS）对半固态材料的流变行为进

行了模拟。建立了中等和高固相体积分数下半固态材料流变模型；利用多孔材料的伪塑性模型确定固相和液相的流变行为，导出固相和液相的连续性方程：

液相：
$$\frac{\partial(\rho_L g_L)}{\partial t} = -\nabla \cdot [\rho_L g_L (U_S + v_L)] \quad (10-96)$$

固相：
$$\frac{\partial(\rho_S g_S)}{\partial t} = -\nabla \cdot [\rho_S g_S U_S] \quad (10-97)$$

式中，ρ_L、ρ_S、g_L、g_S 分别为液相和固相的密度和体积分数；U_S、v_L 分别为固相和液相间的相对速度。

采用该方法模拟了 Sn－15% Pb 合金模压时的变形行为以及铝合金不同摩擦条件和变形速率下压缩时的液相分数变化、孔隙压力等。其模压网格变化如图 10－12 所示。

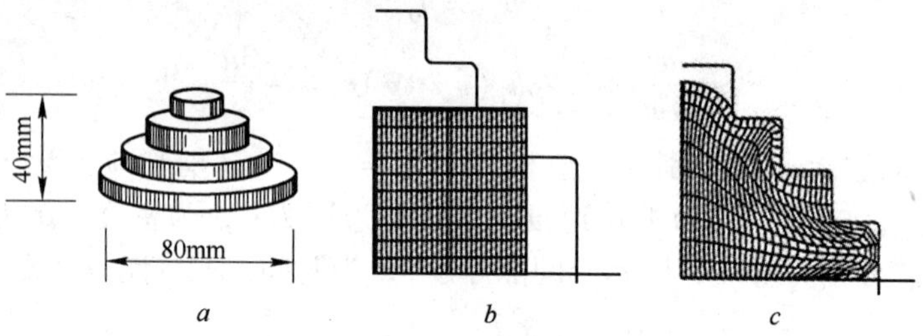

图 10－12　Sn－15% Pb 合金模压时的网格变化

B　模拟实例二

Kapranos 和 Kirkwood 等利用 FLOW 3D 软件，采用触变模型、常黏度模型和非牛顿流体模型对 A357 铝合金的快速压缩变形压力变化进行了模拟，并与实测压力－时间曲线进行比较。认为触变成形时半固态铝合金的黏度与应变速率和时间密切相关，采用触变模型和常黏度模型计算时，应力随时间变化规律与实验现象相吻合，但压力大小比实验值要大 3～4 倍；选用黏度与时间无关的非牛顿流体模型时，应力值与实验值相差甚远，而且固相体积分数越小，这种差别越大；剪切速率增大，差别缩小。这说明非牛顿流体模型不能较好地描述半固态金属的触变行为。实验压力值比计算值偏小的主要原因与剪切应力作用下半固态材料中固相组织簇团的破碎有关。在剪切应力作用下，材料内部的固相组织被破碎，固液相间发生分离，导致黏度迅速降低，从而使剪应力也同步下降。这时可以引入“屈服应力”的概念代替黏度的连续变化来解释试样变形初期的刚性下降现象。

C　模拟实例三

Kang 结合热传导和凝固现象，对具有 30% 固相分数的 A356 合金压铸时不同注入方式和初始温度下的填充行为和温度分布进行了有限差分数值模拟，并研究了压铸件力学性能变化规律。假定半固态 A356 合金变形过程中黏度、模具温度和自由表面的对流换热系数保持不变，所建立的二维非稳态不可压缩Navier - Stokes 方程为：

$$\begin{cases}\dfrac{\partial u}{\partial t}+\dfrac{\partial(uu)}{\partial x}+\dfrac{\partial(uv)}{\partial y}=\nu\left(\dfrac{\partial^2 u}{\partial x^2}\right)+\nu\left(\dfrac{\partial^2 u}{\partial y^2}\right)+g_x-\dfrac{1}{\rho}\dfrac{\partial P}{\partial x}\\ \dfrac{\partial v}{\partial t}+\dfrac{\partial(vu)}{\partial x}+\dfrac{\partial(vv)}{\partial y}=\nu\left(\dfrac{\partial^2 v}{\partial x^2}\right)+\nu\left(\dfrac{\partial^2 v}{\partial y^2}\right)+g_y-\dfrac{1}{\rho}\dfrac{\partial P}{\partial y}\\ \dfrac{\partial u}{\partial x}+\dfrac{\partial v}{\partial y}=0\end{cases} \tag{10-98}$$

自由表面的边界条件为：

$$\tau=\mu_{\mathrm{L}}\left(\frac{\partial u_n}{\partial x_t}+\frac{\partial u_t}{\partial x_n}\right)=0,\ \sigma_n=-p+2\mu_{\mathrm{L}}\frac{\partial u_n}{\partial x_n}=-p_0 \tag{10-99}$$

式中，p_0 为空气压力。考虑凝固的能量方程为：

$$\rho c_{\mathrm{E}}\frac{\partial T}{\partial t}+\rho c\left(\frac{\partial(uT)}{\partial x}+\frac{\partial(vT)}{\partial y}\right)=\frac{\partial}{\partial x}\left(x\frac{\partial T}{\partial x}\right)+\frac{\partial}{\partial y}\left(x\frac{\partial T}{\partial y}\right) \tag{10-100}$$

式中，$c_{\mathrm{E}}=c-L\dfrac{\partial f_{\mathrm{S}}}{\partial T}$，$f_{\mathrm{S}}=1-\left(\dfrac{T_{\mathrm{f}}-T}{T_{\mathrm{f}}-T_{\mathrm{m}}}\right)^{\frac{1}{k_0-1}}$，$L$、$T_{\mathrm{f}}$、$T_{\mathrm{m}}$ 和 k_0 分别为结晶潜热、纯金属熔点、合金共晶温度和分配系数。作者利用上述公式对图 10 - 13 所示零件的触变成形进行了数值模拟，部分模拟结果示于图10 - 14。结果表明，柱塞速度直接影响填充方式。由于金属重力作用的影响，低速压铸时接近模口处首先被填充，高速时则底部和边角部位先被填充，压铸速度对温度分布影响较小。当采用带凸台的小的注入孔型压铸时，压铸件内温度分布比大的直通孔压铸时更均匀，减小了工件内的热缩缺陷，从而有利于改善压铸件的力学性能。

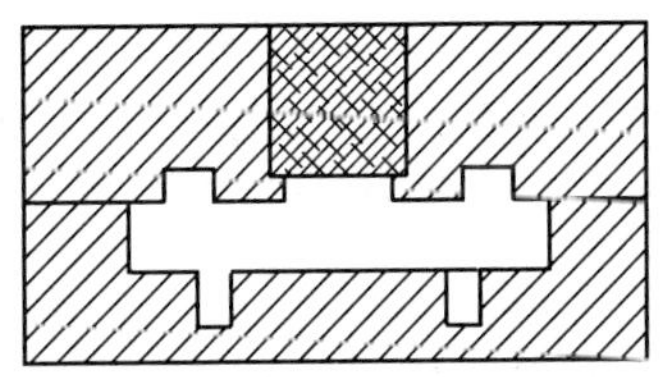

图 10 - 13 A356 合金充型示意图

D 模拟实例四

Gebelin 等采用 FLUX EXPERT 有限元软件研究了 Sn - Pb 合金压缩、Al - Si 合金蠕变条件下半固态材料的流变行为，其中固相采用黏塑性模型，液相流变则用 Darcy 法则予以描述。研究表明摩擦对半固态材料流动影响非常大，而固液相分布的不均匀性则导致材料在变形时出现严重的固液偏析现象，这对成形并获得均匀组织性能的制品是不利的。

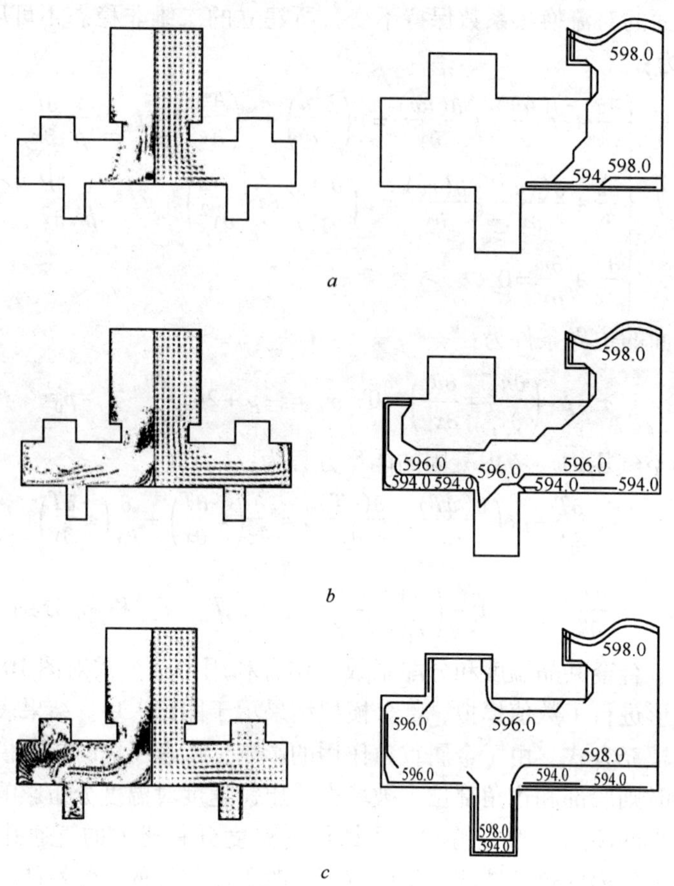

图 10－14　A356 合金充型过程中流线图和温度场

a—t＝0. 02s；*b*—t＝0. 04s；*c*—t＝0. 067s

固相分数：30%，压头速度 1200mm/s，模具温度 350℃

E　模拟实例五

C. M. Wang 等介绍了美国宾夕法尼亚州的国家金属加工技术中心开发的一套模拟半固态金属触变成形的软件，这套软件能模拟三维金属流动过程和热传导过程。图 10－15 是利用这套软件模拟半固态钛合金触变成形阀体的过程。图中所示是充型 0. 030s、0. 050s、0. 070s、0. 077s 时的金属流动前沿位置和流线。模拟该过程共划分约 70000 个单元。模拟在工作站上进行，运行时间为几小时。计算生成几千万个字节的数据。模拟凝固过程表明，可能产生缺陷的位置如图 10－15 所示；半固态钛合金触变成形中，随着零件壁厚的减薄，缺陷的产生不是十分明显。

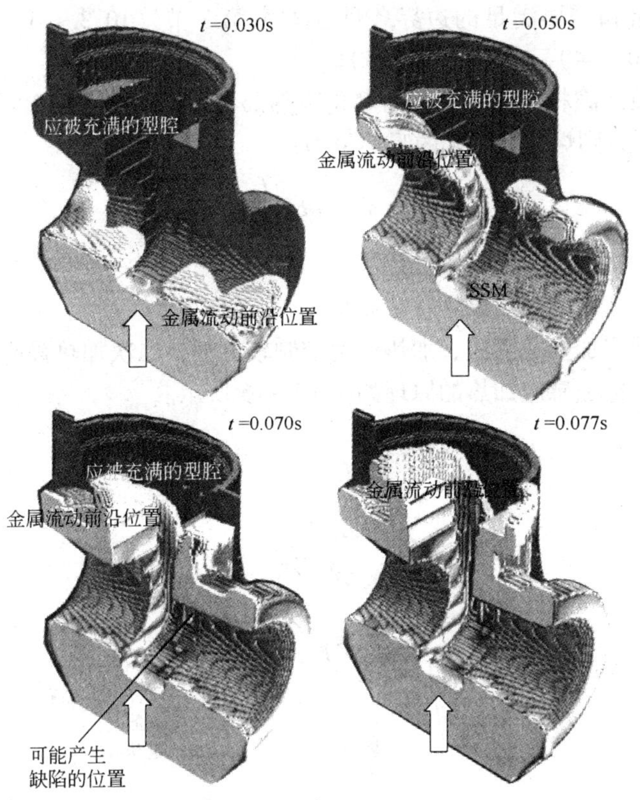

图10-15　半固态钛合金触变成形阀体时金属流动前沿位置和流线

10.5　二次加热过程的数值模拟

二次加热是触变成形的前期准备工序。触变成形要求严格控制二次加热温度，以便确保最佳的固液体积分数比。为此，优化二次加热工艺要求保证被加热坯锭温差小、温度分布均匀。从而，保证下一步触变成形工艺顺利进行。

10.5.1　二次加热过程模拟的主要公式

二次加热过程主要是一个传热过程，即采用热源将坯料加热至该材料的半固态温度。二次加热过程包含了两个内容：一是坯料的升温过程；二是被加热坯料部分金属从固相转变为液相的相变过程，存在一个相转变吸热问题。如果采用电磁感应加热，模拟过程还应该考虑电磁感应加热的有关问题。下面就模拟上述有关问题的理论和主要公式进行介绍[483]。

10.5.1.1　模拟传热过程的有关公式

模拟传热过程主要是求解满足边界条件的热传导微分方程组的解。关于热传导微分方程组和需要满足的边界条件在本章第 3 节（10.3.1.1）中已经介绍，参见公式（10－44）~公式（10－55）。

部分金属从固相转变为液相的熔化吸热 ω_2，假设单位时间内固相分数的减少率为$\partial f_S/\partial t$，则熔化而引起的吸热量为：

$$\omega_2 = \rho L \frac{\partial f_S}{\partial t} \tag{10-101}$$

应该注意到$\partial f_S/\partial t$ 为负数。

10.5.1.2　电磁感应加热的有关公式

因电磁感应加热速度快、加热温度控制较方便，二次加热普遍采用电磁感应加热的方法，电磁感应加热的原理如图 10－16 所示。

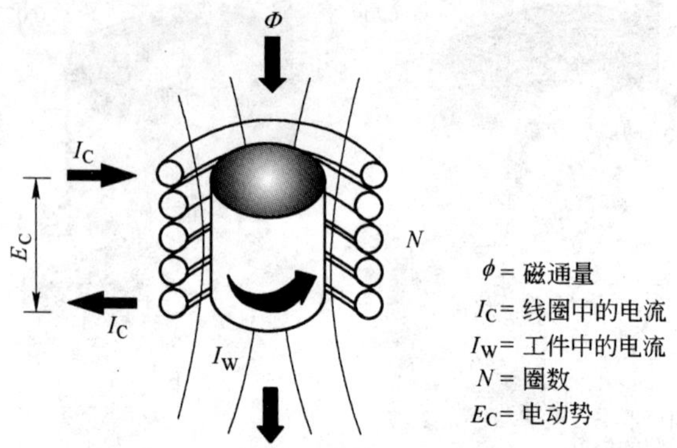

图 10－16　电磁感应加热原理图

半固态坯料在通有交变电流的感应圈中，坯料在交变磁场的作用下将产生感应电动势 ε：

$$\varepsilon = -\frac{\delta\phi}{\delta t} = -\phi_m 2\pi f\cos(2\pi ft) \tag{10-102}$$

式中，ε 为感应电动势的瞬时值；ϕ 为坯料上交变电流产生的总磁通，与交变电流强度和坯料导磁率有关；ϕ_m 为最大磁通，此时坯料的涡流阻抗 Z 为：$Z=\sqrt{X_L^2+R^2}$，R 为涡流回路电阻，X_L 为涡流回路感抗。

因坯料本身犹如一个闭合回路，故在感应电势作用下将产生感应电流，通常称为涡流，磁涡流在坯料里产生热量，其值为：

$$Q = i^2RT = \left(\frac{\varepsilon_d}{Z}\right)^2 RT = \frac{[\phi_m 2\pi f\cos(2\pi ft)]^2}{X_L^2+R^2}RT \tag{10-103}$$

式中，Q 为坯料中产生的热量；ε_d 为感应电动热；t 为加热时间；f 为频率。

涡流在被加热坯料里的分布是不均匀的，分布是从表面至中心呈指数规律衰减，这种电流分布的不均匀的现象，称之为集肤效应。随频率的升高电流的集肤效应将更加显著，电流渗入深度可表示为：

$$\delta = \frac{1}{2\pi}\sqrt{\frac{\rho \times 10^9}{\mu_r f}} = 5033\sqrt{\frac{\rho}{\mu_r f}} \tag{10-104}$$

式中，δ 为电流分布的透入深度；ρ 为金属的电阻率；μ_r 为金属的相对导磁率；f 为电流频率。

由式（10－104）可见，电流透入深度随着坯料材料的电阻率增加而增加，随坯料的导磁率及电流频率的增加而减小。因此，感应加热时，由于表面集肤现象，坯料表面升温快速，而中心部位则要靠热传导作用来升温。

由此可以假定加热的坯料为有内热源的各向同性物体热传导问题，其热传导微分方程为：

$$\nabla \cdot [K \nabla T(r, t)] + Q_i(r, t) + G(r, t) = \rho c_p \frac{\partial T(r, t)}{\partial t} \tag{10-105}$$

式中，Q_i 为感应加热热源，即内热源；G 为坯料合金结晶潜热；K 为热导率；c_p 为比热容；ρ 为密度。

对于感应加热，坯料表面与空气之间的热辐射是主要散热因素，因而属于第三类边界条件，对于一般物体，其辐射换热方程式为：

$$Q_c = \sigma_b A(T_1^4 - T_2^4) \tag{10-106}$$

式中，Q_c 为单位时间由物体单位表面积辐射到环境气体的热量；A 为物体表面积；T_1、T_2 分别为物体及环境的绝对温度；σ_b 为灰体的辐射常数。

实际模拟二次加热过程中，Liaw 等人采用如下方法，即总的坯料感应加热功率为：$P_h = |I|^2 R_{eff}/2$，此时 $|I|$ 为加热线圈内正弦电流的振幅；R_{eff}为有效阻抗，即为真实的阻抗，$R_{eff} = Re(Z_{eq}) - R_i$，$R_i$ 为加热线圈的内部阻抗。

等效阻抗是一内部常数，取决于加热过程的频率、加热线圈的几何形状和加热坯料的导电性能。因此由内部阻抗引起的热散失为：

$$P_d = |I|^2 R_i/2 \tag{10-107}$$

通常加热线圈内部阻抗引起的热散失由冷却水带走，加热线圈的加热效率可以定义为：

$$\eta_e = R_{eff}/(R_i + R_{eff}) \tag{10-108}$$

线圈内的电流可由电流表测得。因为输出功率一般不等于加热功率，通常采用有效阻抗和电流以估计坯料的加热功率，坯料的名义加热速率可以表示为：

$$\dot{T}_{mean} = \frac{P_h - P_c}{\pi R^2 c_p \rho H} \tag{10-109}$$

式中，P_c 为热传导和辐射引起的损失；c_p 为比热容；H 为加热坯料的高度。

为了获得加热功率 P_h，应该首先知道有效阻抗。以下为一位数值模拟方法获得有效阻抗的方法：轴对称无限长坯料在无限长加热线圈涡流密度与半径的关系可以写为：

$$j(r)=\frac{n|I|\alpha J_1(\alpha r/R)}{RJ_0(\alpha)} \tag{10-110}$$

相应的热源为：

$$s(r)=\frac{|j|^2}{2\sigma} \tag{10-111}$$

单位长度的线圈和坯料的有效阻抗为：

$$Z=r_i+\omega L_0\left[i(1-\eta)-\eta\mu_r\frac{2\alpha J_1(\alpha)}{f^* J_0(\alpha)}\right] \tag{10-112}$$

式中，$\alpha=(1-i)R/\delta$；感应系数（inductance）$L_0=\mu_0\pi R_0^2 n^2$；$f^*=f\sqrt{2\pi\sigma\mu R^2}$；涡流穿透深度$\delta=(\pi f\sigma\mu)^{-0.5}$；$R$ 和 R_0 分别为坯料和线圈的半径；r_i 为单位高度线圈的内部阻抗；η 为填充参数，$\eta=(R/R_0)^2$；n 为单位线圈长度的圈数；J_0 和 J_1 为贝塞尔（Bessel）方程的0和1次项。有限长的线圈和坯料就可以表示如下：

$$R_{\text{eff}}=[Re(Z)-r_i]H \tag{10-113}$$

采用高频近似，如果 $R/\delta>2$，有效阻抗可以近似为：

$$R_{\text{eff}}=\frac{\eta\omega L_{0\eta\text{H}}}{0.615+R/\delta} \tag{10-114}$$

同样如 R/δ 很大，0.615也可省略，从此式可以看出，有效阻抗与频率的平方根呈正比，其值越大，线圈的加热效率越高。加热时，坯料的导电率下降，而 δ 和 R_{eff} 值增加，在相同的加热功率条件下，如果采用相同的线圈，较低的频率需要较大的电流，此时坯料加热功率虽然会上升，但也会在线圈内产生更多的感应热，随即被冷却水带走，尽管如此，通过试验验证，高频加热会效率更高。

考虑坯料加热时的末端效应（顶部和底部表面），采用修正系数 $(H+R)/H$ 用以进一步提高 R_{eff} 的预测精度，其值可以采用试验的方法获得。

10.5.2 二次加热过程的模拟

二次加热时一般采用电磁感应加热锭坯以重新获得具有触变性能的半固态组织[484~487]。Hirt 等人利用修正贝塞尔方程求解感应电磁场，考虑到铸锭表面的辐射和对流换热行为，采用有限差分法计算圆柱坯感应加热过程中的温度场和液相体积分数，其计算结果与实验条件下的加热和熔化行为吻合较好。Gibson 开发出一套用于模拟有限长度铸锭感应加热过程的多功能软件——SCEDDY，对感应线圈结构和加热工艺进行优化设计。当与感应加热有关的一些参数精确给定后，

SCEDDY 可给出准确的计算结果，从而对感应二次加热过程中半固态材料内部温度变化进行可靠的模拟，为制定工艺参数提供可靠的保证[28]。Kapranos 等利用该软件进行 310 奥氏体不锈钢感应加热过程的模拟，并对合金温度进行了实测，发现模拟结果与多次实测值符合得相当好（轴向温差小于 10℃）。此外，该软件还可对一些在居里温度以上失去磁性的磁性材料的加热问题进行模拟。高温条件下半固态材料重熔时，由于辐射散热加强，圆锭径向温度梯度增大，会导致固相体积分数和随后触变流动性能严重不均等一系列问题，可通过降低合金表面辐射系数或在加热保温后期增大电源频率等予以解决。SCEDDY 软件对半固态司特立合金（Stellite）的此类加热行为进行了很好的预测，其部分模拟结果如图 10－17 所示[28]。

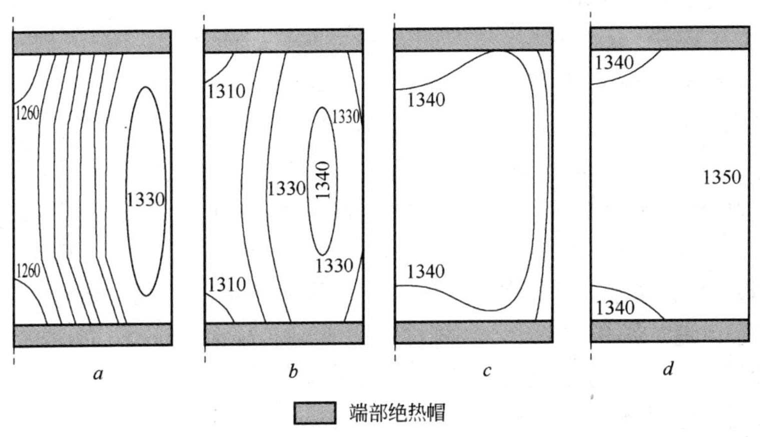

图 10－17 感应加热 Stellite 21 合金过程的温度场模拟结果
a—快速加热后；*b*—开始保温；*c*—保温结束；*d*—保温后在 6kHz 下加热 2s

10.6 数值模拟商用软件简介

目前半固态成形过程的数值模拟主要利用现成的商用软件包[488]，应用较多的商用软件包有：CASTCAE（芬兰）、FLOW－3D（美国）、SIMTEC（美国）、SOLSTAR（英国）、PHOENICS－2（英国）、MAGMA SOFT（德国）、PROCAST（美国）等。

（1）AFS SOLIDIFICATION SYSTEM（3－D）软件。该软件由美国 American Foundry Society Inc. 公司开发，公司网址为：http：//www. afsinc. org，软件可用于 PC 机，适用各种铸造合金的砂型铸造、壳型铸造、熔模铸造和金属型铸造。软件公司免费进行两个月的培训。通过电话、传真和电子邮件的技术支持也是免费的，并且第一年免费软件更新。

软件的特点：该软件是一个基于 PC 机的软件包，具有运算速度快、准确性高、容易操作和价格相对低廉等特点。软件主要包括了建模、充型分析、凝固分析和 CAD 等功能。算法采用有限差分法，并综合了热量和体积的计算，提高了铸件缩孔缩松预测的准确性。浇注过程的动态显示和截面 X 射线显示（不需其他软件即可显示）。另外整个软件包是以一个站点执照的形式销售的，不需增加额外的费用，就可以安装在同一个站点上的多台计算机上。

（2）CASTCAE 软件。由芬兰的 CASTech Inc. 公司开发，其网址为：http：//www. castech. fi，可用于 Windows95/98/NT、Mac OS、Linux、UNIX，适用于砂型铸造、壳型铸造、熔模铸造、压力铸造、金属型铸造和半固态铸造。培训、技术支持和软件更新可在 CAS Tech 公司或使用现场，也可以通过电话、传真、电子邮件和因特网获得技术支持。软件更新被包括在维修服务中，一年有若干次。

软件特点：CASTCAE 软件是一个基于控制体积算法（CVM）和有限差分法（FDM）的高级三维铸件充型和凝固模拟软件包，具有建模、充型分析、凝固分析、显微组织分析和 CAD 等功能，并且模拟结果可以直接在 Quick Time 或 Windows 媒体播放机上播放，另外还具有高级的铁质模型、发热模型、X 射线可视化和经过工业生产验证的充型算法等特点。

（3）FLOW－3D 软件。该软件由美国 Flow Science Inc. 公司开发，其网址为：http：//www. flow3d. com，可在 SGI、Sun、DEC、HP、IBM 以及 Windows95/98/NT 平台运行，适用于砂型铸造、压力铸造、金属型铸造、消失模铸造、半固态铸造、倾斜浇注和离心铸造等。可在 Flow Science Inc. 公司培训 3 天（包括授课、个别辅导和疑难解答），技术支持由经过严格培训的工程师通过传真、电话和电子邮件的方式来提供，每年将给所有的用户提供软件更新服务。

软件特点：FLOW－3D 软件的开发是基于美国 Los Alamos 国家实验室开发的计算方法。自从 1985 年发布以来，FLOW－3D 软件已经逐步具有多种物理场模型、高级数字化技术和强大的前置处理和后置处理等功能，主要包括建模、充型分析、凝固分析、显微组织分析和 CAD 等。

（4）MAGMA SOFT 软件。由德国的 Magma Foundry Technologies Inc 公司开发，参加研发工作的有德国 Technical University of Aachen、Magma GmbH 以及丹麦 Technical University of Copenhagen 的研究人员，公司的网址为：http：//www. magmasoft. com，软件可在 Silicon Graphics、HP、IBM、Sun 和 Windows NT 上运行，适用范围于各种铸造合金，特别是特种合金的砂型铸造、壳型铸造、熔模铸造、压力铸造、金属型铸造、低（高）压铸造等。Magma 公司由有经验的铸造工程师而不是软件开发人员来提供培训和技术支持。

软件特点：MAGMA SOFT 软件是一个高级的三维流动场、温度场和残余应力场分析软件包，适用于大多数铸造方法，具有建模、充型分析、凝固分析、显微组织分析、残余应力分析、铸件变形分析和 CAD 等功能。

(5) SIMTEC 软件。由美国 SIMTEC Inc. 公司开发，其网址为：http：//www. simtec－inc. com，可在 UNIX、Windows95/98/NT 和 Linux 平台上运行，适用于砂型铸造、壳型铸造、熔模铸造、压力铸造、金属型铸造、倾斜浇注、消失模铸造、连续铸造、离心铸造和挤压/半固态铸造等。培训可在用户的工作现场和计算机平台上进行，大约 5 天左右，维修和技术支持包括长期的电话服务和大约每年 3 次的软件更新。

软件特点：采用有限元方法，具有建模、充型分析、凝固分析、显微组织分析、残余应力分析、射砂（芯）过程分析和 CAD 等功能。

(6) PROCAST 软件。该软件由美国 UES Software Inc. 公司开发，公司网址为：http：//www. ues－software. com，可运行于 Windows NT 和 UNIX 平台上，适用于各种铸造合金的砂型铸造、熔模铸造、压力铸造、金属型铸造、消失模铸造、连续铸造、离心铸造等。培训方式为 3 天的授课，技术支持在工作日的上午 8 点到下午 5 点通过电话或电子邮件的形式获得，公司将提供软件更新服务。

软件特点：采用有限元方法，软件具有建模、充型分析、凝固分析、显微组织分析、残余应力和变形分析、对流和辐射分析和 CAD 等功能。

(7) NOVAFLOW&SOLID 软件。由瑞典的 Novacast AB 公司开发，公司的网址为：http：//www. Novacast. se，可在 Windows95/98/NT 上运行，适用于砂型铸造、壳型铸造、压力铸造、金属型铸造等。软件提供售后服务，通过电话、传真和电子邮件的技术支持和免费 6 个月的软件升级。通常每年有两个新版本。

软件特点：采用有限差分法，该软件采用的高级算法考虑了在充型和凝固过程中的重力和流动的影响。

参考文献

[1] 谢水生，黄声宏．半固态金属加工技术及其应用．北京：冶金工业出版社，1999.

[2]《高技术新材料要览》编委会．高技术新材料要览．北京：中国科学技术出版社，1993.

[3] Spencer D. B. , Mehrabian R. , Flemings M. C. . Metall. Trans. , 1972, 3(6): 1925.

[4] Chen C. Y. , Sekhar J. A. , Backman D. G. . Materials Science and Engineering, 1979, 40: 256.

[5] 李兴刚．AZ91D 镁合金轮毂半固态触变成形过程数值模拟的研究．北京有色金属研究总院博士后出站报告，2005.

[6] Merton C. Flemings. Metall. Trans. B, 1991, 22B(6): 269.

[7] Joly P. A. , Mehrabian R. , Mater J. . Sci. , 1976, 11: 1393.

[8] Flemings M. C. 凝固过程．关玉龙，屠宝洪，许诚信，译．北京：冶金工业出版社，1981.

[9] Howard West. Aluminium, 1996, 72(6): 412.

[10] Curt Kyonka. Aluminium, 1996, 72(6): 414.

[11] Alternpohl D. , Feldmeilen, Speidel M. . Aluminum, 1996, 72(10): 694.

[12] Kenneth P. Young. Aluminium, 1996, 72(5): 341.

[13] Kurt Detering. Aluminium, 1996, 72(7 - 8): 514.

[14] Yashiko Watanabe. Aluminium, 1996, 72(7 - 8): 514.

[15] 刘政，毛卫民．高效节能制备半固态合金浆料的新工艺特种铸造及有色合金[J]. 2011, 31(3): 197 - 200.

[16] 林柏年．铸造过程流变学基础．哈尔滨：哈尔滨工业出版社，1984.

[17] 毛卫民，钟雪友，李立强．铸造，1998, (8): 10.

[18] 郭钧，谢水生，黄声宏．半固态铝合金的制备工艺研究[J]. 稀有金属，1998, 22(6): 424 - 428.

[19] 朱鸣芳，张力宁，等．机械工程材料，1993, 17(2): 32.

[20] 朱鸣芳，王俊，等．东南大学学报，1993, 23(5).

[21] 于平，吴炳尧，等．特种铸造及有色合金，1997, No. 4: 31.

[22] 杨湘杰．半固态成形技术最新进展——第 11 届合金与复合材料半固态成形国际会议技术报告综述[J]. 特种铸造及有色合金，2010, 30(10): 918 - 922.

[23] 李强，黄国杰，谢水生，于宝义．镁合金半固态成形研究进展[J]. 热加工工艺，2009, 38(23): 61 - 65.

[24] Chiarmetta G. . Proc. of the 4th Int. Conf. on Semi - Solid Processing of Alloys and Composites, Sheffield, 1996.

[25] 杨卯生，毛卫民，钟雪友．半固态合金成形的技术现状与展望[J]. 包头钢铁学院学报，2001, 20(2): 187 - 194.

[26] 丁志勇．半固态铝合金触变成形的成形特性及数学模型的研究：[博士学位论文]，北京：北京有色金属研究总院，2002.

[27] Kapranos, Plato. Semi - solid metal processing - A process looking for a market [C]. Proceeding of the 10th International Conference on Semi - Solid Processing of Alloys and Com-

posites, Aachen, 2008: 1 – 8.

[28] Rathindra DasGupta. Industrial Application – The Present Status and Challenges We Face [C]. Proceeding of the 8th International Conference on Semi – Solid Processing of Alloys and Composites , Limassol, Cyprus, 2004.

[29] 谢水生，潘洪平，丁志勇．半固态金属加工技术研究现状与应用[J]. 塑性工程学报，2002, 9(2): 1 – 11.

[30] 蒋鹏，贺小毛，张秀峰．半固态金属成形技术的研究状况[J]. 塑性工程学报，1998, 5 (3): 1 – 7.

[31] Czerwinski, Frank. Theory and technology of semisolid metal molding [C]. Proceeding of the 10th International Conference on Semi – Solid Processing of Alloys and Composites, Aachen, 2008: 9 – 16.

[32] R. Kopp, H. Shimahara. State of R&D and Future Trends in Semi – solid Mannufacture [C]. Proceeding of the 7th International Conference on Semi – Solid Processing of Alloys and Composites, Tsukuba, Japan, 2002: 57 – 66.

[33] Takao Kaneuchi, Ryoichi Shibata, Masahisa Ozawa. Development of New Semi – solid Metal Casting Process for Automotive Suspension Parts [C]. Proceeding of the 7th International Conference on Semi – Solid Processing of Alloys and Composites, Tsukuba, Japan, 2002: 145 – 150.

[34] Bührig – Polaczek, J. Aguilar. Materials. Development for Semi – Solid – Metal Processing (SSM) [C]. Proceeding of the 8th International Conference on Semi – Solid Processing of Alloys and Composites, Limassol, Cyprus, 2004.

[35] Luo Shoujing, W. C. Keung, Kang Yonglin. Theory and application research development of semi – solid forming in China Trans [J]. Nonferrous Met. Soc. China , 2010, 20: 1805 – 1814.

[36] Chiarmett G. Thixoforming of automobile components, Proc of the 4th Inter Conf on Semi – solid Processing of Alloys and Composites. The University of Sheffield, 1996: 204 – 207.

[37] S. C. Bergsma, X. Li, M. E. Kassner. Semi – solid thermal transformations in Al – Si alloys: Ⅱ The optimized tensile and fatigue properties of semi – solid 357 and fatigue properties of semi – solid 357 and modified 319 aluminum alloys [J]. Materials Science and Engineering, 2001, A297(1 – 2): 69 – 77.

[38] W. G. Cho, C. G. Kang. Mechanical properties and their microstructure evaluation in the thixoforming process of semi – solid aluminum alloys [J]. J. of Materials Processing Technology, 2000, 105(3): 269 – 277.

[39] S. C. Bergsma, M. C. Tolle, M. E. Kassner, X. Li, E. Evangelista. Semi – solid thermal transformations of Al – Si Alloys and the resulting mechanical properties [J]. Materials Science and Engineering, 1997, A237(1): 24 – 34.

[40] Sang – Yong Lee, Se – ń Oh. Thixoforming characteristics of thermo – mechanically treated AA6061 alloy for suspension parts of electric vehicles [J]. J. of Materials Processing Technology,

2002, 130 - 131: 587 - 593.

[41] M. Garat. Aluminium Semi - Solid Processing: From the Billet to the Finished Part [C]. Proceeding of the 6th International Conference on Semi - Solid Processing of Alloys and Composites, Turin, Italy, 2000: 187 - 194.

[42] P. Giordano, F. Boero, G. Chiarmetta. Thixoformed Space - frames for Series Vehicles. Study, Development and Application [C]. Proceeding of the 6th International Conference on Semi - Solid Processing of Alloys and Composites, Turin, Italy, 2000: 29 - 34.

[43] Fan Z. Private communications(2002), Department of Mechanical Engineering, Brunel University, Uxbrige, Middlesex, UB8 3PH, UK.

[44] Narimannezhad, H. Aashuri, A. H. Kokabi, A. Khosravani. Microstructural evolution and mechanical properties of semisolid stir welded zinc AG40A die cast alloy [J]. Journal of Materials Processing Technology, 2009, 209: 4112 - 4121.

[45] S. G. Shabestari, E. Parshizfard. Effect of semi - solid forming on the microstructure and mechanical properties of the iron containing Al - Si alloys [J]. Journal of Alloys and Compounds, 2011, 509: 7973 - 7978.

[46] V. Pouvafar, S. A. Sadough, F. Hosseinj, M. R. Rahmani. Design of experiments for determination of influence of different parameters on mechanical properties of semi - solid extruded parts [J]. Trans. Nonferrous Met. Soc. China, 2010: s794 - s797.

[47] Zude Zhao, Qiang Chen, Hongying Chao, Shuhai Huang. Microstructural evolution and tensile mechanical properties of thixoforged ZK60 - Y magnesium alloys produced by two different routes [J]. Materials and Design, 2010, 31: 1906 - 1916.

[48] Kenneth P Young, Recent advances in semi - solid metal (SSM) cast aluminium and magnesium components, Proc of the 4th Inter Conf on Semi - solid Processing of Alloys and Composites. The University of Sheffield, 1996: 229 - 233.

[49] Z. Koren, H. Rosenson, E. M. Gutman, Ya. B. Unigovski, A. Eliezer. Development of semisolid casting for AZ91D and AM50 [J]. J. of Light Metals, 2002, (2): 81 - 87.

[50] S. Mathieu, C. Rapin, J. Hazan, P. Steinmetz. Corrison behaviour of high die - cast and semi - solid cast AZ91D alloys [J]. Corrosion Science, 2002, 44(12): 2737 - 2756.

[51] F. Czerwinski, A. Zielinska, D. J. Pinet, J. Overbeeke. Correlating the microstructure and tensile properties of a thixomodeled AZ91D magnesium alloy [J]. Acta Materialia, 2001, 49: 1225 - 1235.

[52] Zude Zhao, Qiang Chen, Zejun Tang, Chuankai Hu. Microstructural evolution and tensile mechanical properties of AM60B magnesium alloy prepared by the SIMA route [J]. Journal of Alloys and Compounds, 2010, 497(1 - 2): 402 - 411.

[53] K. B. Nie, X. J. Wang, K. Wu, L. Xu, M. Y. Zheng, X. S. Hu. Processing, microstructure and mechanical properties of magnesium matrix nanocomposites fabricated by semisolid stirring assisted ultrasonic vibration [J]. Journal of Alloys and Compounds, 2011, 509 (35): 8664 - 8669.

[54] Wood DR Kirk. Semisolid processing of high melting point alloys. Proc of the 4th Inter Conf on

Semi - solid Processing of Alloys and Composites. The University of Sheffield, 1996: 320 - 325.

[55] Idegomori, T. , Hirono H. , Kimishima 0. , Ito, S, Mizoue K. , The Manufacturing of Automobile Parts Using Semi - Solid Metal Processing, ibid. 71.

[56] 刘祚时，谢旭英，朱云．镁合金在汽车工业中的应用[J]. 江西冶金，1998，18(5)：23 - 25.

[57] 甄子胜，毛卫民，赵爱民，等．半固态镁合金的研究进展[J]. 特种铸造及有色合金，2001，(6)：32 - 33.

[58] 张新，张奎，李兴刚，等．AZ91D 镁合金半固态成形技术研究进展[J]. 2010，59(8)：790 - 795.

[59] Kapranos P. , Kirkwood D. H. , Sellars C. M. . Thixoforming high melting point alloys into non-metallic dies [C]. Proceeding of the 4th International Conference on Semi - Solid Processing of Alloys and Composites, Sheffield, England, 1996: 306 - 325.

[60] Reiner Kopp, Jens Kallweit, Thorsten Möller, Inqold Seidl. Forming and joining of commercial steel grades in the semi - solid state [J]. J. of Materials Processing Technology, 2002, 130 - 131: 562 - 568.

[61] RASSIL, H. V. ATKINSON. A review on steel thixoforming [J]. Trans. Nonferrous Met. Soc. China, 2010, 20: s1048 - s1054.

[62] Pierret Jean - Christophe, Rassili Ahmed, Vaneetveld Grégory, Lecomte - Beckers Jacqueline [C]. Proceeding of the 11th International Conference on Semi - Solid Processing of Alloys and Composites, Beijing, 2010: 402 - 408.

[63] Flemings M. C. , The 3rd Int. Conf. on Semi - solid Processing of Alloys and Composites, 1994.

[64] Nguyen Thanh L. , Suery M. . Mater. Sci. and Eng. , 1995, A196(33): 44.

[65] T. Fujii, R. J. Dashwood, H. B. McShane. Semi - solid Forming of Commercial SiCp Reinforced Aluminum Alloy Power [C]. Proceeding of the 7th International Conference on Semi - Solid Processing of Alloys and Composites, Tsukuba, Japan, 2002: 191 - 196.

[66] 康智涛，张豪，陈振华．6066/SiC 喷射共沉复合材料的半固态加工[J]. 中国有色金属学报，1998，8(4)：595 - 599.

[67] 程晓敏，周世权，访华斌．Al_2O_3 颗粒增强铝基复合材料的半固态搅熔复合[J]. 中国有色金属学报，2001，11(6)：1009 - 1011.

[68] Hongwei Zhang, Lin Geng, Lina Guan, Lujun Huang. Effects of SiC particle pretreatment and stirring parameters on the microstructure and mechanical properties of SiCp/Al - 6. 8Mg composites fabricated by semi - solid stirring technique [J]. Materials Science and Engineering A, 2010, 528: 513 - 518.

[69] H. Müller - Späth, D. Bernhard, P. R. Sahm. New Material Concepts for Thixocasting [C]. Proceeding of the 6th International Conference on Semi - Solid Processing of Alloys and Composites, Turin, Italy, 2000: 469 - 475.

[70] M. Kiuchi, J. Yanagimoto, S. Sugiyama. Application of Mushy/Semi - solid Joining - Part 2

[C]. Proceeding of the 7th International Conference on Semi – Solid Processing of Alloys and Composites, Tsukuba, Japan, 2002: 707 – 712.

[71] M. Kiuchi, J. Yanagimoto, S. Sugiyama. Application of Mushy/Semi – solid Joining [C]. Proceeding of the 6th International Conference on Semi – Solid Processing of Alloys and Composites, Turin, Italy, 2000: 235 – 240.

[72] 谢水生，沈健，张学军. 数值模拟在半固态加工技术的应用[J]. 塑性工程学报，2000，7(1)：6 – 10.

[73] 罗守靖，田文彤，谢水生，等. 半固态加工技术及应用[J]. 中国有色金属学报，2000，10(6)：765 – 772.

[74] 吴炳尧. 半固态金属铸造工艺的研究现状及发展前景[J]. 铸造，1999，(3)：45 – 52.

[75] 唐靖林，曾大本. 半固态加工技术的发展和应用现状[J]. 兵器材料科学与工程，1998，21(3)：57 – 60.

[76] 蒋鹏，贺小毛，张秀峰. 半固态成形技术的研究概况与发展前景[J]. 热加工工艺，1991，(1)：42 – 44.

[77] 陈刚，樊刚. 半固态材料成形技术的研究与应用[J]. 兵器材料科学与工程，2001，24(5)：66 – 68.

[78] 陈刚，樊刚. 半固态材料成形应用[J]. 铸造技术，2001，(3)：26 – 29.

[79] 苏华钦，朱鸣芳，高志强. 半固态铸造的现状及发展前景[J]. 特种铸造及有色合金，1998，(5)：1 – 6.

[80] Shuisheng Xie, Youfeng He, Xujun Mi. Study on Semi – solid Magnesium Alloys Slurry Preparation and Continuous Roll – casting Process , in Magnesium Alloys Theory and Applications. INTECH Press, 2011.

[81] 肖亚庆，谢水生，等. 铝加工技术实用手册 [M]. 北京：冶金工业出版社，2005.

[82] 虞觉奇，易文质，陈邦迪，等. 二元合金状态图集 [M]. 上海：上海科学技术出版社，1983.

[83] Michael M. Avedesian, Hugh Baker. Magnesium and Magnesium Alloys [M]. ASM International, 2000.

[84] 陈振华，等. 镁合金 [M]. 北京：化学工业出版社，2004.

[85] Hirt G. K. , Can. Met. Quart, 1996, 35: 101.

[86] Flemings M. C. . U. S. Patent 3902544, 1975.

[87] Flemings M. C. . U. S. Patent 3954455, 1976.

[88] D. Apelian. Semi – solid Processing Routes and Microstructure Evolution [C]. Proceeding of the 8th International Conference on Semi – Solid Processing of Alloys and Composites, Tsukuba, Japan, 2002: 25 – 30.

[89] Flemings M. C. , Riek R. G. , Young K. P. . Rheocasting [J]. Materials Science and Engineering, 1976, 25: 103 – 117.

[90] T. Motegi, E. Yano, N. Nishikawa, Y. Tamura. Continuous casting of semisolid Mg – 9% Al – 1% Zn alloy [C]. Proceedings of the 7th International Conference Semi – Solid Processing of Al-

loys and Composites, Tsukuba, 2002: 831 -836.

[91] J. A. Yurko, R. A. Martinez, M. C. Flemings. Development of the Semi - solid rheocasting (SSR) process [C]. Proceedings of the 7th International Conference Semi - Solid Processing of Alloys and Composites, Tsukuba, 2002: 659 -664.

[92] M. Kiuchi, S. Sugiyama. ISIJ International, 1995, 35: 790 -797.

[93] M. Kiuchi, S. Sugiyama. A New Process to Manufacture Semi - solid Metals [C]. Proceeding of the 2nd International Conference on Semi - Solid Processing of Alloys and Composites, MIT, USA, 1992: 47 -56 .

[94] 管仁国，郝凤昌，温景林．SCR 工艺制备的 2A11 半固态合金成形性的研究[J]. 轻合金加工技术，2000，28(12)：11 -13.

[95] 管仁国，温景林，刘相华．A2017 半固态材料制备与半固态成形的试验研究[J]. 材料科学与工程，2002，20(3)：354 -357.

[96] 管仁国，温景林，陈彦博．SCR 技术制备 2A11 半固态合金的研究[J]. 轻金属，2001，(11)：54 -57.

[97] 管仁国，温景林，刘相华，等．SCR 技术制备 A2017 半固态材料及其触变性能的研究[J]. 航空材料学报，2002，22(1)：31 -35.

[98] 管仁国，赵红亮，温景林，苗瑜．切变/冷却轧制法制备 LY11 半固态合金[J]. 有色矿冶，2000，16(4)：35 -38.

[99] 江海涛，李淼泉．半固态金属材料的制备技术及应用[J]. 重型机械，2002，(2)：1 -5.

[100] 管仁国，陈彦博，刘相华，等．采用 SRS 技术制备 A2017 半固态合金与连续扩展成形[J]. 东北大学学报(自然科学版)，2002，23(7)：679 -682.

[101] Z. Fan, S. Ji. Twin - screw rheomoulding - a new semi - solid processing technology [C]. Proceedings of the 6th International Conference Semi - Solid Processing of Alloys and Composites, Turin , Italy, 2000: 61 -66.

[102] S. Ji, Z. Fan. Microstructural evolution of semi - solid under high shear rate and high intensity of turbulence [C]. Proceedings of the 6th International Conference on Semi - Solid Processing of Alloys and Composites, Turin, Italy, 2000: 723 -728.

[103] Z. Fan. Twin - screw rheoforming technologies for semisolid processing of Mg - alloys [C]. Proceedings of the 7th International Conference on Semi - Solid Processing of Alloys and Composites, Tsukuba, 2002: 671 -676.

[104] K. A. Roberts, X. Fang, S. Ji, Z. Fan. Development of twin - screw rheoextrusion process [C]. Proceedings of the 7th International Conference on Semi - solid Processing of Alloys and Composites, Tsukuba, 2002: 677 -682.

[105] S. Ji, G. Liu, X. Fang, S. -H. Song. Twin - screw rheomoulding of AZ91D Mg - alloys [C]. Processing of the 7th International Conference on Semi - solid Processing of Alloys and Composites, Tsukuba, 2002: 683 -688.

[106] A. Das, S. Ji, Z. Fan. Solidification microstructures obtained by a novel twin - screw liquidus casting method [C]. Processing of the 7th International Conference Semi - solid Processing of

Alloys and Composites, Tsukuba, 2002: 689 - 694.

[107] 罗吉荣，吴树森，宋象军，吴广忠 . CN [P]. 授权公告号：CN2471450Y，2002，1：16.

[108] D. N. Li, J. R. Luo, S. S. Wu, Z. H. Xiao, Y. W. Mao, X. J. Song, G. Z. Wu. Study on the semi - solid rheocasting of magnesium alloy by mechanical stirring [J]. J. of Materials Processing Technology, 2002, 129(1 - 3): 431 - 434.

[109] Zavaras et al. , U. S. Patent 3995678, 1976.

[110] Szekely J. Chang C. W. , JOM, 1976, (9): 6.

[111] Ziflgen M, Hirt G. Microstructural effects of electromagnetic stirring in continuous casting of various aluminium alloys. Proc of the 4th Inter Conf on Semi - solid Processing of Alloys and Composites. The University of Sheffield, 1996: 180 - 186.

[112] M. T. Shehata, E. Essadiqi, V. Kao, C. A. Loong, C. Q. Zheng. Thixocasting and thixoforging of magnesium AZ91D alloy [C]. Proceeding of the 7th International Conference on Semi - Solid Processing of Alloys and Composites , Tsukuba, Japan, 2002: 263 - 268.

[113] 甄子胜，毛卫民，陈洪涛，等 . 电磁搅拌工艺对半固态 AZ91D 镁合金组织的影响[C]. 第二届半固态金属加工技术研讨会，2002：146 - 150.

[114] 曹广畴 . 现代板坯连铸，北京：冶金工业出版社，1994.

[115] 漆仕速 . 电工技术，长沙：湖南大学出版社，1989.

[116] 陈文修 . 工业炉，长沙：中南工业大学出版社，1992.

[117] Vives. Charles. Metall. Trans. B, 1992, 23(2): 189.

[118] 印飞，王亦新，洪慎章，等 . 半固态铸造铝合金材料的研究现状[J]. 特种铸造及有色合金，2000，(3)：44 - 46.

[119] 张志峰，朱学新，徐骏，石力开 . CN [P] - 复合电磁搅拌法连续制备半固态金属浆料的装置 . 授权公告号：CN2475672Y，2005.

[120] Zhang Z F, Xu J, Bal Y L, Shi L K. Development of rheo - diecasting of Al - Si alloys based on a modified DSCP process [C]. Proceeding of the 10th International Conference on Semi - Solid Processing of Alloys and Composites, Aachen, 2008: 185 - 190.

[121] Bai Yuelong, Xu Jun, Zhang Zhifeng, Shi Likai. Preparation of semi - solid slurry at power frequency by annulus electromagnetic stirring method [J]. Trans. Nonferrous Met. Soc. China, 2009, 19 : s531 - s536.

[122] 徐骏，张志峰，白月龙，等 . CN [P] - 环缝式电磁搅拌制备半固态合金流变浆料或坯料的方法 . 授权公开号：101745629A. 2010.

[123] Chen Xingrun, Zhang Zhifeng, Xu Jun. Effects of annular electromagnetic stirring processing parameters on semi - solid slurry production [J]. Nonferrous Met. Soc. China, 2010, 20: s873 - s877.

[124] V. O. Abramov, O. V. Abramov, B. B. Straumal, W. Gust. Hypereutectic Al - Si based alloys with a thixotropic microstructure produced by ultrasonic treatment [J]. Materials & Design, 1997, 18(4/6): 323 - 326.

[125] 杨为佑，陈振华，吴艳军，等. 半固态非枝晶组织合金的制备技术[J]. 铝加工，2001，24(1)：32 -35.

[126] Toshio HAGA，Shinsuke SUZUKI. Production of Aluminum Alloy Ingots Thixo - forming by the Semi - solid Casting Using a Cooling Slope [C]. Proceeding of the 6th International Conference on Semi - Solid Processing of Alloys and Composites，Turin，Italy，2000：735 -740.

[127] Toshio Haga，P. Kapranos，D. H. Kirkwood，H. V. Atkinson. Rheocasting Process Using a Cooling Slope Low Super Heat Casting [C]. Proceeding of the 7th International Conference on Semi - Solid Processing of Alloys and Composites，Tsukuba，Japan，2002：801 -806.

[128] T. Grimmig，J. Aguilar，M. Fehlbier，A. Bührig - Polaczek. Optimization of the Rheocasting Process under Consideration of the Main Influence Parameters on the Microstructure [C]. Proceeding of the 8th International Conference on Semi - Solid Processing of Alloys and Composites，Limassol，Cyprus，2004.

[129] S. S. Xie，H. Q. Yang，H. Wang，X. G. Li，L. Li. Damper Cooling Tube Method to Manufacture semi - solid Slurry of Magnesium Alloy [C]. Proceeding of the 8th International Conference on Semi - Solid Processing of Alloys and Composites，Limassol，Cyprus，2004.

[130] 陈正周，毛卫民，吴宗闯. 多弯道蛇形管浇注法制备半固态 A356 铝合金浆料[J]. 中国有色金属学报，2011，1：95 -101.

[131] Chen Zhengzhou，Mao Weimin，Wu Zongchuang . Influence of serpentine channel pouring process parameters on semi - solid A356 aluminum alloy slurry Trans. Nonferrous Met. Soc. China，2011，21：985 -990.

[132] Yang Xiaorong，Mao Weimin，Sun Binyu. Preparation of semisolid A356 alloy slurry with larger capacity cast by serpentine channel [J]. Trans. Nonferrous Met. Soc. China ，2011，21：455 -460.

[133] 杨小容，毛卫民，高冲. 采用蛇形管通道浇注法制备半固态浆料[J]. 2009，5：869 -873.

[134] 张颂阳，郭晓琴，郑楠，等. Sin 函数冷却法制备半固态铝合金[J]. 2009，29(5)：423 -424.

[135] 蔡卫华，杨湘杰，郭洪民，等. 斜管法流变制浆工艺初探[J]. 特种铸造及有色合金(增刊)，2003：308 -310.

[136] Guo H M，Yang X J. Efficient refinement of spherical grains by LSPSF rheocasting process [J]. Material Science and Technology，2008，24(1)：55 -63.

[137] Guo H M，Yang X J，Hu B. Low superheat pouring with a shear field in rheocasting of aluminum alloys [J]. Journal of Wuhan University of Technology - Materials Science Edition，2008，23(1)：54 -59.

[138] Zhang Fan，Kang Yonglin，Yang Liuqing，Ding Ruihua，Taper barrel rheomoulding process for semi - solid slurry preparation and microstructure evolution of A356 aluminum alloy [J]. Trans. Nonferrous Met. Soc. China ，2010，20：1677 -1684.

[139] Kang Yonglin，Yang Liuqing，Song Renbo，et al. Study on microstructure - processing relationship of a semisolid rheocasting A357 aluminum alloy [C]. Proceedings of the 10th Interna-

tional Conference on Semi – Solid Processing of Alloys and Composites. Aachen, 2008: 157 – 162.

[140] J. L. Jorstad. SSM Processes – An Overview [C]. Proceeding of the 8th International Conference on Semi – Solid Processing of Alloys and Composites , Limassol, Cyprus, 2004.

[141] Stig Brusethaug, Jorunn Voje. Manufacturing of Feedstock for Semi – solid Processing by Chemical grain Refinement [C]. Proceeding of the 6th International Conference on Semi – Solid Processing of Alloys and Composites, Turin, Italy, 2000: 451 – 456.

[142] J. A. Yurko, R. A. Martinez, M. C. Flemings. SSR™: The Spheroidal Growth Route to Semi – solid Forming [C]. Proceeding of the 8th International Conference on Semi – Solid Processing of Alloys and Composites, Limassol, Cyprus, 2004.

[143] M. Rosso, E. Romano, G. L. Chiarmetta. Mechanical and Microstructural Characterization of Semi – solid Rheocast A356 and A357 Aluminum Alloys for Automobile Application [C]. Proceeding of the 7th International Conference on Semi – Solid Processing of Alloys and Composites, Tsukuba, Japan, 2002: 151 – 156.

[144] M. Adachi, S. Sato, H. Sasaki, Y. Harada, T. Maeda, N. Ishibashi. The Effect of Casting Condition for Mechanical Properties of Cast Alloys Made with New Rheocasting Process [C]. Proceeding of the 7th International Conference on Semi – Solid Processing of Alloys and Composites, Tsukuba, Japan, 2002: 629 – 634.

[145] A. Wahlen, W. Fragner. Optimisation of the New Rheocasting Process Using Cellular Automata [C]. Proceeding of the 7th International Conference on Semi – Solid Processing of Alloys and Composites, Tsukuba, Japan, 2002: 635 – 640.

[146] P. Giordano, G. L. Chiarmetta. Thixo and Rheo Casting: Comparison on a High Production Volume Component [C]. Proceeding of the 7th International Conference on Semi – Solid Processing of Alloys and Composites, Tsukuba, Japan, 2002: 665 – 670.

[147] K. Hall, H. Kaufmann, A. Mundl. Detailed Processing and Cost Considerations for New – Rheocasting of Light Metal Alloys [C]. Proceeding of the 6th International Conference on Semi – Solid Processing of Alloys and Composites, Turin, Italy, 2000: 23 – 28.

[148] H. Kaufmann, H. Wabusseg, P. J. Uggowitzer. Casting of Light Metal Wrought Alloys by New Rheocasting [C]. Proceeding of the 6th International Conference on Semi – Solid Processing of Alloys and Composites, Turin, Italy, 2000: 457 – 462.

[149] Werner Fragner, Helmut Kaufmann. Difference in Al and Mg New Rheocasting [C]. Proceeding of the 8th International Conference on Semi – Solid Processing of Alloys and Composites, Limassol, Cyprus, 2004.

[150] 谢水生. 半固态金属加工技术的工业应用及发展[C]. 第二届半固态金属加工技术研讨会, 北京, 2002.

[151] M. Findon, A. M. de. Figueredo, D. Apelian, M. M. Makhlouf. Melt Mixing Approaches for the Formation of Thixotropic Semi – solid Metals Structures [C]. Proceeding of the 7th International Conference on Semi – Solid Processing of Alloys and Composites, Tsukuba, Japan,

2002：557 –562.

[152] Q. Y. Pan, M. Findon, D. Apelian. The Continuous Rheoconversion Process(CRP)：A Novel SSM Approach [C]. Proceeding of the 8th International Conference on Semi – Solid Processing of Alloys and Composites, Limassol, Cyprus, 2004.

[153] John L. Jorstad, Mike Thieman, Rick Kamm. SLC – The Newest and Most Economical Approach to Semi – solid Metal (SSM) Casting [C]. Proceeding of the 7th International Conference on Semi – Solid Processing of Alloys and Composites, Tsukuba, Japan, 2002：701 – 706.

[154] J. L. Jorstad, M. Thieman, R. Kamm. Fundamental Requirements for Slurry Generation in the Sub Liquidus Casting Process and the Economics of SLC™ Processing [C]. Proceeding of the 8th International Conference on Semi – Solid Processing of Alloys and Composites, Limassol, Cyprus, 2004.

[155] H. Wang, C. J. Davision, D. H. StJohn. The Semisolid Shear Properties and Casting Behavior of AlSi7Mg0. 35 Alloys Produced by Low – Temperature Pouring [C]. Proceeding of the 6th International Conference on Semi – Solid Processing of Alloys and Composites, Turin, Italy, 2000：149 –154.

[156] 崔建忠，路贵民，徐平. CN [P] ——一种半固态浆料制备方法. 授权公告号：CN1305876A, 2001.

[157] 乐启炽，欧鹏，崔建忠，等. 镁合金半固态制浆新工艺[J]. 东北大学学报(自然科学版)，2002，23(4)：371 –374.

[158] 崔建忠，路贵民，刘丹，等. 半固态浆制备技术的新进展[J]. 哈尔滨工业大学学报，2000，32(4)：110 –113.

[159] 杨晓婵. 半固态金属成形技术在国外的研究与应用[J]. 矿冶，2000，9(1)：65 –68.

[160] 路贵民，董杰，崔建忠. 7075 合金液相线半连续铸造与二次加热的合金组织[J]. 中国有色金属学报，2001，11(2)：211 –215.

[161] 路贵民，董杰，谷晓峰，等. 7075 铝合金液相线铸造过程中的形核[J]. 东北大学学报(自然科学版)，2002，23(1)：38 –40.

[162] 董杰，路贵民，任栖峰，等. 液相线铸造法非枝晶半固态组织形成机理探讨[J]. 金属学报，2002，38(2)：203 –207.

[163] 王平，路贵民，崔建忠. 近液相线半连续铸造 A356 铝合金显微组织[J]. 金属学报，2002，38(4)：389 –392.

[164] 王平，路贵民，崔建忠. 近液相线半连续铸造非枝晶 A356 合金半固态触变成形[J]. 东北大学学报(自然科学版)，2002，23(2)：141 –143.

[165] 董杰，路贵民，崔建忠. 356 铝合金凝固形核过程及液相线半连续铸造组织的研究[J]. 铸造，2001，50(12)：720 –723.

[166] 董杰，路贵民，任栖峰，等. A356 铝合金液相线半连续铸造组织的研究[J]. 东北大学学报(自然科学版)，2002，23(3)：259 –262.

[167] Le Qichi, Cui Jianzhong, Ou Peng, Lu Guiming. The Near Liquidus Casting Slurrying of

AZ91D and Its Partial Remelting Behavior [C]. Proceeding of the 8th International Conference on Semi – Solid Processing of Alloys and Composites, Tsukuba, Japan, 2002: 293 – 298.

[168] M. Fehlbier, J. Aguilar, E. Schaberger – Zimmermann, A. Bührig – Polaczek, P. R. Sahm. Pre – material Production and Processing of Semi – solid Mg – alloys and Development of Special Color Etching Methods [C]. Proceeding of the 7th International Conference on Semi – Solid Processing of Alloys and Composites, Tsukuba, Japan, 2002: 521 – 526.

[169] J. Aguilar, M. Fehlbier, T. Grimmig, A. Bührig – Polaczek. Processing of Semisolid Mg Alloys [C]. Proceeding of the 8th International Conference on Semi – Solid Processing of Alloys and Composites, Limassol, Cyprus, 2004.

[170] 李元东，杨建，马颖．自孕育半固态制浆技术的研究[J]. 特种铸造及有色合金，2010，30(3)：227 – 230.

[171] Don Doutre, Joseph Langlais, Serge Roy. The Seed Process for Semi – Solid Forming [C]. Proceeding of the 8th International Conference on Semi – Solid Processing of Alloys and Composites, Limassol, Cyprus, 2004.

[172] Sh. Nafisi, D. Emadi, M. T. Shehata, R. Ghomashchi, A. Charette. Semi – solid Processing of Al – Si Alloys: Effects of Stirring on Iron – based Intermetallics [C]. Proceeding of the 8th International Conference on Semi – Solid Processing of Alloys and Composites, Limassol, Cyprus, 2004.

[173] Sh. Nafisi, R. Ghomashchi, A. Charette. The Influence of Grain Refiner on the Microstructural Evolution of Al – 7% Si and A356 in the Swirled enthalpy Equilibration Device (SEED) [C]. Proceeding of the 8th International Conference on Semi – Solid Processing of Alloys and Composites, Limassol, Cyprus, 2004.

[174] E. D. Masson – Whitton, I. C. Stone, J. R. Jones, D. S. Grant, B. Canton. Isothermal grain coarsening of spray formed alloys in the semi – solid states [J]. Acta Materialia, 2002, 50: 2517 – 2435.

[175] Hao Zhang, J. N. Wang. Thixoforming of spray – formed 6066Al/SiCp composites [J]. Composites Science and Technology, 2001, 6: 1233 – 1238.

[176] Michel Suery. Microstructure of Semi – solid Alloys and Properties [C]. Proceeding of the 8th International Conference on Semi – Solid Processing of Alloys and Composites, Limassol, Cyprus, 2004.

[177] Lee Sang – Yong, Lee Jung – Hwan, Lee Young – Secon. Characterization of Al 7075 alloys after cold working and heating in the semi – solid temperature range [J]. J. of Materials Processing Technology, 2001, 111(1 – 3): 42 – 47.

[178] T. J. Chen, Y. Hao, J. Sun. Microstructural evolution of previously deformed ZA27 alloy during partial remelting [J]. Material Science and Technology, 2002, A337: 73 – 81.

[179] Choi Jae Chan, Park Hyung Jin. Microstructural characteristics of aluminum 2024 by cold working in the SIMA process [J]. J. of Materials Processing Technology, 1998, 82 (1 – 3): 107 – 116.

[180] 刘昌明，邹茂华，章宗和，等．形变诱导法半固态加热工艺参数对 LY11 合金组织和晶粒尺寸的影响[J]. 中国有色金属学报，2002，12(3)：436－441.

[181] 江海涛，李淼泉．半固态金属材料的制备技术及应用[J]. 重型机械，2002，(2)：1－5.

[182] Jiang Jufu，Luo Shoujing. Preparation of semi－solid billet of magnesium alloy and its thixoforming [J]. Nonferrous Met. Soc. China，2007，17：46－50.

[183] Jiang Jufu，Luo Shoujing，Zou Jingxiang. Preparation of AZ91D magnesium alloy semi－solid billet by new strain induced melt activated method [J]. Nonferrous Met. Soc. China，2006，16：1080－1085.

[184] 姜巨福，程远胜，林鑫，等．等径道角挤压对 Mg－6Al 合金性能的影响[J]. 材料科学与工艺，2010，18 (6)：752－757.

[185] Jiang Jufu，Wang Ying，Qu Jianjun，Du Zhiming，Luo Shoujing. Preparation and thixoforging of semisolid billet of AZ80 magnesium alloy [J]. Trans. Nonferrous Met. Soc. China，2010，20：1731－1736.

[186] 朱广余，薛克敏，李萍．A356.2 合金半固态坯料的复合制备工艺[J]. 特种铸造及有色合金，2010，30 (9)：819－823.

[187] S. C. Bersma，M. C. Tolle，M. E. Kassner，X. Li，E. Evangelista. Semi－solid thermal transformations of Al－Si Alloys and the resulting mechanical properties [J]. Materials Science and Engineering，1997，A237(1)：24－34.

[188] 李元东，郝远，闫峰云，等．AZ91D 镁合金在半固态等温热处理中的组织演变[J]. 中国有色金属学报，2001，11(4)：571－575.

[189] 李元东，郝远，金玉花，等．半固态等温热处理对 AZ91D 镁合金组织的影响[J]. 甘肃工业大学学报，2001，27(1)：27－30.

[190] 郝远，狄杰建，陈体军，等．ZA27 合金在半固态等温热处理中的相变研究[J]. 材料科学与工程，2001，19(3)：69－71.

[191] 邢书明，曾大本，胡汉起，等．半固态连铸过程的滞留层尺寸预测[J]. 中国有色金属学报，2000，10(6)：800－803.

[192] 李亚敏，邢书明，翟启杰．半固态连铸技术研究现状与展望[J]. 热加工工艺，2000，(4)：46－48.

[193] Matsumiya T. Flemings M. C.. Metall. Trans. B，1981，12B：17.

[194] 汪之清．半固态金属成形技术的发展与应用[J]. 兵器材料科学与工程，1999，22(3)：61－67.

[195] Carrupt Bertrand，Pouly hrtntk，Electromagnetic stirred billet of wrought and casting alloys with thixotropic properties：development and production results，Proc of the 4th Inter Conf on Semi－solid Processing of Alloys and Composites. The University of Sheffield：169－173.

[196] Young K P，et al. US Patent 4482012，1984.

[197] 朱明原，许珞萍，邵光杰，等．EMS－DC 法制备的半固态 ZL101A 铝合金的组织与性能[J]. 中国有色金属学报，2001，10(Suppl：1)：150－154.

[198] S. Engler, D. Hartmann, I. Niedick. Alloy Development for Automotive Application [C]. Proceeding of the 6th International Conference on Semi - Solid Processing of Alloys and Composites, Turin, Italy, 2000: 483 - 488.

[199] Shuiming Xing, Lizhong Zhang, Peng Zhong, et al. A Product Line of Semi - solid Aluminum Alloy Billet Directly Using Liquid Electrolyzed Aluminum [C]. Proceeding of the 7th International Conference on Semi - Solid Processing of Alloys and Composites, Tsukuba, Japan, 2002: 539 - 544.

[200] 曾大本，邢书明，邱玉辉，等. CN [P]. 授权公告号：CN2438526Y，2001.

[201] 刑书明，曾大本，胡汉起，等. 半固态连铸技术经济分析与研究进展[J]. 铸造，2000，49(8)：449 - 453.

[202] Motegi, F. Tanabe, M. H. Robert, E. Sugiura. Continuous Casting of Semisolid Aluminum Alloys[C]. Proceeding of the 7th International Conference on Semi - Solid Processing of Alloys and Composites, Tsukuba, Japan, 2002: 825 - 830.

[203] 郭钧，半固态 Al - 6.6% Si 合金的制备及变形性研究：[硕士学位论文]，北京：北京有色金属研究总院，1998.

[204] 黄声宏，谢水生，郭钧. 98 航空先进热加工工艺学术研讨会论文集，贵阳：1998.

[205] 吴铿，铝铜合金的流变学行为显微组织及力学性能特点：[博士学位论文]，南京：东南大学，1990.

[206] 唐靖林，陈晓阳，李培杰，等. 不同初生相的 A356 合金在液固温度区间的流变规律研究[J]. 铸造，2000，49(11)：826 - 828.

[207] 石俊涛，唐靖林，朱跃峰. 半固态 A356 合金静态剪切流变性能的初步研究[J]. 特种铸造及有色合金，2001，(2)：10 - 12.

[208] 林柏年，李德富. 对半固态合金流变性能模型的讨论[J]. 特种铸造及有色合金，1994，(1)：35 - 37.

[209] 唐靖林，殷雅俊，范钦珊，等. 液固温区不同初生 α 相形态 A356 合金的流变行为[J]. 中国有色金属学报，2002，12(3)：430 - 435.

[210] 贾宝仟，柳百成. Al - 5% Cu 合金准固态区域凝固时间与残余应力的关系[J]. 特种铸造及有色合金，1997，(2)：4 - 6.

[211] Yuefeng Zhu, Jinglin Tang, Yizhi Xiong, et al. The influence of the microstructure morphology of A356 alloy on its rheological behavior in the semi - solid state [J]. Science and Technology of Advanced Materials, 2001, 2: 219 - 223.

[212] 王英，王建中. 铸造合金流变学的研究现状[J]. 辽宁工学院学报，2001，21(4)：43 - 45.

[213] Michael Modigell. Modeling/Rheology [C]. Proceeding of the 8th International Conference on Semi - Solid Processing of Alloys and Composites, Limassol, Cyprus, 2004.

[214] G. 施拉姆. 实用流变测量学. 李晓晖，译. 北京：石油工业出版社，1998.

[215] D. H. Kirkwood, P. J. Ward, M. Barkhudarov, S. B. Chin, et al. An Initial Assessment, of the Flow - 3D Thixotropic Model [C]. Proceeding of the 6th International Conference on Semi - Solid

Processing of Alloys and Composites, Turin, Italy, 2000: 545 -551.

[216] Andreas N. Alexandrou, Gilmer R. Burgos, Vladimir M. Entov. Rheology of Semi - solid Suspensions: Current Understanding and Future Challenges [C]. Proceeding of the 6th International Conference on Semi - Solid Processing of Alloys and Composites, Turin, Italy, 2000: 161 -167.

[217] Arne Wahlen. Modeling the Thixtropic Flow Behavior of Semi - solid Aluminum Alloys [C]. Proceeding of the 6th International Conference on Semi - Solid Processing of Alloys and Composites, Turin, Italy, 2000: 565 -570.

[218] 朱鸣芳，高志强，苏华钦．半固态 ZA12 合金的瞬态流变性能[J]. 金属学报，1999，35(10)：1021 -1023.

[219] A. R. A. Mclelland, N. G. Henderson, H. V. Atkinson, et al. Anomalous rheological behavior of semi - solid alloy slurries at low shear rates [J]. Materials Science & EngineeringA: Structural Materials: Properties, Microstructure and Processing [J], 1997, A232(1 -2): 110 -118.

[220] L. S. Turng, K. K. Wang. Journal of Material Science [J], 1991, 26: 2173 -2183.

[221] A. M. de Figueredo, A. Kato, M. C. Flemings. Viscosity of Semi - solid A357 Alloy in the Transient High Shear Rate Regime [C]. Proceeding of the 6th International Conference on Semi - Solid Processing of Alloys and Composites, Turin, Italy, 2000: 477 -482.

[222] C. G. Kang, H. K. Jung. Finite elements analysis with deformation behavior modeling of globular microstructure in forming process of semi - solid materials [J]. International J. of Mechanical Sciences, 1999, 41(12): 1423 -1445.

[223] 唐靖林，殷雅俊，范钦珊，等．液 - 固温区 A356 合金剪切速率阶梯变化的瞬态流变行为[J]. 金属学报，2001，37(10)：1031 -1035.

[224] M. Mada, F. Ajersch. Rheological model of semi - solid A356 - SiC composite alloys, Part Ⅱ: reconstitution of agglomerate structure at rest [J]. Materials Science and Engineering, 1996, A212(1): 171 -177.

[225] Kattamis T Z, Piccone T J. Mater Sci Eng A, 1991; A131: 265.

[226] S. B. Brown, P. Kumar, C. L. Martin. Exploiting and Characterizing the Fundamental Rheology of Semi - solid Materials [C]. Proceeding of the 2th International Conference on Semi - Solid Processing of Alloys and Composites, MIT, USA, 1992: 183 -193.

[227] S. Okano, M. Kiuchi. Present Status and Future Aspects of Semi - solid Processing [C]. Proceeding of the 7th International Conference on Semi - Solid Processing of Alloys and Composites, Tsukuba, Japan, 2002: 39 -49.

[228] Wu Shusen, Zhong Gu, Wang Li. Microstructure and Properties of Rheo - Diecasted Al -20Si -2Cu -1Ni -0.4Mg Alloy with Direct Ultrasonic Vibration Process [C]. 11th International Conference on Semi -Solid Processing of Alloys and Composites, 2010: 114 -120.

[229] C. G. Kang, J. H. Yoon, Y. H. Seo. The upsetting behavior of semi - solid aluminum materials babricated by a mechanical stirring process [J]. J. of Materials Processing Technology, 1997, 66 (1 -3): 30 -39.

[230] K. Steinhoff, G. C. Gullo, R. Kopp, et al. A New Integrated Production Concept for Semi - Solid Processing of High Quality Al - Products [C]. Proceeding of the 6th International Conference on Semi - Solid Processing of Alloys and Composites, Turin, Italy, 2000: 121 - 127.

[231] D. B. Spencer. Ph. D. Thesis, Massachusetts Institute of Technology, Cambridge, MA, 1990.

[232] 许珞萍，邵光杰，任忠鸣，等. 电磁搅拌下非树枝晶铝合金组织演变过程的数学描述[J]. 中国有色金属学报，2002，12(1)：52 - 56.

[233] 赵爱民，毛卫民，崔成林，等. 电磁搅拌对弹簧钢 60Si2Mn 凝固组织的影响[J]. 北京科技大学学报，2000，22(3)：134 - 137.

[234] G. - C. Gullo, K. Steinhoff, P. J. Uggowitzer. Microstructural Changes during Reheating of Semi - solid Alloy AA6082, Modified with Barium [C]. Proceeding of the 6th International Conference on Semi - Solid Processing of Alloys and Composites, Turin, Italy, 2000: 367 - 372.

[235] 王昆林，等. 金属学及热处理，清华大学机械工程系（内部资料），1991.

[236] Molenaar J. M. M., Katgerman L., Kool W. H.. J. Mater. Sci. 1986, vol. 21: 389.

[237] 潘冶，张春燕，袁浩扬，等. 结晶初期熔体流动对半固态合金粒状初晶形成的作用[J]. 金属学报，2001，37(10)：1035 - 1039.

[238] 李子全，吴炳尧. 旋转磁场下 ZA - 27 合金初生相形貌演变过程及机理[J]. 铸造，1997，(10)：1 - 5.

[239] 张奎，刘国钧，徐骏，等. 电磁搅拌法连铸半固态铝合金及其凝固组织分析[J]. 中国有色金属学报，2000，10(1)：47 - 50.

[240] 朱鸣芳，苏华钦. ZA12 颗粒组织的形成及枝晶形态的演变[J]. 东南大学学报，1996，26(2)：1 - 6.

[241] 毛卫民，赵爱民，崔成林，等. 电磁搅拌对半固态 AlSi7Mg 合金初生 α - Al 的影响规律[J]. 金属学报，1999，35(9)：971 - 974.

[242] 李涛，黄卫东，林鑫. 半固态处理中球晶形成与演化的直接观察[J]. 中国有色金属学报，2000，10(5)：635 - 639.

[243] Lehug H., Masounaue J., Blain J.. Mater J. Sci., 1985, 20: 105.

[244] S. Ji, Z. Fan. Microstructural Evolution of Semi - solid Sn - 15wt% Pb Alloys Under High Shear Rate and High Intensity of Turbulence [C]. Proceeding of the 6th International Conference on Semi - Solid Processing of Alloys and Composites, Turin, Italy, 2000: 723 - 728.

[245] A. Kraly. Development and Industrial Production of Thixalloy® - Thixalloy® as a System Solution [C]. Proceeding of the 6th International Conference on Semi - Solid Processing of Alloys and Composites, Turin, Italy, 2000: 495 - 500.

[246] Pratyush Kumar, Christophe L. Martin, Stuart Brown. Metall. Trans. A, 1993, 24A (5): 1107.

[247] M. C. Flemings. The 3rd Int. Conf. on Semi - solid Processing of Alloys and Composites, 1994.

[248] 王平，李晓峰，崔建忠. 电磁场作用中近液相线铸造 ZL201 合金的组织及其机理[J]. 东北大学学报（自然科学版），2009，30(11)：1594 - 1597.

[249] 邢书明，曾大本，胡汉起，等. 连续冷却和搅拌条件下向树枝晶向粒状晶转变时间的估算[J]. 中国有色金属学报，2001，11(S2)：234－237.

[250] Weimin Mao，Yanjun Li，Aimin Zhao，等. The formation mechanism of non－dendritic primary α－Al phase in semi－solid AlSi7Mg alloy [J]. Science and Technology of Advanced Materials，2001，2：97－99.

[251] R. CANYOOK，S. PETSUT，S. WISUTMETHANGOON，et al. Evolution of microstructure in semi－solid slurries of rheocast aluminum alloy [J]. Trans. Nonferrous Met. Soc. China，2010，20：1649－1655.

[252] 张景新，张奎，刘国钧，等. 电磁搅拌制备半固态材料非枝晶组织的形成[J]. 中国有色金属学报，2000，10(4)：511－515.

[253] 张奎，刘国钧，张永忠，等. 半固态金属制备原理与应用[J]. 稀有金属，1998，22(6)：447－449.

[254] R. G. Guana，F. R. Caoa，L. Q. Chen，et al. Dynamical solidification behaviors and microstructural evolution during vibrating wavelike sloping plate process [J]. journal of materials processing technology，2009，209：2592－2601.

[255] Na Wang，Zhimin Zhou，Guimin Lu. Microstructural Evolution of 6061 Alloy during Isothermal Heat Treatment [J]. J. Mater. Sci. Technol.，2011，27(1)：8－14.

[256] Zhang Youfa，Liu Yongbing，Cao Zhanyi. Microstructure characteristics and solidification behavior of thixomolded Mg－9% Al－1% Zn alloy [J]. Trans. Nonferrous Met. Soc. China，2011，21：250－256.

[257] Zhang Liang，Cao Zhanyi，Liu Yongbing. Microstructure evolution of semi－solid Mg－14Al－0.5Mn alloys during isothermal heat treatment [J]. Trans. Nonferrous Met. Soc. China，2010，20：1244－1248.

[258] Turnbull D.. Metal Trans.，1985，16：487.

[259] Stefanescu D M，Kanetkar C S，Redriksson H F. State of the Art of Counter Simulation of Casting and Solidification Process [M]. Paris：Les Edition de Physique，1986：255.

[260] Stefanescu D M，Padhya G B.. Metal Trans.，1990，21A：998.

[261] 王娜，周志敏，路贵民，等. 工艺条件对6061铝合金近液相线铸造微观组织的影响[J]. 特种铸造及有色合金，2009，29(6)：508－511.

[262] 弭光宝，李培杰，王晶，等. 近液相线铸造 Al－Si 合金浆料非枝晶组织的形成与演变[J]. 2011，21(3)：560－569.

[263] 王娜，周志敏，路贵民. 近液相线铸造过程中近球形 α 相的形成机理[J]. 材料科学与工艺，2011，19(2)：139－143.

[264] Wang Kai，Liu Changming，Zhai Yanbo，et al. Microstructural characteristics of near－liquidus cast AZ91D alloy during semi－solid die casting [J]. Trans. Nonferrous Met. Soc. China，2010，20：171－177.

[265] 弭光宝，薛克敏，韩国民，等. 浇注扰动对近液相线铸造半固态 AlSi9Mg 合金的影响[J]. 铸造，2009，58 (7)：671－676.

[266] 李树索，赵爱民，毛卫民，等．半固态过共晶 Al - Si 合金显微组织中近球形 α 相形成机理的研究[J]．金属学报，2000，36(5)：545 - 549.

[267] Meyer，Bleck W.，Microstructural and Rheological Aspects in Thixoforming of Aluminum and Steel，Proceeding of the 5th International Conference on Semi - Solid Processing of Alloys and Composites，Colorado School of Mines，1998：361.

[268] N. Barman，P. Kumar，P. Dutta. Studies on transport phenomena during solidification of an aluminum alloy in the presence of linear electromagnetic stirring [J]. Journal of Materials Processing Technology，2009，209：5912 - 5923.

[269] 潘冶，王向国，孙国维．半固态灰口铸铁的制备与显微组织[J]．铸造，2002，51(1)：11 - 14.

[270] 邱克强，张海峰，王爱民，等．流变铸造亚共晶白口铸铁组织结构的演变[J]．材料研究学报，2000，14(2)：166 - 167.

[271] M. Hitchcock，Y. Wang，Z. Fan. Secondary solidification behaviour of the Al - Si - Mg alloy prepared by the rheo - diecasting process [J]. Acta Materialia，2007，55：1589 - 1598.

[272] M. TEBIB，J. B. MORIN，F. AJERSCH，et al. Semi - solid processing of hypereutectic A390 alloys using novel rheoforming process [J]. Trans. Nonferrous Met. Soc. China，2010，20：1743 - 1748.

[273] Si. Ji，Z. Fan，M. J. Bevis. Semi - solid processing of engineering alloy by a twin - screw rheomoulding process [J]. Materials Science and Engineering，2001，A299(1 - 2)：210 - 217.

[274] S. Ji，Z. Fan，G. Liu，X. Fang，S. - H. Song. Twin - screw Rheomolding of AZ91D Mg - alloy [C]. Proceeding of the 7th International Conference on Semi - Solid Processing of Alloys and Composites，Tsukuba，Japan，2002：683 - 688.

[275] J. Wannasin，S. Janudom，T. Rattanochaikul，R. Canyook，R. Burapa，T. Chucheep，S. Thanabumrungkul. Research and Development of the Gas Induced Semi - Solid Process for Industrial Applications [C]. Proceeding of the 11th International Conference on Semi - Solid Processing of Alloys and Composites，Beijing，2010：544 - 548.

[276] Shuming Xing，Jianbo Tan，Lizhong Zhang，et al. Study on Key Problems on Industrialization of Semi - solid Rheologic Forming Processes [C]. Proceeding of the 8th International Conference on Semi - Solid Processing of Alloys and Composites，Limassol，Cyprus，2004.

[277] 康永林，胡林，宋仁柏，等．CN - 半固态金属材料连轧工艺及设备 [P]．授权公告号：CN1317378A，2001.

[278] 宋仁柏，康永林，孙建林，等．半固态钢铁材料轧制产品的力学性能[J]．金属学报，2002，38(2)：153 - 156.

[279] 宋仁柏，康永林，孙建林，等．半固态 60Si2Mn 流变轧制的组织与性能[J]．材料研究学报，2002，16(1)：131 - 135.

[280] 赵爱民，毛卫民，张乐平，等．1Cr18Ni9Ti 的流变浆料制备和直接轧制试验[J]．特种铸造和有色合金，2001，(5)：3 - 5.

[281] Kang Yonglin，Song Renbo，Sun Jianlin，et al. Experimental Study on the Steels Direct Roll-

ing Processing in the Semi - solid State [C]. Proceeding of the 7th International Conference on Semi - Solid Processing of Alloys and Composites, Tsukuba, Japan, 2002: 373 - 378.

[282] Toshio Haga, Shinsuke Suzuk. Roll casting of aluminum alloy strip by melt drag twin roll caster [J]. J. of Materials Processing Technology, 2001, 118(1 - 3): 165 - 168.

[283] T. Haga. Semi - solid roll casting of aluminum alloy strip by melt drag twin roll caster [J]. J. of Materials Processing Technology, 2001, 111: 64 - 68.

[284] Toshio Haga. Semi - solid Strip Casting Using a Twin Roll Casting Equipped with a Cooling Slope [C]. Proceeding of the 7th International Conference on Semi - Solid Processing of Alloys and Composites, Tsukuba, Japan, 2002: 107 - 112.

[285] Toshio Haga, Plato Kapranos, H. V. Atkinson, et al. Microstructure at Semisolid Condition of Aluminum Alloy Strip Cast Using A Twin Roll Caster [C]. Proceeding of the 7th International Conference on Semi - Solid Processing of Alloys and Composites, Tsukuba, Japan, 2002: 807 - 812.

[286] Toshio Haga, Shinsuke Suzuk. Semi - solid Strip Casting of Aluminum Alloy Using a Melt Drag Twin Roll Caster Equipped with a Cooling Slope [C]. Proceeding of the 6th International Conference on Semi - Solid Processing of Alloys and Composites, Turin, Italy, 2000: 221 - 226.

[287] Shuisheng Xie, Maopeng Geng, Xinmin Zhou, et al. A New Technique of Casting - rolling Strips for Semi - solid Magnesium Alloys, J. Mater. Sci. Technol., Vol. 21 No. 6, 2005.

[288] 张颂阳，耿茂鹏，谢水生，等．铸轧对半固态镁合金组织的影响，塑性工程学报，2005，13（1）：2005.

[289] 耿茂鹏，张莹，张颂阳，等．AZ91D 半固态镁合金板带铸轧技术的研究，第十一届中国有色金属学会材料科学与工程及合金加工学术交流会，2005，三亚．

[290] Ying Zhang, Shuisheng Xie, Maopeng Geng, et al. Coupled Numerical Simulation of Process in Rheocasting - rolling for Semi - solid Magnesium Alloy Used By Slope [J]. Advanced Materials Research, 89 - 91: 681 - 686, 2010, THERMEC 2009 Supplement..

[291] Ying Zhang, Qiang Ma, Shuisheng Xie, et al. Numerical Analysis on Thermal Field in Rheocasting - rolling of Semi - solid Magnesium [J]. Materials Science Forum, Vols. 675 - 677: 957 - 960. 2011.

[292] Toshio Haga, Plato Kapranos, H. V. Atkinson, et al. Microstructure of Extruded Aluminum Alloy Bar at Semisolid condition [C]. Proceeding of the 7th International Conference on Semi - Solid Processing of Alloys and Composites, Tsukuba, Japan, 2002: 813 - 818.

[293] T. Rattanochaikul, S. Janudom1. Memongkol, J. Wannasin. Research and Development of an Aluminum Rheo - Extrusion Process using Semi - solid Slurry at Low Solid Fraction [C]. Proceeding of the 11th International Conference on Semi - Solid Processing of Alloys and Composites, Beijing, 2010: 494 - 499.

[294] Xia Mingxu, Cassinath Zen, Fan Zhongyun. Rheo - Extrusion of AZ91D Alloy [C]. Proceeding of the 11th International Conference on Semi - Solid Processing of Alloys and Composites,

Beijing，2010：500 - 504.

[295] 吴炳尧．镁合金压铸技术分析[J]. 铸造，2000，49(8)：443 - 449.

[296] 吴艳军，陈振华．半固态金属触变性质及应用新进展[J]. 特种铸造及有色合金，2001，(1)：44 - 46.

[297] H. V. Atkinson，P. Kapranos，D. H. Kirwood. Alloy Development for Thixoforming [C]. Proceeding of the 6th International Conference on Semi - Solid Processing of Alloys and Composites，Turin，Italy，2000：443 - 450.

[298] H. V. Atkinson，D. Liu. Development of High Performance Aluminum Alloys for Thixoforming [C]. Proceeding of the 7th International Conference on Semi - Solid Processing of Alloys and Composites，Tsukuba，Japan，2002：51 - 56.

[299] A. Maciel Camacho，P. Kapranos，H. V. Atkinson. Thermaldynamic Predictions of Wrought Alloy Compositions Amenable to Semi - solid Processing [C]. Proceeding of the 7th International Conference on Semi - Solid Processing of Alloys and Composites，Tsukuba，Japan，2002：467 - 472.

[300] Y. Q. Liu，Z. Fan. Magnesium Alloy Selections for Semi - solid Metal Processing [C]. Proceeding of the 7th International Conference on Semi - Solid Processing of Alloys and Composites，Tsukuba，Japan，2002：587 - 592.

[301] Y. Q. Liu，Z. Fan，J. Patel. Thermodynamic Approach to Aluminum Alloy Design for Semi - solid Metal Processing [C]. Proceeding of the 7th International Conference on Semi - Solid Processing of Alloys and Composites，Tsukuba，Japan，2002：599 - 604.

[302] Peter Eisen，Kenneth Young. Diecasting Systems for Semiliquid & Semisolid Metalcasting Applications [C]. Proceeding of the 6th International Conference on Semi - Solid Processing of Alloys and Composites，Turin，Italy，2000：41 - 46.

[303] H. K. Jung，C. G. Kang. Reheating process of cast and wrought aluminum alloys for thixoforming and their globularization mechanisms [J]. J. of Materials Processing Technology，2000，104(3)：244 - 253.

[304] 张永忠，张奎，刘国钧，等．AlSi10Cu2Mg 合金的半固态触变成形[J]. 特种铸造及有色合金，1999，(6)：6 - 8.

[305] B. A. Behrens，D. Fischer，A. Rassili. Strategies for Re - Heating Steel Billets for Thixoforming [C]. Proceeding of the 10th International Conference on Semi - Solid Processing of Alloys and Composites，Aachen，2008：121 - 126.

[306] Wentong Tian，Guangan Zhang . Electro - Pulse Modification and Reheating Process for the Production of Thixotropic Microstructure in AlSi7Mg Alloy [C]. Proceeding of the 11th International Conference on Semi - Solid Processing of Alloys and Composites，Beijing，2010：415 - 420.

[307] 陈体军，郝远，孙军，等．ZA27 合金部分重熔工程中组织的扫描电镜观察[J]. 材料科学与工程，2002，20(1)：47 - 50.

[308] 张奎，张永忠，刘国钧，等．半固态 AlSi7Mg 合金二次加热工艺与组织转变机制[J].

金属学报，1999，35(2)：127 – 130.

[309] H. K. Jang，C. G. Kang. Induction heating process of an Al – Si aluminum alloy for semi – solid die casting and its resulting microstructure [J]. J. of Materials Processing technology，2002，120：355 – 364.

[310] H. Lakshmi，M. C. Vinay Kumar，Raghunath，P. Kuma，V. Ramanarayanan，K. S. S. Murthy，P. Dutta. Induction Reheating of Aluminum Alloy A356 and Thixocasting of an Automobile Component [C]. Proceeding of the 11th International Conference on Semi – Solid Processing of Alloys and Composites，Beijing，2010：444 – 450.

[311] W. Khalifa，Y. Tsunekawa，M. Okumiya. Effect of Reheating to the Semisolid State on the Microstruture of the A356 Aluminum Alloy Produced by Ultrasonic Melt – Treatment [C]. Proceeding of the 10th International Conference on Semi – Solid Processing of Alloys and Composites，Aachen，2008：499 – 504.

[312] M. C. Flemings，R. G. Riek，K. P. Roung. Rheocasting [J]. Materials Science and Engineering，1976，25：103 – 177.

[313] Jiang Jufu ，Wang Ying ，Qu Jianjun ，et al. Preparing and Thixoforging of Semisolid Billet of AZ80 Magnesium Alloy [C]. Proceeding of the 11th International Conference on Semi – Solid Processing of Alloys and Composites，Beijing，2010：440 – 443.

[314] 陈强，AZ91D – Y 半固态坯不同制备方法及对触变模锻影响研究：[博士学位论文]，哈尔滨：哈尔滨工业大学，2009.

[315] Cremer R，Winkelmann A，Hin G. Sensor controlled induction heating of aluminium alloys for semi solid forming，Proc of the 4th Inter Conf on Semi – solid Processing of Alloys and Composites. The University of Sheffield，1996：159 – 164.

[316] M. 加特劳，W. 劳 . CN [P]. Patent 1043319C，1999.

[317] B. Niroumand，K. Xia. . Materials Science and Engineering，2000，A283：70.

[318] T. L. Wolsdorf，W. H. Bender，P. W. Voorhees. Acta Materials，1997，45：2279.

[319] J. Alkemper，P. W. Voorhees. Acta Materials，2001，49：897.

[320] L. Salvo，M. Suery，C. Josserond，P. Cloetens，O. Nielsen. Microstructural Characterisation of Semi – solid Aluminum Alloys Using X – ray Microtomography [C]. Proceeding of the 7th International Conference on Semi – Solid Processing of Alloys and Composites，Tsukuba，Japan，2002：403 – 408.

[321] 刘昌明，何乃军，杨大壮，等 . AlSi6. 5Cu2. 8Mg 合金半固态重熔时的组织演变[J]. 重庆大学学报，2001，24(3)：30 – 35.

[322] 毛卫民，钟雪友，李立强 . AlSi7Mg 非枝晶合金半固态重熔加热时的组织演变[J]. 铸造，1998，(8)：10 – 12.

[323] E. J. Zogui，M. T. Shehata，M. Paes. ，et al. Morphological evolution of SSM A356 during partial remelting [J]. Materials Science and Engineering，2002，A325：38 – 53.

[324] Kiuchi M. ，Yanagimoto J. ，Suglyama S. . Discussion on Microstructures of Mushy Alloys in Heating Process，Proc of the 4th Inter Conf on Semi – solid Processing of Alloys and Compos-

ites. The University of Sheffield, 589.

[325] S. Verrier, M. Braccini, C. Josserond, et al. 3D Characterisation by X – ray Tomography of Semi – solid Aluminum Alloys [C]. Proceeding of the 6th International Conference on Semi – Solid Processing of Alloys and Composites, Turin, Italy, 2000: 771 – 776.

[326] P. Giordano, F. Boero, G. Chiarmetta. Thixoformed Space – frames for Series Vehicles. Study, Development and Application [C]. Proceeding of the 6th International Conference on Semi – Solid Processing of Alloys and Composites, Turin, Italy, 2000: 29 – 34.

[327] Q. Y. Pan, D. Apelian, M. M. Makhlouf. AlB_2 Grain Refined Al – Si Alloys: Rheocasting/Thixocasting Applications [C]. Proceeding of the 8th International Conference on Semi – Solid Processing of Alloys and Composites, Limassol, Cyprus, 2004.

[328] 吴炳尧，戴挺．半固态触变成形坯料二次加热技术分析[J]. 特种铸造及有色合金，2000，(6)：58 – 61.

[329] Chadwick G. A. Yue T. M. Casting Technology, 1989(1).

[330] Lapkowski W, . Pietrzyk M. Sinczak J., J. Mater. Proc. Tech., 1992, 34: 481.

[331] P. Kapranos, P. J. Ward, H. V. Atkinson, D. H. Kirkwood. Near net shaping by semi – solid metal processing [J]. Materials and Design, 2000, 21(4): 387 – 394.

[332] Koichi Kuroki, Takahiro Suenaga, Hitoshi Tanikawa, et al. Establishment of a Manufacturing Technology for the High Strength Aluminum Cylinder Block in Diesel [C]. Proceeding of the 8th International Conference on Semi – Solid Processing of Alloys and Composites, Limassol, Cyprus, 2004.

[333] Matthias Bünck, Emir Subasic, Andreas Bührig – Polaczek, et al. Thixocasting Combination Spanners Using the Stainless Steel X39CrMo17 [C]. Proceeding of the 11th International Conference on Semi – Solid Processing of Alloys and Composites, Beijing, 2010: 519 – 526.

[334] G. Messmer. Thixoforming – Simulation and Process [C]. Proceeding of the 7th International Conference on Semi – Solid Processing of Alloys and Composites, Tsukuba, Japan, 2002: 527 – 532.

[335] Bernd – Arno Behrens, Dirk Fischer, Bjoern Haller, et al. Introduction of a Full Automation Process for the Production of Automotive Steel Parts [C]. Proceeding of the 8th International Conference on Semi – Solid Processing of Alloys and Composites, Limassol, Cyprus, 2004.

[336] 于平，吴炳尧，李子全，等．旋转磁场对 ZA – 27 铝合金组织的影响[J]. 特种铸造及有色合金，1997，(4)：1 – 3.

[337] 洪慎章，曹振鹏．半固态模锻的应用及发展[J]. 模具技术，1999，(1)：60 – 65.

[338] L. Khizhnyakova, M. Ewering, G. Hirt, et al. Metal Flow And Die Wear in Semi – Solid Forging of Steel Using Coated Dies [C]. Proceeding of the 11th International Conference on Semi – Solid Processing of Alloys and Composites, Beijing, 2010: 434 – 439.

[339] Wang Kaikun, Kang Yonglin, Song Puguang, et al. Investigation on SiCp/A356 Electronic Packaging Materials Preparation and its Thixo – forging [C]. Proceeding of the 11th International Conference on Semi – Solid Processing of Alloys and Composites, Beijing, 2010:

505 – 508.

[340] R. Baadjou, F. Knauf, G. Hirt. Investigations on Thermal Influences for Thixoforing and Thixojoining of Steel Components [C]. Proceeding of the 10th International Conference on Semi – Solid Processing of Alloys and Composites, Aachen, 2008: 37 – 42.

[341] Vaneetveld Grégory, Rassili Ahmed, Pierret Jean – Christophe, et al. Conception of Tooling Adapted to the Thixoforging of High Solid Fraction Hot – Cracked – Sensitive Aluminium Alloys [C]. Proceeding of the 11th International Conference on Semi – Solid Processing of Alloys and Composites, Beijing, 2010: 395 – 401.

[342] R. Kopp, D. Neudenberger, G. Winning. Optimisation of the Forming Variants Forging and Transverse Impact Extrusion with Alloys in the Semi – Solid State [C]. Proceeding of the 6th International Conference on Semi – Solid Processing of Alloys and Composites, Turin, Italy, 2000: 295 – 300.

[343] 李德富，胡捷，王永，等. CN [P]. 授权公告号：CN2475483Y, 2002.

[344] Kpibworth , Atkinson HV, Kirkwood DH, Thixoforming of a normally wrought aluminium alloy, Proc of the 4th Inter Conf on Semi – solid Processing of Alloys and Composites. The University of Sheffield: 83 – 86.

[345] Forn Antonio, Vaneetveld Grégor, Pierret Jean – Christophe, et al. Thixoextrusion of A357 Aluminium Alloy [C]. Proceeding of the 11th International Conference on Semi – Solid Processing of Alloys and Composites, Beijing, 2010: 539 – 543.

[346] K. K. Wang, P. Zhang, Y. M. Du, et al. Basic Study on Thixo – Co – Extruion of Multi – Layer Tube with Al/Mg [C]. Proceeding of the 10th International Conference on Semi – Solid Processing of Alloys and Composites, Aachen, 2008: 73 – 78.

[347] P. Kapranos, T. Haga, E. Bertoli, et al. Thixo – Extrusion of 5182 Aluminium Alloy [C]. Proceeding of the 10th International Conference on Semi – Solid Processing of Alloys and Composites, Aachen, 2008: 115 – 120.

[348] Kopp R , Mertens II – P, Bremer T. A new collaborated research centre at the RWTH Aachen: thixoforming – forming of metals in the semi – solid state and their properties, Proc of the 4th Inter Conf on Semi – solid Processing of Alloys and Composites. The University of Sheffield: 262 – 268.

[349] Eisen P. Introduction of SSM Cast Safety Critical Components for Automotive Applications (Keynote Speakers), Proceedings of the 5th International Conference on Semi – Solid Processing of Alloys and Composites, Golden, Colorado, USA, June , 1998.

[350] J. Baur, G. Messmer. Automated Thixoforming Unit [C]. Proceeding of the 7th International Conference on Semi – Solid Processing of Alloys and Composites, Tsukuba, Japan, 2002: 221 – 226.

[351] Y. J. Ko, G. M. Yoon, P. K. Seo, et al. Computer Aided Engineering and Development Process of Suspension Part by Semi – solid Die Casting [C]. Proceeding of the 7th International Conference on Semi – Solid Processing of Alloys and Composites, Tsukuba, Japan, 2002: 139 – 144.

[352] Yucel Birol, Duygu Isler. AlTiN and AlTiON – Coated Hot Work Tool Steels for Tooling in Steel Thixoforming [C]. Proceeding of the 11th International Conference on Semi – Solid Processing of Alloys and Composites, Beijing, 2010: 555 – 560.

[353] G. Hirt. The Thixotec Research Project [C]. Proceeding of the 6th International Conference on Semi – Solid Processing of Alloys and Composites, Turin, Italy, 2000: 55 – 60.

[354] T. Gräf, R. Jürgens, J. Gies. Controlled inductive heating for thixotropic materials into the semi – solid state [C]. Proceeding of the 6th International Conference on Semi – Solid Processing of Alloys and Composites, Turin, Italy, 2000: 667 – 673.

[355] Greg Wallace , Andrew P. Jackson , Stephen P. Midson, et al. High – Quality Aluminum Turbocharger Impellers Produced by Thixocasting [C]. Proceeding of the 11th International Conference on Semi – Solid Processing of Alloys and Composites, Beijing, 2010: 561 – 567.

[356] Stephen P. Midson, Robert K. Kilbert, Stephen E. Le Beau, et al. Guidelines for Producing Magnesium Thixomolded Semi – Solid Components Used in Structural Applications [C]. Proceeding of the 8th International Conference on Semi – Solid Processing of Alloys and Composites, Limassol, Cyprus, 2004.

[357] Sebus R. , Henneberger G. . Optimization of Coil – Design for Inductive Heating in the Semi – Solid State, Proceedings of the 5th International Conference on Semi – Solid Processing of Alloys and Composites, Golden, Colorado, USA, June , 1998: 481.

[358] Chiarmetta G.. Thixofonning and Weight Reduction – Industrial Application of SeSoF, ibid. 87.

[359] Vinarcik E. J. , Taylor J. D. , K. Farris. Automotive Fuel System Component Design for Manufacture Using the Semi – Solid Process, ibid. 105.

[360] Bremer T , Mertens H – P, Heuβen JMM, et al. Thixoforging – material flow and mechanical properties, Proc of the 4th Inter Conf on Semi – solid Processing of Alloys and Composites. The University of Sheffield: 336 – 342.

[361] C. G. Kang, H. K. Jung, K. W. Jung. Thixoforming of an aluminum component with a die design by process simulation [J]. J. of Materials Processing Technology, 2001, 111 (1 – 3): 37 – 41.

[362] C. G. Kang, J. H. Yoon. A finite – element analysis on the upsetting process of semi – solid aluminum materials [J]. J. of Materials Processing Technology, 1997, 66(1 – 3): 76 – 84.

[363] J. H. Yoon, Y. T. Im, N. S. Kim. Rigid – thermoviscoplastic finite – element analysis of the semi – solid forging of Al2024 [J]. J. of Materials Processing Technology, 1999, 89 – 90: 104 – 110.

[364] 刘国钧，张景新，张奎，等. 几种车用铝合金的半固态成形工艺研究[J]. 特种铸造及有色合金，2001，(1)：7 – 9.

[365] 陈晓阳，曾大本，张连根，等. SGM Buick 车铝合金从动链轮支架半固态压铸成形工艺研究[J]. 铸造，2000，49(2)：106 – 109.

[366] D. Walukas, S. LeBeau, N. Prewitt, et al. Thixomolding® – Technology Opportunities and

Practical Uses [C]. Proceeding of the 6th International Conference on Semi - Solid Processing of Alloys and Composites, Turin, Italy, 2000: 109 - 114.

[367] 倪红军，王渠东，丁文江．镁合金半固态铸造成型技术（SSP）的研究与应用[J]. 铸造技术，2000，(5)：36 - 39.

[368] T. Leng. Thixosystems [C]. Proceeding of the 6th International Conference on Semi - Solid Processing of Alloys and Composites, Turin, Italy, 2000: 215 - 220.

[369] 江斌，卢德惠，梁雁翔．镁合金压铸与半固态射铸工艺的简明比较[J]. 轻合金加工技术，2001，29(6)：9 - 10.

[370] K. K. Kang, et al. Method and Apparatus for Injection Molding of Semi - solid Metals, US [P]. Patent 5501266, 1996, 3: 26.

[371] http: //www. jsw. co. jp/cn.

[372] 彭喧，蔡浪富，徐文敏，等．CN [P]. Patent 1062793C, 2001.

[373] 樊自田，黄乃瑜，罗吉荣，等．半固态金属铸造的新进展 - 注射成形[J]. 特种铸造与有色合金，2001，(2)：22 - 23.

[374] 张涛，刘勇兵，隋铁军，等．镁合金半固态注射成形试验及注射速度控制方法[J]. 特种铸造及有色合金，2010，30(8)：72 - 724.

[375] C. Raubera, A. Lohmüllera, S. Opelb, R. F. Singerb. Microstructure and mechanical properties of SiC particle reinforced magnesium composites processed by injection molding [J]. Materials Science and Engineering A , 2011, 528: 6313 - 6323.

[376] 张友法．AZ91D - Y 触变注射成形镁合金组织和性能研究及成形模拟：［博士学位论文］，长春：长春大学，2008.

[377] 洪慎章．21 世纪新技术——镁合金注射成型工艺[J]. 新材料产业，2009，3：34 - 36.

[378] Z Fan. Semisolid metal processing, Int. Mater. Rev. , 2002, 47(2): 49 - 85.

[379] D H Kirkwood. European trends in semisolid processing, in: M Kiuchi ed. Proceedings of the 3rd Int. Conf. on Semisolid processing of alloys and composites, Tokyo, Japan, 1994, 6: 19 - 23.

[380] S Engler, D Hartmann, I Niedick. Alloy Development of Automotive Application, in: G L Chiarmetta and M Rosso eds. Proceedings of the 6th Int. Conf. on Semisolid processing of alloys and composites, Turin, Italy, 2000, 9: 483 - 488.

[381] A M Camacho, H V Atkinson, P Kapranos, et al. Thermodynamic predictions of wrought alloy compositions amenable to semi - solid processing, Acta Materialia, 2003, 51: 2319 - 2330.

[382] Q Han, S Viswanathan. The use of thermodynamic simulation for the selection of hypoeutectic aluminum - silicon alloys for semi - solid metal processing, Materials Science and Engineering, 2004, A364: 48 - 54.

[383] A Bührig - Polaczek, J Aguilar. Materials Development for Semi - Solid - Metal Processing (SSM), Proceedings of the 8th Int. Conf. on Semisolid processing of alloys and composites, Limassol, Cyprus, 2004, 9: keynote 5.

[384] E Tzimas, A Zavaliangos. Materials selection for semisolid processing, Mater. Manuf. Process,

1999, 14(2): 217 -230.

[385] A A Kazakov. Alloy compositions for semisolid forming, Advanced Materials and Processes, 2000, 3: 31 -34.

[386] Liu Y Q, Fan Z and Patel J. Thermodynamic approach to aluninum alloy design for semisolid metal processing, in: Y Tsutsui, M Kiuchi, K Ichikawa, eds. Proc of the 7th Int. Conf. on Semi - Solid Processing of Alloys and Composites, Tsukuba, Japan, 2002, 9: 599 -604.

[387] D Liu, H V Atkinson, H Jones. MTDATA thermodynamic prediction of suitability of alloys for thixoforming, Proceedings of the 8th Int. Conf. on Semisolid processing of alloys and composites, Limassol, Cyprus, 2004, 9: paper 08 -3.

[388] H E Pitts, H V Atkinson. Thixoforming of 6061 Al alloy for automotive components, in: Bhasin A K, et al, eds, Proc of the 5th Int. Conf. On Semi - Solid Processing of Alloys and Composites, Golden, Colorado, USA, Colorado School of Mines, 1998, 6: 97 -104.

[389] D Liu, H V Atkinson, et al. Effect of heat treatment on properties of thixoformed high performance 2014 and 201 aluminium alloys, J. Mater. Sci. , 2004, 39: 99 -105.

[390] J. B. Patel, Y. Q. Liu, G. Shao, et al. Rheo - processing of an alloy specifically designed for semi - solid metal processing based on the Al - Mg - Si system [J]. Materials Science and Engineering A , 2008, 476: 341 -349.

[391] 陈志刚，夏志东，史耀武. 热力学计算在无铅钎料合金设计中的应用，电子工艺技术，2002，23 (2)：77 -85.

[392] 余永宁. 金属学原理. 北京：冶金工业出版社，2000，1：140 -150.

[393] B Sundman, B Jansson, J - O Andersson. The thermo - calc databank system, Calphad, 1985, 9 (2) : 153 -190.

[394] J - O Andersson, T Helander, et al. The thermo - calc & DICTRA, computational tools for materials science, Calphad, 2002, 26 (2) : 273 -312.

[395] Li Yuandong, Apelian Diran, Xing Bo, et al. Commercial Am60 Alloy for Semisolid Processing: Ⅰ Alloy Optimization and Thermodynamic Analysis [C]. Proceeding of the 11th International Conference on Semi - Solid Processing of Alloys and Composites, Beijing, 2010: 24 -28.

[396] J R Davis. Aluminium and aluminium alloys. Materials Park, OH, ASM International. 1993: 102 -114, 533, 722 -725.

[397] P Leo, E Cerri. Silicon particle damage in a thixocast A356 aluminium alloy, Metall. Sci. and Tech. 2003, 21(1): 27 -31.

[398] Zhang Kui, Xu Jun, Shi Likai, et al. Research and applications of Semi - solid Processing, Rare Metals, 2001, 20(2): 74 -77.

[399] K Nogita, A K Dahle, Effects of boron on eutectic modification of hypoeutectic Al - Si alloys, Scripta Materialia, 2003, 48: 307 -313.

[400] B I Jung, C H Jung, et al. Electromagnetic stirring and Sr modification in A356 alloy, J. Mater. Pro. Tech. , 2001, 111: 69 -73 .

[401] 黄为民，章爱生，颜小明．微量钪对 A357 合金组织与性能的影响[J]. 热加工工艺，2011 (40) 3：18 -21.

[402] Wattanachai Prukkanon，Nakorn Srisukhumbowornchai，Chaowalit Limmaneevi - chitr. Modification of hypoeutectic Al - Sialloys with scandium [J]. Journal of Alloys and Compounds，2009，477(1 -2)：454 -460.

[403] H. Iwasaki，T. Mort，M. Mabuchi，K. Higachi. Shear deformation behavior of Al - 5% Mg in a semi - solid state [J]. Acta materials，1999，46(19)：6351 -6360.

[404] C. P. Chen，C - Y. A. Tsao. Semi - solid deformation of non - dendritic structure phenomenological behavior [J]. Acta materials，1997，45(5)：1955 -1969.

[405] M. Suéry，A. Z. Zavaliangos. Key Problems in Pheology of Semi - solid Alloys [C]. Proceeding of the 6th International Conference on Semi - Solid Processing of Alloys and Composites，Turin，Italy，2000：129 -135.

[406] 赵祖德，罗守靖．轻合金半固态成形技术 [M]. 北京：化学工业出版社，2007.

[407] A. B. Phillion，S. L. Cockcroft，P. D. Lee. Three - phase simulation of the effect of microstructural features on semi - solid tensile deformation [J]. Acta Materialia，2008，56：4328 -4338.

[408] S. Chayong，P. Kapranos，H. V. Atkinson. Semi - solid Processing of Aluminum 7075 [C]. Proceeding of the 6th International Conference on Semi - Solid Processing of Alloys and Composites，Turin，Italy，2000：649 -654.

[409] P. K. Seo，S. W. Youn，C. G. Kang. The effect of test specimen size and strain - rate on liquid segregation in deformation behavior of mushy state material [J]. Journal of Materials Processing Technology，2002：130 -131，551 -557.

[410] J. H. Hwang，D. C. Ko，G. S. Min，B. M. Kim，J. C. Choi. Finite element simulation and experiment for extrusion of semi - solid Al2024 [J]. International J. of Machine Tools & Manufacture. 2000，40(9)：1311 -1329.

[411] 陈晓阳，毛卫民，钟雪友．半固态 Al -7% Si 合金压缩变形下的液相偏析研究[J]. 机械工程材料，1999，22(4)：25 -27.

[412] 杨雄飞，康永林，宋仁柏，等．60Si2Mn 半固态压缩变形组织演变[J]. 中国有色金属学报，2000，10(Suppl. 1)：120 -125.

[413] 宋仁柏，康永林，杨雄飞，等．电磁搅拌的半固态 60Si2Mn 的变形特性[J]. 材料研究学报，2000，14(6)：591 -594.

[414] 刘丹，崔建忠，夏克农．2619 铝合金半固态压缩变形特性[J]. 中国有色金属学报，1999，9(Suppl. 1)：235 -239.

[415] Du Zhiming，Liu Jun，Chen Gang，et al. Investigation of semi - solid aluminum alloy filling - plastic flowing in thixoforging [J]. Trans. Nonferrous Met. Soc. China，2010，20：s893 - s897

[416] Jonghoon Yoon，Yongtaek Im，Naksoo Kim. Finite element modeling of the deformation behavior of semi - solid materials [J]. J. of Materials Processing Technology，2001，113(1 -3)：153 -159.

[417] M. S. Lewandowskio, R. A. Overfelt. High temperature deformation behavior of solid and semi - solid alloy 719 [J]. Acta materials, 1999, 47(19): 4695 - 4710.

[418] C. L. Martin, D. Favier, M. Suéry. Viscoplastic behavior of porous metallic materials saturated with liquid Part Ⅱ - Experimental identification on a Sn - Pb model alloy [J]. International J. of Plasticity, 1997, 13 (3): 237 - 259.

[419] C. Geindreau, J. L. Auriault. Investigation of the viscoplastic behavior of alloys in the semi - solid state by homogenization [J]. Mechanics of Materials, 1999, 31(9): 535 - 551.

[420] M. Kiuchi, J. Yanagimoto, H. Yokobayashi. A New Mathematical Model to Simulate Flow of Mushy/Semi - solid Alloys [C]. Proceeding of the 6th International Conference on Semi - Solid Processing of Alloys and Composites, Turin, Italy, 2000: 507 - 513.

[421] C. G. Kang, N. S. Kim, H. K. Jung. Automatic Mesh Generation and Remeshing for Finite Element Simulation of Semi - solid Forming Process [C]. Proceeding of the 6th International Conference on Semi - Solid Processing of Alloys and Composites, Turin, Italy, 2000: 801 - 806.

[422] M. Ferrate, E. De. Freitas. Rheology and microstructural development of a Al - 4wt% Cu alloy in the semi - solid state [J]. Materials Science and Engineering, 1999, A271: 172 - 190.

[423] 郭钧，丁志勇，谢水生，等．半固态 Al - 6. 6Si 合金的变形行为[J]. 中国有色金属学报，2000，10(Suppl. 1)：117 - 119.

[424] Jae Chan Choi, Hyung Jin Park, Byung Mok Lee. Finite element analysis of compression holding step in semi - solid forging and experimental confirmation [J]. J. of Material Processing technology, 1999, 90 - 91: 450 - 457.

[425] 陈晓阳，毛卫民，钟雪友．剪切速率增稠半固态合金浆料的流变学模型[J]. 金属学报，1999，34(2)：179 - 193.

[426] J. C. Grebelin, M. Suéry, D. Favier. Characterization of the rheological behavior in the semi - solid state of grain - refined AZ91D magnesium alloys [J]. Materials Science and Technology, 1999, A272: 134 - 144.

[427] P. Kapranos, T. Y. Liu, H. V. Atkinson, D. H. Kirkwood. Investigation into the rapid compression of semi - solid alloy slugs [J]. J. of Materials Processing Technology, 2001, 111(1 - 3): 31 - 36.

[428] S. Benke, S. Dziallach, G. Laschet, et al. Modeling of the uniaxial tensile and compression behavior of semi - solid A356 alloys [J]. Computational Materials Science, 2009, 45: 633 - 637.

[429] C. G. Kang, J. S. Choi, K. H. Kim. The effect of strain rate on macroscopic behavior in the compression forming of semi - solid aluminum alloy [J]. J. of Materials Processing Technology, 1999, 99: 159 - 169 .

[430] M. M. Rovira, B. C. lancini, M. H. Robert. Thixoforming of Al - Cu alloys [J]. J. of Materials Processing Technology, 1999, 92 - 93: 42 - 49.

[431] Lijun Zu, Shoujing Luo. Study on the powder mixing and semi - solid extrusion forming process

of SiCp/2024 Al composites [J]. J. of Materials Processing Technology, 2001, 114(3): 199 – 193.

[432] W. M. Van Haaften, W. H. Kool, Li Katgerman. Tensile behaviour of semi – solid industrial aluminum alloys AA3104 and AA5192 [J]. Materials Science and Engineering, 2002, A336(1 – 2): 1 – 6.

[433] 田文彤，罗守靖，张广安．半固态 LC_4 合金屈服应力[J]. 中国有色金属学报，2002，12(1): 92 – 95.

[434] Eskin G. I, Semenov B. I., Serebry Any V. N., et al. Influence of Ultrasonic Melt Processing on Self – organizing Processes of Non – dendritic solidification of Billets from Al – Si Alloys for Semi – solid Deformation of Shapes [C]. Proceeding of the 7th International Conference on Semi – Solid Processing of Alloys and Composites, Tsukuba, Japan, 2002: 397 – 402.

[435] L. Z. Sua, L. H. Qi, J. M. Zhoua, et al. Influence of extrusion temperature on deformation behavior of Csf/AZ91D composite during semi – solid extrusion [J]. Journal of Alloys and Compounds, 2011, 509: 775 – 781.

[436] Q. Y. Pan, D. Apelian. Yield Stress of Al Alloys in the Semi – Solid State [C]. Proceeding of the 6th International Conference on Semi – Solid Processing of Alloys and Composites, Turin, Italy, 2000: 399 – 404.

[437] Shang Shuzhen, Lu Guimin, Tang Xiaoling, Deformation mechanism and forming properties of 6061Al alloys during compression in semi – solid state [J]. Trans. Nonferrous Met. Soc. China, 2010, 20: 1725 – 1730.

[438] 陈永楠，魏建锋，赵永庆，等．Ti14 合金半固态塑性变形的热力模拟[J]. 材料热处理学报，2011，32(5): 153 – 156.

[439] 黄映霞，王高潮，孙前江．7A09 铝合金半固态坯料超塑性研究[J]. 金属铸锻焊技术，2009，7: 16 – 18.

[440] 罗守靖，田文彤．半固态金属塑性加工力学的研究进展[J]. 哈尔滨工业大学学报，2000，32(5): 79 – 90.

[441] C. G. Kang, Y. I. Son, S. W. Youn. Experimental investigation of semi – solid casting and die design by thermal fluid – solidification analysis [J]. J. of Materials Processing Technology, 2001, 113: 251 – 256.

[442] 程磊，谢水生，黄国杰，等．半固态金属加工中的数值模拟技术研究进展[J]. 特种铸造及有色合金，2009，S1: 468 – 472.

[443] P. A. Joly, R. Mehrabian. J. of Materials Science, 1976, 11: 1393 – 1418.

[444] T. Z. Kattamis, T. J. Piccone. Materials Science & Engineering, 1991, A131: 265 – 272.

[445] W. S. Nan, S. Guangji, Y. Hanguo. Materials Transcation, JIM, 1990, 31: 712 – 715.

[446] LeBeau S., Decker R. Microstructural Design of Thixomolded Magnesium Alloys, Proceedings of the 5th International Conference on Semi – Solid Processing of Alloys and Composites, Golden, Colorado, USA, June, 1998: 387.

[447] D. H. Kirwood. Inter. Mater. Rev., 1994, 39: 173 – 189.

[448] 廖敦明，林汉同，刘瑞祥，等．镁合金半固态铸造工艺及其数值模拟研究进展[J]. 特种铸造及有色合金，2001，(4)：39 - 41.

[449] M. Perez，J. C. Barbe，Z. Neda，et al. Acta Mater.，2000，48：3773 - 3782.

[450] J. Y. Chen，Z. Fan，L. P. Ju. Rheological Characteristics of Al - 6. 5wt% Si Semi - solid Metal Slurries [C]. Proceeding of the 7th International Conference on Semi - Solid Processing of Alloys and Composites，Tsukuba，Japan，2002：485 - 490.

[451] J. Y. Chen，Z. Fan. Modelling of the Rheological behaviour of Semi - solid Metal Slurries，Part Ⅰ：Theory [J]. Mater. Sci. Tech.，2001，17：1368.

[452] L. Azzi，F. Ajersch，T. F. Stephenson. Rheological Characteristics of Semi - solid GrANi® Composite Alloy [C]. Proceeding of the 6th International Conference on Semi - Solid Processing of Alloys and Composites，Turin，Italy，2000：527 - 532.

[453] M. Mada，F. Ajersch. Materials Science and Engineering，1996，212A：157 - 170.

[454] W. H. Herschel，R. Bulkley. Proc. Am. Soc. Test. Mater.，1962，26：621 - 633.

[455] M. Modiggel，J. Koke. Mech. Time - Depend. Mater.，1999，3：15 - 30.

[456] Taha M A，El - Mahallawy N A，Assar A M. J. Mater Sci，1988，23：1379.

[457] Omid Lashkari，Reza Ghomashchi. The implication of rheology in semi - solid metal processes：An overview [J]. Journal of Materials Processing Technology，2007，182：229 - 240.

[458] M. Hirai，K. Takebayashi，Y. Yoshikawa，R. Yamaguchi. ISIJ Int.，1993，33：405 - 412.

[459] W. R. Loue，M. Suery. Mater. Sci. Eng.，1995，A203：1 - 13.

[460] P. Kumar，C. L. Martin，S. B. Brown. Flow Behavior of Semi - Solid Materials [C]. Proceeding of the 2nd International Conference on Semi - Solid Processing of Alloys and Composites，M. I. T.，Cambrige，MA，USA，1992：250 Flow Behavior of Semi - Solid Materials.

[461] 张松泉，林 鑫，黄卫东．半固态条件下丁二腈 - 水合金的稳态流变行为[J]. 2010，59 (7)：641 - 654.

[462] P. Kumar，C. L. Martin，S. B. Brown. Acta Metall. Mater.，1994，42：3559 - 3602.

[463] M. M. Cross. J. Coloid. Sci.，1965，20：417 - 437.

[464] 李淼泉，卢雅琳，江海涛，等．半固态流变行为模型及应用[J]. 材料导报：综述篇，2009，23(2)：1 - 5.

[465] Z. Fan，J. Y. Chen. A Microstructural Approach to the Rheological Behaviour of Semi - solid Slurries [C]. Proceeding of the 7th International Conference on Semi - Solid Processing of Alloys and Composites，Tsukuba，Japan，2002：479 - 484.

[466] Christophe L. Martin，Stuart B. Brown，Denis Favier，Michel Suéry. Shear deformation of high solid fracture(>0. 6) semi - solid Sn - Pb under various structure [J]. Materials Science and Technology，1995，A202 (1 - 2)：112 - 122.

[467] 崔成林，毛卫民，钟雪友．半固态合金触变铸造成形充型过程数值模拟的初步研究[J]. 辽宁工学院学报，1999，19(1)：6 - 10.

[468] 张大辉，李延军，钟雪友．半固态铸造充型过程数值模拟研究新进展[J]. 热加工工艺，2000，(4)：43 - 45.

[469] 沈健，谢水生，石力开．半固态金属加工工艺过程的模拟进展[J]. 稀有金属，1999，23(6)：431－435.

[470] 高志强，王云华，苏华钦．半固态合金触变铸造数值模拟方法的研究[J]. 特种铸造及有色合金，1997，(6)：8－11.

[471] 杨浩强，谢水生，李雷，黄国杰，阻尼冷管法制备半固态浆料过程的数值模拟与参数优化，中国有色金属学报，Vol. 16，No. 3，2006：488－494.

[472] Shuisheng Xie，Haoqiang Yang，Lei Li，Guojie Huang. Numerical simulation of semi－solid Magnesium alloy in continuous roll－casting process，International Conference on Semi－Solid Processing of Alloys and Composites，Trans Tech Publications，Switzerland，2006：583－586.

[473] 谢水生，沈健，张学军．数值模拟在半固态加工中的应用[J]. 塑性工程学报，2000，7(1)：6－10.

[474] 杨湘杰，刘谨，谢水生．半固态铝合金触变成形流场的模拟仿真[J]. 中国有色金属学报，2000，10(Suppl. 1)：145－149.

[475] 崔成林，毛卫民，赵爱民，等．半固态触变压射成形过程模拟及验证[J]. 北京科技大学学报，2001，23(3)：237－239.

[476] 杨卯生，徐宏，毛卫民，等．铝合金半固态触变充型过程的计算机模拟[J]. 北京科技大学学报，2002，24(2)：181－185.

[477] N. S. Kim，C. G. Kang. Investigation of flow characteristics considering the effect of viscosity variation in the thixoforming process [J]. J. of Materials Processing Technology，2000，103(2)：237－246.

[478] Frédéric Pineau，Guillaume D' Amours. Prediction of Shear－Related Defect Locations in a Semi－Solid Casting Using Numerical Flow Models [C]. Proceeding of the 11th International Conference on Semi－Solid Processing of Alloys and Composites，Beijing，2010：313－318.

[479] Yan Guanhai，Zhao Shengdun，Sha Zhenghui. Simulation of A Semisolid Diecasting Process for Air－Conditioner' S Four－Way Valve in Hpb59－1 Alloy [C]. Proceeding of the 11th International Conference on Semi－Solid Processing of Alloys and Composites，Beijing，2010：389－394.

[480] Zhou Jiming，Qi Lehua. Treatment of Discontinuous Interface in Liquid－Solid Forming with Extended Finite Element Method (XFEM) [C]. Proceeding of the 11th International Conference on Semi－Solid Processing of Alloys and Composites，Beijing，2010：363－367.

[481] Kaikun Wang，Jianlin Sun，Haifeng Meng，et al. Numerical Simulation on Thixo－co－Extrusion of Double－layer Tube with A356/AZ91D [C]. Proceeding of the 11th International Conference on Semi－Solid Processing of Alloys and Composites，Beijing，2010：373－377.

[482] Jiang Jufu，Wang Ying，Du Zhiming，et al. Numerical simulation of thixoforging of an AZ91D magnesium alloy magazine plate and experimental validation [C]. Proceeding of the 10th International Conference on Semi－Solid Processing of Alloys and Composites，Aachen，2008：623－628.

[483] Jaechan Choi, Hyungjin Park, Byungmin Kim. The influence of induction heating on the microsteucture of A356 for semi - solid forging [J]. J. of Materials Processing Technology, 1999, 87(1 -3): 46 -52.

[484] J. W. Liaw, T. F. Chen, C. A. Loong, et al. Theoraetical Modeling and Experimental Verification of Induction Heating Process of Semi - solid Billets [C]. Proceeding of the 6th International Conference on Semi - Solid Processing of Alloys and Composites, Tsukuba, Japan, 2002: 571 -576.

[485] 张恒华，许珞萍，邵光杰．铝合金半固态感应加热的计算机模拟[J]. 中国有色金属学报，2001，11(S2)：221 -225.

[486] 张雷，刘昌明，王赟．ZL112Y 半固态连续触变成形料坯的温度场数值模拟[J]. 2007，27(8)：608 -612.

[487] 刘静，董丽娜，韩逸，王平．半固态 A356 铝合金二次加热温度场有限元模拟[J]. 2005，26(5)：440 -443.

[488] 周丹晨，蒋玉明，杨屹．国外铸件充型凝固过程数值模拟软件介绍[J]. 热加工工艺，2000，(5)：45 -46 .

[489] C. G. Kang, J. S. Choi, D. W. Kang. A filling analysis of the forging process of semi - solid aluminum materials considering solidification phenomena [J]. J. of Materials Processing Technology, 1998, 73(1 -3): 289 -302.

[490] 潘洪平．半固态 AlSi7Mg 合金触变成形的实验研究，北京有色金属研究总院博士后出站报告，2000.

[491] 江运喜．几种半固态镁合金流变特性的实验研究和数值模拟，北京有色金属研究总院硕士生论文，2004.

[492] 杨浩强．半固态镁合金浆料制备及连续铸轧过程的数值模拟研究，北京有色金属研究总院博士生论文，2006.

[493] 杜之明．铝合金液态—半固态模锻件的组织性能均匀化控制研究，北京有色金属研究总院博士后出站报告，2010.

[494] 谢水生，杨浩强，黄国杰，等．半固态镁合金连续铸轧过程的数值模拟，塑性工程学报，2007，14 (1)：80 -84.

[495] 张颂阳，耿茂鹏，谢水生，等，半固态铸轧 AZ91D 镁合金板带的再加工组织性能，塑性工程学报，2007，14 (1)：31 -34.

[496] 张莹，耿茂鹏，谢水生，等，半固态 AZ91D 流变铸轧正交试验研究[J]. 南昌大学学报(工科版)，Journal of Nanchang University(Engineering & Technology Edition), 2007.

[497] Shuisheng Xie, Guojie Huang, Xiaoli Zhang, et al. Study on Numerical Simulation and Experiment of Fabrication Magnesium Semisolid Slurry by Damper Cooling Tube Method, The10th International Conference on Numerical Methods in Industrial Forming Processes, June 17 -21, 2007, Faculty of Engineering, University of Porto, Portugal.

[498] 谢水生．金属半固态加工技术的发展及应用，特种铸造及有色合金，压铸专刊，2007：20 -28.

[499] 张小立，谢水生，李廷举．阻尼冷却作用对负压吸铸镁合金铸件的影响［J］．压铸专刊，130－132.

[500] 程磊，谢水生，黄国杰．半固态金属加工中的数值模拟技术研究进展[J]．压铸专刊，2007：468－472.

[501] Haoqiang Yang，Shuisheng Xie，Lei Li. Numerical Simulation of the Preparation of Semi－solid Metal Slurry with Damper Cooling Tube Method. Journal of University of Science and Technology Beijing，2007，14（5）：443－448.

[502] Zhang X. L.，Teng H. T.，Li T. J.，et al. Semisolid slurry of AZ91 magnesium prepared by electromagnetic stirring near liquidus isothermal heat treatment，China Foundry，2007，4（3）：186－189.

[503] Zhang X. L.，Li T. J.，Teng H. T.，et al. Semisolid processing AZ91 magnesium by electromagnetic stirring after near－liquidus temperature，Materials Science and Engineering A，doi：10. 016/j. msea. 2007. 04. 049 .

[504] Zhang X. L.，Li T. J.，Xie. S. S.，et al. Microstructure analysis of rheoformed AZ91 alloy produced by rotating magnetic fields，Journal of Alloys and Compounds，doi：10. 016/j. jallcom. 2007. 06. 111.

[505] 黄国杰，谢水生，江运喜，等．搅拌工艺参数对半固态 AZ91D 镁合金晶粒密度的影响，稀有金属，2007，31（5）：606－609.

[506] Youfeng He，Shuming Xing，Shuisheng Xie，et al. Semi－solid Casting of High Speed Steel ingots Using Inclined Slope Pre－crystallization Method，Journal of Wuhan University of technology－Mater. Sci. Ed，2009，24(5)：750－752.

[507] Youfeng He，Shuming Xing，Shuisheng Xie，et al. Microstructure and Thermal Plasticity of Semi－solid M2 Steel Casting Ingots Using Inclined Slope Pre－crystallization Method，International Conference on Semi－Solid Processing of Alloys and Composites，Aachen，Germany，Sep. 16～18，2008 .

[508] Shuisheng Xie，Youfeng He，Guojie Huang. et al. Study on Semi－solid Continuous Roll－casting Strips of AZ91D Magnesium Alloy，International Conference on Semi－Solid Processing of Alloys and Composites，Aachen，Germany，Sep. 16～18，2008.

[509] Maopeng Geng，Lei Cheng，Ying Zhang，et al. Effect of Technological Parameters on Microstructure of Semi－solid AZ91D Magnesium Slurry，International Conference on Semi－Solid Processing of Alloys and Composites，Aachen，Germany，Sep. 16～18，2008.

[510] Zhang Songyang，Geng Maopeng，Xie Shuisheng. Simulation of Temperature Field during Semi－solid Magnesium alloy Produced by Casting－Rolling Technology，International Conference on Semi－Solid Processing of Alloys and Composites，Aachen，Germany，Sep. 16～18，2008.

[511] Ying Zhang，Maopeng Geng，Lei Cheng，et al. Influence of processing parameters on microstructure of casting rolling semi－solid AZ91D magnesium alloys，International Conference on Semi－Solid Processing of Alloys and Composites，Aachen，Germany，Sep. 16～18，2008.

[512] Zhiming Du, Shuisheng Xie, Ping Wu, et al, Numerical Simulation of Semi - solid Roll Strip - casting Process for AZ91D Magnesium Alloy, International Conference on Semi - Solid Processing of Alloys and Composites, Aachen, Germany, Sep. 16 ~ 18, 2008.

[513] Shuisheng Xie, Guojie Huang, Haoqiang Yang, et al, Numerical Simulation and Experimental Research for Preparing Magnesium Semisolid Slurry by Damper Cooling Tube Method, Rare Metals, Vol16(8), 2008.

[514] 张颂阳，谢水生，耿茂鹏，等. 温度对 AZ31 镁合金半固态轧组织的影响 [J]. 铸造技术，2008，29（5）.

[515] 张颂阳，耿茂鹏，谢水生，等. 基于人工神经网络优化的半固态制浆工艺[J]. 特种铸造及有色合金，2008，28（7）.

[516] 张颂阳，谢水生，耿茂鹏，等. 基于人工神经网络预测半固态组织[J]. 铸造，2008，57（7）.

[517] Y. F He, S. M Xing, S. S Xie, et al. Semi - solid Casting of High Speed Steel Ingots Using Inclined Slope Pre - crystallization Method [J]. Journal of Wuhan University of technology - Mater. Sci. Ed, 2009, 24(5): 750 - 752.

[518] 张小立，李廷举，谢水生，等. 半固态加工制浆技术的研究进展[J]. 特种铸造及有色合金增刊，2008.

[519] 张莹，耿茂鹏，涂克良，等. 半固态 AZ91D 流变铸轧温度场数值模拟 [J]，兵器材料科学与工程，2008，31（2）.

[520] Q. Li, Y. Wang, H. W. Zhang, S. S. Xie. Numerical simulation of microstructure andsolutal microsegregation formation of ternaryalloys during solidification process [J]. Iron Making and Steel Making, 2009, 36(6): 442 ~450.

[521] Ying Zhang, Shuisheng Xie, Maopeng Geng, et al. Coupled Numerical Simulation of Process in Rheocasting - rolling for Semi - solid Magnesium Alloy Used By Slope, Thermec 2009.

[522] Li Qiang, Yu Baoyi, Zhang Huawen, et al. Cellular Automation Modelling of Semisolid Structure Formationdi [C]. 十九届东北三省四市铸造年会，沈阳，2009. 10.

[523] Li Qiang, Yu Baoyi, Zhang Huawen. et al. Improvement algorithm for caculating solid fraction in CA method modeling solidification microstructure evolution [C]. 十九届东北三省四市铸造年会，沈阳，2009. 10.

[524] 和优锋，谢水生，邢书明，等. 斜坡预结晶法制备非枝晶半固态组织成形机制探讨[J]. 稀有金属，2009，33(4): 538 - 541.

[525] 李强，谢水生，黄国杰，等. 镁合金半固态成形研究进展[J]. 金属铸锻焊技术. 2009，38(6): 140 - 143.

[526] 张小立，李廷举，谢水生，等. 半固态加工制浆技术的研究进展[J]. 稀有金属材料与工程，2009.

[527] 张莹，赵海波，谢水生，等. AZ91D 镁合金流变铸轧板材微观组织分析[J]. 兵器材料科学与工程，2009.

[528] 贺睿，李雷，王强，等. 半固态压铸技术研究发展现状[J]. 热加工工艺，2009.

[529] 张晓华，张艳英，杜之明，等. 双螺杆制备半固态坯料的数值模拟[J]. 特种铸造及有色合金，2009.

[530] 贺睿，李雷，王强，等. 镁合金手机外壳的半固态压铸成形模拟及工艺参数优化研究[J]. 河南理工大学学报，2009，28(4)：514-517.

冶金工业出版社部分图书推荐

书　　名	定价(元)
铝加工技术实用手册	248.00
铝合金熔铸生产技术问答	49.00
铝合金材料的应用与技术开发	48.00
大型铝合金型材挤压技术与工模具优化设计	29.00
铝型材挤压模具设计、制造、使用及维修	43.00
镁合金制备与加工技术手册	128.00
半固态镁合金铸轧成形技术	26.00
铜加工技术实用手册	268.00
铜加工生产技术问答	69.00
铜水（气）管及管接件生产、使用技术	28.00
铜加工产品性能检测技术	36.00
冷凝管生产技术	29.00
铜及铜合金挤压生产技术	35.00
铜及铜合金熔炼与铸造技术	28.00
铜合金管及不锈钢管	20.00
现代铜盘管生产技术	26.00
高性能铜合金及其加工技术	29.00
薄板坯连铸连轧钢的组织性能控制	79.00
彩色涂层钢板生产工艺与装备技术	69.00
连续挤压技术及其应用	26.00
钛冶金	69.00
特种金属材料及其加工技术	36.00
金属板材精密裁切100问	20.00
棒线材轧机计算机辅助孔型设计	40.00
有色金属行业职业教育培训规划教材——金属学及热处理	32.00
有色金属塑性加工原理	18.00
重有色金属及其合金熔炼与铸造	28.00
重有色金属及其合金板带材生产	30.00
重有色金属及其合金管棒型线材生产	38.00
有色金属分析化学	46.00
铝、镁合金标准样品制备技术及其应用	80.00